水質工程學實驗、實踐指導及習題集

李發永 主編

李妙伶、尤永軍、胡雪菲、王 閃 副主編

前 言

《水污染防治行動計劃》的出抬，從國家戰略上對水質污染控制提出了更高的要求，使從事水環境及水質監測的人員面臨了新的挑戰。水質工程學實驗、實踐技術對給水排水科學與工程專業的人才培養至關重要。雖然近年來出現了一些水處理實驗技術的指導教材，但是總體而言對實驗、實踐環節的概況介紹還不夠全面，另外，各個高校的實驗設備差異較大，沒有統一的教材，各高校傾向於根據自身的實際情況，自編教材供學生在校內使用。

本教材的編寫旨在培養學生使用水質工程學實驗儀器、設備的相關能力。同時，通過設計性實驗，培養學生的數據分析和科技創新能力。另外，教材中的實踐指導環節又可以培養學生對實際問題的分析和設計能力。

本教材一共分為八個章節，主要包括：實驗室基本常識；實驗設計及數據分析；水質工程學基礎實驗（包括21項實驗）；水質工程學Ⅰ實驗（包括9個實驗）；水質工程學Ⅱ實驗（包括6個實驗）；水質工程學習題集；水質工程學課程設計指導；實踐實習指導等。其中基礎實驗部分為學生提供了基本的水質參數測定方法，可以為學生或教師的科技創新或科研實驗提供參考。水質工程學Ⅰ實驗和水質工程學Ⅱ實驗的設計性實驗可以培養學生自主進行實驗設計，驗證性實驗則可以加深學生對基本理論知識的認識。由於李圭白院士主編的《水質工程學》教材中無課後習題，教師只能通過課堂講解將主要的知識點傳授給學生，加之本門課程知識點過多且較為分散，導致學生對理論知識的學習不夠深入，無法牢記相關重點知識和內容。因此，本教材將近年來各高校出現頻率較高的考題或練習題按《水質工程學》章節進行了歸納梳理，為學生課後練習提供幫助和指導。課程設計也是水質工程學的重要組成部分，可為學生今後從事工程項目的設計管理提供寶貴的實踐經驗。本教材將課程設計的基本步驟和設計內容進行了梳理，為學生課程設計提供指導。實踐實習部分主要針對學生畢業實習的大綱要求對分散實習和集中實習內容進行了總結，並對一些實習基地進行了介紹，使學生能夠對實習地點及其工藝過程有初步認識。

本書在編寫過程中得到了楊保存副教授、王成副教授的幫助和指導，在文稿整理過程中得到了南彥斌、張亞娜、雷震雲同學的熱心幫助，在此一併表示感謝！

　　因編者水平有限，書中難免有錯誤或其他不足之處，敬請讀者指正和提出寶貴意見！

編　者

目 錄

緒論 …………………………………………………………………………（1）

第一章　實驗室基本常識 ……………………………………………（3）
　　第一節　實驗員及學生守則 ……………………………………（3）
　　第二節　藥品、試劑管理規則 …………………………………（3）
　　第三節　玻璃器皿的洗滌 ………………………………………（4）
　　第四節　純水的制備 ……………………………………………（5）
　　第五節　一般溶液濃度的表示方法 ……………………………（6）
　　第六節　水樣的採集與保存 ……………………………………（6）

第二章　實驗設計及數據分析 ………………………………………（8）
　　第一節　監測數據的五性 ………………………………………（8）
　　第二節　實驗數據的質量控制 …………………………………（9）

第三章　水質工程學基礎實驗 ………………………………………（11）
　　第一節　pH 值測定 ……………………………………………（11）
　　第二節　化學需氧量（COD）值測定 …………………………（12）
　　第三節　五日生化需氧量（BOD_5）的測定 …………………（24）
　　第四節　溶解氧的測定 …………………………………………（26）
　　第五節　懸浮物（SS）的測定 …………………………………（28）
　　第六節　氨氮（NH_3-N）的測定 ………………………………（29）
　　第七節　亞硝酸鹽氮的測定 ……………………………………（33）
　　第八節　硝酸鹽氮的測定 ………………………………………（35）
　　第九節　凱氏氮的測定 …………………………………………（37）
　　第十節　總氮（TN）的測定 ……………………………………（38）

第十一節　磷（總磷、磷酸鹽）的測定……………………………………（40）

　　第十二節　硫酸鹽的測定………………………………………………………（42）

　　第十三節　硫化物的測定………………………………………………………（43）

　　第十四節　全鹽量的測定………………………………………………………（45）

　　第十五節　揮發性脂肪酸（VFA）的測定……………………………………（46）

　　第十六節　鹼度的測定…………………………………………………………（49）

　　第十七節　總固體、揮發性固體的測定………………………………………（50）

　　第十八節　總懸浮物、揮發性懸浮物和灰分的測定…………………………（50）

　　第十九節　厭氧污泥產甲烷活性的測定………………………………………（51）

　　第二十節　污泥粒徑分佈、沉降速度的測定…………………………………（53）

　　第二十一節　活性污泥性能及數量的評價指標………………………………（53）

第四章　水質工程學Ⅰ實驗……………………………………………………（58）

　　第一節　混凝實驗………………………………………………………………（58）

　　第二節　顆粒自由沉澱實驗……………………………………………………（61）

　　第三節　過濾實驗………………………………………………………………（65）

　　第四節　雙向流斜板沉澱實驗…………………………………………………（68）

　　第五節　離子交換軟化和除鹽實驗……………………………………………（71）

　　第六節　電滲析實驗……………………………………………………………（74）

　　第七節　活性炭靜態吸附實驗…………………………………………………（79）

　　第八節　氣浮實驗………………………………………………………………（83）

　　第九節　自來水深度處理實驗…………………………………………………（86）

第五章　水質工程學Ⅱ實驗……………………………………………………（91）

　　第一節　活性污泥性能測定實驗………………………………………………（91）

　　第二節　曝氣設備清水充氧性能測定…………………………………………（94）

　　第三節　UASB處理高濃度有機廢水實驗……………………………………（97）

　　第四節　活性污泥法動力學測定實驗…………………………………………（99）

第五節　工業污水可生化實驗 …………………………………… （102）
　　第六節　SBR法計算機自動控制系統實驗 ……………………… （105）

第六章　水質工程學習題集 ………………………………………… （108）
　　第一節　水質工程學Ⅰ部分 …………………………………… （108）
　　第二節　水質工程學Ⅱ部分 …………………………………… （121）
　　第三節　參考答案 ……………………………………………… （151）

第七章　水質工程學課程設計指導 ………………………………… （189）
　　第一節　水質工程學Ⅰ課程設計部分 ………………………… （189）
　　第二節　水質工程學Ⅱ課程設計部分 ………………………… （204）

第八章　實踐實習指導 ……………………………………………… （213）
　　第一節　實習的目的及要求 …………………………………… （213）
　　第二節　實習內容 ……………………………………………… （215）
　　第三節　實習地點工程概況 …………………………………… （252）
　　第四節　實習方式及時間安排 ………………………………… （257）
　　第五節　實習考核 ……………………………………………… （258）
　　第六節　實習主要注意事項 …………………………………… （259）

附錄 …………………………………………………………………… （261）
　　附錄1　常用正交表 …………………………………………… （261）
　　附錄2　F-分佈臨界值表 ……………………………………… （266）
　　附錄3　相關係數界值表 ……………………………………… （271）
　　附錄4　常用化學試劑的規格標準 …………………………… （272）
　　附錄5　化學試劑純度與分級標準 …………………………… （274）
　　附錄6　指示劑 ………………………………………………… （279）
　　附錄7　常用樣品保存技術 …………………………………… （281）

附錄 8　常用酸鹼溶液的相對密度、質量分數與物質的量濃度 …………（284）
附錄 9　市售常用濃酸、氨水密度及濃度 ………………………………（285）
附錄 10　常用的基準物質干燥條件 ……………………………………（286）
附錄 11　幾種監測項目的儀器藥品清單 ………………………………（288）
附錄 12　實驗監測數據記錄常用圖表 …………………………………（290）
附錄 13　常用實驗儀器圖片 ……………………………………………（293）
附錄 14　城鎮污水處理廠污染物排放標準 ……………………………（296）
附錄 15　生活飲用水衛生標準 …………………………………………（301）
附錄 16　地表水環境質量標準（GB3838-2002）………………………（309）

緒　論

一、水質工程學實驗技術、實踐的意義和作用

自從「給水排水工程」專業改革以後，水質工程學作為一門專業主幹課程，其研究對象從原有的給排水工程中的「城市基礎設施」逐漸拓展為「水的社會循環」，其內涵由「水量」轉變成了「水質與水量」，從而滿足了中國在水工業發展方面的需要，也對新時期給排水專業人才的培養提出了更高的要求。特別是改革後的教材更加偏重於理論與實踐的結合，吸收了大量的高新技術。但是，總體而言，近年來編寫的水質工程學教材大多偏重理論認識，對實踐、設計、實驗的內容介紹很少涉及。

二、水質工程學實驗技術的過程控制

一般水處理實驗過程分為實驗準備、實驗、實驗數據分析與處理三個基本過程。

1. 實驗準備

實驗前的準備工作直接關係到實驗的精度和質量。在實驗前應進行充分、細緻的準備。

（1）搞清實驗原理和實驗目的。

實驗前應首先弄清實驗原理和目的。例如，在使用曝氣設備時，弄清充氧原理和實驗目的後就可以通過清水充氧實驗，分析設備的優點和缺點及存在的問題，探明改進方向，以期獲得較優異的運行條件。

（2）實驗方案的優化設計。

水質工程學實驗中有很多的設計性實驗，而且同學們今後在生產和研究當中經常需要進行實驗設計，因此掌握實驗設計技術的基本理論和設計思路非常必要。

（3）實驗儀器、設備的調試。

實驗之前應區分一般設備和專用設備。為了保證實驗順利進行並有足夠的精度，實驗前應對所使用儀器、設備的完好度和易耗品等進行檢查，及時維修、更換損壞的儀器、設備。

（4）記錄表格的準備。

步驟：整個實驗分幾步完成，每一步的工況和操作內容，解決的問題，使用的設備、儀表、取樣、化驗項目、觀察記錄內容、人員分工、注意事項等，測試人員都要做到心中有數。

記錄表格：設計記錄表格是一項重要的工作，實驗前應該認真設計出所需表格。對某些新開的實驗應根據實驗中所發現的問題，即時調整表格內容，並且要在表格中

有所反饋。記錄時應注意規範化，便於記錄、便於整理。內容主要包括參加人員，測試條件，儀器、設備的名稱、型號、精度，觀察現象，測試原始數據等。

人員分工：水處理試驗中一般人員較多，因此應先根據實驗方案和內容，進行相應的人員分工，使每個人能夠對實驗原理、目的、步驟有充分的瞭解。每個人員的職責應分配到位，如哪些人負責操作，哪些人負責取樣，哪些人負責化驗、觀察等。

實驗設備的安裝、調試：使用各種儀器、設備進行實驗時，必須滿足儀器、設備的正常運行需要。安裝後應認真檢查，確認一切符合要求後方能開展實驗。儀器、設備的位置應便於觀察、記錄。

2. 實驗

實驗準備階段完成後即可進入實驗，按人員分工，開展各項實驗工作。

取樣分析：取樣時應注意要求（如時間、地點、高度等），以便正確取出所需樣品，進行分析。

觀察：實驗中某些現象要通過肉眼進行觀察、描述。因此觀察時應該認真專注，邊觀察、邊記錄，並用文字加以描述。

記錄：記錄數據是今後實驗計算、分析的主要依據，是整個實驗的寶貴資料。一般要求記錄在記錄紙或者記錄本上，不得隨意記錄，更不得記錄後進行整理、抄寫而丟掉原始數據。記錄要實事求是、清楚、工整，記錄內容應該盡可能詳細。記錄內容分為一般性內容（如實驗日期、時間、地點、溫度等）和與實驗有關的內容（如實驗組號、參加人員、實驗條件、測試儀表名稱、型號、精度等）。實驗原始數據由儀表或其他測試方法獲得。未經任何運算的數值讀出後應馬上記錄，不要過後追記，要盡可能減少誤差。對實驗中發現的問題和觀察到的一些特殊現象也應該隨時記錄。

3. 數據處理與分析

實驗過程中應隨時進行數據整理分析。一方面可以看出實驗效果是否能夠達到預期目的；另一方面又可以隨時發現問題，修改實驗方案，指導實驗進行。整個實驗結束後，要對數據進行分析處理，從而確定因素主次，瞭解最佳生產運行條件，建立經驗公式，給出事物內在規律。內容大致包括實驗數據的誤差分析、實驗數據的分析整理、實驗數據處理。

4. 實驗報告

實驗報告是對實驗的全面總結。要求報告文字通順、字體端正、圖表整齊、結論正確，對需要討論的問題應有詳細的論述。一般由實驗名稱、實驗目的、實驗原理、實驗裝置、實驗數據及分析處理、結論、討論等幾部分構成。

第一章　實驗室基本常識

第一節　實驗員及學生守則

（1）實驗員和學生必須嚴格遵守實驗室的有關規定，嚴格按照操作規程進行相關儀器操作。

（2）詳細地記錄實驗數據，注重實驗的科學性，不得隨意塗改與編造數據。如實記錄各種實驗數據，養成獨立思考的習慣，努力提高自己分析問題和實際動手的能力。

（3）在實驗中保持謹慎的態度，明確實驗目的、內容、要求，做好實驗記錄。

（4）及時瞭解新的實驗方法和檢測手段，提高工作效率。

（5）瞭解藥品的一般性質，合理選擇和利用藥品。

（6）注意實驗室安全。瞭解和掌握一定的防火、防水、防爆知識，在離開實驗室之前檢查水電設施是否安全。實驗中如發生發現異常情況，應及時向指導教師報告。若發生責任事故應按有關規定進行賠償處理。

（7）嚴禁在實驗室內做與實驗無關的事情（如吃東西、吸菸）。

（8）節約水、電及實驗藥品，不造成不必要的浪費。

（9）保持實驗室內環境衛生，實驗結束後，經指導教師或實驗技術人員檢查後方可離開實驗室。

（10）本守則由實驗員和參與實驗的學生共同監督、相互執行。

第二節　藥品、試劑管理規則

（1）將藥品根據實驗項目或同種鹽類（如鉀鹽、鈉鹽、銨鹽等）進行分類整理，做好記錄。

（2）藥品最好放在陰面通風的房間裡，屬於一般要求避光的，裝在棕色瓶裡即可；屬於必須避光的，外層黑紙不要去掉。

（3）劇毒或致癌物質（如汞鹽、氰化鉀、三氧化二砷、疊氮化合物等）及腐蝕性藥品要放在保險櫃內，非實驗人員不得取用。

（4）易燃或易揮發的溶劑不準用明火加熱，可用水浴加熱；不準在敞口容器中加熱或蒸發；溶劑存放或使用地點明火至3米以上。

（5）某些強氧化劑如硝酸鉀、硝酸銨、高氯酸（也屬強腐蝕劑）、高氯酸鉀、過硫

酸鹽等嚴禁與還原性物質如有機酸、木屑、硫化物、糖類等接觸。

（6）藥品取用要堅持「只出不進」的原則，以免污染藥品。藥品用完後放回原處，以便下次使用。

（7）藥品選用要根據用途，在分析監測中，除特殊規定外，一般選用分析純。

（8）試劑規格如表1-1所示：

表1-1　　　　　　　　　　　不同試劑規格及用途

規格	代號	標籤顏色	用途
保證純	G. R	綠色	精確分析和研究
分析純	A. R	紅色	一般分析和科研
化學純	C. P	藍色	適用於工業分析
醫用試劑	L. R.	藍、棕	一般化學實驗
生物試劑	B. R. 或 C. R.	黃色	生物化學檢驗
基準試劑	E. P.		標定標準溶液

（9）試液配製要根據用途，按照實驗要求選用不同規格的藥品，以保證試液質量。

（10）試液標籤都應標明試液名稱、濃度、配製日期、保存期限等。如發現試液有變色、沉澱、分解等，則應棄去重配。

（11）試劑瓶的磨口塞必須與瓶口密合，以防雜質侵入和溶劑揮發。

（12）鹼性和濃鹽類溶液勿貯於磨口塞玻璃瓶中，以免瓶塞與瓶口固結而不易打開，最好放在聚乙烯瓶中保存。遇光易變質的溶液應貯於棕色瓶中，於暗處保存。

第三節　玻璃器皿的洗滌

（1）常規洗滌法：對於一般玻璃儀器，用自來水沖洗後，用手刷蘸取去污粉，仔細刷淨其內外表面，尤其注意磨砂部分，然後用自來水沖洗3~5次，再用蒸餾水沖洗3次。洗淨的玻璃儀器表面不能掛水珠。

（2）刷洗的玻璃儀器，可根據污垢的性質選擇不同的洗液進行浸泡或共煮，再用水洗淨。

（3）特殊的清潔要求：在某些實驗中對玻璃儀器有特殊的清潔要求，如分光光度計上的比色皿，用於測定有機物後，應以有機溶劑洗滌，必要時可用硝酸浸洗。

（4）洗滌液的配製：

①強酸性氧化劑洗液：將20克重鉻酸鉀（化學純）溶於40毫升熱水中，冷卻後，於攪拌下徐徐加入360毫升濃硫酸（注意：不能將重鉻酸鉀加入濃硫酸中）。冷卻後，倒入磨口瓶中保存。溶液變綠時，不宜再用。

②鹼性乙醇洗液：將25克氫氧化鉀溶於少量水中，再用乙醇稀釋至1升。此溶液也適用於洗滌玻璃器皿上的油污。

③純酸洗液：1+1 鹽酸（硫酸、硝酸）對玻璃儀器進行浸泡。
（5）另外實驗室中常用的洗滌用品有：肥皂、洗衣粉、去污粉等。

第四節　純水的制備

1. 實驗室純水的質量要求

實驗室純水應為無色透明的液體，不得有肉眼可辨的顏色或纖絮雜質。

實驗室純水分三個等級，應在獨立的制水間制備。

（1）一級水。不含溶解雜質或膠態質有機物，可經二級水進一步處理制得，用於制備標準水樣或超痕量物質的分析。

（2）二級水。常含有微量的無機、有機或膠態物質，可用蒸餾、電滲析或離子交換法制得的水進行再蒸餾的方法制備，用於精確分析和研究工作。

（3）三級水。適用於一般實驗工作，可用蒸餾、電滲析或離子交換法制備。

實驗室純水制備的原料應當是飲用水或比較乾淨的水，如有污染或空白達不到要求，必須進行純化處理。

2. 質量指標（見表 1-2）

表 1-2　　　　　　　　不同級別純水的各項質量指標

指標名稱	一級水	二級水	三級水
pH 值範圍（25℃）	—	—	5.0~7.5
電導率（25℃，μs/cm）	≤0.1	≤1.0	≤5.0
可氧化物的限度檢驗	—	符合	符合
吸光度（254nm，1cm 光程）	≤0.001	≤0.01	—
二氧化硅（mg/L）	≤0.02	≤0.05	—

3. 影響純水質量的因素

在實驗室中制取的純水，不難達到純度指標。一經放置，特別是接觸空氣，電導率會迅速下降。例如用鉬酸銨法測磷或納氏試劑測氨氮，無論是蒸餾水或離子交換水只要新制取的純水都適用。一旦放置，空白便顯著增高。影響純水質量的因素主要來自空氣和容器的污染。

玻璃容器盛裝純水可溶出某些金屬或硅酸鹽，有機物較少。聚乙烯容器所溶出的無機物較少，但有機物多。

4. 特殊要求的用水

無氨水：向水中加入硫酸至 pH<2，使水中各種形態的氨或胺最終轉變成不揮發的鹽類，蒸餾、收集餾出液即得。

無二氧化碳水：將蒸餾水或去離子水煮沸至少 10min，使水量蒸發 10%以上，加蓋放冷即可。

第五節　一般溶液濃度的表示方法

（1）摩爾濃度：1m³ 溶液中含有溶質物質的量，常用單位為 mol/L。
C(NaOH) = 1mol/L，即每升含 40gNaOH。
$C\left(\frac{1}{2}H_2SO_4\right)$ = 1mol/L，即每升含 49gH₂SO₄。
C(H₂SO₄) = 1mol/L，即每升含 98gH₂SO₄。
（2）重量百分濃度：即溶質重量占溶液重量的百分數。
5 克高錳酸鉀溶液，即把 5g 高錳酸鉀溶解在 95g 水中。
5% 高錳酸鉀溶液，即把 5g 高錳酸鉀溶於水，稀釋至 100mL。
（3）體積百分濃度：100 分體積溶液中所含溶質的體積分數。
36% 醋酸，即量取 36mL 醋酸，加水稀釋至 100mL 即成。
（4）體積比例表示法：常用 a+b 或 a：b 表示。a 為溶質，b 為溶劑。
（1+5）鹽酸表示 1 份體積的鹽酸溶於 5 份體積的水中。
（5）質量比例表示法：
6：4 的碳酸鈉與碳酸鉀的混合試劑，是由 6 克碳酸鈉和 4 克碳酸鉀混合而成。
（6）滴定度表示法：
用每毫升溶液所滴定被測物質的克數表示（符號為 T）。

第六節　水樣的採集與保存

1. 水樣的採集
（1）水樣原水可以在調節池的進口採集，上一個工藝段的出水為下一個工藝段的進水。
（2）採集時要注意水樣的代表性。
（3）水樣採集的類型：瞬時樣（單一時間的水樣）、平均樣（在同一採樣點上的不同時間按照加權平均方法所採集的瞬時樣的混合樣）。
（4）採樣器一般採用具塞聚乙烯瓶，特殊的水樣要用專用採樣器，如測定溶解氧要用溶解氧瓶等。
2. 水樣的保存
（1）保存水樣的基本要求：
①減緩生物作用；
②減緩化合物或絡合物的水解及氧化作用；
③減少組分的揮發和吸附損失。
（2）保存措施：

①選擇適當材料的容器；
②控制溶液 pH 值；
③加入化學試劑抑制氧化還原反應和生化作用；
④冷藏或冷凍以降低細菌活性和化學反應速度。
（3）採樣容器的選擇：
①容器不能是新的污染源；
②不應吸附待測組分；
③所用洗滌劑不能影響水樣指標的測定。

樣品採集後要註名採樣時間、要監測的項目、水樣名稱等，水樣的保存如表 1-3 所示。

表 1-3　　　　　　　　　　　　水樣的保存

序號	測定項目	保存方法	最長保存時間
1	COD	加 H_2SO_4 至 pH<2 2℃~5℃冷藏	7 天 24 小時
2	BOD_5	冷凍 pH<2	1 個月 4 天
3	硫酸鹽	2℃~5℃冷藏	28 天
4	溶解氧（碘量法）	加硫酸錳和鹼性碘化鉀	4~8 小時
5	氨氮、凱氏氮、硝酸鹽氮	加 H_2SO_4 至 pH<2 2℃~5℃冷藏	24 小時
6	亞硝酸鹽氮	2℃~5℃冷藏	立即分析
7	總氮	加 H_2SO_4 至 pH<2	24 小時
8	總磷	加 H_2SO_4 至 pH<2 2℃~5℃冷藏	數月
9	六價鉻	加 NaOH pH 為 8~9	當天測定
10	鹼度	2℃~5℃冷藏	24 小時
11	揮發酚	每升加 1 克硫酸銅抑制生化，用磷酸酸化 pH<2	24 小時
12	懸浮物	2℃~5℃冷藏	盡快測定
13	硫化物	用 NaOH 調至中性，加 2mL 1mol/L 乙酸鋅和 1mL1mol/LNaOH	7 天

第二章　實驗設計及數據分析

第一節　監測數據的五性

從質量保證和質量控制的角度出發，為使監測數據能夠準確地反應水環境質量的現狀，要求環境監測數據具有代表性、準確性、精密性、可比性和完整性。環境監測結果的「五性」反應了對監測工作的質量要求。

1. 代表性

代表性是指在具有代表性的時間、地點，按規定要求採集有效的樣品。所採集的樣品必須能反應水質總體的真實狀況。所以在採樣時要充分考慮所測污染物的時空分佈。

2. 準確性

準確性是指測定值與真實值的符合程度，監測數據的準確性受試樣的現場固定、保存、傳輸、實驗室分析等環節的影響。一般通過對標準樣品進行分析來瞭解準確度。

3. 精密性

精密性和準確性是監測分析結果的固有屬性，必須按照所用方法的特性使之正確實現。精密性表現為測定值無良好的重複性和再現性。可通過對同一樣品進行平行測定。

4. 可比性

可比性是指用不同測定方法測定同一樣品的某污染物的所得結果的吻合程度。

5. 完整性

完整性強調工作整體規劃的切實完成，保證按預期計劃取得具有系統性、連續性的有效樣品，並獲得這些樣品的監測結果及相關信息。

環境監測是環境保護的眼睛，而環境監測數據是環境監測的重要產品，數據的精密性和準確性主要體現在實驗室分析測試方面，代表性、完整性主要體現在優化布點、樣品採集、保存、運輸和處理等方面，而可比性又是精密性、準確性、完整性的綜合體現，只有前四者具備了，才談得上可比性。

第二節　實驗數據的質量控制

一、檢出限

檢出限為某特定的分析方法在給定的置信度內可從樣品中檢出待測物質的最小濃度或最小量。所謂「檢出」是指定性檢出，即判定樣品中存在的濃度高於空白的待測物質。

檢出限除與分析中所用試劑和水的空白有關，還與儀器的穩定性和噪聲水平有關。

二、測定限

1. 測定下限

在測定誤差能滿足預定要求的前提下，用特定方法能準確地定量測定待測物質的最小濃度或量，被稱為該方法的測定下限。

測定下限反應出分析方法能準確地定量測定低濃度水平待測物質的極限可能性。在沒有或消除了系統誤差的前提下，它受精密度要求的限制。分析方法的精密度要求越高，測定下限高於檢出限越多。

2. 測定上限

在限定誤差能滿足預定要求的前提下，用特定方法能夠準確地定量測量待測物質的最大濃度或量，稱為該方法的測定上限。

對沒有或消除了系統誤差的特定分析方法的精密度要求不同，測定上限也不同。

三、最佳測定範圍

最佳測定範圍也稱有效測定範圍，指在限定誤差滿足預定要求的前提下，特定方法的測定下限至測定上限之間的濃度範圍。在此範圍內能夠準確地測定待測物質的濃度或量。

最佳測定範圍應小於方法的適用範圍。對測量結果的精密度要求越高，相應的最佳測定範圍越小。

四、校準曲線

校準曲線包括標準曲線和工作曲線，前者用標準溶液直接測量，沒有經過水樣的預處理過程，後者所使用的標準溶液經過了與水樣相同的消解、淨化、測量等過程。

1. 校準曲線的繪製

（1）標準溶液一般可直接測定，但如果試樣的預處理過程複雜，致使污染或損失不可忽略時，應和試樣同樣處理後測定。

（2）校準曲線的斜率常隨環境溫度、試劑和貯藏時間等實驗條件的改變而變動。在測定試樣時繪製校準曲線最為理想。

2. 校準曲線的檢驗

（1）線性檢驗，即檢驗校準曲線的精密度。對 4~6 個濃度單位所獲得的測量信號值繪製的校準曲線，分光光度法一般要求其相關係數 $|r| \geq 0.999$，否則應找出原因重新繪製。

（2）截距檢驗，即檢驗曲線的準確度。在線性檢驗合格的基礎上，對其進行線性迴歸，得出方程 $Y=bx+a$，然後將所得的截距 a 與 0 作 t 檢驗，當取 95% 置信水平，檢驗無顯著性差異時，a 可作 0 處理，方程簡化為 $y=bx$，移項得 $x=y/b$。

當 a 與 0 有顯著差異時，表示校準曲線迴歸方程的準確度不高，應找出原因予以校正。

（3）斜率檢驗，即檢驗分析方法的靈敏度。方法靈敏度是隨實驗條件而改變的。在完全相同的條件下，僅由於隨機中的操作誤差所導致的斜率變化不應超出一定的允許範圍。

第三章 水質工程學基礎實驗

第一節 pH 值測定

1. 實驗目的

通過實驗加深理解 pH 計測定溶液 pH 的原理；
掌握 pH 計測定溶液 pH 的方法。

2. 實驗原理

pH 為水中氫離子活度的負對數，pH = -lg [H^+]。

pH 值可間接表示水的酸鹼強度，是水化學中常用的和最重要的檢驗項目之一。

玻璃電極法：

儀器：酸度計（帶複合電極）、250mL 塑料燒杯。

試劑：pH 成套袋裝緩衝劑（鄰苯二甲酸氫鉀、混合磷酸鹽、硼砂）。

以上試劑在不同溫度下的 pH 值如表 3-1 所示。

表 3-1 鄰苯二甲酸氫鉀、混合磷酸鹽、硼砂在不同溫度下的 pH 值

溫度(℃)	pH 值		
	0.05M 鄰苯二甲酸氫鉀	0.025M 混合磷酸鹽	0.01M 硼砂
0	4.01	6.98	9.46
5	1.00	6.95	9.39
10	4.00	6.92	9.28
15	4.00	6.90	9.23
20	4.00	6.88	9.18
25	4.00	6.86	9.14
30	4.01	6.85	9.10
35	4.02	6.84	9.07
40	4.03	6.83	9.04
45	4.04	6.83	9.02

3. 實驗步驟

(1) 緩衝溶液的配製：

方法一：

① pH4.01 標準緩衝液：稱取 105℃烘干的鄰苯二甲酸氫鉀（$KHC_8H_4O_4$）10.21g，

用去離子水（除二氧化碳）溶解後稀釋至1L，pH＝4.01，c＝0.05mol/L。

②pH6.87標準緩衝液：稱取45℃烘干的磷酸二氫鉀（KH_2PO_4）3.39g和無水磷酸氫二鈉（Na_2HPO_4）3.53g，用去離子水（除二氧化碳）溶解後稀釋至1L，pH＝6.87。

③pH9.18標準緩衝液：稱取105℃烘干的硼砂（$Na_2B_4O_7 \cdot H_2O$）3.80g，用去離子水（除二氧化碳）溶解後稀釋至1L，pH＝9.18，此緩衝液容易變化，應注意保存。

方法二：

應用pH計配備的袋裝緩衝溶液，剪開塑料袋，將粉末倒入250mL容量瓶中，以少量去離子水（除二氧化碳）沖洗塑料袋內壁，稀釋到刻度搖勻備用。

(2) 儀器（pHS-2C酸度計）的校準：

①儀器插上電極，將選擇開關置於pH檔，斜率調節在100%處；

②選擇兩種緩衝溶液（被測溶液pH在兩者之間）；

③把電極放入第一種緩衝液中，調節溫度調節器，使所指示的溫度與溶液均勻；

④待讀數穩定後，調節定位調節器至表3-1所示該溫度下的pH值；

⑤放入第二種緩衝液中，混勻，調節斜率調節器至表3-1所示該溫度下的pH值。

(3) 樣品測定：如果樣品溫度與校準的溫度相同，則直接將校準後的電極放入樣品中，搖勻，待讀數穩定，即為樣品的pH值；如果溫度不同，則用溫度計量出樣品溫度，調節溫度調節器，指示該溫度，「定位」保持不變，將電極插入，搖勻，穩定後讀數。

4. 注意事項

(1) 電極短時間不用時，浸泡在蒸餾水中；如長時間不用，則在電極帽內加少許電極液，蓋上電極帽。

(2) 及時補充電極液，複合電極的外參比補充液為3M氯化鉀溶液。

(3) 電極的玻璃球泡不與硬物接觸，以免損壞。

(4) 每次測完水樣，都要用蒸餾水沖洗電極頭部，並用濾紙吸干。

第二節　化學需氧量(COD)值測定

化學需氧量是指在一定條件下，用強氧化劑處理水樣時所消耗氧化劑的量，用毫克/升表示。

化學需氧量反應了水中受還原性物質（包括有機物、亞硝酸鹽、亞鐵鹽、硫化物等）污染的程度，是水中有機物相對含量的指標之一。

一、重鉻酸鉀法（參考GB11914-89）

1. 原理

在強酸性溶液中，一定量的重鉻酸鉀氧化（以Ag^+作此反應的催化劑）水樣中的還原性物質（有機物），過量的重鉻酸鉀以試亞鐵靈作指示劑，用硫酸亞鐵銨溶液回

滴。根據用量計算出水樣中還原性物質消耗氧的量。

2. 干擾及消除

氯離子能被重鉻酸鹽氧化，並且能與硫酸銀作用產生沉澱，影響測定結果，故在回流前向水樣中加入硫酸汞，使之成為絡合物以消除干擾。

3. 儀器

（1）回流裝置：帶 250mL 錐形瓶的全玻璃回流裝置，包括磨口錐形瓶、冷凝管、電爐或電熱板、橡膠管。

（2）50mL 酸式滴定管。

4. 測定範圍

COD：30～700mg/L

試劑：

（1）重鉻酸鉀溶液（$1/6K_2Cr_2O_7 = 0.25mol/L$）：稱取預先在 120℃ 烘干 2 小時的基準或優級純重鉻酸鉀 12.258g 溶於水中，移入 1,000mL 的容量瓶中，稀釋至標線。

（2）試亞鐵靈指示液：稱取 1.485g 鄰菲羅啉（$C_{12}H_8N_2 \cdot H_2O$），0.695g 硫酸亞鐵溶於水中，稀釋至 100mL，貯於棕色瓶中。

（3）硫酸亞鐵銨標準溶液 [$(NH_4)_2Fe(SO_4)_2 \cdot 6H_2O \approx 0.1mol/L$]：稱取 39.5g 硫酸亞鐵銨溶於水中，邊攪拌邊緩慢加入 20mL 濃硫酸，冷卻後移入 1,000mL 的容量瓶中，稀釋至標線，搖勻。用前用重鉻酸鉀標定。

標定方法：準確吸取 10mL 重鉻酸鉀標液於 250mL 錐形瓶中，加水稀釋至 110mL 左右，緩慢加入 30mL 濃硫酸，混勻。冷卻後，加入 3 滴試亞鐵靈指示液，用硫酸亞鐵銨溶液滴定，溶液顏色由黃色經藍綠至紅褐色即為終點。

$$C[(NH_4)_2Fe(SO_4)_2] = \frac{0.25 \times 10.00}{V}$$

式中：C——硫酸亞鐵銨標準溶液的濃度（mol/L）；

V——硫酸亞鐵銨標準溶液的用量（mL）。

（4）硫酸-硫酸銀：於 500mL 濃硫酸中加入 5g 硫酸銀，放置 1～2 天使其溶解。

（5）硫酸汞：結晶或粉末。

5. 實驗步驟

（1）取 20mL 混勻水樣置回流錐形瓶中；

（2）加入約 0.4g 硫酸汞；

（3）準確加入 10mL 重鉻酸鉀標液和小玻璃珠；

（4）再緩慢加入 30mL 硫酸-硫酸銀溶液；

（5）搖勻，連接冷凝管，加熱沸騰回流 2 小時；

（6）冷卻後，從冷凝管加入 90mL 蒸餾水；

（7）取下錐形瓶，加入 3 滴試亞鐵靈指示液，用硫酸亞鐵銨標液滴定由黃色經藍綠色至紅褐色為終點。記錄硫酸亞鐵銨標液的用量。

計算：

$$\text{COD}_{cr}(\text{mol}) = \frac{(V_0 - V_1) \times C \times 8 \times 1\,000}{V} \times d$$

式中：V——取樣的體積（mL）；

C——硫酸亞鐵銨的濃度（mol/L）；

V_0——滴定空白時消耗硫酸亞鐵銨的量（mL）；

V_1——滴定水樣時消耗硫酸亞鐵銨的量（mL）；

8——1/2 氧的摩爾質量（g/mol）；

d——稀釋倍數。

6. 注意事項

（1）加入 H_2SO_4-$AgSO_4$ 前，一定要加玻璃珠，以免引起爆沸。

（2）COD 的結果要保留三位有效數字。

（3）在 COD 大於 500 時，要進行稀釋，大致如表 3-2 所示：

表 3-2　　　　　　　　　　COD 的稀釋倍數

COD 值	800	1,500~2,500	3,000~15,000	>20,000
稀釋倍數	2	3~6	10~50	>100

註：以上稀釋倍數僅供參考。

（4）用鄰苯二甲酸氫鉀標準溶液檢查試劑的質量和操作水平，由於每克鄰苯二甲酸氫鉀的理論 COD 值為 1.176g，所以溶解 0.425,1g 干燥過的鄰苯二甲酸氫鉀（$HOOCC_6H_4COOK$）於重蒸餾水中，轉入 1,000mL 容量瓶中，稀釋至標線，使之成為 500mg/LCOD_{cr} 標準溶液。

（5）回流裝置也可用 COD 恒溫加熱器代替，以空氣冷凝代替水冷凝。

（6）也可用 COD 速測儀進行比色測定。

（7）有關資料介紹：水樣中 20~80mg/L 的亞硝酸鹽會使 COD 按常規的方法無法準確測定，一般可採用氨磺酸和氨磺酸銨來消除干擾，主要是裡面的氨基起作用：

$$NH_2SO_3H + HNO_2 \rightarrow H_2SO_4 + H_2O + N_2$$

$$NH_4SO_3NH_2 + HNO_2 \rightarrow NH_4HSO_4 + H_2O + N_2$$

該反應在室溫或在加熱的條件下即可發生，放出氨氣，從而達到去除 NO_2^- 的目的。

實驗研究表明：10mg 掩蔽劑幾乎可以完全掩蔽 1mg 的 NO_2^-；掩蔽劑對空白在 0~15mg 範圍內的影響不大，超過 15mg 時，對測定影響較大。

此外，還有五項說明以供參考。

說明 1：使用 0.4g 硫酸汞絡合氯離子的最高量可達 40mg，如取用 20mL 水樣，即最高可絡合 2,000mg/L 氯離子濃度的水樣。若氯離子的濃度較低，也可少加硫酸汞，保持硫酸汞：氯離子 = 10：1（W/W）。若出現少量氯化汞沉澱，並不影響測定。

[$HgSO_4 + 4Cl^- \rightarrow HgCl_4^- + SO_4^{2-}$]

說明 2：水樣加熱回流後，溶液中重鉻酸鉀剩餘量應為加入量的 1/5~4/5 為宜。

說明 3：用鄰苯二甲酸氫鉀標準溶液檢查試劑的質量和操作技術時，由於每克鄰苯

二甲酸氫鉀的理論 COD_{Cr} 為 1.176g，所以溶解 0.425,1g 鄰苯二甲酸氫鉀（$HOOCC_6H_4COOK$）於重蒸餾水中，轉入 1,000mL 容量瓶，用重蒸餾水稀釋至標線，使之成為 500mg/L 的 CODcr 標準溶液。用時新配。

說明 4：COD_{Cr} 的測定結果應保留三位有效數字。

說明 5：每次實驗時，應對硫酸亞鐵銨標準滴定溶液進行標定，室溫較高時尤其要注意其濃度的變化。

以上說明僅供參考。

二、酸性高錳酸鉀滴定法

1. 範圍

本標準規定了用酸性高錳酸鉀滴定法測定生活飲用水及其源水中的耗氧量。

本法適用於氯化物質量濃度低於 300mg/L（以 Cl^- 計）的生活飲用水及其水源水中耗氧量的測定。

本法最低檢測質量濃度（取 100mL 水樣）為 0.05mg/L，最高可測定耗氧量為 5.0mg/L（以 O_2 計），若取 50mL 水樣測定，最低檢測質量濃度為 1.0mg/L。

2. 原理

高錳酸鉀在酸性溶液中將還原性物質氧化，過量的高錳酸鉀用草酸還原。根據高錳酸鉀消耗量表示耗氧量（以 O_2 計）。

$$2MnO_4^- + 5C_2O_4^{2-} + 16H^+ = mn^{2+} + 8H_2O + 10CO_2 \uparrow$$

$$(2KMnO_4 + 5H_2C_2O_4 + 3H_2SO_4 = K_2SO_4 + MnSO_4 + 8H_2O + 10CO_2)$$

3. 儀器

電恒溫水浴鍋（可調至 100℃）、錐形瓶（100mL）、滴定管。

4. 試劑

（1）硫酸溶液（1+3）：將 1 體積硫酸（$\rho_{20} = 1.84$ g/mL）在水浴冷卻下緩緩加到 3 體積純水中，煮沸，滴加高錳酸鉀溶液至溶液保持微紅色。

（2）草酸鈉標準儲備溶液 [C（$1/2Na_2C_2O_4$）= 0.100,0mol/L]：稱取 6.701 g 草酸鈉（$Na_2C_2O_4$），溶於少量純水中，並於 1,000mL 容量瓶中用純水定容。置暗處保存。

（3）高錳酸鉀溶液 [C（$1/2KMnO_4$）= 0.100,0mol/L]：稱取 3.3 g 草酸鈉（$Na_2C_2O_4$），溶於少量純水中，並稀釋至 1,000mL。煮沸 15min，靜置 2W，定容至 1,000mL。煮沸時水分蒸發，使溶液濃度升高，然後用玻璃砂芯漏斗過濾至棕色瓶中，置暗處保存並按下述方法標定濃度：

吸取 25mL 草酸鈉溶液於 250mL 錐形瓶中，加入 75mL 新煮沸的放冷卻的純水及 2.5mL 硫酸（$\rho_{20} = 1.84$ g/mL）。

迅速自滴定管中加入約 24mL 高錳酸鉀溶液，待褪色後加熱至 65℃，再繼續滴定呈微紅色並保持 30 s 不褪。當滴定終了時，溶液溫度不低於 55℃。記錄高錳酸鉀溶液用量。

高錳酸鉀溶液的濃度計算見式（3.1）：

$$C(1/5\text{KmnO}_4) = \frac{0.100,0 \times 25.00}{V} \quad (3.1)$$

式中：$C(1/5\text{KMnO}_4)$——高錳酸鉀溶液的濃度（mol/L）；

V——高錳酸鉀溶液的用量（mL）。

校正高錳酸鉀溶液的濃度 $c(1/5\text{KMnO}_4)$ 為 0.100,0mol/L。

高錳酸鉀標準溶液 $[c(1/5\text{KMnO}_4) = 0.010,00\text{mol/L}]$：高錳酸鉀溶液準確稀釋 10 倍。

草酸鈉標準使用溶液 $[c(1/2\text{Na}_2\text{C}_2\text{O}_4) = 0.010,00\text{mol/L}]$：將草酸鈉標準儲備液準確稀釋 10 倍。

5. 實驗步驟

（1）錐形瓶的預處理：向 250mL 錐形瓶加入 1mL 硫酸溶液（1+3）及少量高錳酸鉀標準溶液。煮沸數分鐘，取下錐形瓶用草酸鈉標準使用溶液（1.1.4.5），滴定至微紅色，溶液棄去。

（2）吸取 100mL 充分混勻的水樣（若水樣中有機物含量較高，可取適量水樣以純水稀釋至 100mL），置於上述處理過的錐形瓶中。加入 5mL 硫酸溶液（1+3）。用滴定管加入 10mL 高錳酸鉀標準溶液（1.1.4.4）。

（3）將錐形瓶放入沸騰的水浴中，準確放置 30min。如加熱過程中紅色明顯減褪，需將水樣稀釋重做。

（4）取下錐形瓶趁熱加入 10mL 草酸鈉標準使用溶液（1.1.4.5），充分振搖，使紅色褪盡。

（5）於白色背景上，自滴定管滴入高錳酸鉀標準溶液（1.1.4.4）至溶液呈微紅色即為終點，記錄用量 V_1（mL）。

註：測定時如水樣消耗的高錳酸鉀標準溶液超過了加入量的一半，由於高錳酸鉀的濃度過低影響了氧化能力，使測定結果偏低。遇此情況，應取少量樣品稀釋後重做。

（6）向滴定終點的水樣中趁熱加入 10mL 草酸鈉溶液（1.1.4.5），立即用高錳酸鉀標準溶液（1.1.4.4）滴定至微紅色，記錄用量 V_2（mL）。如高錳酸鉀的物質的量濃度為準確的 0.01mol/L，滴定時用量應為 10mL，否則可求一校正系數（K）。計算見式（3.2）：

$$K = \frac{10}{V_2} \quad (3.2)$$

（7）如水樣用純水稀釋，則另取 100mL 純水，同上述步驟滴定，記錄高錳酸鉀標準溶液消耗量 V_0（mL）。

6. 計算

耗氧量濃度的計算式見式（3.3）：

$$\rho(O_2) = \frac{[(10 \times V_1) \times K - 10] \times C \times 8 \times 1,000}{V} \quad (3.3)$$

$$= [(10+V_1) \times K - 10] \times C \times 0.8$$

如水樣用純水稀釋，則採用式（3.4）計算水樣的耗氧量：

$$C\,(1/5\mathrm{KMnO_4}) = \frac{0.100,0 \times 25.00}{V} \qquad (3.4)$$

式中：R——水樣稀釋時，純水在100mL體積內所占的比例值。例如，25mL水樣用純水稀釋至100mL，則 $R = \frac{100-25}{10C} = 0.75$；

ρ——耗氧量的濃度，單位 mg/L；

c——高錳酸鉀標準溶液的濃度，mol/L；

8——與1.00mL高錳酸鉀標準溶液 $[C(\mathrm{Na_2 EDTA}) = 0.01\mathrm{mol/L}]$ 相當的，以 mg 表示氧的質量；

V_3——水樣體積，單位 mL；

V_0、K、V_1 分別見步驟（5）、（6）和（7）。

三、碘化鉀鹼性高錳酸鉀法

1. 範圍

本標準規定了高氯廢水化學需氧量的測定方法，本方法適用於油氣田和煉化企業氯離子含量高達幾萬至十幾萬毫克每升高氯廢水化學需氧量（COD）的測定。方法的最低檢出限為0.20mg/L，測定上限為62.5mg/L。

2．規範性引用文件

《水質化學需氧量的測定重鉻酸鹽法（GB11914-89）》中的條文通過本標準的引用而成為本標準的條文，與本標準同效。

當上述標準被修訂時，應使用其最新版本。

3．術語與定義

下列定義適用於本標準。

（1）高氯廢水。

氯離子含量大於一千毫克每升的廢水。

（2）$COD_{OH,KI}$。

在鹼性條件下，用高錳酸鉀氧化廢水中的還原性物質（亞硝酸鹽除外），將氧化後剩餘的高錳酸鉀用碘化鉀還原，根據水樣消耗的高錳酸鉀的量，換算成相對應氧的質量濃度。記為 $COD_{OH,KI}$。

（3）K值。

碘化鉀鹼性高錳酸鉀法測定的樣品氧化率與重鉻酸鹽法（GB11914-89）測定的樣品氧化率的比值。

4．原理

在鹼性條件下，加一定量高錳酸鉀溶液於水樣中，並在沸水浴上加熱反應一定時間，以氧化水中的還原性物質。加入過量的碘化鉀還原剩餘的高錳酸鉀，以澱粉做指示劑，用硫代硫酸鈉滴定釋放出的碘，換算成氧的濃度，用 $COD_{OH,KI}$ 表示。

5．試劑

除特殊說明外，所用試劑均為分析純試劑，所用純水均指不含有機物蒸餾水。

（1）不含有機物蒸餾水。向 2,000mL 蒸餾水中加入適量鹼性高錳酸鉀溶液，進行重蒸餾，蒸餾過程中，溶液應保持淺紫紅色。棄去前 100mL 餾出液，然後將餾出液收集在具塞磨口的玻璃瓶中。待蒸餾器中剩下約 500mL 溶液時，停止收集餾出液。

（2）硫酸（H_2SO_4），$\rho = 1.84g/mL$。

（3）硫酸溶液（1+5）。

（4）50%氫氧化鈉溶液。稱取 50g 氫氧化鈉（NaOH）溶於水中，用水稀釋至 100mL，貯於聚乙烯瓶中。

（5）高錳酸鉀溶液 C（$1/5KMnO_4$）= 0.05mol/L。稱取 1.6g 高錳酸鉀溶於 1.2L 水中，加熱煮沸，使體積減少到約 1L，放置 12h，用 G-3 玻璃砂芯漏鬥過濾，濾液貯於棕色瓶中。

（6）10%碘化鉀溶液。稱取 10g 碘化鉀（KI）溶於水中，用水稀釋至 100mL，貯於棕色瓶中。

（7）重鉻酸鉀標準溶液 C（$1/6K_2Cr_2O_7$）= 0.025,0mol/L。稱取於 105℃~110℃烘干 2h 並冷卻至恒重的優級純重鉻酸鉀 1.225,8g，溶於水，移入 1,000mL 的容量瓶中，用水稀釋至標線，搖勻。

（8）1%澱粉溶液。稱取 1g 可溶性澱粉，用少量水調成糊狀，再用剛煮沸的水衝稀釋至 100mL。冷卻後，加入 0.4g 氯化鋅防腐或臨用時現配。

（9）硫代硫酸鈉溶液 C（$Na_2S_2O_3$）≈ 0.025mol/L。稱取 6.2g 硫代硫酸鈉（$Na_2S_2O_3 \cdot 5H_2O$）溶於煮沸放冷的水中，加入 0.2g 碳酸鈉，用水稀釋至 1,000mL，貯於棕色瓶中。使用前用 0.025,0mol/L 重鉻酸鉀標準溶液標定。標定方法如下：

於 250mL 碘量瓶中，加入 100mL 水和 1g 碘化鉀，加入 0.025,0mol/L 重鉻酸鉀溶液 10mL、再加 1+5 的硫酸溶液 5mL 並搖勻，於暗處靜置 5min 後，用待標定的硫代硫酸鈉溶液滴定至溶液呈淡黃色，加入 1mL 澱粉溶液，繼續滴定至藍色剛好褪去為止，記錄用量。按式（3.5）計算硫代硫酸鈉溶液的濃度：

$$C = 10.00 \times 0.025,0/V \qquad (3.5)$$

式中：C——硫代硫酸鈉溶液的濃度（mol/L）；

V——滴定時消耗硫代硫酸鈉溶液的體積（mL）。

（10）30%氟化鉀溶液。稱取 48.0g 氟化鉀（$KF \cdot 2H_2O$）溶於水中，用水稀釋至 100mL，貯於聚乙烯瓶中。

（11）4%疊氮化鈉溶液。稱取 4.0g 疊氮化鈉（NaN_3）溶於水中，稀釋至 100mL，貯於棕色瓶中，於暗處存放。

6. 儀器

（1）沸水浴裝置。

（2）碘量瓶，250mL。

（3）棕色酸式滴定管，25mL。

（4）定時鐘。

（5）G-3 玻璃砂芯漏鬥。

7. 樣品的採集與保存

水樣採集於玻璃瓶後，應盡快分析。若不能立即分析，應加入硫酸調節，使 pH 值小於 2，於 4℃下冷藏保存並在 48h 內測定。

8. 樣品的預處理

（1）若水樣中含有氧化性物質，應預先於水樣中加入硫代硫酸鈉去除。即先移取 100mL 水樣於 250mL 碘量瓶中，加入 50% 氫氧化鈉 0.5mL 溶液，搖勻。加入 4% 疊氮化鈉溶液 0.5mL。

（2）另取水樣，加入 8.1 節中硫代硫酸鈉溶液的用量，搖勻，靜置。之後按照操作步驟 10 測定。

9. 干擾的消除

水樣中含 Fe^{3+} 時，可加入 30% 氟化鉀溶液消除鐵的干擾，1mL 30% 氟化鉀溶液可掩蔽 90mg Fe^{3+}。溶液中的亞硝酸根在鹼性條件下不被高錳酸鉀氧化，在酸性條件下可被氧化，加入疊氮化鈉消除干擾。

10. 步驟

（1）吸取 100mL 待測水樣（若水樣 $COD_{OH.KI}$ 高於 12.5mg/L，則酌情少取，用水稀釋至 100mL）於 250mL 碘量瓶中，加入 50%NaOH 溶液 0.5mL，搖勻。

（2）加入 0.05mol/L 高錳酸鉀溶液 10mL，搖勻。將碘量瓶立即放入沸水浴中加熱 60min（從水浴重新沸騰起計時）。沸水浴液面要高於反應溶液的液面。

（3）從水浴中取出碘量瓶，用冷水冷卻至室溫後，加入 4% 疊氮化鈉溶液 0.5mL，搖勻。

（4）加入 30% 氟化鉀溶液 1mL，搖勻。

（5）加 10% 碘化鉀溶液 10mL，搖勻。加入（1+5）硫酸 5mL，加蓋搖勻，於暗處靜置 5min。

（6）用 0.025mol/L 硫代硫酸鈉溶液滴定至溶液呈淡黃色，加入 1mL 澱粉溶液，繼續滴定至藍色剛好消失，盡快記錄硫代硫酸鈉溶液的用量。

（7）空白實驗。另取 100mL 水代替試樣，按照上述步驟做全程序空白，記錄滴定消耗的硫代硫酸鈉溶液的體積。

11. 結果的表示

水樣的 $COD_{OH.KI}$ 按式（3.6）計算：

$$KCOD_{OH.KI}(O_2, mg/L) = \frac{(V_0 - V_1) \times C \times 8 \times 1,000}{V} \quad (3.6)$$

式中：V_0——空白試驗消耗的硫代硫酸鈉溶液的體積（mL）；

V_1——試樣消耗的硫代硫酸鈉溶液的體積（mL）；

C——硫代硫酸鈉溶液濃度（mol/L）；

V——試樣體積（mL）；

8——氧（1/2O）的摩爾質量（g/mol）。

12. 精密度

八個實驗室對 COD_{Cr} 為 72.0~175mg/L（$COD_{OH.KI}$ 含量為 39.1~95.0mg/L），氯離子

濃度為 5,000~120,000mg/L 的六個統一標準樣品進行測定，實驗室內相對標準偏差為 0.4%~5.8%，實驗室間相對標準偏差為 4.6%~9.6%。

附錄 A
(規範性附錄)
廢水 K 值的測定

由於碘化鉀鹼性高錳酸鉀法與重鉻酸鹽法氧化條件不同，對同一樣品的測定值也不相同，而中國的污水綜合排放標準中 COD 指標是指重鉻酸鹽法的測定結果。通過求出碘化鉀鹼性高錳酸鉀法與重鉻酸鹽法間的比值 K，可將碘化鉀鹼性高錳酸鉀法的測定結果換算成重鉻酸鹽法的 COD_{Cr} 值，來衡量水體的有機物污染狀況。

當該類廢水中氯離子濃度高至重鉻酸鹽法無法測定時，使用廢水中主要還原性物質 (例如，油氣田廢水主要是原油和破乳劑) 來測定。

(1) K 值的求得

分別用重鉻酸鹽法和碘化鉀鹼性高錳酸鉀法測定有代表性的廢水樣品 (或主要污染物質) 的需氧量 O_1、O_2，確定該類廢水的 K 值，按下式計算：

$$K = \frac{O_2}{O_1} = \frac{SOD_2}{SOD_1} \tag{1}$$

若水樣中含有幾種還原性物質，則取它們的加權平均 K 值作為水樣的 K 值。

(2) 用該類廢水的 K 值換算廢水樣品的化學需氧量：

$$COD_{Cr} = \frac{COD_{OH,KI}}{K} \tag{2}$$

附錄 B
注意事項

(1) 當水樣中含有懸浮物質時，搖勻後分取。

(2) 水浴加熱完畢後，溶液仍應保持淡紅色，如變淺或全部褪去，說明高錳酸鉀的用量不夠。此時，應將水樣再稀釋後測定。

(3) 若水樣中含鐵，在加入 1+5 硫酸酸化前，加 30% 氟化鉀溶液去除。若水樣中不含鐵，可不加 30% 氟化鉀溶液。

(4) 亞硝酸鹽只有在酸性條件下才被氧化，在加入 1+5 硫酸前，先加入 4% 疊氮化鈉溶液將其分解。若樣品中不存在亞硝酸鹽，可不加疊氮化鈉溶液。

(5) 以澱粉作指示劑時，應先用硫代硫酸鈉溶液滴定至溶液呈淺黃色後，再加入澱粉溶液，繼續用硫代硫酸鈉溶液滴定至藍色恰好消失，即為終點。澱粉指示劑不得過早加入。滴定近終點時，應輕輕搖動。

(6) 澱粉指示劑應用新鮮配置的，若放置過久，則與 I_2 形成的絡合物不呈藍色而呈紫色或紅色，這種紅紫色絡合物在用硫代硫酸鈉滴定時褪色慢，終點不敏銳，有時甚至看不見顯色效果。

附：高錳酸鉀標準溶液配製與標定

由於高錳酸鉀性質不穩定，容易分解，不容易得到很純的試劑，所以必須用間接法配製標準溶液。一般在製備高錳酸鉀標準溶液時，需加熱近沸約30min，以充分氧化水中的有機雜質，並靜置過夜，再除去生成的沉澱，同時保存在棕色小口瓶中以避免光照，以保持溶液濃度相對穩定，不致迅速氧化。然後再用基準物質標定其準確濃度。

標定高錳酸鉀溶液的基準物質有 $H_2C_2O_4 \cdot 2H_2O$、$FeSO_4 \cdot 7H_2O$、$(NH_4)_2SO_4 \cdot 6H_2O$、As_2O_3 和純鐵絲等。由於前兩者較易純化，所以在標定高錳酸鉀時經常採用。

本實驗採用 $Na_2C_2O_4$ 標定預先配好的濃度近 0.02mol/L $KMnO_4$ 溶液，兩者反應方程式如下：

$$2KMnO_4 + 8H_2SO_4 + 5NaC_2O_4 = 2MnSO_4 + 10CO_2\uparrow + 5Na_2SO_4 + 2K_2SO_4 + 8H_2O$$

$$[2MnO_4^- + 5C_2O_4^{2-} + 16H^+ = 2Mn^{2+} + 10CO_2\uparrow + 8H_2O]$$

直接稱取一定質量的 $Na_2C_2O_4$，用少量蒸餾水溶解後，以待標定的高錳酸鉀溶液滴定至終點，按如下計算式計算高錳酸鉀溶液的準確濃度：

$$\rho(O_2) = \frac{[(10+V_1)\times K-10]-[(10+V_0)K-10]\times R\times C\times 8\times 1,000}{V_0}$$

式中：C（$KMnO_4$）——高錳酸鉀的準確濃度（mol/L）；

m（$Na_2C_2O_4$）——所稱草酸鈉的質量（g）；

M（$Na_2C_2O_4$）——所稱草酸鈉的摩爾質量134 g/mol；

V（$KMnO_4$）——所用高錳酸鉀的體積（mL）。

儀器及試劑

儀器：分析天平、酸式滴定管、錐形瓶、量筒。

試劑：$KMnO_4$、草酸鈉（分析純）、3mol/L H_2SO_4 等。

分析步驟

0.02mol/L 的高錳酸鉀標準溶液的配製：稱取 1.58g 高錳酸鉀，加少量水溶解，定容至 500mL，蓋上表面皿，煮沸 15min（1h），冷卻後於暗處靜置 2 周（2~3 天），經砂芯漏斗過濾，儲存於具玻璃塞的棕色玻璃瓶內，過濾後的溶液不允許與紙、橡皮或其他有機物質接觸。

標定：稱取 0.13~0.15g 預先經 105℃ 乾燥 1h 的草酸鈉三份置於 150mL 錐形瓶中，加入 40mL 蒸餾水、10mL 3mol/L H_2SO_4 溶液［硫酸溶液預先煮沸 10~15min，並冷卻至 (27±3)℃］，搖動至草酸鈉溶解，慢慢加熱，直到有蒸汽冒出（75℃~85℃）。趁熱用待標定的 $KMnO_4$ 溶液進行滴定，開始時，速度要慢，滴入第一滴溶液後，不斷搖動錐形瓶，使溶液充分混合反應，當紫紅色褪去後再滴入第二滴。當溶液中有 Mn^{2+}（催化劑）產生後，反應速度會加快，滴定速度也可隨之加快，接近終點時，紫紅色退去很慢，此時，應該減慢滴定速度，同時充分搖勻。最後滴加半滴 $KMnO_4$ 溶液搖勻後 30s 內不褪色即為達到終點。記下讀數。計算 $KMnO_4$ 溶液的準確濃度。再將濃度調節到 0.02mol/L。

數據記錄如表 3-3 所示。

表 3-3　　　　　　　　　　　數據記錄表

測定次數	第一次	第二次	第三次
$Na_2C_2O_4$ 質量/g			
$KMnO_4$ 溶液初讀數/mL			
$KMnO_4$ 溶液終讀數/mL			
$V(KMnO_4)$ /mL			
$C(KMnO_4)$ (mol/L)			
$C(KMnO_4)$ 平均值 (mol/L)			
相對平均偏差			

為了配製較穩定的 $KMnO_4$ 溶液，常採用下列措施：

(1) 稱取 1.58g 的 $KMnO_4$，溶解在不含還原性物質的蒸餾水中並稀釋至 500mL。

(2) 將配製好的 $KMnO_4$ 溶液於 90℃~95℃ 水浴中加熱兩小時，然後在暗處放置 2~3d，使溶液中可能存在的還原性物質完全氧化。

(3) 傾出清液，貯存於棕色試劑瓶中並存放於暗處，以待標定。

為了能使此反應定量能迅速進行，應控制好以下條件：

(1) 溫度控制：反應溫度 70℃~80℃。溫度超過 90℃，$H_2C_2O_4$ 部分分解導致標定結果偏高。溫度過低，反應速度太慢，水浴鍋中的水不要開，液面上有白汽為宜。同時要保證沸水浴的水面要高於錐形瓶內的液面。

(2) 酸度控制：滴定應在一定酸度的 H_2SO_4 介質中進行，一般滴定開始時，溶液 $[H^+]$ 應為 0.5~1mol/L，滴定終了時應為 0.2~0.5mol/L。酸度過低，MnO_4^- 會部分被還原成 MnO_2；酸度過高會促進 $H_2C_2O_4$ 分解，使測定結果偏高。

(3) 滴定速度：滴定時開始速度一定要慢，第一滴高錳酸鉀褪色很慢。滴定時應待第一滴 $KMnO_4$ 紅色褪去之後再滴入第二滴（會出現棕色渾濁現象），若滴定速度過快，在熱的酸性溶液中，滴入的 $KMnO_4$ 來不及和 $C_2O_4^{2-}$ 反應而發生分解：$4MnO_4^- + 12H^+ = 4Mn^{2+} + 5O_2\uparrow + 6H_2O$ 導致標定結果偏低。待滴入 $KMnO_4$ 反應生成 Mn^{2+} 作為催化劑時，滴定才逐漸加快。但在近終點時應小心慢加。

(4) 滴定終點 $KMnO_4$ 不太穩定，這是由於空氣中還原性氣體及塵埃等雜質使 MnO_4^- 緩慢分解，粉紅色消失，所以保持 30s 不褪色即可認為已經到達滴定終點。

注意：

(1) $KMnO_4$ 顏色較深，讀數時應以液面的上沿最高線為準。

(2) 滴定過程中錐形瓶不燙手了說明溫度過低，應拿到水浴中再次加熱。

(3) 出現棕色渾濁現象說明實驗失敗，要重新稱量草酸鈉。

(4) 高錳酸鉀易反應，衣物會染色，應注意。

思考題

1. 配製 KMnO₄ 標準溶液時，為什麼要將 KMnO₄ 溶液煮沸一定時間並放置數天？配好的 KMnO₄ 溶液為什麼要過濾後才能保存？過濾時是否可以用濾紙？

答：KMnO₄ 試劑中常含有少量 MnO₂ 和其他雜質（如硝酸鹽、硫酸鹽或氯化物等），KMnO₄ 的氧化能力強，易和水中的有機物、空氣中的塵埃及氨等還原性物質產生作用，並能自行分解〔蒸餾水中常含有微量還原性物質，它們能慢慢地使 KMnO₄ 還原為 MnO(OH)₂ 沉澱。另外 MnO₂ 或 MnO(OH)₂ 能進一步促進 KMnO₄ 溶液分解〕。因此，配製 KMnO₄ 標準溶液時，要將 KMnO₄ 溶液煮沸一定時間並放置數天，讓還原性物質完全反應後並用微孔玻璃漏斗過濾，濾取 MnO₂ 或 MnO(OH)₂ 沉澱後保存在棕色瓶中。過濾時不可以用濾紙，因為濾紙有還原性。

2. 配製好的 KMnO₄ 溶液為什麼要盛放在棕色瓶中保護？如果沒有棕色瓶該怎麼辦？

答：因為 Mn^{2+} 和 MnO_2 的存在能使 KMnO₄ 分解，見光分解更快。所以，配製好的 KMnO₄ 溶液要盛放在棕色瓶中保存。如果沒有棕色瓶，應放在避光處保存。

3. 在滴定時，KMnO₄ 溶液為什麼要放在酸式滴定管中？

答：因為 KMnO₄ 溶液具有氧化性，能使鹼式滴定管下端的橡皮管氧化。所以，滴定時 KMnO₄ 溶液要放在酸式滴定管中。

4. 用 $Na_2C_2O_4$ 標定 KMnO₄ 時候，為什麼必須在 H_2SO_4 介質中進行？酸度過高或過低有何影響？可以用 HNO_3 或 HCl 調節酸度嗎？為什麼要加熱到 70℃~80℃？溶液溫度過高或過低有何影響？

答：因若用 HCl 調酸度時，Cl^- 具有還原性，會與 KMnO₄ 反應。若用 HNO_3 調酸度時，HNO_3 具有氧化性。所以只能在 H_2SO_4 介質中進行。滴定必須在強酸性溶液中進行，若酸度過低，KMnO₄ 與被滴定物作用生成褐色的 MnO(OH)₂ 沉澱，反應不能按一定的計量關係進行。在室溫下，KMnO₄ 與 $Na_2C_2O_4$ 之間的反應速度慢，故須將溶液加熱到 70℃~80℃，但溫度不能超過 90℃，否則 $Na_2C_2O_4$ 分解。

5. 標定 KMnO₄ 溶液時，為什麼第一滴 KMnO₄ 加入後，溶液的紅色褪去很慢，而以後紅色褪去越來越快？

答：因 KMnO₄ 與 $Na_2C_2O_4$ 的反應速度較慢，加入第一滴 KMnO₄ 後，由於溶液中沒有 Mn^{2+}，反應速度慢，紅色褪去很慢，隨著滴定的進行，溶液中 Mn^{2+} 的濃度不斷增大，由於 Mn^{2+} 的催化作用，反應速度越來越快，紅色褪去也就越來越快。

6. 盛放 KMnO₄ 溶液的燒杯或錐形瓶等容器放置較久後，其壁上常有的棕色沉澱物是什麼？此棕色沉澱物用通常的方法不容易洗淨，應怎樣洗滌才能除去此沉澱？

答：棕色沉澱物為 MnO_2 和 MnO(OH)₂，此沉澱物可以用酸性草酸或鹽酸羥胺洗滌液洗滌。過濾後玻璃砂漏斗及燒杯上沾有 MnO_2，要用硫酸/草酸過飽和溶液洗（注意不要燒手，廢液要回收）。

第三節　五日生化需氧量（BOD_5）的測定

生活污水與工業廢水含有大量有機物，這些有機物在水體中分解時要消耗大量溶解氧，從而破壞水體中氧的平衡，使水質惡化。

生化需氧量是屬於利用水中有機物在一定條件下所消耗的氧，用來表示水體中有機物的含量的一個重要指標。

生化需氧量的經典測定方法，是稀釋接種法。

稀釋接種法：

1. 方法原理

生化需氧量是指在一定條件下，微生物分解存在於水中的某些可氧化物質中，特別是有機物所進行的生物化學過程消耗溶解氧的量。

於恒温培養箱內在 20±1℃ 培養 5 天，分別測定樣品培養前後的溶解氧，二者之差既為 BOD_5 值，以氧的 mg/L 表示。

本方法適用於測定 BOD_5 範圍：$2mg/L<C_{BOD5}<6,000mg/L$，當 >6,000 時，會因稀釋帶來誤差。

儀器：

（1）恒温培養箱。

（2）5~20L 細口玻璃瓶。

（3）1,000~2,000mL 量筒。

（4）玻璃棒：50mL，棒的底端固定一個 10 號的帶有幾個小孔的橡膠塞。

（5）溶解氧瓶（碘量瓶）：250~300mL。

試劑：

（1）磷酸鹽緩衝溶液。

將 8.5g 磷酸二氫鉀（KH_2PO_4）、21.75g 磷酸氫二鉀（K_2HPO_4）、33.4g 七水合磷酸氫二鈉（$Na_2HPO_4 \cdot 7H_2O$）和 1.7g 氯化銨（NH_4Cl）溶於水中，稀釋至 1,000mL。此溶液 pH 值為 7.2。

（2）硫酸鎂溶液。

將 22.5g 七水合硫酸鎂（$MgSO_4 \cdot 7H_2O$）溶於水中，稀釋至 1,000mL。

（3）氯化鈣溶液。

將 27.5g 無水氯化鈣溶於水中，稀釋至 1,000mL。

（4）氯化鐵溶液。

將 0.25g 六水合氯化鐵（$FeCl_3 \cdot 6H_2O$）溶於水，稀釋至 1,000mL。

（5）鹽酸溶液（0.5mol/L）。

將 40mL 濃鹽酸溶於水，稀釋至 1,000mL。

（6）氫氧化鈉溶液（0.5mol/L）。

將 20g 氫氧化鈉溶於水，稀釋至 1,000mL。

（7）葡萄糖—谷氨酸標準溶液。

將葡萄糖和谷氨酸在 103℃ 干燥 1 小時後，各稱取 150mg 溶於水中，移入 1,000mL 容量瓶中，稀釋至標線，臨用前配製。

（8）稀釋水。

在 5~20L 玻璃瓶中裝入一定量的水，將水溫控制在 20℃ 左右，用曝氣機曝氣 2~8 小時，使稀釋水中的溶解氧接近飽和。瓶口蓋以兩層紗布，置於 20℃ 培養箱內放置數小時，使水中溶解氧含量達到 8mg/L 左右。臨用前向每升水中加入氯化鈣、硫酸鎂、氯化鐵、磷酸緩衝液各 1mL，混勻。

（9）接種液可選用以下幾種：

① 一般生活用水，放置一晝夜，取上清液。
② 表層土壤水，取 100g 花園或植物生長土壤，加 1L 水，靜置 10 分鐘，取上清液。
③ 污水廠出水。
④ 含有城市污水的河水或湖水。

（10）接種稀釋水。

每升稀釋水中接種的加入量：生活污水 1~10mL，表層土壤水 20~30mL，河水或湖水 10~100mL。

接種稀釋水 pH 值為 7.2，配製後應立即使用。

2. 水樣的測定

（1）不經稀釋的水樣的測定。

① 將混勻水樣轉移入兩個溶解氧瓶中（轉移中不要出現氣泡），溢出少許，加塞。瓶內不應留氣泡。
② 其中一瓶隨即測定溶解氧，另一瓶口水封後放入培養箱，在 20±1℃ 下培養 5 天。
③ 5 天後，測定溶解氧。
④ 計算：BOD_5（mg/L）= $C_1 - C_2$

C_1——水樣在培養前的溶解氧濃度；

C_2——水樣在培養後的溶解氧濃度。

（2）經稀釋水樣的測定如表 3-4 所示。

表 3-4　　　　　　　　　　　　　水樣的稀釋

水樣類型	參考值		稀釋系數	備註
地面水	高錳酸鹽指數	<5	—	高錳酸鹽與一定系數的乘積為稀釋倍數。使用稀釋水時，由 COD 值乘以系數，既為稀釋倍數，使用接種稀釋水時則只乘以系數
		5~10	0.2, 0.3	
		10~20	0.4, 0.6	
		>20	0.5, 0.7, 1.0	
工業廢水	重鉻酸鉀法	稀釋水	0.075, 0.15, 0.225	
		接種稀釋水	0.075, 0.15, 0.25	

(3) 一般稀釋法。

①按選定的稀釋比例，在1,000mL量筒內引入部分稀釋水。
②加入需要量的混匀水樣，再引入稀釋水（或接種稀釋水）至800mL。
③用帶膠板的玻璃棒上下攪匀。攪拌時膠板不要露出水面，防止產生氣泡。
④將水樣裝入兩個溶解氧瓶內，測定當天溶解氧和培養5天後的溶解氧。
⑤培養稀釋水做空白實驗，測定5天前後的溶解氧。

計算：

$$BOD_5\ (mg/L) = \frac{(C_1-C_2)-(B_1-B_2)\times f_1}{f_2}$$

式中：C_1——水樣在培養前的溶解氧濃度（mg/L）；
　　　C_2——水樣在培養後的溶解氧濃度（mg/L）；
　　　B_1——稀釋水在培養前的溶解氧（mg/L）；
　　　B_2——稀釋水在培養後的溶解氧（mg/L）；
　　　f_1——稀釋水在培養液中占的比例；
　　　f_2——水樣在培養液中占的比例。

※f_1、f_2的計算：例如培養液的稀釋比為3%，即3份水樣、97份稀釋水，則f_1= 0.97，f_2= 0.03。

BOD$_5$測定中，一般採用疊氮化鈉改良法測定溶解氧。

注意事項：

①水樣pH值應為6.5~7.5，若超出可用鹽酸或氫氧化鈉調節pH值，使其近於7。
②水樣在採集和保存及操作過程中不要出現氣泡。
③水樣稀釋倍數超過100時，要預先在容量瓶中用蒸餾水稀釋，再取適量進行稀釋培養。
④檢查稀釋水和接種液的質量和化驗人員的水平，可將20mL葡萄糖-谷氨酸標液用稀釋水稀釋至1,000mL，按BOD的步驟操作，測得的值應在180~230mg/L，否則，應找出原因所在。
⑤在培養過程中注意及時添加封口水。

第四節　溶解氧的測定

將溶解在水中的分子態氧稱為溶解氧。溶解氧的飽和含量和空氣中氧的分壓、大氣壓力、水溫有密切關係。清潔地面水溶解氧一般接近飽和，廢水中的溶解氧含量一般較低。

方法選擇：

測定水中溶解氧常用碘量法及其修正法，還可用溶解氧儀測定。氧化性物質可使碘化物遊離出碘，產生正干擾；還原性物質可把碘還原成碘化物，產生負干擾。

大部分受污染的地面水和工業廢水採用修正的碘量法和電極法。

水樣的採集與保存：

水樣應採集在溶解氧瓶中，過程中不要有氣泡產生，沿瓶壁直接傾註水樣至溢流出瓶容積 1/3~1/2。採集後，在取樣現場立即固定並存於暗處。

一、碘量法

1. 原理

水樣中加入硫酸錳和鹼性碘化鉀，水中的溶解氧將低價錳氧化成高價錳，生成四價錳的氫氧化物沉澱。加酸後，氫氧化物沉澱溶解，並與碘離子反應而釋放出碘。以澱粉作指示劑，用硫代硫酸鈉滴定碘，可計算溶解氧的含量。

2. 儀器與試劑

儀器：250~300mL 溶解氧瓶。

試劑：

①硫酸錳溶液：稱取 240g 硫酸錳（$MnSO_4 \cdot 4H_2O$ 或 $182gMnSO_4 \cdot H_2O$）溶於水，稀釋至 500mL。

②鹼性碘化鉀溶液：稱取 250g 氫氧化鈉溶於 200mL 水中；稱取 75g 碘化鉀溶於 100mL 水中，待氫氧化鈉冷卻後，將兩溶液混合，稀釋至 500mL。

如有沉澱，則放置過夜，傾出上清液，貯於棕色瓶中，用橡膠塞塞緊，避光保存。

③1+5 的硫酸溶液：1 份硫酸加上 5 份水。

④1% 的澱粉溶液：稱取 1g 可溶性澱粉，用少量水調成糊狀，用剛煮沸的水衝稀釋至 100mL。冷卻後，加入 0.4g 氯化鋅防腐。

⑤0.025mol/L（$1/6K_2Cr_2O_7$）。

稱取於 105℃~110℃ 烘干 2h 並冷卻的重鉻酸鉀 1.225,8g，溶於水，移入 1,000mL 的容量瓶中，稀釋至標線，混勻。

⑥硫代硫酸鈉溶液。

稱取 6.2g 的硫代硫酸鈉（$Na_2S_2O_3 \cdot 5H_2O$）溶於煮沸放冷的水中，用水稀釋至 1,000mL，貯於棕色瓶中。用前用 0.025mol/L 的重鉻酸鉀標定，方法如下：

於 250mL 碘量瓶中，加入 100mL 水和 1g 碘化鉀，加入 10mL 0.025mol/L 重鉻酸鉀標液和 5mL 1+5 的硫酸溶液密塞，搖勻。放出靜置 5 分鐘後，用硫代硫酸鈉滴定至溶液呈淡黃色，加入 1mL 澱粉溶液，繼續滴定至藍色剛好褪去，記錄用量。

$$M = \frac{10 \times 0.025}{V}$$

M——硫代硫酸鈉溶液的濃度（mol/L）；

V——滴定時消耗硫代硫酸鈉的量（mL）。

⑦濃硫酸。

3. 實驗步驟

（1）溶解氧的固定（取樣現場固定）。

①用吸管插入液面下，加入 1mL 硫酸錳、2mL 鹼性碘化鉀；

②蓋好瓶蓋，顛倒混合數次，靜置；

③待沉澱物降至瓶內一半，再顛倒混合一次，待沉澱物降到瓶底。

（2）析出碘。

輕輕打開瓶塞，立即將吸管插入液面下加入 2.0mL 濃硫酸，蓋好瓶塞，顛倒混合，至沉澱物全部溶解，於暗處放置 5 分鐘。

（3）滴定。

吸取 100mL 上述溶液於 250mL 錐形瓶中，用硫代硫酸鈉滴定至淡黃色，加入 1mL 澱粉溶液，繼續滴定至藍色剛好褪去即為終點，記錄用量。

$$溶解氧（O_2 mg/L）= \frac{M \cdot V \times 8 \times 1,000}{100}$$

M——硫代硫酸鈉溶液的濃度（mol/L）；

V——滴定時消耗硫代硫酸鈉的量（mL）。

二、疊氮化鈉修正（碘量）法

1. 概述

水中含有亞硝酸鹽時干擾碘量法測溶解氧，可加入疊氮化鈉，使水中亞硝酸鹽分解，以消除干擾。在不含其他氧化還原物質時，若水樣中含 Fe^{3+} 達 100～200mg/L 時，可加入 1mL 40%氟化鉀溶液，以消除干擾。

2. 試劑

（1）鹼性碘化鉀-疊氮化鈉溶液：稱取 250g 氫氧化鈉溶於 200mL 水中；稱取 75g 碘化鉀溶於 100mL 水中，溶解 5g 疊氮化鈉於 20mL 水中，待氫氧化鈉冷卻後，將三溶液混合，稀釋至 500mL，貯於棕色瓶中，用橡膠塞塞緊，避光保存。

（2）40%（m/v）氟化鉀：稱取 40g 氟化鉀（$KF \cdot 2H_2O$）溶於水，稀釋至 100mL，貯於聚乙烯瓶中。

（3）實驗步驟同碘量法。僅將鹼性碘化鉀換成鹼性碘化鉀-疊氮化鈉溶液。若含 Fe^{3+} 干擾，則插入液面下先加入 1mL 40%氟化鉀溶液。

注意事項：

①疊氮化鈉是一種劇毒、易爆試劑，不能將鹼性碘化鉀-疊氮化鈉溶液直接酸化，否則會產生有毒菸霧。

②水樣呈強酸或強鹼性，可用氫氧化鈉或硫酸調至中性。

③在操作過程中切勿產生氣泡。

④硫代硫酸鈉濃度容易變化，每次使用都要標定。

第五節　懸浮物(SS)的測定

懸浮物又稱總不可濾殘渣，是指不能通過濾器的固體物。它可降低水體的透明度，影響水質質量。

濾紙（濾膜）法：

1. 原理

用中速定量濾紙（或濾膜）過濾水樣，經 103℃～105℃烘乾後得到 SS 的含量。

2. 儀器

（1）稱量瓶：60×30。

（2）中速定量濾紙（孔徑為 0.45 微米的濾膜及相應濾器）、玻璃漏鬥。

（3）恒溫干燥箱（烘箱）。

3. 實驗步驟

（1）將一張濾紙或濾膜放在稱量瓶中，打開瓶蓋，在 103℃～105℃下烘干 2 小時，取出放冷後蓋好瓶蓋，稱重。

（2）取適量混勻水樣在已稱至恒重的濾紙或濾膜上過濾，必要時可用真空泵抽濾，用蒸餾水沖洗殘渣 2～3 遍。

（3）小心取下濾紙或濾膜，放入原稱量瓶中，在 103℃～105℃下烘箱中烘干 2 小時，取出後放冷，蓋好瓶蓋稱至恒重。

計算：

$$SS\ (mg/L) = \frac{(A-B) \times 1,000 \times 1,000}{V}$$

式中：A——SS+濾紙（濾膜）+稱量瓶重（g）；

B——濾紙（濾膜）+稱量瓶重（g）；

V——水樣體積（一般取 100mL）。

※如果不容易過濾，可用真空泵抽濾，用布氏漏鬥過濾。

第六節　氨氮(NH_3-N)的測定

氨氮以遊離氨（NH_3）或銨鹽（NH_4^+）的形式存在於水中，兩者的組成比取決於水的 pH 值。pH 值偏高時，遊離氨比例較高，反之，銨鹽比例較高。

在無氧條件下，亞硝酸鹽受微生物作用還原為氨；在有氧條件下水中的氨亦可轉變為亞硝酸鹽，繼續轉變為硝酸鹽。

測定氨氮的方法主要為納氏比色法和蒸餾-酸滴定法。

水樣應保存在聚乙烯瓶或玻璃瓶中，盡快分析。水樣帶色或渾濁時要進行水樣的預處理，對污染嚴重的要進行蒸餾。

一、預處理

1. 絮凝沉澱法

加適量硫酸鋅於水樣中，並加氫氧化鈉使之成鹼性，生成氫氧化鋅沉澱，經過濾除去顏色和渾濁。

儀器：100mL 容量瓶。

試劑：

（1）10%（m/v）硫酸鋅溶液：稱取 10g 硫酸鋅溶於水，稀釋至 100mL。

（2）25%氫氧化鈉溶液：25g 氫氧化鈉溶於水，稀釋至 100mL，貯於聚乙烯瓶中。

（3）濃硫酸。

步驟：

取 100mL 水樣於容量瓶中，加入 1mL 10% 硫酸鋅和 0.1~0.2mL 25% 的氫氧化鈉，混勻，放置使之沉澱，用中速濾紙過濾，棄去 20mL 初濾液。

2. 蒸餾預處理

調節水樣 pH 值，使之為 6.0~7.4，加入適量氧化鎂使之呈微鹼性，蒸餾釋出氨，吸收於硼酸溶液中，採用納氏試劑或酸滴定法測定。

儀器：

帶氮球的定氮蒸餾裝置：500mL 凱氏燒瓶、氮球、直形冷凝管、橡膠導管、錐形瓶、電爐。如圖 3-1 所示。

試劑：

（1）1mol/L 鹽酸溶液：吸取 83mL 濃鹽酸加入 200mL 水中，稀釋至 1,000mL。

（2）1mol/L 氫氧化鈉：稱取 40g 氫氧化鈉溶於水，稀釋至 1,000mL。

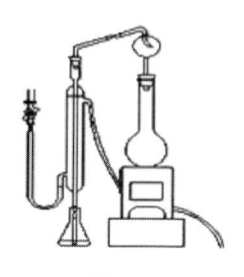

（3）輕質氧化鎂（MgO）：氧化鎂於 500℃ 在馬弗爐中加熱 0.5h。

圖 3-1

（4）0.05% 溴百里酚藍指示液（pH 值為 6.0~7.6）：將 0.05g 溴百里酚藍溶於 100mL 水中。

（5）硼酸吸收液：稱取 20g 硼酸溶於水，稀釋至 1L。

步驟：

第一，裝置預處理：加入 250mL 水於凱氏燒瓶中，加約 0.25g 氧化鎂和數粒玻璃珠，加熱蒸餾出約 200mL，棄去瓶內殘液。

第二，水樣的蒸餾：

①取 250mL 水樣移入凱氏燒瓶中，加數滴溴百里酚藍；

②用氫氧化鈉或鹽酸調節至 pH 值至 7 左右；

③加入 0.25g 氧化鎂和 3~5 粒玻璃珠；

④立即連接氮球和冷凝管，導管下端插入 50mL 硼酸吸收液面下；

⑤加熱蒸餾，至餾出液達 200mL 時，停止蒸餾，定容至 250mL；

⑥採用納氏試劑或酸滴定法測定。

注意事項

第一，蒸餾時不要發生暴沸和產生泡沫，造成氨吸收不完全。

第二，蒸餾前一定要先打開冷凝水；蒸餾完畢後，先移走吸收液再關閉電爐，以防發生倒吸。

二、納氏試劑比色法

1. 原理

碘化汞和碘化鉀的鹼性溶液與氨反應生成黃色膠態化合物，此顏色在較寬波長範

圍內具強烈吸收，通常為 410~425nm。

2. 干擾

水中的顏色和渾濁影響比色，用預處理去除。

3. 適用範圍

本方法的最低檢出濃度為 0.025mg/L，測定上限為 2mg/L，水樣預處理後，可適用於工業廢水和生活污水。

4. 儀器與試劑

儀器：722 分光光度計、50mL 比色管。

試劑：

（1）納氏試劑：

稱取 16g 氫氧化鈉溶於 50mL 水中，充分冷卻至室溫；

另稱取 7g 碘化鉀和 10g 碘化汞溶於水，然後將此溶液在攪拌下徐徐注入氫氧化鈉溶液中，用水稀釋至 100mL，貯於聚乙烯瓶中，避光保存。

（2）酒石酸鉀鈉。

稱取 50g 酒石酸鉀鈉溶於 100mL 水中，加熱煮沸以除去氨，放冷，定容至 100mL。

（3）氨標準貯備液。

稱取 3.819g 經 100℃干燥過的氯化銨溶於水中，移入 1,000mL 容量瓶中，稀釋至標線，此溶液每毫升含 1mg 氨氮。

（4）氨標準使用液。

移取 5mL 氨標準貯備液於 500mL 容量瓶中，用水稀釋至標線。此溶液每毫升含 0.01mg 氨氮。

5. 實驗步驟

（1）校準曲線的繪製。

①吸取 0mL、0.50mL、1.00mL、3.00mL、5.00mL、7.00mL 和 10.0mL 氨標準使用液於 50mL 比色管中，加水至標線；

②向比色管加入 1mL 酒石酸鉀鈉溶液，再加入 1.5mL 納氏試劑，混勻，放置 10min。

③在波長 420nm 處，用光程 20mm 比色皿，以水為參比，測量吸光度。利用迴歸方程（$y=bx+a$）計算，見附錄 13。

（2）水樣的測定。

取適量（預處理後）水樣，加入 50mL 比色管中，用蒸餾水稀釋至標線，加入 1mL 酒石酸鉀鈉溶液，再加入 1.5mL 納氏試劑，混勻，放置 10 分鐘。同校準曲線步驟測量吸光度。

計算：

$$C(\text{mg/L}) = \frac{(A - A_0 - a)}{b \times V} \times d$$

式中：A——水樣的吸光度；

a——截距；

b ——斜率；

A_0 ——空白吸光度；

d ——稀釋倍數；

V ——取樣體積（mL）。

注意事項：

第一，蒸餾預處理後水樣，要加入一定量 1mol/L 的氫氧化鈉中和硼酸。

第二，納氏試劑中碘化汞和碘化鉀的比例對顯色影響很大，靜置後生成的沉澱應除去。

第三，納氏試劑有毒性，應盡量避免接觸皮膚。

三、滴定法測氨氮

1. 概述

滴定法僅適用於進行蒸餾預處理的水樣，調節水樣 pH 值為 6.0~7.4，加入氧化鎂使之呈微鹼性，加熱蒸餾，釋出的氨吸收於硼酸溶液中，以甲基紅-亞甲藍為指示劑，用酸標液滴定餾出的氨。

2. 試劑

（1）混合指示劑：稱取 200mg 甲基紅溶於 100mL 95% 的乙醇中；另稱取 100mg 亞甲藍溶於 50mL 95% 的乙醇中。以兩份甲基紅與一份亞甲藍溶液混合後供用，一月配一次。

（2）0.05% 甲基橙指示液：0.05g 甲基橙溶於 100mL 水中。

（3）硫酸標準溶液（$1/2H_2SO_4 = 0.020$mol/L）。

①先配製（1+9）的硫酸溶液，取 5.6mL 於 1,000mL 的容量瓶中，稀釋至標線，混勻標定；

②稱取經 180℃ 干燥的基準無水碳酸鈉約 0.5g（稱準至 0.000,1g），溶於新煮沸放冷的水中，移入 500mL 容量瓶中，稀釋至標線。

移取 25mL 碳酸鈉溶液於 250mL 錐形瓶中，加 25mL 水，加 1 滴 0.05% 的甲基橙指示液，用硫酸滴定至淡橙紅色，記錄用量。

$$硫酸溶液濃度(1/2H_2SO_4, \text{mol/l}) = \frac{W \times 1,000}{V \times 52.995} \times \frac{25}{500}$$

式中：W ——碳酸鈉的重量（g）；

V ——消耗硫酸溶液的體積（mL）。

3. 水樣測定

（1）在以硼酸溶液為吸收液的餾出液中，加入 2 滴混合指示劑，用硫酸標液標定至綠色轉變為淡紫色為止，記錄用量。

（2）以蒸餾水代替水樣，做空白實驗。

計算：

$$氨氮(N, \text{mg/L}) = \frac{(A-B) \times M \times 14 \times 1,000}{V}$$

式中：A——滴定水樣時消耗硫酸溶液的量（mL）；

B——空白實驗消耗硫酸溶液的量（一般視為0）；

M——硫酸溶液的濃度（mol/L）；

V——水樣的體積（mL）；

14——氨氮（N）的摩爾質量。

備註：對於氨氮含量較低的可採用比色法，如生活污水、經過稀釋後的工業污水，但不要有顏色干擾。氨氮含量在50mg/L以上時就要進行稀釋。

第七節　亞硝酸鹽氮的測定

亞硝酸鹽氮是氮循環的中間產物，不穩定。在水環境不同的條件下，可氧化成硝酸鹽氮，也可被還原成氨。

亞硝酸鹽氮在水中可受微生物作用很不穩定，採集後應立即分析或冷藏抑制生物影響。

N-（1-萘基）-乙二胺光度法：

1. 原理

在磷酸介質中，pH值為1.8±0.3時，亞硝酸鹽與對氨基苯磺酰胺（簡稱磺胺）反應，生成重氮鹽，再與N-（1-萘基）-乙二胺偶聯生成紅色染料，在波長540nm處有最大吸收。

2. 干擾及消除

水樣呈鹼性（pH≥11）時，可加酚酞指示劑，滴加磷酸溶液至紅色消失；水樣有顏色或懸浮物，加氫氧化鋁懸浮液並過濾。

3. 適用範圍

本法適用於飲用水、地面水、生活污水、工業廢水中亞硝酸鹽的測定，最低檢出濃度為0.003mg/L，測定上限為0.20mg/L。

4. 儀器與試劑

儀器：分光光度計、G-3玻璃砂心漏鬥

試劑：

（1）顯色劑：於500mL燒杯中加入250mL水和50mL磷酸，加入20g對氨基苯磺酰胺；再將1g N-（1-萘基）-乙二胺二鹽酸鹽溶於上述溶液中，轉移至500mL容量瓶中，用水稀釋至標線。

（2）磷酸（$\rho=1.70$g/mL）。

（3）高錳酸鉀標準溶液（1/5K$_2$MnO$_4$，0.050mol/L）：溶解1.6g高錳酸鉀於1,200mL水中，煮沸0.5~1h，使體積減少到1,000mL左右放置過夜，用G-3玻璃砂心漏鬥過濾後，貯於棕色試劑瓶中避光保存，待標定。

（4）草酸鈉標準溶液（1/2Na$_2$C$_2$O$_4$，0.050,0mol/L）：溶解經105℃烘干2小時的優級純或基準試無水草酸鈉3.35g於750mL水中，移入1,000mL容量瓶中，稀釋至

標線。

(5) 亞硝酸鹽氮標準貯備液：稱取 1.232g 亞硝酸鈉溶於 150mL 水中，移至 1,000mL 容量瓶中，稀釋到標線。每毫升約含 0.25mg 亞硝酸鹽氮。本溶液加入 1mL 三氯甲烷，保存一個月。標定：在 300mL 具塞錐形瓶中，移入 50mL 0.050mol/L 高錳酸鉀溶液，5mL 濃硫酸，插入高錳酸鉀溶液面下，加入 50mL 亞硝酸鈉標準貯備液，輕輕搖勻，在水浴上加熱至 70℃~80℃，按每次 10mL 的量加入足夠的草酸鈉標準溶液，使紅色褪去並過量，記錄草酸鈉標液的用量（V_2）。然後用高錳酸鉀標液滴定過量的草酸鈉至溶液呈微紅色，記錄高錳酸鉀標液的總用量（V_1）。

用 50mL 水代替亞硝酸鹽氮標準貯備液，如上述操作，用草酸鈉標液標定高錳酸鉀的濃度（C_1, mol/L）。

$$C_1\,(1/5K_2MnO_4) = \frac{0.050,0 \times V_4}{V_3}$$

亞硝酸鹽氮的濃度（C, mg/L）

$$C(N, mg/L) = \frac{(V_1C_1 - 0.05 \times V_2) \times 7 \times 1,000}{50}$$

$$= 140V_1C_1 - 7.00 \times V_2$$

式中：C_1——經標定的高錳酸鉀溶液的濃度（mol/L）；

V_1——滴定亞硝酸鹽氮貯備液時，加入高錳酸鉀溶液的總量（mL）；

V_2——滴定亞硝酸鹽氮貯備液時，加入草酸鈉溶液的量（mL）；

V_3——滴定水時，加入高錳酸鉀標液的總量（mL）；

V_4——滴定水時，加入草酸鈉標液的總量（mL）；

7——亞硝酸鹽氮（1/2N）的摩爾質量（g/mol）；

50——亞硝酸鹽標準貯備液（mL）；

0.05——草酸鈉標準溶液的濃度（$1/2Na_2C_2O_4$, mol/L）。

(6) 亞硝酸鹽氮標準中間液：分取適量亞硝酸鹽標準貯備液（使含 12.5mg 亞硝酸鹽氮），置於 250mL 棕色容量瓶中，稀釋至標線，可保存一週。此溶液每毫升含 50μg 亞硝酸鹽氮。

(7) 亞硝酸鹽氮標準使用液：取 10mL 中間液，置於 500mL 容量瓶中，稀釋至標線。每毫升含 1μg 亞硝酸鹽氮。

(8) 氫氧化鋁懸浮液：溶解 125g 硫酸鋁鉀 [$KAl(SO_4)_2 \cdot 12H_2O$] 於 1,000mL 水中，加熱至 60℃，在不斷攪拌下，徐徐加入 55mL 氨水，放置約 1h 後，移入 1,000mL 的量筒中，用水反覆洗滌沉澱數次，澄清後，把上清液全部傾出，只留稠的懸浮物，最後加入 300mL 水，使用前振蕩混勻。

5. 實驗步驟

(1) 校準曲線的繪製。

在一組 6 支 50mL 的比色管中，分別加入 0mL、1mL、3mL、5mL、7mL 和 10mL 亞硝酸鹽標準使用液，用水稀釋至標線，加入 1mL 顯色劑，密塞混勻。靜置 20min 後，在 2h 內，於波長 540nm 處，用光程長 10mm 的比色皿，以水為參比，測量吸光度。

從測定的吸光度，減去空白吸光度後，獲得校正吸光度，根據迴歸方程（$y=bx+a$）繪製校準曲線，見附錄 13。

（2）水樣的測定。

當水樣 pH≥11 時，加入 1 滴酚酞指示劑，邊攪拌邊逐滴加入（1+9）磷酸溶液，至紅色消失。

水樣如有顏色或懸浮物，可向每 100mL 水中加入 2mL 氫氧化鋁懸浮液，攪拌，靜置，過濾，棄去 25mL 初濾液。

取適量水樣按校準曲線的相同步驟測量吸光度，計算亞硝酸鹽氮的含量。

$$C(\mathrm{mg/L}) = \frac{(A - A_0 - a)}{b \times V} \times d$$

式中：A——水樣的吸光度；

a——截距；

b——斜率；

A_0——空白吸光度；

d——稀釋倍數；

V——取樣體積（mL）。

注意事項：

第一，顯色劑有毒，避免與皮膚接觸或吸入體內。

第二，測得水樣的吸光度值，不得大於校準曲線的最大吸光度值，否則水樣要預先進行稀釋。

第八節　硝酸鹽氮的測定

水中硝酸鹽氮是在有氧環境下各種形態含氮化合物中最穩定的氮化合物，亦是含氮有機物經無機化作用最終分解產物。亞硝酸鹽經氧化生成硝酸鹽，硝酸鹽在無氧條件下，亦可受微生物作用還原為亞硝酸鹽。

制革廢水、酸洗廢水、某些生化出水可含大量硝酸鹽。

酚二磺酸光度法：

1. 原理

硝酸鹽在無水情況下與酚二磺酸反應，生成硝基二磺酸酚，在鹼性溶液中生成黃色化合物，進行定量測定。

2. 干擾

水中的氯化物、亞硝酸鹽、銨鹽、有機物和碳酸鹽可產生干擾，測定前應做預處理。

3. 適用範圍

本法適用於飲用水、地下水和清潔地面水中的硝酸鹽氮。最低檢出濃度為 0.02mg/L，測定上限為 2.0mg/L。

4. 儀器與試劑

儀器：分光光度計、瓷蒸發皿（75～100mL）。

試劑：

(1) 酚二磺酸：稱取 25g 苯酚（C_6H_5OH）置於 500mL 錐形瓶中，加 150mL 濃硫酸使之溶解，再加 75mL（含 13%SO_3）的發菸硫酸，充分混合。瓶口插一漏斗，小心置瓶於沸水浴中加熱 2h，得淡棕色稠液，貯於棕色瓶中，密塞保存。（發菸硫酸亦可用濃硫酸代替，增加沸水浴至 6h）

(2) 氨水。

(3) 硝酸鹽標準貯備液：稱取 0.721,8g 在 105℃～110℃下干燥 2h 的硝酸鉀溶於水，移入 1,000mL 容量瓶中，稀釋至標線，混勻。加 2mL 三氯甲烷作保存劑，每毫升含 0.1mg 硝酸鹽氮。

(4) 硝酸鹽標準使用液：吸取 50mL 貯備液，置蒸發皿內，加 0.1mol/L 氫氧化鈉溶液將 pH 值調節為 8，在水浴上蒸發至干；加入 2mL 酚二磺酸，用玻璃棒研磨蒸發皿內壁，使殘渣與試劑充分混合，放置片刻，再研磨一次，放置 10min，加入少量水，將其移入 500mL 棕色容量瓶中，稀釋至標線。保存 6 個月。每毫升含 0.01mg 硝酸鹽氮。

(5) 硫酸銀溶液：稱取 4.397g 硫酸銀溶於水，移至 1,000mL 容量瓶中，稀釋至標線。1mL 溶液可去除 1mg 氯離子。

(6) 氫氧化鋁懸浮液：同亞硝酸鹽氮。

(7) 高錳酸鉀溶液：稱取 3.16g 高錳酸鉀溶於水，稀釋至 1L。

5. 實驗步驟：

(1) 校準曲線的繪製。

於 10 支 50mL 比色管中，按表 3-5 所示，加入硝酸鹽氮標準使用液，加水至約 40mL，加入 3mL 氨水使成鹼性，稀釋至標線，混勻。在波長 410nm 處，選用不同的比色皿，以水為參比，測量吸光度。

分別計算不同比色皿光程長的吸光度對硝酸鹽氮含量影響的校準曲線。

表 3-5　　　　不同體積的標液硝酸鹽氮含量及比色皿光程長

標液體積（mL）	硝酸鹽氮含量（μg）	比色皿光程長（mm）
0	0	10 或 30
0.10	1.00	30
0.30	3.00	30
0.50	5.00	30
0.70	7.00	30
1.00	10.0	10 或 30
3.00	30.0	10
5.00	50.00	10
7.00	70.0	10
10.0	100.0	10

(2) 水樣的測定。

第一，干擾的消除。

①水樣渾濁或帶色時，可在 100mL 水樣中加入 2mL 氫氧化鋁懸浮液，密塞振搖，靜置數分鐘後，棄去 20mL 初濾液。

②若含有氯離子，可向水樣中滴加硫酸銀溶液，充分混合，至不再出現沉澱為止，過濾，棄去 20mL 初濾液。

③亞硝酸鹽的干擾：當亞硝酸鹽氮含量超過 0.2mg/L 時，向 100mL 水樣中加入 1mL 的 0.5mol/L 硫酸，混勻後，滴加高錳酸鉀至淡紅色，保持 15 分鐘不褪為止。

第二，測定。

取 50mL 水樣於蒸發皿中，調節至微鹼性（pH = 8），置水浴上蒸發至干。加入 1.0mL 酚二磺酸，用玻璃棒研磨，使試劑與蒸發皿充分接觸，放置片刻，再研磨一次，放置 10 分鐘，加入約 10mL 的水。

在攪拌下加入 3~4mL 氨水，使顏色最深，將溶液移入 50mL 比色管中，稀釋至標線，混勻。在波長 410nm 處，選用 10mm 或 30mm 的比色皿，以水為參比，測量吸光度。

根據校準曲線的迴歸方程，計算含量。

$$C(\text{mg/L}) = \frac{(A - A_0 - a)}{b \times V} \times d$$

式中：A ——水樣的吸光度；

　　　a ——截距；

　　　b ——斜率；

　　　A_0 ——空白吸光度；

　　　d ——稀釋倍數；

　　　V ——取樣體積（mL）。

注意事項：

第一，如果吸光度超出校準曲線範圍，可將顯色液進行信量稀釋，然後測量吸光度，計算時乘以稀釋倍數。

第二，市售發菸硫酸含 SO_3 超過 13%，應將濃硫酸稀釋至 13%。

第九節　凱氏氮的測定

凱氏氮是以凱氏法測得的含氮量。凱氏氮包括氨氮和有機氮，但不包括硝酸鹽氮、亞硝酸鹽氮，也不包括疊氮化合物、聯氮、偶氮、腙、硝基、亞硝基等含氮化合物。

1. 原理

水樣中加入硫酸並加熱消解，使有機物中的胺基氮轉變為硫酸氫銨，游離氨和銨鹽也轉變為硫酸氫銨。消解時加入適量硫酸氫鉀以提高沸騰速度，增加消解速率，並加硫酸銅為催化劑，以縮短消解時間。消解後的液體，加氫氧化鈉使成鹼性蒸餾出氨，以納氏比色法或滴定法測定。

2. 儀器與試劑

儀器：同氨氮的測定。

試劑：

（1）濃硫酸。

（2）硫酸鉀。

（3）硫酸銅溶液：稱取 5g 五水硫酸銅溶於水，稀釋至 100mL。

（4）氫氧化鈉溶液：稱取 500g 氫氧化鈉溶於水，稀釋至 1L。

（5）硼酸溶液：稱取 20g 硼酸溶於水。

※其他試劑同氨氮的測定。

3. 實驗步驟

（1）取樣體積的確定，見表 3-6：

表 3-6　　　　　　　　　　取樣體積的確定

水樣中的凱氏氮含量（mg/L）	取樣體積（mL）
<10	250
10～20	100
20～50	50.0
50～100	25.0

（2）消解：分取適量水樣於 500mL 凱氏瓶中，加入 10mL 濃硫酸、2mL 硫酸銅溶液、6g 硫酸鉀和數粒玻璃珠，混勻。置通風櫥內加熱煮沸，至冒三氧化硫白菸，並使溶液變清（無色或淡黃色），調節熱源保持沸騰 30 分鐘，放冷，加入 250mL 水，混勻。

（3）蒸餾：將凱氏燒瓶成 45°斜置，緩緩沿壁加入 40mL 氫氧化鈉溶液，使之在瓶底形成鹼液層，連接氮球和冷凝管，以 50mL 硼酸溶液為吸收液，導管尖插入液面下，加熱蒸餾，收集餾出液達 200mL 時，停止蒸餾。

（4）測定：同氨氮的測定。

注意事項：

第一，蒸餾時避免暴沸，防止倒吸。

第二，蒸餾時保持溶液為鹼性，必要時添加氫氧化鈉溶液。

第十節　總氮（TN）的測定

氮類可以引起水體中生物和微生物大量繁殖，消耗水中的溶解氧，使水體惡化，出現富營養化。

總氮是衡量水質的重要指標之一。

一、測定方法

（1）有機氮和無機氮（氨氮、硝酸鹽氮和亞硝酸鹽氮）加總得之。

（2）過硫酸鉀氧化-紫外分光光度法。

二、水樣保存

應在 24 小時內測定。採用過硫酸鉀-紫外分光光度法：

1. 原理

水樣在 60℃ 以上的水溶液中按下式反應，生成氫離子和氧。

$$K_2S_2O_8+H_2O \rightarrow 2KHSO_4+1/2O_2$$
$$KHSO_4 \rightarrow K^+ + HSO_4^-$$
$$HSO_4^- \rightarrow H^+ + SO_4^{2-}$$

加入氫氧化鈉用以中和氫離子，使過硫酸鉀完全分解。

在 120℃～124℃ 的鹼性介質中，用過硫酸鉀作氧化劑，不僅可將水中的氨氮和亞硝酸鹽氮轉化為硝酸鹽，同時也將大部分有機氮轉化為硝酸鹽，而後用紫外分光光度計分別於波長 220nm 和 275nm 處測吸光度。其摩爾吸光系數為 1.47×10^3。

$$A = A_{220} - 2A_{275}$$

式中：A——吸光度；

　　　A_{220}——波長 220nm 處的吸光度；

　　　A_{275}——波長 275nm 處的吸光度。

以此計算總氮的含量。

2. 儀器與試劑

儀器：紫外分光光度計、壓力蒸汽消毒器或家用壓力鍋、25mL 具塞磨口比色管。

試劑：

（1）鹼性過硫酸鉀：稱取 40g 過硫酸鉀、15g 氫氧化鈉，溶於水中，稀釋至 1,000mL。貯於聚乙烯瓶中，保存一週。

（2）1+9 鹽酸。

（3）硝酸鉀標準貯備液：稱取 0.721,8g 經 105～110℃ 烘干 4h 硝酸鉀溶於水中，移入 1,000mL 容量瓶中，定容。此溶液每毫升含 100μg 硝酸鹽氮。加入 2mL 三氯甲烷為保護劑，穩定 6 個月。

（4）硝酸鉀標準使用液：吸取 10mL 貯備液定容至 100mL 既得。此溶液每毫升含 10μg 硝酸鹽氮。

3. 實驗步驟

（1）校準曲線的繪製。

①分別吸取 0mL、0.5mL、1mL、2mL、3mL、5mL、7mL、8mL 硝酸鉀標準使用液於 25mL 比色管中，稀釋至 10mL。

②加入 5mL 鹼性過硫酸鉀溶液，塞緊磨口塞，用紗布扎住，以防塞子蹦出。

③將比色管放入蒸汽壓力消毒器內或家用壓力鍋中，加熱半小時，放氣使壓力指針回零，然後升溫至 120℃～124℃，開始計時，半小時後關閉。（家用壓力鍋在頂壓閥放氣時計時）

④自然冷卻，開閥放氣，移去外蓋，取出比色管放冷。

⑤加入 1+9 鹽酸 1mL，稀釋至 25mL。

⑥在紫外分光光度計上，以水為參比，用 10mm 石英比色皿分別在 220nm 和 275nm 波長處測吸光度，繪製校準曲線。

（2）水樣的測定。

取適量水樣於 25mL 比色管中，按與校準曲線相同的步驟②~⑥操作，測得吸光度，按曲線方程（$y=bx+a$）計算總氮含量。

$$總氮(mg/L) = \frac{(A_{220} - 2A_{275} - A_0 - a)}{b \times V} \times d$$

式中：a——截距；

b——斜率；

A_0——空白吸光度；

d——稀釋倍數。

注意事項：

第一，$A_{275}/A_{220} \times 100\%$ 應小於 20%，否則予以鑑別。

第二，玻璃器皿可用 10% 鹽酸浸泡，然後用蒸餾水沖洗。

第三，過硫酸鉀氧化後可能出現沉澱，可取上清液進行比色。

第四，使用民用高壓鍋時，在頂壓閥放氣後，注意把火焰調低。如用電爐加熱，則電爐功率應大於 1,000 瓦並小於 2,000 瓦。

第十一節　磷（總磷、磷酸鹽）的測定

磷幾乎都以磷酸鹽的形式存在，它們分為正磷酸鹽、縮合磷酸鹽（焦磷酸鹽、偏磷酸鹽和多磷酸鹽）和有機結合的磷酸鹽。

水中的磷含量過高可造成藻類大量繁殖，水體富營養化。

水中總磷的測定需要對水樣進行消解，而磷酸鹽的測定則不需要，直接測定即可。

鉬銻抗分光光度法：

1. 原理

在酸性條件下，正磷酸鹽與鉬酸銨、酒石酸銻氧鉀反應，生成磷鉬雜多酸，被還原劑抗壞血酸還原，則變成藍色絡合物，被稱為磷鉬藍。

2. 適用範圍

最低檢出濃度為 0.01mg/L，測定上限為 0.6mg/L。

地面水、生活污水及日化、磷肥、農藥等工業廢水中磷酸鹽的測定。

3. 儀器與試劑

儀器：分光光度計、醫用手提式高壓蒸汽消毒器（1~1.5kg/m³）（帶調壓器）或民用壓力鍋、50mL 比色管、紗布、細繩。

試劑：

（1）5%（m/v）過硫酸鉀溶液：溶解 5g 過硫酸鉀於水中，稀釋至 100mL。

（2）1+1 硫酸。

（3）10%抗壞血酸溶液：溶解 10g 抗壞血酸於水中，稀釋至 100mL。貯於棕色瓶中，於冷處存放。如顏色變黃，棄去重配。

（4）鉬酸鹽溶液：溶解 13g 鉬酸銨［$(NH_4)_6Mo_7O_{24} \cdot 4H_2O$］於 100mL 水中；溶解 0.35g 酒石酸銻氧鉀［$K(SbO)C_4H_4O_6 \cdot 1/2H_2O$］於 100mL 水中。

在攪拌下，將鉬酸銨溶液緩緩倒入 300mL（1+1）硫酸中，再加入酒石酸銻鉀溶液混合均勻。將試劑貯存在棕色瓶中，穩定 2 個月。

（5）磷酸鹽貯備液：稱取後在 110℃下干燥 2 小時的磷酸二氫鉀 0.217g 溶於水，將其移入 1,000mL 容量瓶中，加 1+1 硫酸 5mL，用水稀釋至標線。此溶液每毫升含 50μg 磷。

（6）磷酸鹽標準使用液：吸取 10mL 貯備液於 250mL 容量瓶中，用水稀釋至標線。此溶液每毫升含 2μg 磷。

4. 實驗步驟

（1）消解：於 50mL 比色管中，取適量水樣，加水至 25mL，加入 4mL 過硫酸鉀溶液，加塞後用紗布扎緊，將比色管放入高壓消毒器中，待放氣閥放氣時，關閉放氣閥，待鍋內壓力達到 1.1kg/m²（相應溫度為 120℃）時，調節調壓器保持此壓力 30min，停止加熱，待指針回零後，取出放冷。

（2）校準曲線的繪製。

①取 7 支 50mL 的比色管，分別加入磷酸鹽標準使用液 0mL、0.5mL、1mL、3mL、5mL、10mL、15mL，如果測總磷，則加水至 25mL，加 4mL 過硫酸鉀進行消解，取出放冷後，稀釋至 50mL；如果測定磷酸鹽，則直接稀釋至 50mL。

②顯色：向比色管中加入 1mL 抗壞血酸，30s 後加入 2mL 鉬酸鹽溶液混勻，放置 15min。

③測量：用 10mm 或 30mm 的比色皿，於波長 700nm 處，以水為參比，測量吸光度。

（3）樣品的測定：取適量水樣同校準曲線的步驟進行測定。根據曲線方程 $y=bx+a$ 計算：

$$總磷(P, mg/L) = \frac{(A - A_0 - a)}{b \times V} \times d$$

式中：a——截距；

b——斜率；

A_0——空白吸光度；

d——稀釋倍數。

注意事項：

第一，水樣如用酸固定，則加入過硫酸鉀前應將水樣調至中性。

第二，使用民用壓力鍋，在頂壓閥冒氣時，鍋內溫度約為 120℃。

第三，操作用的玻璃儀器，可用 1+5 的鹽酸浸泡 2 小時。

第四，比色皿用後可用稀硝酸或鉻酸洗液浸泡片刻，以除去吸附的鉬藍呈色物。

第十二節　硫酸鹽的測定

硫酸鹽在自然界中分佈廣泛，水中少量硫酸鹽對人體無影響，但超過 250mg/L 有致瀉作用。在厭氧反應器中，當存在有機物時，水中的硫酸鹽會被某些細菌還原成硫化物，對產甲烷菌產生毒性。

一般用重量法來測定硫酸鹽，還有 EDTA 滴定法。水樣應在低溫下保存。

重量法：

1. 原理

硫酸鹽在鹽酸溶液中，與加入的氯化鋇形成硫酸鋇沉澱。沉澱在沸騰溫度下進行，沉澱陳化一段時間後過濾，用熱水洗至無氯離子為止。灼燒沉澱，冷卻後稱硫酸鋇的質量。

2. 干擾及消除

樣品中的懸浮物、硝酸鹽、二氧化硅可使結果偏高。硫酸鋇的溶解度很小，在酸性介質中沉澱，可防止碳酸鋇和磷酸鋇的沉澱，但酸性過大，會加大硫酸鋇沉澱的溶解度。

3. 適用範圍

本方法適用於地面水、地下水、生活污水、工業廢水中硫酸鹽的測定。

方法測定範圍為 $10\text{mg/L} \leq SO_4^{2-} \leq 5,000\text{mg/L}$。

4. 儀器與試劑

儀器：馬福爐、干燥器、分析天平、50mL 坩堝。

試劑：

（1） 1+1 鹽酸。

（2） 100g/L 氯化鋇：將 100±1g 二水合氯化鋇（$BaCl_2 \cdot 2H_2O$）溶於 800mL 水中，加熱有助於溶解，稀釋至 1L。可長期保存。1mL 可沉澱約 40mg SO_4^{2-}。

（3） 0.1%甲基橙指示液。

5. 實驗步驟

（1） 取經中速定量濾紙過濾後的 100mL 水樣（或稀釋至 100mL）於燒杯中，加入幾滴甲基紅指示劑，再加入 2mL 鹽酸，補加水到總體積約 200mL，加熱煮沸 5min，緩慢加入 10mL 氯化鋇溶液，直到不出現沉澱，再過量 2mL，繼續煮沸 10min，放置過夜，或在 50℃~60℃ 保持 6 小時。

（2） 用中速定量濾紙過濾沉澱，用熱水洗滌沉澱直到無氯離子為止。向過濾後的洗滌水中加入硝酸銀溶液，如無沉澱生成，則證明無氯離子存在。

（3） 將沉澱放入稀至恒重的坩堝內，在 600℃ 的馬福爐中灼燒 2h（800℃ 灼燒 1h），放在干燥器中冷卻稱重。

計算：

$$SO_4^{2-}(\mathrm{mg/L}) = \frac{m \times 0.411,5 \times 1,000}{V}$$

式中：m——從樣品中沉澱出的硫酸鋇質量（mg）；

V——水樣體積（mL）；

0.411,5——$BaSO_4$重量換算為SO_4^{2-}的系數。

第十三節　硫化物的測定

水中的硫化物包括溶解性的H_2S、HS^-、S^{2-}，存在於懸浮物中的可溶性硫化物、酸可溶性金屬硫化物以及未電離的有機、無機類硫化物。硫化氫易從水中逸散於空氣，產生臭味，且毒性很大，它可與人體內的細胞色素、氧化酶及該類物質中的二硫鍵（—S—S—）作用，影響細胞氧化過程，造成細胞組織缺氧，危及生命。

在厭氧工藝中，硫化物會對厭氧菌產生毒性，抑制污泥產甲烷活性，使反應器處理能力降低，使出水水質惡劣。

在厭氧工藝中，一般採用碘量法測硫化物。

碘量法測定硫化物：

1. 原理

硫化物在酸性條件下，與過量的碘作用，剩餘的碘用硫代硫酸鈉滴定。由硫代硫酸鈉溶液所消耗的量，間接求出硫化物的含量。

2. 干擾及消除

還原或氧化性物質干擾測定。水中懸浮物或渾濁度高時，對測定可溶態的硫化物有干擾。

3. 適用範圍

本法適用於含硫化物在1mg/L以上的水樣的測定。

4. 儀器與試劑

儀器：恒溫水浴鍋、500mL 平底燒瓶、流量計、250mL 錐形瓶、分液漏門、氮氣瓶、250mL 碘量瓶、中速定量濾紙、50mL 棕色滴定管。

試劑：

（1）碘化鉀。

（2）1+1 磷酸。

（3）載氣：氮氣（>99.9%）。

（4）1mol/L 乙酸鋅溶液：溶解220g 乙酸鋅於水中，用水稀釋至1,000mL。

（5）1% 澱粉指示劑：稱取 1g 澱粉用少量水調成糊狀，用剛煮沸的水沖洗至 100mL。

（6）1+1 鹽酸。

（7）0.1mol/L（$1/2I_2$）碘標準溶液：準確稱取 12.7g 碘於 500mL 的燒杯中，加入 40g 碘化鉀，加適量水溶解，轉移至 1,000mL 容量瓶中，稀釋至標線。

(8) 0.01mol/L（1/2I₂）：移取 10mL 碘標液於 100mL 棕色容量瓶中，稀釋至標線。

(9) 0.1mol/L（1/6K₂Cr₂O₇＝0.05mol/L）：稱取 105℃烘干 2h 的基準或優級純重鉻酸鉀 4.903,0g 溶於水中，稀釋至 1,000mL。

(10) 0.1mol/L 硫代硫酸鈉標準貯備溶液：稱取 24.5g 硫代硫酸鈉（Na₂S₂O₃·5H₂O）和 0.2g 無水碳酸鈉溶於水中，稀釋至 1,000mL，保存於棕色瓶中。

標定：向 250mL 碘量瓶中，加入 1g 碘化鉀和 50mL 水，加入 0.1mol/L 的重鉻酸鉀標準溶液 15mL，加入 1+1 鹽酸 5mL，密塞混勻。置暗處靜置 5min，用待標定的硫代硫酸鈉滴定至溶液呈淡黃色時，加入 1mL 澱粉指示劑，繼續滴定至藍色剛好消失，記錄用量 V_1（同時做空白滴定，記錄用量 V_2）。

$$C(Na_2S_2O_3) = \frac{15.00}{(V_1 - V_2)} \times 0.100,0$$

(11) 0.01mol/L 硫代硫酸鈉標準滴定液：移取 10mL 上述標液於 100mL 棕色容量瓶中，稀釋至標線，搖勻。

(12) 1+1 乙酸。

5. 水樣的採集與保存

採樣時，應先在瓶底加入一定量的乙酸鋅溶液，再加水樣，然後滴加適量的氫氧化鈉溶液，使之呈鹼性，生成硫化鋅沉澱。通常情況下，每 100mL 水樣加 0.3mL 1mol/L 的乙酸鋅溶液和 0.6mL 1mol/L 的氫氧化鈉溶液，使水樣 pH 值為 10～12。遇鹼性水樣時，先小心滴加乙酸鋅溶液調至中性，再如上操作。硫化物含量高時，可酌情多加固定劑，直至沉澱完全。水樣充滿後立即密塞保存，注意不留氣泡，然後倒轉，充分混勻，固定硫化物。採集樣品後應立即分析，或者應在 4℃下避光保存，應盡快分析。

6. 步驟

(1) 水樣的預處理。

①按圖示連接好裝置，檢查各部位是否漏氣。完畢後，關閉氣源。

②向兩個吸收瓶加入 2.5mL 乙酸鋅溶液，用水稀釋至 50mL。

③向 500mL 平底燒瓶中加入現場已固定並混勻水樣適量（硫化物含量 0.5～20mg），加水至 200mL，放入水浴鍋中，裝好導氣管和分液漏鬥。開啓氣源，以連續冒泡的流速（由轉子流量計控制流速）吹氣 5～10min（驅除裝置內空氣，並再次檢查各部位是否漏氣），關閉氣源。

④向分液漏鬥中加入 1+1 磷酸 20mL，開啓分液漏鬥活塞，待磷酸全部流入燒瓶後，迅速關閉活塞。

⑤開啓氣源，水浴溫度控制在 65℃～80℃，以 75～100mL/min 的流速吹氣 20min，然後以 300mL/min 流速吹氣 10min，再以 400mL/min 流速吹氣 5min，趕盡殘留在裝置中的硫化氫氣體。將導氣管和吸收瓶取下，關閉氣源。按碘量法測定兩個吸收瓶中的硫化物的含量。

(2) 測定。

於上述兩個吸收瓶中，加入 10mL 0.01mol/L 碘標準溶液，再加入 5mL 鹽酸溶液，

密塞混勻。在暗處放置 10min，用硫代硫酸鈉標準溶液滴定至溶液呈淡黃色時，加入 1mL 澱粉指示液，繼續滴定至藍色剛好消失為止。記錄用量。

(3) 空白實驗。

以水代替試樣，加入與測定試樣時相同的試劑，進行同步操作。

(4) 計算：預處理二級吸收的硫化物的含量 C_i（mg/L）表示如下：

$$C_i = \frac{C(V_0 - V_i) \times 16.03 \times 1,000}{V} (i = 1, 2)$$

式中：V_0——空白實驗中，硫代硫酸鈉標準溶液的用量（mL）；

V_i——滴定硫化物時，硫代硫酸鈉標準溶液的用量（mL）；

V——試樣體積（mL）；

16.03——硫離子（$1/2S^{2-}$）的摩爾質量（g/mol）；

C——硫代硫酸鈉標準溶液濃度（mol/L）。

試樣中硫化物含量：

$$C \text{（mg/L）} = C_1 + C_2$$

C_1——一級吸收硫化物的含量（mg/L）；

C_2——二級吸收硫化物的含量（mg/L）。

7. 注意事項

(1) 若水樣 SO_3^{2-} 濃度較高，需將水樣用中速定量濾紙過濾，並將硫化物沉澱連同濾紙轉入反應瓶中，用玻璃棒搗碎，加水 200mL，進行預處理。

(2) 當加入碘標液後溶液為無色，說明硫化物含量較高，應補加適量碘標液，使之呈淡黃色為止。空白實驗應加入相同量的碘標液。

第十四節　全鹽量的測定

1. 重量法定義

本方法中全鹽量是指可通過孔徑 0.45 微米的濾膜或濾器，並於 105℃±2℃ 下烘干至恒重的殘渣重量。（如有機物過多，應採用過氧化氫處理）

2. 儀器與試劑

儀器：0.45 微米的濾膜及過濾器、真空泵、瓷蒸發皿、水浴鍋。

試劑：1+1(V/V) 過氧化氫：取 30% 的過氧化氫配製。

3. 測定

(1) 將蒸發皿洗淨，放在 105℃±2℃ 烘箱中烘 2h，在干燥器中冷卻後稱至恒重。

(2) 將水樣上清液用 0.45 微米的濾膜過濾，棄去初濾液 10~15mL。

(3) 移取過濾後水樣 100mL 於蒸發皿內，在蒸汽浴上蒸干。若水中的全鹽量大於 2,000mg/L，可少取水樣。

(4) 若蒸干後殘渣有顏色，說明含有有機物。待蒸發皿稍冷後，滴加過氧化氫溶液數滴（應採用少量多次，以防發生鹽分濺失），慢慢旋轉蒸發皿至氣泡消失，再置於

蒸發皿上蒸干，反覆數次，至殘渣為白色為止。

（5）將蒸干的蒸發皿放入 105℃±2℃ 烘箱內，烘 2h 至恒重。

※含有大量鈣、鎂、氯化物的水樣蒸干後易吸水，使測定結果偏高，採用減少取樣量和快速稱重方法可減少影響。

（6）計算：

$$C = \frac{W - W_0}{V} \times 10^6$$

式中：C——水中的全鹽量（mg/L）；
　　　W——蒸發皿及殘渣的總重量（g）；
　　　W_0——蒸發皿的重量（g）；
　　　V——水樣體積（mL）。

※全鹽量即為礦化度。

對於高礦化度含有大量鈣、鎂、氯化物和硝酸鹽的水樣，可加入 10mL 2%～4% 的碳酸鈉溶液，使其轉變成碳酸鹽或鈉鹽，在水浴上蒸干，在 150℃～180℃ 下烘干 2～3h，稱重，從中減去加入的碳酸鈉的量，即為全鹽量。

第十五節　揮發性脂肪酸（VFA）的測定

揮發性脂肪酸是厭氧硝化過程的中間產物，甲烷菌主要利用 VFA 形成甲烷，只有少部分甲烷由 CO_2 和 H_2 生成。VFA 在厭氧反應器中的累積能反應出甲烷菌的不活躍狀態或反應器操作條件的惡化，較高的 VFA 濃度對甲烷菌有抑製作用。

VFA 包括甲酸、乙酸、丙酸、丁酸、戊酸、己酸及它們的異構體，在運轉良好的反應器中，乙酸比例較高，反應器不好時，甲酸、丙酸濃度升高。

在 VFA 測定中，其單位常換算為按乙酸計，以 mg/L 表示。

常用的測定方法有：滴定法和氣相色譜分析法。

一、滴定法測 VFA

1. 原理

將廢水酸化後，從中蒸餾出揮發性脂肪酸，再以酚酞為指示劑用氫氧化鈉滴定餾出液。廢水中的氨態氮先在鹼性條件下蒸餾出。

2. 儀器與試劑

儀器：50mL 鹼式滴定管、錐形瓶、帶磨口的具支蒸餾燒瓶（500mL）、與燒瓶配套的蛇形冷凝管、橡膠導管、電爐。

試劑：

（1）10% 氫氧化鈉：10g 氫氧化鈉溶於水，稀釋至 100mL。

（2）10% 磷酸溶液：取 70mL 濃磷酸稀釋至 1L。

（3）酚酞指示劑：稱取 0.5g 酚酞溶於 50mL 95% 的乙醇中，用水稀釋至 100mL。

(4) 氫氧化鈉標準溶液（0.100,0mol/L）：稱取 60g 氫氧化鈉溶於 50mL 水中，轉入聚乙烯瓶中靜置 24h，吸取上層清液約 7.5mL 置於 1,000mL 容量瓶中，稀釋至標線。

稱取在 105℃～110℃下干燥過的基準試劑（鄰）苯二甲酸氫鉀約 0.5g（稱準至 0.000,1g），置於 250mL 錐形瓶中，加無二氧化碳水 100mL 使之溶解，加入 4 滴酚酞指示劑，用待標定的氫氧化鈉標液滴定至淺紅色為止，同時，用無二氧化碳水做空白滴定。

計算：

$$氫氧化鈉標液濃度(\mathrm{mol/L}) = \frac{m \times 1,000}{(V_1 - V_0) \times 204.23}$$

式中：m——苯二甲酸氫鉀的質量（g）；

V_0——滴定空白時消耗氫氧化鈉標液的量（mL）；

V_1——滴定苯二甲酸氫鉀時消耗氫氧化鈉的量（mL）；

204.23——苯二甲酸氫鉀的摩爾質量（g/L）。

3. 測定步驟

(1) 於蒸餾燒瓶中加入 100mL 待測水樣，幾粒玻璃珠，加入幾滴酚酞指示劑，然後加入 10%氫氧化鈉溶液使水樣呈鹼性（溶液出現紅色），並使氫氧化鈉略過量。

(2) 打開冷凝水，開始蒸餾，蒸餾至瓶中液體為 50～60mL。（如果測定氨氮，則可用 50mL 硼酸吸收餾出液，否則可倒掉）

(3) 加入約 40～50mL 蒸餾水，加入 10mL10%磷酸酸化，在接受瓶中加入 10mL 蒸餾水，將冷凝管插入液面下，蒸餾至瓶中液體為 15～20mL。待冷卻後，加入 50mL 蒸餾水繼續蒸餾，至瓶中剩餘液體 10～20mL 為止。

(4) 向餾出液中加入 10 滴酚酞指示劑，用氫氧化鈉標液滴定至氮淡粉紅色消失止，記錄用量。

計算：

$$VFA = \frac{V_{\mathrm{NaOH}} \cdot C}{V_s} \times 1,000 \times 60 (\mathrm{mg/L})$$

式中：V_{NaOH}——消耗氫氧化鈉的體積（mL）；

C——氫氧化鈉標液的濃度（mol/L）；

V_s——被測水樣的體積（mL）；

60——乙酸的摩爾質量（mg/L）。

注意事項：

第一，蒸餾前打開冷凝水。

第二，冷卻時，把接受瓶移開，以免倒吸。

二、VFA 的氣相色譜分析法

1. 原理

氣相色譜法可用於分析 VFA 總量及其組成。

色譜柱分離後的餾出物被載氣攜帶進入氫火焰離子化檢測器的噴嘴口，與氫氣和空氣混合燃燒，待測樣品中的各組分依次電離為正負離子，在離子室內形成離子流，

被收集，經放大為信號，然後被記錄儀記錄。此信號的大小即反應出各組分的含量。與氣相色譜連用的微機可以直接處理信號，經與標準進行比較後，可直接給出樣品中各組分的濃度，其濃度可以為 mg/L、mmol/L 或 mgCOD/L。

2. 儀器、試劑

（1）高速微量臺式離心機（轉速 1,000r/min 以上）。

（2）帶有火焰離子化檢測器和自動積分儀的氣相色譜儀，例如 HP5890 或島津-9A 氣相色譜儀。

（3）精確配製的含乙酸、丙酸、丁酸、戊酸、己酸的標準混合液。

（4）3%甲酸溶液。

3. 樣品的預處理

取水樣若干毫升，加入等量的3%的甲酸溶液稀釋，保證其 pH 值在 3 以下，如 pH 過高可加入硫酸調節。稀釋後的水樣 COD 濃度應小於 1,000mg/L，否則增加 3%甲酸溶液的加入量。記下水樣的稀釋倍數。

上述水樣置於離心管，在高速微量離心機中以 1,000r/min 離心 5min 後，即可取上清液進樣。

$$\rho_i = \frac{\rho_s}{H_s} \times H_i \times D$$

式中：ρ_i——被測樣品中組分 i 的濃度（mg/L）。

ρ_s——標準溶液中組分 i 的濃度（mg/L）；

H_s——標準樣品中組分 i 的峰高（或峰面積）；

H_i——被測樣品中組分 i 的峰高（或峰面積）；

D——被測樣品的稀釋倍數。

4. 推薦的氣相色譜工作條件

色譜柱：D2mm×2m 不銹鋼柱，內填國產 GDX-102（表面酸處理）擔體，60~80 目。

柱溫：210℃

載氣：氮氣，流率為 90mL/min

空氣流率：500mL/min

汽化室溫度：240℃

檢測溫度：210℃

選擇中應注意色譜柱的質量。應利用振搗器和真空泵裝入擔體，並事先以玻璃纖維堵塞柱口，然後將色譜柱裝入色譜儀，進行老化色譜柱的工作。在不連接檢測器的情況下，通入載氣，並以 4℃/min 的升溫速度由 60℃加熱到 200℃然後保持約 4h，直到基線穩定為止。

在每次使用時，都應將色譜柱由 60℃逐漸升溫至 200℃。

5. 定量分析結果的計算

以氣相色譜分析 VFA 濃度的原理是根據比較標準溶液中各組分和樣品水樣中相應組分的峰高和峰面積計算而來的。但現代的氣相色譜儀帶有微機對各組分的峰面積進

行自動積分，並與標準溶液中的相應組分的峰面積進行比較，同時根據水樣的稀釋倍數計算出各組分的濃度並打印出結果。

測試結果還可用 mgCOD/L 或 mmol/L 來表示，表 3-7 是每毫克或每毫摩爾的 VFA 與毫克 COD 的換算關係，據此可在各單位間相互換算。

表 3-7　　　　　　　　VFA 與毫克 COD 的換算關係

VFA＼關係	mgCOD/mg	mgCOD/mmol
乙酸	1.067	64
丙酸	1.514	112
丁酸	1.818	160

第十六節　鹼度的測定

鹼度表示水樣中與強酸中的氫離子結合的物質的量。它能反應出廢水在厭氧處理過程中所具有的緩衝能力。一般常用溴甲酚綠-甲基紅指示劑滴定法測定。

溴甲酚綠-甲基紅指示劑滴定法：

1. 原理

以溴甲酚綠-甲基紅作指示劑滴定水樣鹼度時，終點由淡藍色變為淡粉紅色時，報告時終點 pH 值可記為 4.6。

2. 儀器、試劑

酸式滴定管、錐形瓶、濾紙、漏斗

（1）溴甲酚綠-甲基紅指示劑：稱取 100mg 溴甲酚綠和 20mg 甲基紅溶於 100mL95％乙醇中。

（2）0.1mol/L（1/2Na$_2$S$_2$O$_3$）溶液：稱取 0.79g 硫代硫酸鈉溶於水中，稀釋至 100mL。

（3）0.02mol/L 碳酸鈉標液：稱取 0.53g（於 250℃烘干 4h）的無水碳酸鈉，溶於少量無二氧化碳水中，移入 500mL 容量瓶中，稀釋至標線，混勻。貯於聚乙烯瓶中，保存一週。

（4）0.02mol/L 鹽酸標準溶液：取 1.66mL 濃鹽酸定容至 1,000mL，以碳酸鈉溶液標定。

吸取 25mL 碳酸鈉標液於 250mL 錐形瓶中，加無二氧化碳水稀釋至 100mL，加入 3 滴甲基橙指示劑，用鹽酸標液滴定至由桔黃色剛變成桔紅色，記錄用量 V。

計算：
$$HCl(\text{mol/L}) = \frac{25 \times 0.02}{V}$$

3. 測定步驟

（1）取 20mL 過濾水樣於錐形瓶中，加入 100mL 無二氧化碳水。

（2）加入 3 滴溴甲酚綠-甲基紅指示劑和 1 滴硫代硫酸鈉溶液，用鹽酸標準溶液滴定至恰好出現淡紅色，記錄消耗鹽酸的量。

計算：

$$鹼度(mg/L) = \frac{(V_1 - V_0) \times C}{V_2} \times 1,000 \times 50$$

式中：V_1——試樣消耗鹽酸標液的體積（mL）；

V_2——試樣的體積（mL）；

V_0——空白對照消耗鹽酸標液的體積（mL）；

C——鹽酸標液的濃度（mol/L）；

50——1/2 碳酸鈣的摩爾質量。

第十七節　總固體、揮發性固體的測定

總固體（TS）指試樣在一定溫度下蒸發至恒重所剩餘的總量，它包括樣品中的懸浮物、膠體物和溶解性物質，既有有機物也有無機物。揮發性固體（VS）則表示水樣中的懸浮物、膠體和溶解性物質中有機物的量。總固體中的灰分是經灼燒後的殘渣的量。

儀器：恒溫干燥箱、馬弗爐、瓷坩堝、干燥器。

操作步驟：

（1）將瓷坩堝洗淨後在 600℃馬弗爐中灼燒 1h，取出冷卻，稱至恒重，記作 ag。

（2）取 VmL 水樣或 1~2g 污泥，置於坩堝內稱重，記作 bg；然後放入干燥箱內，在 105℃±2℃下干燥至恒重，記作 cg。

（3）將干燥後的樣品放入馬弗爐內，在 600℃灼燒 2h，取出冷卻稱重，記作 dg。

$$TS = \frac{c - a}{V} \times 1,000 (g/l)$$

$$VS = TS - 灰分 (g/l)$$

$$灰分 = \frac{d - a}{V} \times 1,000 (g/l)$$

第十八節　總懸浮物、揮發性懸浮物和灰分的測定

總懸浮物（TSS）指水樣經濾紙過濾後得到的懸浮物經蒸發後所餘固體物的量，不包括水樣中的膠體和溶解性物質。揮發性懸浮物（VSS）為 TSS 中有機物的量。TSS 中的灰分是 TSS 經灼燒後的殘渣量，三者之間為 TSS=VSS+灰分。

實驗儀器同總固體的測定：

操作步驟：

（1）將濾紙在 105℃±2℃下干燥箱內干燥 2h，烘至恒重，記作 ag。

（2）將坩堝在 600℃馬弗爐內灼燒至恒重 1h，質量記作 bg。

（3）取 VmL 水樣或一定量污泥（用離心機離心上清液並過濾）在濾紙上過濾，放入坩堝內，在 105℃±2℃下烘至恒重，質量記作 cg。

（4）將干燥過的樣品置於馬弗爐內於 600℃下灼燒 2h，取出放冷。稱至恒重，記作 dg。

計算：$TSS = \dfrac{c-a-b}{V} \times 1,000 (g/l)$

$VSS = TSS -$ 灰分(g/l)

灰分 $= \dfrac{d-b}{V} \times 1,000 (g/l)$

第十九節　厭氧污泥產甲烷活性的測定

厭氧污泥的產甲烷活性是指單位重量的污泥（以 VSS 計）在單位時間內所能產生的甲烷量。

污泥的產甲烷活性可以反應出污泥所具有的去除 COD 及產生甲烷的潛力，是污泥品質的重要參數。

實驗儀器：恒溫水浴鍋、250mL 和 500mL 輸液瓶、注射器（10mL）、橡膠管、醫用針頭、止水夾、三通管、量筒。

實驗藥品：

（1）VFA 母液：即為醋酸溶液＝100gCOD/L（pH＝7），1g 醋酸＝1.07gCOD。

（2）營養液：稱取 170gNH_4Cl、37gKH_2PO_4、8g$CaCl_2 \cdot 2H_2O$、9g$MgSO_4 \cdot 4H_2O$ 溶於 1L 水中。

（3）微量元素：每升含：$FeCl_3 \cdot 4H_2O$，2,000mg；$CoCl_2 \cdot 6H_2O$，2,000mg；$MnCl_2 \cdot 4H_2O$，500mg；$CuCl_2 \cdot 2H_2O$，30mg；$ZnCl_2$，50mg；$(NH_4)_6Mo_7O_{24} \cdot 4H_2O$，90mg；$Na_2SeO_3 \cdot 5H_2O$，100mg；$NiCl_2 \cdot 6H_2O$，50mg；EDTA，1,000mg；36% HCl，1mL；刃天青，500mg。

（4）硫化鈉母液（100g/L）：每升水中含 $Na_2S \cdot 9H_2O$ 100g，臨用時配製。

（5）吸收液：0.5%的氫氧化鈉。

實驗步驟：

（1）測定樣品的 VSS。

（2）向 250mL 反應器（帶膠塞輸液瓶）中加入 10mLVFA 母液，加入 2.5mL 營養液，再加入 0.33mL 微量元素，加入 3 滴硫化鈉母液，然後加入約 180mL 水。

（3）用氫氧化鈉調節 pH 值為 7.1~7.3。

（4）按照反應器污泥濃度為 1.36gVSS/L 計算出應加的污泥量，加入污泥並加水至 250mL，測定 pH 值。

（5）連接裝置，並檢驗是否漏氣，將水浴鍋溫度調到與現場相同溫度，量筒內的水位以最低刻度線為基準（一般為 10mL）。1 小時後開始記數，每隔 2 小時讀一次數，讀數前搖晃反應器。

（6）第 2 次加液：待到底物 VFA 的 80% 被利用，產氣量逐漸減少，開始第 2 次加液，用注射器吸取 10mL VFA 母液加入原混合液中，每隔 2 小時讀數，記錄產氣量。

（7）繪製曲線：根據記錄繪製出累積產甲烷量—發酵時間曲線如圖 3-2 所示，產甲烷活性的計算應根據第 2 次投加底物的曲線計算。污泥的產甲烷活性應以最大活性區間的產甲烷速率 R 來計算，產甲烷速率 R 為這一區間的平均斜率，其單位為 mL/h，最大活性區間應覆蓋已利用底物的 50%。

（8）計算：

根據最大活性區間的平均斜率 R 即可計算出污泥的產甲烷活性，其結果以單位 $gCOD_{CH_4}/(g\ VSS \cdot d)$ 計。

$$ACT(污泥的產甲烷活性) = \frac{24R}{CF \times V \times VSS}[gCOD_{CH_4}/(gVSS \cdot d)]$$

式中：R——產甲烷速率（曲線中最大活性區間的平均斜率）（$mLCH_4/h$）；

CF——含飽和水蒸氣的甲烷毫升數轉換為以克為單位的 COD 的轉換系數（見表 3-8）；相當於 1gCOD 的甲烷體積的毫升數（$1.013×10^5 Pa$）；

V——反應器中液體的體積（0.25L）；

VSS——反應器中污泥的濃度（1.36gVSS/L）。

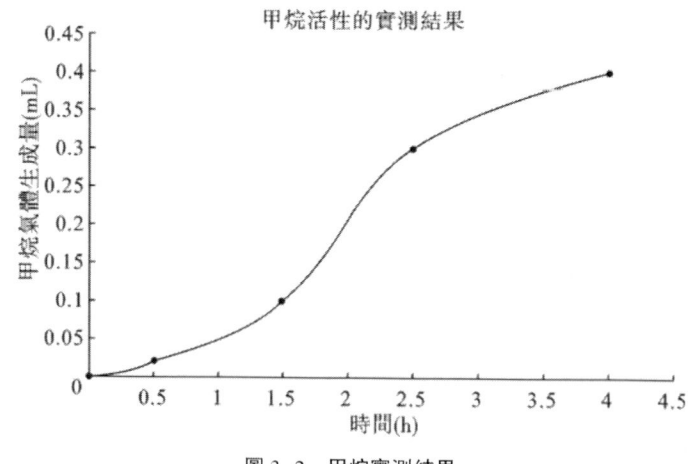

圖 3-2　甲烷實測結果

表 3-8　　飽和水蒸氣的甲烷毫升數轉換為以克為單位的 COD 的轉換係數

溫度（℃）	干燥甲烷	含飽和水蒸氣的甲烷
10	363	367
15	369	376
20	376	385
25	382	394
30	388	405
35	395	418
40	401	433
45	408	450
50	414	471

第二十節　污泥粒徑分佈、沉降速度的測定

實驗所用器具：標準分樣篩（10、20、30、40、50、60、80 目）、1,000mL 量筒、500mL 或 250mL 燒杯、米尺、秒表。

取 15~20mL 泥樣在不同孔徑的分樣篩上篩分，分樣篩按孔徑由大到小、自上而下的順序排列，用水沖洗，得到不同粒徑的污泥，然後轉移至燒杯中。

在 1,000mL 量筒中加滿水，用尺子量出從 100mL 到水位的長度，以米為單位，取同一粒徑的污泥顆粒用秒表記錄顆粒從水位線降落到 100mL 刻度線所用的時間，計算出平均速度，既為該粒徑的污泥的沉降速度，依次類推。測完的污泥顆粒要倒回原燒杯中，以便測定污泥濃度。

將不同粒徑的污泥抽濾，放入稱至恒重的坩堝中，在 120℃ 的烘箱中烘干 2h，取出放冷稱至恒重，然後放入 600℃ 馬福爐中灼燒 2h，取出放冷稱至恒重，計算出 SS 和 VSS 濃度。

第二十一節　活性污泥性能及數量的評價指標

發育良好的活性污泥在外觀上呈黃褐色的絮絨顆粒狀，也稱生物絮凝體，其粒徑一般介於 0.02~0.2mm，具有較大的表面積，大體上介於 20~100cm^2/mL，含水率在 90%以上，比重介於 1.002~1.006，因含水率不同而異。

活性污泥的固體物質含量盡占 1%以下，固體物質由四部分組成：①活細胞（M_a），在活性污泥中具有活性的一部分；②微生物內源代謝的殘留物（M_e），這部分無活性，且難於降解；③由原廢水挾入，難於生物降解的有機物（M_i）；④由原廢水挾

入，附著在活性污泥上的無機物質（M_{ii}）。

前三類為有機物，約占固體成分的 75%~85%。

活性污泥的數量和各項性能的評價可用下列指標表示。

(1) 混合液懸浮固體濃度（Mixed Liquor Suspended Solids，MLSS）。

這項指標表示活性污泥在曝氣池內的濃度。包括活性污泥組成的各種物質，即：

$$MLSS = M_a + M_e + M_i + M_{ii}$$

具有活性的微生物（M_a）只占其中的一部分，因此用 MLSS 表示活性污泥濃度誤差較大。但考慮到在一定條件下，MLSS 中活性微生物量所占比例較為固定，因此，仍普遍以 MLSS 值作為表示活性污泥微生物量的相對指標，其單位為 mg/L 或 g/m³。

(2) 混合液揮發性懸浮固體的濃度（單位為 mg/L 或 g/m³），即：

$$MLVSS = M_a + M_e + M_i$$

這項指標能夠比較準確地表示微生物的數量，但其中仍包括非活性微生物的 M_e 和惰性物質 M_i。因此，仍是活性污泥微生物量的相對指標。

在條件一定時，MLVSS/MLSS 比值較穩定，城市污水的活性污泥介於 0.75~0.85。

(3) 污泥沉降比（SV）。

污泥沉降比是指將曝氣池流出來的混合液在量筒中靜置 30min，其沉澱污泥與原混合液的體積比，以百分比表示。正常的活性污泥經 30min 靜沉，可以接近它的標準密度。

該指標能夠相對地反應污泥濃度和污泥的凝聚、沉降性能，用以控制污泥的排放量和早期膨脹。本指標測定方法簡單易行。處理城市污水活性污泥的沉降比介於 20%~30%。

(4) 污泥容積指數（Sludge Volume Index，英文縮寫為 SVI）。

污泥指數是指曝氣池出口處混合液經 30min 靜沉，由 1g 干污泥所形成的污泥的體積，單位為 mg/L。

用公式表示為 $SVI = \dfrac{SV(\text{mg/L})}{MLSS(\text{g/L})}$ 或 $SVI = \dfrac{SV(\%) \times 10(\text{mg/L})}{MLSS(\text{g/L})}$。

SVI 值能夠更好地評價污泥的凝聚性和沉降性能。其值過低，說明污泥細小、密實，無機成分多；其值過高又說明污泥沉降性能不好，將要或已經發生膨脹現象。城市污水處理活性污泥的 SVI 值介於 50~150，應注意以下兩種情況：一是工業廢水處理污泥的 SVI 值有時偏高或偏低，也屬正常；二是高濃度的活性污泥系統中 MLSS 值較高，即使污泥沉降性能較差，SVI 值也不會很高。

(5) 活性污泥淨化反應的影響因素。

第一，溶解氧濃度。活性污泥法是好氧生物處理技術，在用活性污泥法處理廢水的過程中，應保持一定濃度的溶解氧，如供氧不足、溶解氧濃度過低，就會使活性污泥微生物正常的代謝活動受到影響，淨化功能下降，且易於滋生絲狀菌，產生污泥膨脹系現象。但混合液濃度過高，氧的轉移效率降低，會增高所需的動力費用。根據經驗，在曝氣池出口處的混合液中的溶解氧濃度應保持在 2mg/L 左右，就能夠使活性污泥保持良好的淨化功能。

第二，水溫。溫度是影響微生物正常生理活動的重要因素之一，其影響反應在兩方面：①隨著溫度在一定範圍內升高，細胞中的生化反應速率加快，增殖速率也加快；

②細胞的組成物質如蛋白質、核酸等對溫度很敏感，如溫度突然大幅度增高，並超過一定限度，可使其組織遭受到不可逆的破壞。

活性污泥微生物的最適溫度範圍是15℃～30℃。一般的水溫低於10℃，即可對活性污泥的功能產生不利影響，但是，如果水溫的降低是緩慢的，微生物逐步適應了這種變化，即所謂受到了溫度降低的馴化，這樣，即使水溫降低到6℃～7℃，再採取一定的技術措施，如降低負荷、提高活性污泥與溶解氧濃度以及延長曝氣時間等仍能夠取得理想的處理效果。在中國北方地區，大中型的活性污泥處理系統，可露天建設，但小型的活性污泥處理系統則考慮建在室內。水溫過高的工業廢水在進入生物處理系統前，應考慮降溫措施。

③營養物質。活性污泥微生物為了進行各項生命活動，必須不斷地從環境中攝取各種營養物質。微生物細胞的組成物質有碳、氫、氧、氮大等幾種元素，約占90%～97%，其餘的3%～10%為無機元素，其中磷的含量最高，達到50%。

生活污水和城市廢水含有足夠的營養物質，但某些工業廢水則不然，例如石油化工廢水和制漿廢水缺乏氮、磷等物質。用活性污泥法處理這一類廢水必須考慮投加適量的氮、磷等物質，以保持廢水中的營養平衡。

微生物對氮、磷的需要量可按 BOD：N：P＝100：5：1 來計算。但實際上，微生物對氮和磷的需要量還與剩餘污泥量有關，就此可用下式計算：

$$氮的需要量 = 0.122\Delta X$$

$$磷的需要量 = 0.023\Delta X$$

式中：ΔX——活性污泥增長量（以 MLVSS 計）（kg/d）；

0.122、0.023——分別為微生物體內氮和磷所占的比例。

在微生物細胞組成的無機元素中，還有鉀、鎂、鈣、硫、鈉以及微量的鐵、銅、硼和鉬、硅等。一般在天然水中都含有這些元素，無需另行投加。

④pH 值。活性污泥微生物的最適宜的 pH 值為 6.5～8.5。如 pH 值降至 4.5 以下，原生動物全部消失，真菌將占優勢，易於產生污泥膨脹現象。當 pH 值超過 9 時，微生物的代謝速率將受到影響。

微生物的代謝活動能夠改變環境的 pH 值，如微生物對含氮化合物的利用，由於脫氮作用而產酸，從而使環境的 pH 值下降；由於脫羧作用而產生鹼性胺，又使 pH 值上升，因此，混合液本身是具有一定緩衝作用的。

經過長時間的馴化，活性污泥系統也能夠處理具有一定酸性或鹼性的廢水。但是，如果廢水的 pH 值突然急遽變化，對微生物將是一個嚴重衝擊，甚至能夠破壞整個系統的運行。在用活性污泥系統處理酸性、鹼性或 pH 值變化幅度較大的工業廢水時，應考慮事先對其進行中和處理或設均質池。

⑤有毒物質（抑制物質）。對微生物有毒害作用或抑製作用的物質較多，大致可分為重金屬、氰化物、H_2S、鹵族元素及其化合物等無機物質以及酚、醇、醛、染料等有機化合物。

重金屬及其鹽類都是蛋白質的沉澱劑，其離子易與細胞蛋白質結合，使之變性，或與酶的-SH 基結合而使酶失去活性。

酚、醇、醛等有機化合物能使活性污泥中生物蛋白質變性或使蛋白質脫水，損害細胞質而使微生物致死。

有毒物質的毒害作用還與 pH 值、水溫、溶解氧、有無另外共存的有毒物質以及微生物的數量等因素有關。

⑥有機負荷率。

活性污泥系統的有機負荷率，又稱為 BOD 污泥負荷。它所表示的是曝氣池內單位重量的活性污泥在單位時間內承受的有機基質量，即 $\frac{F}{M}$ 值，以 N_s 表示。其表示公式為：

$$N_s = \frac{F}{M} = \frac{QS_0}{VX} \quad (kgBOD/kgMLSS \cdot d)$$

式中：Q —— 廢水量（m^3/d）；

S_0 —— 廢水中有機基質濃度（kg/m^3）；

X —— 曝氣池中活性污泥濃度（kg/m^3）；

V —— 曝氣池有效容積（m^3）。

有時以 COD 表示有機基質量，以 MLVSS 表示活性污泥量。

有機負荷率不僅是影響微生物代謝的重要因素，對活性污泥系統的運行也產生影響。

(6) 相關名詞解釋

①上流速度。上流速度（Up-flow Velocity）也叫表面速度（Superficial Velocity）或表面負荷（Superficial Loading Rate）。假定一個向上流動反應器的進液流量（包括出水循環）為 Q（m^3/h），反應器的橫截面積為 A（m^2），則上流速度 u（m/h）可定義為：

$$u = \frac{Q}{A}$$

②水力停留時間。水力停留時間（Hydrolic Retention Time, HRT），它實際上指進入反應器的廢水在反應器內的平均停留時間，因此，如果反應器的有效容積為 V（m^3），則：

$$HRT = \frac{V}{Q}(h)$$

如果反應器的高度為 H（m），則：

$$Q = uA, \quad V = HA$$

所以 HRT 也可表示為：

$$HRT = \frac{H}{u}(h)$$

即水力停留時間等於反應器高度與上流速度之比。

③反應器的有機負荷。反應器的有機負荷（Organic Loading Rate, OLR），可以分為容積負荷（Volume Loading Rate, VLR）和污泥負荷（Sludge Loading Rate, SLR）兩種表示方式。

VLR 表示單位反應器容積每日接受的廢水中有機物的量，其單位為 KgCOD/（$m^3 \cdot d$）

或 KgBOD/（m³·d）。假定進液濃度為 ρw（KgCOD/m³ 或 KgBOD/m³），流量為 Q（m³/d），則：

$$VLR = \frac{Q\rho w}{V}$$

其中 V 為反應器的容積（m³）。因為實際中流量 Q 常以 m³/h 表示，則此時，

$$VLR = \frac{24Q\rho w}{V} \text{ KgCOD/(m}^3 \cdot \text{d) 或 KgBOD/(m}^3 \cdot \text{d)}$$

類似地，如果反應器中的污泥濃度為 ρs(KgTSS/m³ 或 KgVSS/m³)，則反應器的污泥負荷為：

$$SLR = \frac{Q\rho w}{V\rho s}（\text{KgCOD/KgTSS，KgCOD/KgVSS 或 KgBOD/KgTSS，KgBOD/KgVSS}）$$

其中，Q 的單位為 m³/d，V 的單位為 m³，ρw 的單位為 KgCOD/m³。當 Q 的單位為 m³/h 時，

$$SLR = \frac{24Q\rho w}{V\rho s}$$

比較 SLR 和 VLR 的公式，可得：

$$VLR = SLR \cdot \rho s$$

類似地，可導出：

$$VLR = \rho w/HRT$$

④污泥體積指數。污泥體積指數（Sludge Volume Index，SVI）是表示污泥沉降性能的參數。測量方法大致如下：

取均勻混合後的泥樣置於 1,000mL 的帶刻度的量筒中，經 30min 沉降後，污泥和上清液出現明顯界面。假定此時污泥的體積為 V（mL），污泥的精確質量為 m（gTSS），則：

$$SVI = \frac{V}{m}(\text{mL/gTSS})$$

⑤污泥在反應器內的停留時間。污泥停留時間（Sludge Retention Time，SRT），也稱為泥齡。延長 SRT 是所有高效反應器的最主要的設計思想。換言之，高的 SRT 是厭氧反應器高速高效運行的基本保證。

在連續運行的厭氧反應器中：

$$SRT = \frac{\text{反應器內污泥總量(Kg)}}{\text{污泥排出反應器的量(Kg)}}(d) \text{ 或 } SRT = \frac{V \cdot \rho s}{Q \cdot \rho s'}(d)$$

式中：ρs——反應器中污泥的平均濃度（KgTSS/m³ 或 KgVSS/m³）；

$\rho s'$——出水中污泥的平均濃度（KgTSS/m³ 或 KgVSS/m³）；

V——反應器的容積（m³）；

Q——日處理廢水量（m³/d）。

第四章　水質工程學 I 實驗

第一節　混凝實驗

分散在水中的膠體顆粒帶有負電荷，同時在布朗運動及表面水化作用下，處於穩定狀態，不能依靠其自身的重力而發生自然下沉，而向這種水中投加混凝劑，通過電性中和或吸附架橋作用，而使膠粒脫穩，顆粒相互凝聚在一起形成礬花。

混凝處理的效果不僅與混凝劑的投量有關，同時還與被處理水的 pH 值、水溫及處理過程中的水力條件等因素有密切的關係。

一、實驗目的

1. 掌握水和廢水混凝處理中最佳混凝條件(投藥量、pH 值及水力條件)的確定方法。
2. 加深對混凝機理的理解。
3. 瞭解混凝過程中凝聚和絮凝的作用及其表現特徵。
4. 瞭解絮體的產生及其聚集增大的基本過程。
5. 深入理解不同混凝劑混凝效果的差別及 pH 值對混凝效果的影響。

二、實驗原理

膠體顆粒帶有一定的電荷，它們之間的靜電斥力是膠體顆粒長期處於穩定的分散懸浮狀態的主要原因，膠粒所帶的電荷即電動電位稱 ξ 電位，ξ 電位的高低決定了膠體顆粒之間斥力的大小及膠體顆粒的穩定性程度，膠粒的 ξ 電位越高，膠體顆粒的穩定性越高。

膠體顆粒的 ξ 電位通過在一定外加電壓下帶電顆粒的電泳遷移率計算：

$$\xi = \frac{K\pi\eta\mu}{HD}$$

式中：K ——微粒形狀系數，對於圓球體 $K = 6$；

π ——系數，為 3.141,6；

η ——水的粘度（Pa·S），（此處取 $\eta = 10^{-1} Pa·S$）；

μ ——顆粒電泳遷移率（μm/s/V/cm）；

H ——電場強度梯度（V/cm）；

D ——水的介電常數 $D_水 = 8.1$。

通常，ξ 電位一般值為 10~200mv，一般天然水體中膠體顆粒的 ξ 電位約在-30mv 以上，投加混凝劑以後，只要該電位降至-15mv 左右，即可得到較好的混凝效果；相反，ξ 電位降為 0 時，往往不是最佳的混凝效果。

投加混凝劑的多少，直接影響混凝的效果。投加量不足或投加量過多，均不能獲得良好的混凝效果。不同水質對應的最優混凝劑投加量也各不相同，必須通過實驗的方法加以確定。

向被處理的水中投加混凝劑〔如 $Al_2(SO_4)_3$〕後，生成 Al（Ⅲ）化合物，對膠體顆粒的脫穩效果不僅受投量、水中膠體顆粒的濃度影響，同時還受水 pH 的影響。若 pH<4，則混凝劑的水解受到限制，其水解產物中高分子多核多羥基物質的含量很少，絮凝作用很差；如果水的 pH 值大於 8 到 10，它們就會出現溶解現象而生成帶負電荷和不能發揮很好混凝效果的絡合離子。

水力條件對混凝效果有重大的影響，水中投加混凝劑後，膠體顆粒發生凝聚而脫穩，之後相互聚集，逐漸變成大的絮凝體，最後長大至能發生自然沉澱的程度。在此過程中，必須嚴格控制水流的混合條件，在凝聚階段，要求在投加混凝劑的同時，使水流具有強烈的混合作用，以便所投加的混凝劑能在較短時間內擴散到整個被處理的水體中，起到壓縮雙電層作用，降低膠體顆粒的 ζ 電位，而使其脫穩，此階段所需延續的時間僅為幾十秒鐘，最長不超過 2min。絮凝（混合）階段結束以後，脫穩的顆粒即開始相互接觸、聚合。此階段要求水流具有由強至弱的混合強度。一方面保證脫穩的顆粒間相互接觸的機率，另一方面防止已形成的絮體被水力剪切作用而打破。一般要求混合速度由大變小，通常可用 G 值和 GT 值來反應沉澱的效果，G 值一般控制在 20~70S^{-1}，GT 值為 10^4~10^5 為宜。

三、實驗儀器、裝置

實驗儀器、裝置包括：六聯攪拌器、光電式濁度儀、1,000mL 燒杯 6 個、吸管（1mL、2mL、5mL）各 6 支、10L 水桶 1 個、秒表、$Al_2(SO_4)_3$ 混凝劑（10g/l）500mL、NaOH 溶液、HCL 溶液、滴管、精密 pH 試紙、普通濾紙若干、200mL 燒杯 6 只、50mL 注射器 1 個、原水水樣 1 桶。實驗攪拌機示意圖如圖 4-1 所示。

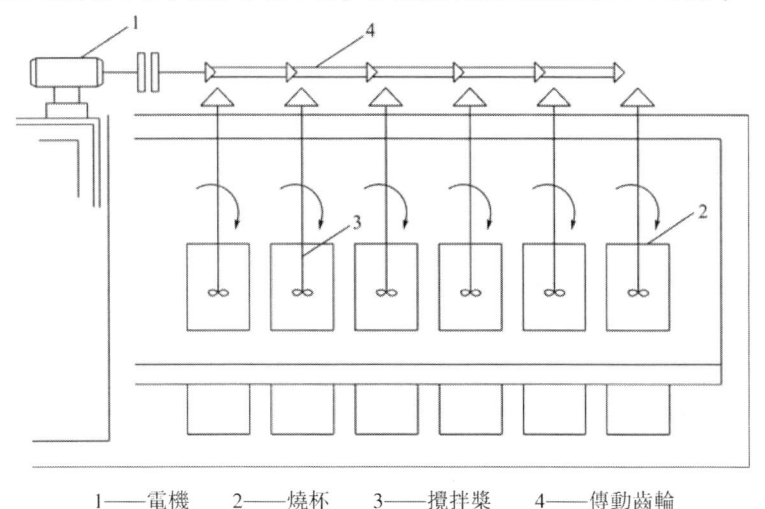

1——電機　2——燒杯　3——攪拌槳　4——傳動齒輪

圖 4-1　實驗攪拌機示意圖

四、實驗內容以及步驟

1. 確定最佳混凝劑和最小投藥量

（1）測定原水特徵（水溫、pH 值、濁度）

（2）取 2 個 800mL 燒杯，將其置於攪拌儀上，向燒杯中各注入 600mL 原水，啓動攪拌儀，使攪拌儀處於慢速攪拌狀態，向燒杯中投加已配置的 $Al_2(SO_4)_3$ 和 $FeCl_3$ 混凝劑，直至杯中出現礬花為止，此時的混凝劑投量即為形成礬花的最小投量。靜沉 10 分鐘，觀察礬花的形成，並判斷最佳混凝劑。

2. 測定最佳投藥量

（1）取 6 個 800mL 燒杯並依次分別編號（1~6）並將它們按順序安放在攪拌儀上。

（2）根據 A 確定的混凝劑的最小投量，取最小投量的 $\frac{1}{2}$ 為 1 號杯的投加量；取最小投加量的 4 倍作為 6 號杯的投加量。2~5 號燒杯為最小投量的 1、1.5、2、3 倍。

（3）各組用吸管一一對應將上述混凝劑量移入 6 個編號（1~6）的小試管中，備用。

（4）開啓攪拌儀，使其使用攪拌的快速而劇烈的混合狀態，同時將 3 中所備的混凝劑一一對應加入燒杯中，並同時開始計時，進行快速混合，轉速約 300r/min，1min 快速混合結束後，調節攪拌儀轉速至中速，轉速約 150r/min，3min。最後慢速攪拌，轉速為 50r/min，8min。

（5）關閉攪拌儀，靜置 5min，用 50mL 注射器，分別從燒杯中取上清液，立即用光電式濁度儀分別測定水濁度，並記錄。

（6）分析濁度與投加量的關係，找出相應的最佳投藥量。

3. 測定最佳的 pH 值

（1）取 6 個燒杯編號（1~6），分別裝 600mL 原水水樣，然後分別用 10%得 HCl 和 NaOH 溶液將原水的 pH 值分別調至 3、4、5、7、8、9。

（2）取 6 個小試管分別裝入最佳投藥量的混凝劑，備用。

（3）將調節 pH 後的 6 個水樣（800mL 燒杯）置於攪拌儀上，開啓攪拌儀，同時分別將相同數量的最佳投藥量的混凝劑加入各個水樣中，並開始計時，按最佳投藥量實驗的操作步驟重複。

（4）關閉攪拌機，靜置 5min，用 50mL 注射器分別從各燒杯中取出上清液，立即用光電濁度儀分別測定其水濁度。

（5）作出 pH 與出水濁度之間的關係，試確定最佳 pH 值。

五、實驗記錄

（1）原水濁度_____ mg/L，原水 pH _____，$Al_2(SO_4)_3$ 最小投藥量_____ mL，$FeCl_3$ 最小投藥量_____ mL，選定的最佳混凝劑為_____。

（2）測定最佳投藥量，最佳投藥量記錄表見表 4-1：

表 4-1　　　　　　　　　最佳投藥量記錄表

最佳投藥量記錄表	水樣編號	1	2	3	4	5	6
	混凝劑投量（mg/L）						
	出水濁度（mg/L）						

根據上表知，最佳投藥量為_____mL。

作出水濁度對投加量的曲線圖：

（3）測定最佳 pH 值，最佳 pH 值記錄表見表 4-2：

表 4-2　　　　　　　　　最佳 pH 值記錄表

最佳 pH 值記錄表	水樣編號	1	2	3	4	5	6
	pH 值						
	出水濁度（mg/L）						

根據上表知，最佳 pH 值約為_____。

作出水濁度對 pH 值的曲線圖：

六、成果及誤差分析

第二節　顆粒自由沉澱實驗

一、實驗目的

1. 通過實驗，學習、掌握顆粒自由沉澱的試驗方法；
2. 進一步瞭解和掌握自由沉澱的規律，根據實驗結果繪製時間-沉澱率（t-E）、沉速-沉澱率（u-E）和 $C_t/C_0 \sim u$ 的關係曲線。

二、實驗原理

沉澱是指從液體中借重力作用去除固體顆粒的一種過程。根據液體中固體物質的

濃度和性質，可將沉澱過程分為自由沉澱、沉澱絮凝、成層沉澱和壓縮沉澱等 4 類。

本實驗是研究探討污水中非絮凝性固體顆粒自由沉澱的規律。

實驗用沉澱管進行。

設水深為 h，在 t 時間內能沉到深度 h 顆粒的沉澱速度 $u = h/t$。根據給定的時間 t，計算出顆粒的沉速 u_o。凡是沉澱速度等於或大於 u_0 的顆粒在 t_0 時就可以全部去除。

設原水中懸浮物濃度為 C_0，則沉澱率 $= (C_o - C_t) / C_0 \times 100\%$

在時間 t 時能沉到深度 h 顆粒的沉澱速度為 u：

$$u = (h \times 10) / (t \times 60) \quad (mm/s)$$

式中：C_0——原水中所含懸浮物濃度（mg/L）；

C_t——經 t 時間後，污水中殘存的懸浮物濃度（mg/L）；

h——取樣口高度（cm）；

t——取樣時間（min）。

三、實驗方法

一般來說，自由沉澱實驗可按以下兩個方法進行：

（一）底部取樣法

底部取樣法的沉澱效率通過曲線積分求得。設在一水深為 h 的沉澱柱內進行自由沉澱實驗。將取樣口設在水深 h 處，實驗開始時（$t = 0$），整個實驗筒內懸浮物顆粒濃度均為 C_0。分別在 $t_1、t_2、\cdots、t_n$ 時刻取樣，分別測得其濃度為 $C_1、C_2、\cdots、C_n$。那麼，在時間恰好為 $t_1、t_2、\cdots、t_n$ 時，沉速為 $h/t_1 = u_1、h/t_2 = u_2、\cdots、h/t_n = u_n$ 的顆粒恰好通過取樣口向下沉。相應地，這些顆粒在高度 h 中已不復存在了。記 $p_i = C_i/C_0$，則 $1 - p_i$ 代表時間 t_i 內高度 h 中完全去除的顆粒百分數，$p_j - p_k (k > j \geqslant i)$ 代表沉速位於 u_j 和 u_k 之間的顆粒百分數，在時間 t_i 內，這部分顆粒的去除百分數為 $\dfrac{(u_j + u_k)/2}{u_i} \times (p_j - p_k)$，當 $j、k$ 無限接近時，$\dfrac{(u_j + u_k)/2}{u_i} \times (p_j - p_k) = \dfrac{u_j}{u_i} dp_j$。這樣，在時間 t_i 內，沉澱柱的總沉澱效率 $P = (1 + p_i) + \int_0^{p_i} \dfrac{u_j}{u_i} dp_j$。實際操作過程中，可繪出 $p - u$ 曲線，可通過積分求出沉澱效率。

（二）中部取樣法

與底部取樣法不同的是，中部取樣法將取樣口設在沉澱柱有效沉澱高度（h）的中部。

實驗開始時，沉澱時間為 0，此時沉澱柱內懸浮物分佈是均勻的，即每個斷面上顆粒的數量與粒徑的組成相同，懸浮物濃度為 C_0（mg/L），此時去除率 $E = 0$。

實驗開始後，懸浮物在筒內的分佈變得不均勻。不同沉澱時間 t_i，顆粒下沉到池底的最小沉澱速度 u_i 相應為 $u_i = \dfrac{H}{t_i}$。嚴格來說，此時應將實驗筒內有效水深 h 的全部水樣取出，測量其懸浮物含量，來計算出 t_i 時間內的沉澱效率。但這樣工作量太大，而且

每個實驗筒只能求一個沉澱時間的沉澱效率。為了克服上述弊病，又考慮到實驗筒內懸浮物濃度隨水深的變化，所以我們提出的實驗方法是將取樣口裝在 $h/2$ 處，近似地認為該處水樣的懸浮物濃度代表整個有效水深內懸浮物的平均濃度。我們認為這樣做在工程上的誤差是允許的，而實驗及測定工作也可以大為簡化，在一個實驗筒內就可以多次取樣，完成沉澱曲線的實驗。假設此時取樣點處水樣懸浮物濃度為 C_i，則顆粒總去除率 $P_i = \dfrac{C_i}{C_0}$，反應了 t_i 時未被去除的顆粒（即 $d < d_i$ 的顆粒）所占的百分比。

四、實驗水樣

硅藻土自配水。

五、主要實驗設備

（1）沉澱實驗筒［直徑 φ140mm，工作有效水深（由溢出口下緣到筒底的距離）為 2,000mm］。

（2）過濾裝置：懸浮物定量分析所需設備。以 SS 為評價指標時，定量分析設備包括萬分之一電子天平、帶蓋稱量瓶、干燥器、烘箱、抽濾機等。

（3）玻璃儀器、容量瓶、直尺、秒表。

六、實驗步驟

（1）做好懸浮固體測定的準備工作。將中速定量濾紙選好，放入托盤中，調烘箱至 105℃±1℃，將托盤放入 105℃ 的烘箱烘 45min，取出後放入干燥器冷卻 30min，在 1/10,000 天平上稱重，以備過濾時用。

（2）開沉澱管的閥門將硅藻土和水注入沉澱管中攪拌均勻。

（3）用 100mL 容量瓶取水樣 100mL（測得懸浮物濃度為 C_0）記下取樣口高度，開動秒表。開始記錄沉澱時間。

（4）時間為 5min、10min、15min、20min、30min、40min、60min 時，在同一取樣口分別取 100mL 水樣，測其懸浮物濃度為（C_t）。

（5）一次取樣應先排出取樣口中的積水，減少誤差，在取樣前和取樣後必須測量沉澱管中液面至取樣口的高度，計算時採用二者的平均值。

（6）已稱好的濾紙取出放在玻璃漏斗中，過濾水樣，並用蒸餾水衝淨，使濾紙上得到全部懸浮性固體，最後將帶有濾渣的濾紙移入烘箱，重複實驗步驟（1）的工作。

（7）懸浮物固體濃度計算

懸浮性固體濃度：$C_{mg/L} = \{(W_1 - W_2) \times 1,000 \times 1,000\}/v$

式中：W_1——濾紙重；

W_2——濾紙+懸浮性固體的重量；

V——水樣體積，100mL。

七、原始數據記錄

原始數據記錄在表 4-3、表 4-4 中表示出來。

表 4-3

取樣時間（min）	0	5	10	15	20	30	40	60
濾紙重 W_1（g）								
濾紙+懸浮性固體的重量 W_2（g）								

表 4-4

取樣時間（min）	0	5	10	15	20	30	40	60
取樣高度（cm）								
取樣後高度（cm）								

八、數據處理及結果計算

數據處理及結果計算在表 4-5 中表示出來。

表 4-5

濾紙編號	5-1	5-2	5-3	5-4	5-5	5-6	5-7	5-8
取樣時間 t（min）	0	5	10	15	20	30	40	60
濾紙重 W_1（g）								
濾紙重+懸浮性固體重量 W_2（g）								
取樣高度（取樣前後平均高度）h（cm）								
懸浮性固體濃度 C（mg/L）								
沉速 u（mm/s）$= H/t_i$								
沉澱率 E（%）$=(C_0 - C_i)/C_0 \times 100\%$								
未被去除的懸浮物的百分比 P（%）$= C_i/C_0$								

（1）繪製沉澱柱草圖及管路連接圖。

（2）實驗數據整理。未被去除懸浮物百分比：$P_i = C_i/C_0 \times 100\%$。$C_0$——原水濁度，NTU；$C_i$——原水濁度，NTU。相應顆粒沉速：$u_i = H/t_i$ mm/s。

（3）以顆粒沉速 u_i 為橫坐標，以 P_i 為縱坐標，在坐標紙上繪製 $P \sim u$ 關係曲線。

（4）根據計算結果，以 E 為縱坐標，分別以 u 及 t 為橫坐標，繪製 $E \sim u$、$E \sim t$ 關係曲線。

九、思考題

（1）自由沉澱中顆粒沉速與絮凝沉澱中顆粒沉速有何區別？

（2）沉澱柱有效水深分別為 $H = 1.2$ m 和 $H = 0.9$ m，兩組實驗結果是否一樣？為什麼？

第三節　過濾實驗

過濾是通過濾料去除水中雜質從而使水得到澄清的工藝過程。過濾不僅可以去除水中細小的懸浮顆粒雜質，而且細菌病毒有機物也會隨濁度降低而被去除。本實驗採用石英砂為濾料。

一、實驗目的

（1）掌握清潔濾料層過濾時水頭損失的變化規律及其計算方法；
（2）瞭解不同原水（清潔水、原混水及經混凝後的混水）過濾時，濾料層中水頭損失變化規律的區別及其原因；
（3）深化理解濾速對處理出水水質的影響；
（4）進一步深化理解過濾的基本機理；
（5）深入理解反沖洗強度與濾料層膨脹高度間的關係。

二、實驗原理

1. 過濾

本實驗採用單層均勻石英砂濾料進行過濾實驗，過濾過程中，原水從過濾柱的上部流入，依次經過濾料層、承托層、配水區、集水區，從濾柱的底部流出，在清水過濾過程中，主要要考察清潔濾料層隨過濾速度的變化以及各濾料層的水頭損失變化情況。過濾過程中濾料層內始終保持清潔狀態，因而在同一過濾速度下，各濾料層內的水頭損失不隨過濾時間的變化而變化。在原混水的過濾過程中，濾料層通過對混水中雜質的機械截留而使水中雜質得以去除，濾料層中的水頭損失將隨時間的延長而增加。在經混凝後的混水過濾過程中，水中的雜質主要通過接觸絮凝的途徑而從水中得以去除，其濾料層中水頭損失的變化規律類似於原混水過濾，但其隨過濾時間的延長而增加的速度要比原混水過濾時快，且其出水水質要比前者好。

在過濾過程中，隨濾料層截污量的增加、濾層的孔隙度 m 減小、水流穿過砂層縫隙的流速增大，導致濾料層水頭損失的增加。均勻率料層的水頭損失（H）計算：

$$H = \frac{K\mu(1-m)^2}{gm^3}(\frac{b}{\psi d_0})2L_0 v + \frac{1.75}{g} \cdot \frac{1-m}{m^2}(\frac{1}{\psi d_0})L_0 v^2$$

式中：K——無因次數，取 $4\sim5$；
　　　d_0——濾料粒徑（cm）；
　　　v——過濾速度（cm/s）；
　　　L_0——濾料層厚度（cm）；
　　　μ——水的運動黏滯系數（cm²/s）；
　　　ψ——濾料顆粒球形度系數，可取 0.8；
　　　m——濾料層的孔隙度（$=1-G/Vr$，G 為濾料重量，r 為濾料的容重，V 為濾料層體積）。

2. 反沖洗

為了保證過濾後的出水水質及過濾速度，過濾一段時間後，需要對濾料層進行反沖洗，以使濾料層在短時間內恢復其工作能力。反沖洗的方式有多種多樣，其原理是一樣的。反沖洗開始時，承托層、濾料層未完全膨脹，相當於濾池處於反向過濾狀態。為使濾料層中截留的雜質在短時間內徹底清洗乾淨，必須使濾料層處於完全的膨脹狀態，但濾料層的膨脹高度大小與反沖洗所需的時間、反沖洗強度及反沖洗的用水量等都有密切的聯繫，根據濾料層膨脹前後的厚度，可用下式計算出濾料層的膨脹率 e：

$$e = \frac{(L_0 - L)}{L_0} \times 100\%$$

式中：L——濾料層膨脹後的厚度（cm）；
　　　e——濾料層膨脹率（%）。

三、實驗裝置

過濾實驗裝置示意圖如圖 4-2 所示。

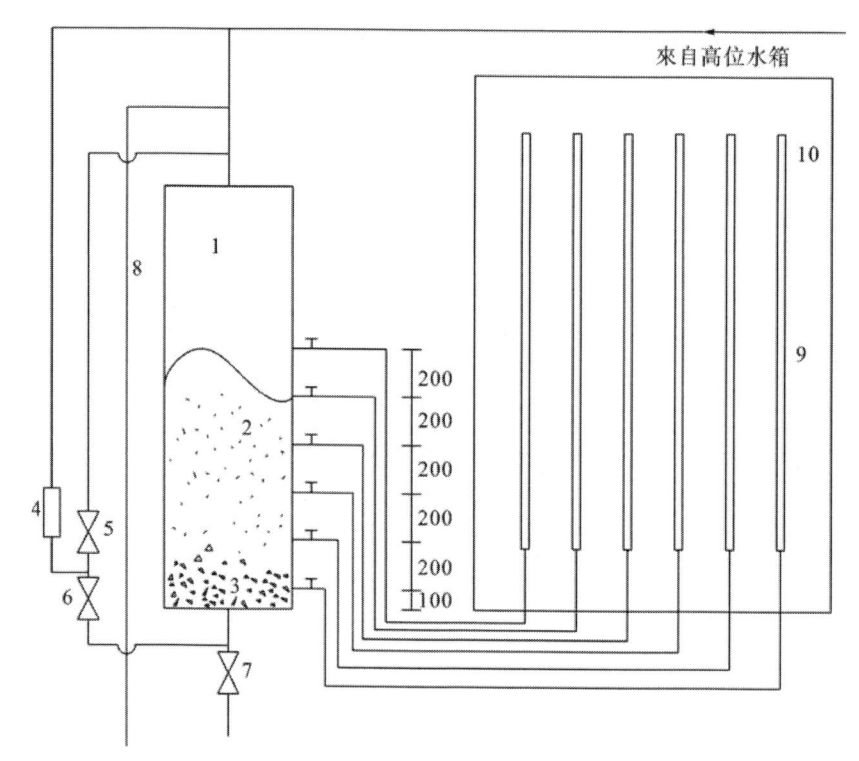

1——過濾柱　2——濾料層　3——承托層　4——轉子流量計　5——過濾進水閥門　6——反沖洗進水閥門　7——過濾出水閥門　8——反沖洗出水管　9——測壓板　10——測壓管　500mL 燒杯，溫度計（0℃~50℃），卷尺

圖 4-2　過濾實驗裝置示意圖

四、實驗步驟

1. 清水過濾實驗

採用衡水頭變濾速的過濾方法，過濾開始前，先測定衡水位的水面高度，並記錄。

（1）打開清潔水源，用清潔水沖洗濾料層，使其沖洗乾淨；

（2）關閉沖洗水閥門，打開過濾進水閥門，調節 50L/h，待測壓管中水位穩定後，讀取各測壓管中的水位值，並加以記錄；

（3）增大過濾流量，使進水流量依次為 50 L/h、100 L/h、150 L/h、200 L/h、250 L/h，重複步驟（2），進行讀數和記錄；

（4）用卷尺測量各測壓管間濾料層的厚度及濾料層的總高度，記錄；

（5）根據測定結果做出濾速與各測壓管水頭損失值間的關係曲線圖，並進行分析。

2. 濾柱反沖洗實驗

（1）量出濾料層的原厚度；

（2）慢慢開啓反沖洗進水閥門，使濾料層膨脹率為 10%，待濾料層表面穩定後，記錄此時反沖洗進水流量；

（3）重複（2）增大反沖洗進水流量，使濾料層的膨脹率依次為 25%、45%、60% 和 90%，待濾料層表面穩定後，讀出相應的進水流量。

（4）做出反沖洗流量與濾料層膨脹率之間的關係曲線並加以分析。

五、實驗記錄

過濾實驗記錄在表 4-6、表 4-7 中表現出來。

1. 過濾

濾柱管徑：_____   濾柱截面面積：_____

表 4-6　　　　　　　　　　　過濾實驗記錄表

進水流量 Q（L/h）	過濾速度 V（m/h）	最高測壓管水位 h_1（m）	最低測壓管水位 h_2（m）	水頭損失 h（m）
50				
100				
150				
200				
250				

流速 $v = \dfrac{Q}{A}$　　水頭損失 $h = h_1 - h_2$

做出清水過濾水頭損失與濾速關係曲線 $h-v$ 圖：

2. 反沖洗實驗

濾層厚度＿＿＿＿＿＿＿＿＿＿＿＿＿，半徑＿＿＿＿＿＿＿＿＿＿

表 4-7　　　　　　　　　　　過濾實驗計算表

反沖洗膨脹率 e (%)	10	25	45	60	90
反沖洗流量 Q (L/h)					

做出反沖洗 Q-e 的曲線圖：

六、實驗成果及誤差分析

第四節　雙向流斜板沉澱實驗

一、實驗目的

給水處理中的澄清工藝通常包括混凝、沉澱和過濾，處理對象主要是水中懸浮物和膠體雜質。原水加藥後，經混凝，使水中懸浮物和膠體形成大顆粒絮凝體，而後通過沉澱池進行重力分離。本裝置就是展示斜板沉澱池內部構造的演示裝置。通過本實驗，希望達到以下目的：

（1）通過對雙向流斜板沉澱池的模擬實驗，進一步加深對其構造和工作原理的認識；

（2）進一步瞭解斜板沉澱池運行的影響因素；

（3）熟悉雙向流斜板沉澱池的運行操作方法。

二、實驗原理

斜板沉澱池是由與水平面呈一定角度（一般 60°左右）的眾多斜板放置於沉澱池中構成的，其中的水流方向可從下向上流動或從上向下流動或水平方向流動，顆粒則沉澱於斜板底部，當顆粒累積到一定程度時，便自動滑下。斜板沉澱池在不改變有效容積的情況下，可以增加沉澱池面積，提高污泥的去除效率，將板與水平面擱置到一定角度放置有利於排泥，因而斜板沉澱池在生產實踐中有較高的應用價值。

按照斜板沉澱池中的水流方向，斜板沉澱池可分為以下四種類型：

1. 異向流斜板沉澱池

水流方向與污泥沉降方向不同，水流向上流動，污泥向下滑動，異向流斜板沉澱池是最常用的方法之一。

2. 同向流斜板沉澱池

水流方向與污泥沉降方向相同，與異向流相比，同向斜板沉澱池由於水流方向與沉降方向相同，因而有利於污泥的下滑，但其結構較複雜，應用不多。

3. 橫向流斜板沉澱池

斜板沉澱池在長度方向布置其斜板，水流沿池長方向橫向流過，沉澱物沿斜板滑落，其沉澱過程與平流式沉澱池類似。

4. 雙向流斜板沉澱池

在沉澱池中，既有同向流斜板又有異向流斜板組合而成的斜板沉澱池。

三、實驗裝置及材料

根據淺層理論，在沉澱池有效容積一定的前提下，增加接觸面積，可以提高沉澱效率。斜板沉澱池實際上是把多層沉澱池的底板做成一定的傾斜度，水在斜板的流動過程中，水中顆粒則沉於斜板上，當顆粒物累積到一定程度時，便自動滑下。從改善沉澱池水力條件的角度來分析，由於斜板沉澱池水力半徑減小，從而使雷諾數 Re 大為降低，而弗勞德數 Fr 則大為提高。一般來講，斜板沉澱池中的水流基本上屬層流狀態。雙向流斜板沉澱池的構造見圖4-3：

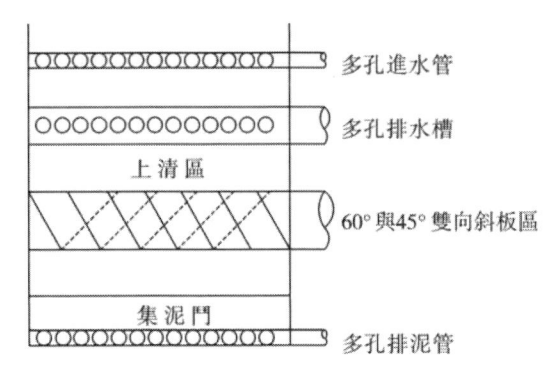

圖4-3 雙向流斜板沉澱池示意圖

實驗裝置的組成和規格如下：（設備本體由池體和斜板兩部分組成）

（1）環境溫度：5℃~40℃。
（2）處理水量：50~100L/h。
（3）設計進水濁度：50°~100°。
（4）出水濁度：10°~20°。
（5）斜板傾角：60°。
（6）水力停留時間：1~2h。
（7）池體材質：有機玻璃。
（8）電源：220V 單相三線制，功率為200W。

配套裝置有：

（1）優質PVC水箱1只；

（2）不銹鋼潛水泵 1 臺；

（3）斜板 1 套；

（4）進水流量計 1 個；

（5）配水管閥件 1 套；

（6）排水管 1 套；

（7）排泥槽與排泥管 1 套；

（8）上層出水區 1 個；

（9）有機玻璃沉澱區 1 套；

（10）不銹鋼實驗臺架 1 個；

（11）防水板 1 張（厚度 25mm）；

（12）電源線、連接管道、閥門等 1 套。

四、實驗步驟

（1）用清水註滿沉澱池，檢查是否漏水，水泵與閥門等是否正常完好。

（2）一切正常後，測量原水的 pH 值、溫度、濁度，並記錄。

（3）打開電源，啓動水泵電機，將水樣打入沉澱池，並適當調整流量，若太大會降低沉澱效果。具體調節程度視廢水水質而定。

（4）待處理畢，手動停機，取樣化驗，並開泵抽洗內腔。

（5）測定進出水樣懸浮物固體量。方法如下：首先調烘箱至 105℃，疊好濾紙放入稱量瓶中，打開蓋子，將稱量瓶放入 105℃ 的烘箱中烘至恒重 $\omega 1$；然後將已恒重好的濾紙取出放在玻璃漏鬥中，過濾水樣，並用蒸餾水沖洗，使全部懸浮物固體轉移至濾紙上，再將帶有濾渣的濾紙移入稱量瓶，烘干至恒重 $\omega 2$。

（6）懸浮物固體計算

$$懸浮物固體含量\ C = \frac{(\omega 2 - \omega 1) \times 1,000 \times 10}{V}(mg/L)$$

式中：$\omega 1$——稱量瓶+濾紙質量（g）；

$\omega 2$——稱量瓶+濾紙+懸浮性固體質量（g）；

V——水樣體積（100mL）。

（7）計算不同流速條件下，沉澱物的去除率。設進水懸浮物固體濃度 C_0，出水懸浮物固體濃度 C_i，水樣的去除率：

$$E = \frac{C_0 - C_i}{C_0} \times 100\%$$

（8）定期從污泥鬥排泥。

五、實驗數據處理

（1）根據測得的進出水濁度計算去除率；

(2) 將試驗中測得的各個技術指標填入表 4-8 中。

表 4-8　　　　　　　　　　　實驗記錄表

序號	原水參數			濁度		
	pH	水溫（℃）	流量（L/h）	進水	出水	去除率（％）

六、思考題

1. 斜板沉澱池與其他沉澱池相比較有什麼樣的優點？
2. 斜板沉澱池的運行方式是怎樣的？

七、可能故障及處理

1. 空氣開關老跳閘
水泵電機或者電機燒毀短路，或啓動電容損壞，找出故障維修或更換，或換新泵。
2. 漏電保護器動作
本機水泵電機或控制器處有短路現象，找出故障維修或更換。
3. 水泵不上水
水泵水管堵塞，或自吸灌水管灌水不足。檢查水管、水泵。

第五節　離子交換軟化和除鹽實驗

一、實驗目的

離子交換是一種常用於重金屬廢水回收處理的方法，如電鍍廢水、含汞廢水等的回收處理。此法也是醫藥、化工等工業用水處理的普通方法。它可以去除或交換水中溶解的無機鹽，降低水的硬度、鹼度，並制取無離子水。

在應用離子交換法進行水處理時，需要就根據離子交換樹脂的性能設計離子交換設備，決定交換設備的運行週期和再生處理。這既有理論計算問題又有實驗問題。本實驗通過離子交換設備運轉，進行離子交換脫鹼軟化、除鹽，無疑是理論與實際相結合的問題。通過本實驗，希望達到以下目的：

1. 加深對離子交換基本理論的理解；
2. 學會離子交換樹脂交換容量的測定；
3. 學會交換設備操作方法。

二、實驗原理

（一）離子交換脫鹼軟化

含有 Ca^{2+}、Mg^{2+} 等雜質的原水流經交換樹脂層，水中的 Ca^{2+}、Mg^{2+} 首先與樹脂上的可交換離子進行交換，最上層的樹脂首先失效，變成了 Ca、Mg 型樹脂。水流通過該層後水質沒有變化，故這一層被稱為飽和層或失效層。在它下面的樹脂層被稱為工作層，又與水中的 Ca^{2+}、Mg^{2+} 進行交換，直至它們達到平衡。實際上，天然水中不會只有單一種陽離子，而常含有多種陰、陽離子，所以離子的交換過程就比較複雜。就軟化而言，當水流過交換層後，各陽離子按其被交換劑吸著能力的大小，自上而下地分佈在交換層中，它們是 Fe^{3+}、Al^{3+}、Ca^{2+}、Mg^{2+}、K^+、Na^+……如果採用 Na 型交換樹脂，水中就不可避免地有 $NaHCO_3$ 存在，因而使鹼度增加。生產上常採用 H-Na 型交換樹脂並聯形式。

為了方便起見，在水分析時，假定水中只有 $K^+(Na^+)$、Ca^{2+}、Mg^{2+}、HCO_3^-、SO_4^{2-}、Cl^- 等主要離子，這樣鹼度僅為碳酸鹽鹼度。總硬度與總鹼度之差即為 $SO_4^{2-}+Cl^-$ 的含量。

（二）離子交換除鹽

利用陰陽樹脂共同工作是目前制取純水的基本方法之一。水中各種無機鹽類電離生成的陰、陽離子，經過 H 型離子交換樹脂時，水中陽離子被 H^+ 所取代，經過 OH 型離子交換樹脂時，水中陰離子被 OH^- 所取代。進入水中的 H^+ 和 OH^- 組成 H_2O，從而取得了去除無機鹽的效果。水中所含陰、陽離子的多少，直接影響了溶液的導電性能，經過離子交換樹脂處理過的水中，離子很少，導電率很小，電阻值很大。生產上常以水的導電率控制離子交換後的水質。

三、實驗裝置及材料

離子交換脫鹼軟化裝置，交換柱用有機玻璃制成，尺寸：D80×1,500mm，內裝樹脂 1,500mm。

實驗裝置的組成和規格：
(1) 1 臺天平（自備）；
(2) 1 臺酸度計（自備）；
(3) 1 臺電導儀（自備）；
(4) 25kg 強酸陽樹脂；
(5) 25kg 強鹼陰樹脂；
(6) 3 根有機玻璃柱；
(7) 1 套真空抽吸裝置（自備）；
(8) 10 個 250mL 三角燒瓶（自備）；

（9）10mL、25mL、50mL 移液管各 2 個（自備）；

（10）1 支 50mL 定管（自備）；

（11）100mL、1,000mL 量筒各 1 個（自備）；

（12）1 個 500mL 容量瓶（自備）；

（13）1 個 250mL 試劑瓶（自備）；

（14）3 個 500mL 燒杯和 2 個 150mL 燒杯（自備）。

四、實驗步驟

（1）測定原水 pH 值、電導率，記入表中。

（2）排出陰、陽離子交換柱中的廢液。

（3）用自來水正洗各交換柱 5min，正洗流速 15m/h，測定正洗水出水 pH 值。若 pH 值不呈中性，則延長正洗時間。

（4）開啓陽離子交換柱進水閥門和出水閥門，調整交換柱內流速到 12m/h 左右。

（5）關閉陽離子出水閥門，開啓陰離子交換柱進水閥門及混合離子交換柱進、出水閥門。

（6）交換 10min 後，測定各離子交換柱出水電導率、pH 值。

（7）交換速度依次取：15m/h、20m/h、25m/h，以此速度進行交換從而測定各離子交換柱出水電導率、pH 值。

（8）交換結束後，陰、陽離子交換柱分別用 15m/h 自來水反洗 2min，並分別通入 5%HCl、4%NaOH 至淹沒交換層 10cm。混合離子交換柱以 10m/h 的反洗速度反洗，待分層後再洗 2min，然後移出陰樹脂至 4%NaOH 溶液，移出陽離子至 5%HCl 溶液中，浸泡 40min。

（9）移出再生液，用純水浸泡樹脂。

（10）關閉所有進出水閥門，切斷各儀器電源。

五、實驗數據處理

（1）實驗所測各數據建議記錄於表 4-9 中。

表 4-9　　　　　　　　　　離子交換軟化實驗記錄表

實驗日期：_____年____月____日
原水樣總硬度_____（mmol/L）　　鹼度_____（mmol/L）　　pH_____

編號	交換柱類型	交換速度（m/h）	總硬度（mmol/L）	鹼度（mmol/L）	碳酸鹽硬度（mmol/L）	非碳酸鹽硬度（mmol/L）	pH 值	混合後水質 硬度（mmol/L）	pH 值
1	H								
	Na								
2	H								
	Na								
……									

(2) 將上表數據代入流量分配關係式，求出剩餘鹼度。繪出 H 型交換柱流速與 pH 值關係曲線圖和 Na 型交換柱流速與鹼度關係曲線圖。

(3) 將離子交換除鹽實驗數據記錄於表 4-10 中。

表 4-10　　　　　　　　　　離子交換除鹽實驗記錄表

實驗日期：_____年___月___日
原水溫度_____℃　鹼度_____（mmol/L）　pH_____　電導率_____s/cm

交換柱水流速度＼除水水質	陽離子交換柱		陰離子交換柱		陰陽離子混合柱		備註
	硬度（mmol/L）	pH	電導率（s/cm）	pH	電導率（s/cm）	pH	電導率（s/cm）	

(4) 繪出各交換柱交換水流速度與電導率關係曲線。

六、思考題

(1) 什麼是離子交換樹脂的交換容量？兩種交換容量的測定原理是什麼？
(2) 為什麼樹脂層不能存留有氣泡？若有氣泡如何處理？
(3) 怎樣處理樹脂？怎樣裝柱？應分別注意什麼問題？

七、注意事項

(1) 在脫鹼軟化實驗時，如果原水中鹼度偏低，可取剩餘鹼度 A_r 小於 0.5mol/L。

(2) 離子交換脫鹼軟化、除鹽實驗所用原水系一般自來水如果鹼度、硬度偏低，可自行另調配水樣。

(3) 本實驗分三部分，學生可以選擇性地做一部分，其中硬度和鹼度測定可由實驗人員事先測定或由學生部分測定。

第六節　電滲析實驗

一、實驗目的

電滲析是膜分離法之一，廣泛應用於水處理的各個行業，既可用於海水、苦咸水的淡化和工業生產用水的處理，又可用於冶金、化工、食品、醫藥等行業的廢水回收利用。本裝置是利用電滲析工藝進行水處理的實驗設備，希望達到以下目的：

(1) 瞭解電滲析實驗裝置的構造及工作原理；
(2) 熟悉電滲析配套設備，學習電滲析實驗裝置的操作方法；
(3) 掌握電滲析法除鹽技術，求脫鹽率及電流效率。

二、實驗原理

電滲析膜由高分子合成材料製成，對溶液中的陰、陽離子具有選擇過濾性，使溶

液中的陰、陽離子在由陰膜及陽膜交錯排列的隔室中產生遷移作用，從而使溶質與溶劑分離。電滲析法用於處理含鹽量不大的水時，膜的選擇透過性較高。一般認為電滲析法適用於含鹽量在 5,000mg/L 以下的苦鹹水淡化。電滲析器運行中，鹽面積上所通過的電流被稱為電流密度，其單位為 mA/cm^2。若逐漸增大電流密度 i，淡水隔室陽膜表面的離子濃度 $C' \to 0$，此時的 i 值稱為極限電流密度，以 i_{lim} 表示；如果再稍稍提高 i 值，則由於離子來不及擴散，而在膜界面處引起水分子的大量解離，稱其為 H^+ 和 OH^-。它們分別透過陽膜和陰膜傳遞電流，導致淡水室中分子的大量解離，將這種膜界面現象稱為極化現象。

極限電流密度與流速、濃度之間的關係如式（4-1）所示，此式也被稱為威爾遜公式。

$$i_{Lim} = KCV^n \tag{4-1}$$

式中：n——流速系數（$n = 0.8 \sim 1.0$），其值的大小受格網形式的影響；

V——淡水隔板流水道中的水流密度（cm/s）；

C——濃水室中水的平均濃度，實際應用中採用對數平均濃度（me/L）；

K——水力特性系數。

極限電流密度及系數 n、K 值的確定，通常採用電壓、電流法。該法是在原水水質、設備、流量等條件不變的情況下，給電滲析器加上不同的電壓 U，得出相應的電流密度。作圖求出這一流量下的極限電流密度，然後改變溶液濃度或流速，在不同的溶液濃度或流速下測定電滲析器的相應極限電流密度。將通過實驗所得到的若干組 i_{lim}，C、V 值，代入威爾遜公式中。等號兩邊同時取對數，解此對數方程就可以得到水力特性系數 K 值及流速系數 n 值；K 值也可通過作圖求出。

所謂電滲析器的電流效率，是指實際析出物質的量與應析出物質的量的比值。即單位時間實際脫鹽量 $q(C_1-C_2)/1,000$ 與理論脫鹽量 I/F 的比值，故電流效率也就是脫鹽效率：

$$h = [q(C_1-C_2)/(1,000I/F)] \times 100\% \tag{4-2}$$

式中：q——一個淡水室（相當於一對膜）單位時間的實際脫鹽量（L/s）；

C_1、C_2——進、出水含鹽量（me/L）；

I——電流強度（A）；

F——法拉第常數，$F = 96.5C/$（me/L），其中 C 為電量（單位庫侖）。

三、實驗裝置及材料

實驗裝置的組成和規格：

設備本體由池體和斜板兩部分組成。

（1）環境溫度：5℃~40℃。

（2）處理水量：100L/h。

（3）粗濾膜裝置 1 套。

（4）電滲析裝置 1 套。

（5）水泵 1 臺。

（6）電壓：220V，功率：530W。

配套裝置有：

（1）優質 PVC 水箱 1 只；

（2）液體流量計 1 個；

（3）電滲析裝置 1 套；

（4）出水口 1 個；

（5）進水口 1 個；

（6）進水提升泵 1 臺；

（7）電控箱 1 只；

（8）漏電保護開關 1 個；

（9）按鈕開關 1 只；

（10）不銹鋼實驗臺架 1 個；

（11）電源線、連接管道、閥門等 1 套。

四、實驗步驟

（1）啓動水泵，同時緩慢開啓濃水系統和淡水系統的進水閥門，逐漸使其達到最大流量，排除管道和電滲析器中的空氣。注意濃水系統和淡水系統的原水進水閥門應同時開、關。

（2）在進水濃度穩定的條件下，調節進水閥門流量，使濃水、淡水流速均保持爲 50~100mm/s（一般不應大於 100mm/s），並保持淡水進口壓力高於濃水進口壓力 0.01~0.02MPa 的某一穩定值。穩定 5min 後，記錄淡水、濃水、極水的流量。

（3）測定原水的電導率（或稱電阻率）、水溫、總含鹽量，必要時測 pH 值。

（4）接通電源，調節作用於電滲析膜上的操作電壓至一穩定值（例如 0.3V/對），讀電流表指示數。然後逐次提高操作電壓。

在圖 4-4 中，曲線 OAD 段，每次電壓以 0.1~0.2V/對的數值遞增（依隔板厚薄、流速大小決定，流速小時取低值），每段取 4~6 個點，以便連成曲線；在 DE 段，每次以電壓 0.2~0.3V/對的數值逐次遞增，同上取 4~6 個點，連成一條直線，整個 $OADE$ 連成一條圓滑曲線。之所以取 DE 電壓高於 OAD 段，是因爲極化沉澱，使電阻不斷增加，電流不斷下降，導致測試誤差增大。

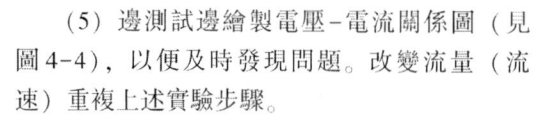

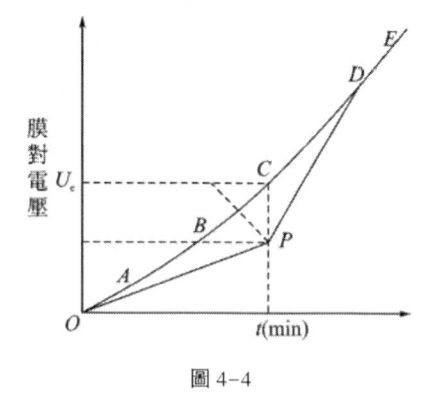

圖 4-4

（5）邊測試邊繪製電壓-電流關係圖（見圖 4-4），以便及時發現問題。改變流量（流速）重複上述實驗步驟。

（6）每臺裝置應測 4~6 個不同流速的數值，以便於求 K 和 n。在進水壓力不大於 0.3MPa 的條件下，應包括 20cm/s、11cm/s 及 5cm/s 這幾個流速。

（7）測定進水及出水含鹽量，其步驟是先用電導儀測定電導率，然後由含鹽量-電導率對應關係曲線求出含鹽量。按式（4-2）求出脫鹽效率。

五、實驗數據處理

1. 極限電流密度

（1）求電流密度 i。

根據測得的電流數值及測量所得的隔板有效面積 s，i 由式（4-3）求解。

$$電流密度\ i = 1,000I/s \qquad (4-3)$$

式中：i——電流（A）；

s——隔板有限面積（cm^2）；

$1,000$——單位換算系數。

（2）求定極限電流密度 i_{lim}。

極限電流密度 i_{lim} 的數值，採用繪製電壓-電流曲線方法求出。以測得的膜對電壓為縱坐標，以相應的電流密度為橫坐標，在直線坐標紙上作圖。

① 點出膜對電壓-電流的對應點。

② 通過坐標原點及膜對電壓較低的 4~6 個點作直線 OA。

③ 通過膜對電壓較高的 4~6 個點作直線 DE，延長 DE 與 OA，使二者相交於 P 點，如圖 4-4 所示。

④ 將 AD 間各點連成平滑曲線，得拐點 A 及 D。

⑤ 過 P 點作水平線與曲線相交於 B 點，過 P 點作垂線與曲線相交得 C 點，C 點即為標準極化點，C 點所對應的電流即為極限電流。將試驗中測得的各個技術指標填入表 4-11 中。

表 4-11　　　　　　　　　　極限電流測試記錄

隔板類型_____　編號_____　極段數目_____　日期_____　記錄_____

測定時間	進口流量(流速)(cm/s)(L/s)			淡水室含鹽量		電流		電壓			pH	水溫(℃)	備註
	淡	濃	極	進口電導率(cm)	進口(me/L)	電流(A)	電流密度(mA/cm²)	總	膜堆	膜對	淡水 濃水			

2. 求定電流效率及除鹽率

（1）電壓-電導率曲線。

① 以出口處的淡水電導率為橫坐標，以膜對電壓為縱坐標，在普通坐標紙上作圖。

② 描出電壓-電導率對應點，並連成平滑曲線，如圖 4-5 所示。根據電壓-電流曲線上 C 點所對應的膜電壓 U_c，在電壓-電導率關係曲線上確定 U_c 對應點，由 U_c 作橫坐標軸的平行線與曲線相交於 C 點，然後由 C 點作垂線與橫坐標交於 r_c 點，該點即為所求

得的淡水電導率，並據此查含電導率—含鹽量關係曲線，求出 r_c 點對應的出口處淡水含鹽量（me/L）。

（2）求定電流效率及除鹽率。

① 電流效率。根據表 4-11 極限電流測試記錄上的有關數據，利用式（4-2）求定電流效率，並以%表示。電壓-電導率關係曲線見圖 4-5。

上述有關電流效率的計算都是針對一對膜（或一個淡水室）而言，這是因為膜的對數只與電壓有關，而與電流無關（即膜對增加而電流保持不變）。

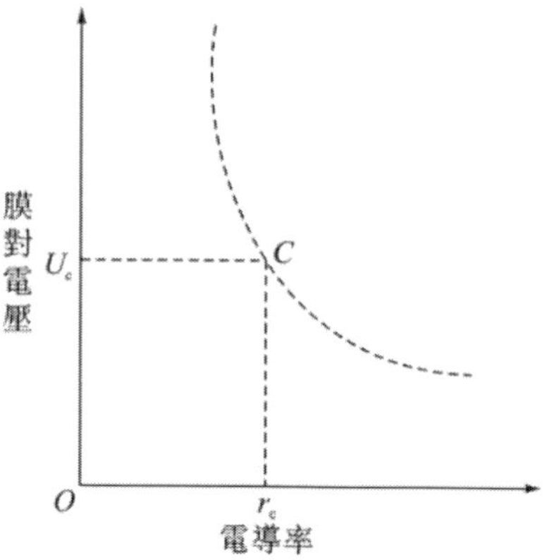

② 除鹽率。除鹽率是指去除的鹽量與進水含鹽量之比，即：

$$除鹽率 = \frac{C_1 - C_2}{C_1} \times 100\% \quad (4-4)$$

圖 4-5 電壓-電導率關係曲線

式中 C_1、C_2 指進、出水含鹽量（me/L），前已求得。

3. 常數 K 及流速指數 n 的確定

一般均採用圖解法或解方程法，當要求有較高的精度時，可採用數理統計中的線性迴歸分析，以求定 K、n 值。

（1）圖解法。

① 將實測整理後的數據填入表中，即 K、n 系數計算表 4-12 中。表中序號應列出 4~6 次實驗數據，實驗次數不宜太少。

表 4-12　　　　　　　　　　K、n 系數計算表

序號	實驗號	i_{Lim}（mA/cm）	V（cm/s）	C（me/L）	i_{Lim}/C	lg（i_{Lim}/C）	lg$V$
1							
2							
3							
4							
5							
6							

② 在雙對數坐標紙上繪點，以 i_{lim}/C 為縱坐標，以 V 為橫坐標；如在普通坐標紙上繪點時，則橫坐標為 lg$V$，縱坐標為 lg（i_{lim}/C），以各實測數據繪點，可以近似連成直線，如圖 4-6 和圖 4-7 所示。

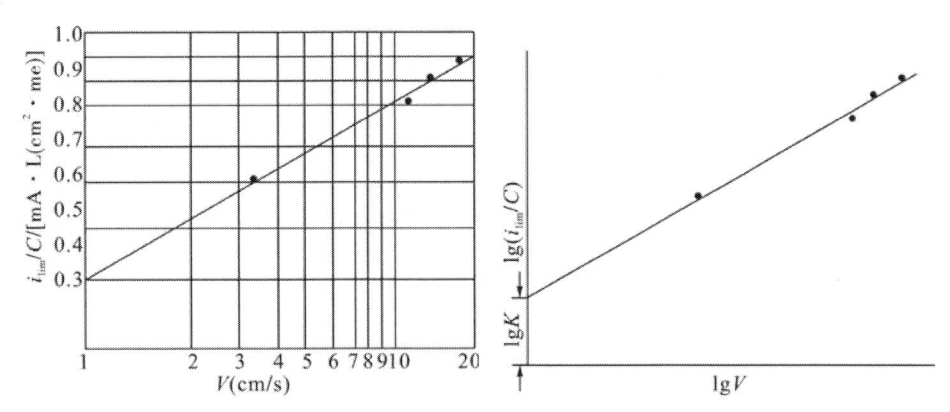

圖 4-6　流速 V 與 i_{lim}/C 關係曲線（普通坐標）　　圖 4-7　流速 V 與 i_{lim}/C 關係曲線（對數坐標）

K 值可由直線在縱坐標上的截距確定。K 值求出後代入極限電流密度公式，求得 n 值，n 值即為其直線斜率。

（2）解方程法。

把已知的 i_{lim}、C、V 分為兩組，求出各組平均值，分別代入公式 $i_{lim}=KCVn$ 的對數式，解方程組可求得 K 及 n；其中，C 為淡水室中的對數平均含鹽量，單位為 me/L。

六、思考題

1. 試對作圖法與解方程法所求 K 值進行分析比較。
2. 利用含鹽量與水的電導率計算圖，以水的電導率換算含鹽量，其準確性如何？
3. 電滲析除鹽與離子交換法除鹽各有何優點？適應性如何？

第七節　活性炭靜態吸附實驗

一、實驗目的

（1）通過實驗進一步瞭解活性炭的吸附工藝及性能，並熟悉整個實驗過程的操作。
（2）掌握用間歇法確定活性炭處理污水設計參數的方法。

二、實驗原理

活性炭吸附，就是利用活性炭的固體表面對水中一種或多種物質的吸附作用，以達到淨化水質的目的。

活性炭對水中所含雜質的吸附既有物理吸附現象，又有化學吸著作用。有一些被吸附的物質先在活性炭表面上積聚濃縮，繼而進入固體晶格原子或分子之間被吸附，還有一些特殊物質則與活性炭分子結合而被吸著。

當活性炭對水中所含雜質產生吸附作用時，水中的溶解性雜質在活性炭表面積聚而被吸附，同時也有一些被吸附的物質由於分子的運動而離開活性炭表面，重新進入

水中，即在吸附的同時存在解吸現象。當吸附和解吸處於動態平衡狀態時，稱之為吸附平衡，將此時被吸附物質在溶液中的濃度稱為平衡濃度。這時活性炭和水（即固相和液相）之間的溶質濃度，具有一定的分佈比值。如果在一定壓力和溫度條件下，用 m 克活性炭吸附溶液中的溶質，被吸附的溶質為 x 毫克，則單位重量的活性炭吸附溶質的數量 q_e 即為吸附容量。活性炭的吸附能力以吸附容量 q_e 表示：

$$q_e = \frac{x}{m} = \frac{V(C_0 - C_e)}{m}$$

式中：q_e——活性炭吸附量，即單位重量的活性炭所吸附的物質重量（mg/g）；

x——被吸附物質的質量（mg）；

m——活性炭投加量（g）；

V——水樣體積（L）；

C_0、C_e——分別為吸附前原水及吸附平衡時污水中的溶質濃度，單位為 mg/L。

q_e 的大小除了取決於活性炭的品種之外，還與被吸附物質的性質、濃度、水溫、pH 值等有關。q_e 在溫度一定的條件下，活性炭吸附量隨被吸附物質平衡濃度的提高而提高，兩者之間的變化曲線被稱為吸附等溫線，通常可以用朗格繆爾（Langmuir）經驗公式加以表達：

$$q_e = q_m \frac{KC_e}{1 + KC_e}$$

式中：q_e——活性炭吸附量（mg/g）；

C_e——被吸附物質平衡濃度（mg/L）；

K——Langmuir 常數，與活性炭和被吸附物質之間的親和度有關；

q_m——活性炭的最大吸附量（mg/g）。

通常用圖解方法求出 K、b 的值。為了方便易解，往往將上式變換成線性關係式：

$$\frac{C_e}{q_e} = \frac{1}{Kq_m} + \frac{C_e}{q_m}$$

通過吸附實驗測得 C_e/q_e、C_e 相應值，繪製到坐標紙上，得到直線，即可求得斜率為 $\frac{1}{q_m}$，截距為 $\frac{1}{Kq_m}$，可求得活性炭的等溫吸附線的系數 K、q_m，並可以繪製出活性炭吸附等溫線。

三、儀器設備及試劑

(1) 恒溫振蕩器；

(2) 電子分析天平，精度 0.000,1g；

(3) 可見分光光度計；

(4) 溫度計；

(5) 250mL 三角燒瓶 8 個、100mL 燒杯 8 個、移液管、漏鬥、漏鬥架、濾紙；

(6) 實驗用水：100mg/L 亞甲基藍溶液。

四、實驗步驟

（1）活性炭的準備。

將活性炭顆粒用蒸餾水洗去細粉，並在105℃溫度下烘至恒重。

（2）繪製亞甲基藍溶液標準曲線。

①配置 10mg/L 亞甲基藍標準溶液 100mL：取 1mg 亞甲基藍粉末溶於水中，用 100mL 容量瓶定容至 100mL。

②在不同波長 λ 下，用分光光度計測定標準溶液的吸光度值 A，確定吸光度和波長之間的關係 $\lambda \sim A$。

③確定產生最大吸光度時的波長 λ_{max}，即為實驗用波長（660mm）。

④取 0mL、2mL、5mL、10mL、15mL、20mL 的亞甲基藍標準溶液，用比色管定容到 25mL，用 10mm 比色皿在分光光度計上測得吸光度。

⑤繪製吸光度和亞甲基藍溶液濃度之間的關係曲線，即標準曲線。

（3）配置實驗用 100mg/L 濃度亞甲基藍溶液 1L：取 100mg 亞甲基藍粉末溶於水中，用 1,000mL 容量瓶定容至 1L。

（4）在 8 個 250mL 的三角燒瓶中分別投加 0mg、50mg、100mg、200mg、300mg、400mg、500mg、600mg 粒狀活性炭，再分別加入 100mL 亞甲基藍溶液。

（5）在室溫下，將三角燒瓶放在振盪器上震盪，計時震盪 1 小時。

（6）將震盪後的水樣靜置 5min，小心地將上清液傾倒至 100mL 燒杯中，約倒取 30mL。分別移取相應體積的上清液於 50mL 比色管中，用蒸餾水稀釋定容至 50mL 刻度線，蓋塞，搖勻。

（7）設定分光光度計的波長為 660nm，用 10mm 比色皿測定上清液的吸光度。

（8）在標準曲線上查出對應的亞甲基藍溶液的濃度。

五、實驗原始數據記錄

實驗原始數據記錄在表 4-13、表 4-14 中。

表 4-13　　　　　　　　　　標準曲線實驗記錄

初始記錄	標準溶液濃度： mg/L；室溫： ℃						
加入標準溶液量（mL）	0	2	5	10	15	20
測定吸光度 A						
修正系數 A_0						

表 4-14　　　　　　　　　　靜態活性炭吸附的原始記錄

初始記錄	室溫： ℃，亞甲基藍溶液濃度： mg/L，溶液體積： mL								
活性炭性能參數								
活性炭投加量（mg）	0	50	100	200	300	400	500	600
上清液取樣體積（mL）	1.0	1.0	1.0	2.0	2.0	2.0	2.0	2.0
稀釋倍數								
吸光度 A								

表4-14(續)

修正系數 A_0	
儀器名稱及型號	
實驗小組人員	

六、實驗數據整理及分析：

1. 亞甲基藍溶液標準曲線的繪製

(1) 實驗數據整理如表4-15所示：

表4-15　　　　　　　　　標準曲線實驗記錄整理

初始記錄	標準溶液濃度： mg/L　　室溫：					
加入標準溶液量（mL）	0	2	5	10	15	20
亞甲基藍溶液濃度 C（mg/L）						
測定吸光度 A						
修正系數 A_0						
修正吸光度 $A' = A - A_0$						

(2) 以亞甲基藍溶液濃度 C 為橫坐標，修正後吸光度 A' 為縱坐標，繪製標準曲線 $A' \sim C$ 曲線。

2. 繪製吸附等溫線

(1) 實驗數據整理如表4-16，根據修正吸光度 A'，在標準曲線上查得對應的亞甲基藍溶液濃度 C_e，計算亞甲基藍的吸附量 q_e，計算 C_e/q_e。

表4-16　　　　　　　　靜態活性炭吸附的實驗數據整理

初始亞甲基藍溶液濃度 C_0：　mg/L				溶液體積 V：　　L			
活性炭量 m（mg）	0	50	100	200	300	400	500	600
吸光度 A								
修正吸光度 A'								
稀釋倍數								
吸附後亞甲基藍溶液濃度 C_e（mg/L）								
活性炭吸附容量： $q_e = \dfrac{V(C_0 - C_e)}{m}$（mg/g）								
C_e								
C_e/q_e								

(2) 繪製 $C_e/q_e \sim C_e$ 關係曲線，其斜率為 $\dfrac{1}{q_m}$，截距為 $\dfrac{1}{Kq_m}$，求得 q_m 和 K。

七、思考題

1. 吸附等溫線有什麼現實意義？
2. 活性炭投加量對於吸附平衡濃度的測定有什麼影響，該如何控制？
3. 實驗結果受哪些因素影響較大，該如何控制？

第八節　氣浮實驗

一、實驗目的

（1）確定氣浮處理系統的設計運行參數；

（2）深化對加壓溶氣氣浮系統及其各部分的組成的瞭解，熟悉運行過程及其操作和控制要點、溶氣水釋放的表現特徵及浮渣的形成。

二、實驗原理

氣浮淨化方法是目前給排水工程中被廣泛應用的一種水處理方法。該法主要用於處理水中比重小於 1 或接近 1 的懸浮雜質，如乳化油、羊毛脂、纖維以及其他各種有機或無機的懸浮絮體等。因此氣浮法在自來水廠、城市污水處理廠以及煉油廠、食品加工廠、造紙廠、毛紡廠、印染廠、化工廠等的水處理中都有所應用。

氣浮法具有處理效果好、週期短、占地面積小以及處理後的浮渣中固體物質含量較高等優點。但也存在設備多、操作複雜、動力消耗大的缺點。

氣浮法就是使空氣以微小氣泡的形式出現在水中並慢慢自下而上地上升，在上升過程中，氣泡與水中污染物質接觸，並把污染物質黏附於氣泡上（或氣泡黏附於污染物上）從而形成比重小於水的氣水結合物升到水面，使污染物質從水中分離出去。

產生比重小於水的氣、水結合物的主要條件是：

（1）水中污染物質具有足夠的憎水性。

（2）加入水中的空氣所形成的氣泡的平均直徑不宜大於 70μm。

（3）氣泡與水中污染物質應有足夠的接觸時間。

氣浮法按水中氣泡產生的方法可分為布氣氣浮、溶氣氣浮和電氣浮幾種。由於布氣氣浮一般氣泡直徑較大，氣浮效果較差，而電氣浮氣泡直徑雖不大但耗電較多，因此在目前應用氣浮法的工程中，以加壓溶氣氣浮法最多。

加壓溶氣氣浮法就是使空氣在一定壓力的作用下溶解於水，並達到飽和狀態，然後使加壓水表面壓力突然減到常壓，此時溶解於水中的空氣便以微小氣泡的形式從水中逸出來。這樣就產生了供氣浮用的合格的微小氣泡。

影響加壓溶氣氣浮的因素很多，如空氣在水中溶解量，氣泡直徑的大小，氣浮時

間、水質、藥劑種類與加藥量、表面活性物質種類、數量等。因此，採用氣浮法進行水質處理時常需通過實驗測定一些有關的設計運行參數。

三、實驗裝置及材料

實驗裝置的組成和規格（設備主題由不銹鋼制成）：

(1) 環境溫度：5℃~40℃；

(2) 處理水量：300L/h；

(3) 容器壓力：0.3~0.4MPa；

(4) 回流比：0.3；

(5) 溶氣罐：不銹鋼材質，Φ100×660mm（內徑）。飽和表面負荷率：360 ($m^3/m^2 \cdot d$)。

(6) 溶氣罐進水泵（自吸式）：揚程：50m。流量：2.2t/h。電壓：220V。功率：750W。

(7) 混凝攪拌槽：不銹鋼材質。尺寸：330×150×450mm。

(8) 溶氣水水槽：不銹鋼材質。尺寸：330×150×450mm。

(9) 氣浮池：不銹鋼材質。平流式氣浮池。

(10) 全自動運行控制器1套。

(11) 運行方式：手動/全自動。

配套裝置有：

(1) 清水池1個；

(2) 污水池1個；

(3) 進水泵1臺；

(4) 不銹鋼容器加壓泵1臺；

(5) 射流器1套；

(6) 不銹鋼溶氣罐1個；

(7) 溶氣釋放器1個；

(8) 平流式氣浮池1個；

(9) 氣體轉子流量計1個；

(10) 液體轉子流量計1個；

(11) 壓力表1只；

(12) 水位表1只；

(13) 電動刮渣機1套；

(14) 加藥槽1個；

(15) 加藥泵1臺；

(16) 加藥流量計1個；

(17) 固定實驗臺架1套；

(18) 電器控制箱1個；

(19) 可編程序控制器1套；

（20）漏電保護開關 1 個；
（21）電源電壓表 1 個；
（22）按鈕開關 4 個；
（23）連接管道、閥門 1 套。

實驗材料（自備）：
（1）硫酸鋁；
（2）廢水 工業廢水或人工配水；
（3）水質分析（SS）所需的器材及試劑。

四、實驗步驟

（1）檢查氣浮實驗裝置是否完好。
（2）把自來水加到回流加壓水箱與氣浮池中，至有效水深的 90% 高度。
（3）將含有懸浮物或膠體顆粒的廢水加到廢水配水箱中，投加 $Al_2(SO_4)_3$ 等混凝劑後攪拌混合（投藥量由混凝實驗確定）。
（4）開啓加壓水泵，開始往溶氣罐註水。
（5）待溶氣罐中水位升至液位計中間高度，緩慢開啓釋放器的閘閥，調節氣浮水量。
（6）待空氣在氣浮池中釋放並形成大量微小氣泡時，打開廢水配水箱，按 4~6L/min 流量控制進水。
（7）開啓射流器，使空氣進入溶氣罐。調節至液氣平衡，考慮到加壓溶氣罐及管道中難以避免漏氣，空氣量可按水面在溶氣罐內的液面中間部分控制即可。多餘的空氣可通過其頂部的排氣閥排出。
（8）測定進水與出水的水質（SS）變化。
（9）改變進水量、溶氣罐內的壓力、加壓水量等，重複步驟 4 至步驟 7，測定處理水的水質。

五、實驗數據處理

1. 根據實驗設備尺寸與有效容積，以及水和空氣的流量，分別計算容器時間、氣浮時間、氣固比等參數。
2. 計算不同運行條件下，廢水中污染物（以 SS 計）的去除率，以某一運行參數（壓力、時間、氣固比等）為橫坐標，以去除率為縱坐標，做某一運行參數與污染物去除率之間的關係曲線。
3. 測出水 COD、SS 值及含油量，記錄於表 4-17 中。

表 4-17

	COD 值/（mg/L）	SS/（mg/L）	含油量
進水			
出水			

六、思考題

1. 加壓溶氣氣浮法有何特點？
2. 簡述氣浮法的含義及原理。
3. 簡述加壓溶氣氣浮裝置各組成及各部分作用。

七、注意事項

1. 氣浮壓力須保持 0.3 0.5MPa，若低於 0.3MPa，將產生回流，此時需釋放壓力，重新啓動設備。
2. 水箱必須加滿，或水位至少高於加壓泵出水口，否則水泵中進入空氣後，無法運行。
3. 釋放器若發生堵塞，需開大釋放器閥門，對其沖洗。
4. 調節溶氣壓力時，請先調節釋放器閥門大小，再調節溶氣壓力。
5. 實驗結束後，加壓溶氣需先打開放壓閥，使其減壓後，再將氣水放空。

第九節 自來水深度處理實驗

一、實驗目的

針對近年來中國自來水廠供水水源受污染的程度逐年加大的問題，採用新穎的預處理工藝和增加深度處理工藝是改善出廠水質的必要手段。通過處理工藝的比較，發現了經過活性炭吸附及紫外殺菌消毒後出水水質好且穩定、耗能低等優點；出廠水水質得到提高，達到了《生活飲用水衛生標準》的要求，保證了用戶飲用水的安全。通過本實驗，希望達到以下目的：

（1）掌握自來水深度處理工藝方法；
（2）對不同水樣進行實際處理，測定其處理效果；
（3）進行臭氧活性炭實驗。

二、實驗原理

給排水深度處理，也稱高級處理或三級處理。它是將二級處理出水再進一步進行物理、化學和生物處理，以便有效去除污水中各種不同性質的雜質，從而滿足用戶對水質的使用要求。臭氧具有極強的氧化性，對許多有機物或官能團發生反應，有效地改善水質。臭氧能氧化分解水中各種雜質所造成的色、嗅，其脫色效果比活性炭好，還能降低出水濁度，起到良好的絮凝作用，提高過濾濾速或者延長過濾週期。目前，由於國內的臭氧發生技術和工藝比較落後，所以運行費用過高，推廣有難度。此外，一般的化學混凝、沉澱和氣浮、消毒等也是常見工藝。

按活性炭是一種多孔性物質，而且易於自動控制，對水量、水質、水溫變化適應

性強，因此活性炭吸附法是一種具有廣闊應用前景的污水深度處理技術。活性炭對分子量在 500~3,000 的有機物有十分明顯的去除效果，去除率一般為 70%~86.7%，可經濟、有效地去除嗅、色度、重金屬、消毒副產物、氯化有機物、農藥、放射性有機物等。常用的活性炭主要有粉末活性炭（PAC）、顆粒活性炭（GAC）和生物活性炭（BAC）三大類。在沉澱池中，既有同向流斜板又有異向流斜板組合而成的斜板沉澱池。

三、實驗裝置及材料

1. 實驗裝置的組成和規格（設備本體由池體和斜板兩部分組成）

（1）環境溫度：0℃~40℃。

（2）相對濕度<85%（25℃）。

（3）海拔<4,000 米。

（4）電源：AC220V 功率：900W。

（5）處理量：300L/h。

（6）活性炭濾速：10m/h。

（7）臭氧塔廢水停留時間：8min。

（8）活性炭柱廢水停留時間：12min。

2. 配套裝置

（1）優質 PVC 水箱 1 只；

（2）臭氧發生器（5g）1 臺；

（3）進水泵 1 臺；

（4）反沖洗水泵 1 臺；

（5）反沖洗管路 2 套；

（6）流量計 2 只；

（7）氣體流量計 5 只；

（8）空壓機 1 臺；

（9）曝氣管路 5 套；

（10）曝氣器 5 套；

（11）活性炭填料 2 套；

（12）放氣閥 3 只；

（13）放空閥 5 只；

（14）電控箱 1 只；

（15）漏電保護開關 1 套；

（16）不鏽鋼臺架 1 套；

（17）電源線、連接管道、閥門等 1 套。

3. 用戶自備裝置

（1）臭氧實驗部分：1,000mL 大燒杯 1 個、500mL 錐形瓶 5 個、100mL 燒杯 5 個、50mL 量筒 1 個、250mL 量筒 1 個、酸式滴定管、移液管、吸耳球、50mL 比色管 2 個、20% 碘化鉀溶液：稱 200g 碘化鉀溶於 800mL 蒸餾水中。6N 的 H_2SO_4 溶液以 $N_1V_1 = N_2V_2$

公式計算配製。或取 96％濃硫酸 167mL，慢慢倒入 833mL 蒸餾水中。6N 的 H_2SO_4 溶液以 $N_1V_1=N_2V_2$ 公式計算配製。或取 96％濃硫酸 167mL，慢慢倒入 833mL 蒸餾水中。

（2）活性炭實驗部分：恒溫振盪器 1 臺、分析天平 1 臺、分光光度計 1 臺、三角瓶 5 個、1,000mL 容量瓶 1 個、100mL 容量瓶 5 個、移液管、活性炭、亞甲基藍。

四、實驗步驟

（一）臭氧實驗

1. 實驗過程

（1）熟悉裝置流程、儀器設備和管路系統，並檢查連接是否完好。

（2）通過臭氧發生器的做冷卻用水處理。

（3）開啓電源，按要求產量調節機器內調壓器至所需電壓（切記此時不能開臭氧開關，高壓危險）。

（4）調好調壓器後關閉機門，再開啓臭氧發生器啓動開關。

（5）將變頻變壓器分別調到 100V、125V、150V、175V、200V，測定臭氧濃度，並繪出電壓與臭氧濃度關係曲線圖。

（6）關閉反應柱的排水閥門，將配好的水樣打入反應柱內，使柱內維持一半反應柱高度，連接臭氧出氣口和反應柱進氣口，測不同反應時間的出水色度。

（7）實驗完畢後關機順序：首先關閉臭氧開關（先降壓、再停電）；然後停冷卻水，讓無油空壓機吹氣 10 分鐘，將放電室潮氣吹出；最後再停氣源，並關閉有關閥門。

2. 臭氧測定步驟：

（1）用量筒將 20mL 濃度為 20％的碘化鉀溶液加入到氣體吸收瓶中，然後加入 250mL 蒸餾水搖勻。

（2）從取樣口通入臭氧化空氣，通氣 3min。

（3）取樣後，向氣體吸收瓶中加 5mL6N 的 H_2SO_4，搖勻後靜置 5min。

（4）將 0.100,0N 的 $Na_2S_2O_3$ 滴定至無色，記下 $Na_2S_2O_3$ 用量。

3. 色度的測定

（1）調節電壓為 175V，向反應柱中加入 1,600mL 自來水，在通入臭氧的第 0min、3.5min、7min、11min、16min、23min 用燒杯取少量的出水水樣，分別標記為 1、2、3、4、5、6 號樣。

（2）分別用移液管取 1mL 的 1、2、3、4、5 號水樣於燒杯中，加入 24mL 蒸餾水，稀釋 25 倍，再將其全部加入比色管中，加蒸餾水至 50mL，搖勻，用稀釋倍數法逐級稀釋至所稀釋的溶液與蒸餾水相比剛好看不出顏色為止。

（3）用移液管取 2mL 的 6 號水樣於燒杯中，加入 24mL 蒸餾水，稀釋 13 倍，再取 25mL 加入比色管中，加蒸餾水至 50mL，搖勻，用稀釋倍數法逐級稀釋至所稀釋的溶液與蒸餾水比較剛好看不出顏色為止。

注意事項：做本實驗，首先要注意安全，尤其是高壓電很危險；要防止臭氧污染。而且本實驗使用的設備裝置很多。因此必須做到：

①實驗前熟悉講義內容和實驗裝置，不清楚時，不可亂動。

②通電後，制氧機和臭氧發生器後蓋不準打開。

③尾氣需用 KI（或 $Na_2S_2O_3$）進行吸收。若洩漏的臭氧濃度過高，要停機檢查，防止對人體產生危害。

④實驗過程中各崗位的人不可離開，需密切配合，並隨時注意各處運行情況。若有某處發生問題，不要慌亂，首先切斷發生器的電源，然後再做其他處理。

（二）活性炭實驗

1. 標準曲線的繪製

（1）配製 100mg/L 的亞甲基藍溶液：稱取 0.1g 亞甲基藍，用蒸餾水溶解後移入 1,000mL 容量瓶中，並稀釋至標線。

（2）用移液管分別移取亞甲基藍標準溶液 5mL、10mL、20mL、30mL、40mL 於 100mL 容量瓶中，用蒸餾水稀釋至 100mL 刻度線處，搖勻，以水為參比，在波長 470nm 處，用 1cm 比色皿測定吸光度，繪出標準曲線。

2. 吸附等溫間歇式吸附實驗步驟

（1）用分光光度法測定原水中亞甲基藍含量，同時測定水溫和 pH 值。

（2）將活性炭粉末用蒸餾水洗去細粉，並在 105℃下烘至恆重。

（3）在 5 個三角瓶中分別放入 100mg、200mg、300mg、400mg、500mg 的粉狀活性炭，加入 200mL 水樣。

（4）將三角瓶放入恒溫振盪器上震動 1 小時，靜置 10min。

（5）吸取上清液，在分光光度計上測定吸光度，並在標準曲線上查得相應的濃度，計算亞甲基藍的去除率吸附量。

注意事項：

①實驗所得的 q_e 若為負值，則說明活性炭明顯地吸附了溶劑，此時應調換活性炭或調換水樣。

②在測水樣的吸光度之前，應該取水樣的上清液然後在分光光度計上測相應的吸光度。

③連續流吸附實驗時，如果第一個活性炭柱出水中溶質濃度值很小，則可增大進水流量或停止第 2、3 個活性炭柱進水，只用一個炭柱。反之，如果第一個炭柱進出水溶質濃度相差無幾，則可減少進水量。

④進入活性炭柱的水中渾濁度較高時，應進行過濾去除雜質。

五、實驗數據處理

1. 電壓與臭氧濃度關係（在表 4-18 中表示）

表 4-18

序號	1	2	3	4	5
電壓/V	100	125	150	175	200
$Na_2S_2O_3$滴定前讀數/mL					

表4-18(續)

序號	1	2	3	4	5
Na₂S₂O₃滴定後讀數/mL					
Na₂S₂O₃所用體積/mL					
O₃取樣體積 V_1/L					
O₃濃度/mg/L					

2. 水樣的色度（在表4-19中表示）

表4-19

序號	1	2	3	4	5	6
燒杯稀釋倍數						
比色管稀釋次數						
比色管稀釋倍數						
色度						

3. 亞甲基藍濃度與吸光度（在表4-20中表示）

表4-20

序號	1	2	3	4	5
濃度 mg/L	5	10	20	30	40
吸光度 A					

4. 繪製標準曲線

5. 根據測定數據繪製吸附等溫線，並根據 Freundlich 等溫線，確定方程中常數 K、n

六、思考題

（1）吸附等溫線有什麼現實意義？

（2）作吸附等溫線時為什麼要用粉狀炭？

（3）實驗結果受哪些因素影響較大？該如何控制？

第五章　水質工程學Ⅱ實驗

第一節　活性污泥性能測定實驗

一、實驗目的

(1) 掌握沉降比和污泥指數這兩個表徵活性污泥沉澱性能指標的測定和計算方法。

(2) 進一步明確沉降比、污泥指數和污泥濃度三者之間的關係以及它們對活性污泥法處理系統的設計和運行控制的指導意義。

(3) 加深對活性污泥的絮凝沉澱的特點和規律的認識。

二、實驗原理

活性污泥是活性污泥法污水處理系統中的主體作用物質，活性污泥性能的優劣，對活性污泥處理系統的淨化效果有著決定性的影響。所以，只有活性污泥反應器——曝氣池中的活性污泥具有很高的活性才能有效降解水中有機污染物，達到淨化水體的預定目標，在工程上人們也常通過測定沉澱性能來判斷污泥活性。

污泥沉澱比（SV%）——曝氣池混合液在量筒內靜置 30min 後，所形成沉澱污泥的體積占原混合液的體積百分率。

污泥濃度（MLSS）——單位體積曝氣池混合液中所含污泥的干重，即混合液懸浮固體濃度，單位為 g/L 或 mg/L。

污泥指數（SVI）——污泥容積指數，指曝氣池混合液經 30min 靜沉後，1g 干污泥所占容積，單位為 mL/g。SVI 值能較好地反應活性污泥的松散程度（活性）和凝聚、沉澱性能。一般 SVI 在 100 左右為宜，公式如下：

$$SVI = \frac{SV（\%）}{MLSS} \times 10 \text{（mL/g）}$$

污泥灰分指干污泥經灼燒後（600℃）剩下的灰分。

$$污泥灰分 = \frac{灰分質量}{干污泥質量} \times 100\%$$

揮發性污泥濃度（MLVSS）——指單位體積曝氣池混合液中所含揮發性污泥的干重，即混合液揮發性懸浮固體濃度，單位為 g/L。

$$MLVSS = \frac{干污泥質量 - 灰分質量}{100} \times 1,000 \text{（g/L）}$$

在一般情況下，MLVSS/MLSS 的比值較固定，對於生活污水處理池的活性污泥混合液，其比值常在 0.75 左右。

三、實驗裝置與設備

（1）過濾裝置 1 套（包括漏門 1 個、漏門架 1 個、燒杯 1 個、定量濾紙若干、玻璃棒 1 個）；

（2）60mm 稱量瓶 1 個；

（3）100mL 量筒 1 個；

（4）鑷子 1 把；

（5）坩堝 1 個；

（6）電子分析天平 1 臺；

（7）烘箱 1 臺；

（8）馬弗爐 1 臺。

四、實驗步驟及記錄

1. 污泥沉降比（SV%）的測定

（1）將 100mL 量筒洗淨烘乾，採用虹吸法在曝氣池中取混合均勻的泥水混合液 100mL（V），靜置，並同時開始計時；

（2）觀察活性污泥凝聚沉澱過程，並在第 1min、2min、3min、5min、10min、15min、20min、30min 分別記錄污泥界面以下的污泥容積；

（3）沉降 30min 後污泥體積 V_2 與原混合液體積（100mL）之比即為污泥沉降比。

2. 污泥濃度（MLSS）的測定

（1）將定量濾紙置於稱量瓶中放入 105℃ 烘箱中干燥至恒重（約 2h），冷卻至室溫稱量並記錄 W_1；

（2）將該濾紙展開放在漏門上，將測定過污泥沉降比的 100mL 量筒內的污泥連同上清液倒入漏門，進行過濾，用蒸餾水潤洗量筒，潤洗液也倒入漏門；

（3）過濾後，用鑷子將載有污泥的濾紙移入稱量瓶中，再放入烘箱（105℃）中烘乾至恒重（約 3h），冷卻至室溫稱量並記錄 W_2。

3. 活性污泥灰分的測定

（1）瓷坩堝放在馬弗爐（600℃）中烘乾至恒重，冷卻稱重並記錄 W_3；

（2）將經過步驟 2 後的污泥和濾紙一併放入瓷坩堝中，先在普通電爐上加熱碳化，然後放入馬弗爐內（600℃）中灼燒 40min，取出後放入干燥器內冷卻至室溫，稱重並記錄 W_4；

4. 實驗記錄用表

實驗記錄在表 5-1、表 5-2 中表示。

表 5-1　　　　　　　　　活性污泥靜沉情況記錄

靜沉時間（min）	1	2	3	5	10	15	20	30
污泥體積（mL）								

表 5-2　　　　　　　　　　活性污泥性能參數測定實驗原始記錄

混合液體積 V	mL	靜沉 30min 後污泥體積 V_2	mL
稱量瓶+濾紙質量 W_1	g	稱量瓶+濾紙+干污泥質量 W_2	g
瓷坩堝質量 W_3	g	濾紙灰分 W_5	g
瓷坩堝+濾紙灰分+污泥灰分質量 W_4		G	
小組成員			
使用儀器名稱及型號			

五、實驗結果整理和分析

1. 基本參數整理

實驗日期：　　　　混合液來源：

混合液體積：$V=$ ____ mL

2. 實驗數據整理及分析

（1）污泥沉降比（SV%）：$SV\% = \dfrac{V_2}{V} \times 100\%$

（2）干污泥質量 $= W_2 - W_1$（g）

（3）污泥濃度（MLSS）：$MLSS = \dfrac{W_2 - W_1}{V} \times 1,000$（g/L）

（4）污泥指數（SVI）：$SVI = \dfrac{SV(\%)}{MLSS} \times 10$（mL/g）

（5）繪出 100mL 量筒中污泥容積隨沉澱時間的變化曲線

（6）污泥灰分質量 $= W_4 - W_3 - W_5$（g）

（7）污泥灰分 $= \dfrac{W_4 - W_3 - W_5}{W_2 - W_1} \times 100\%$

（8）揮發性污泥濃度（MLVSS）：$MLVSS = \dfrac{(W_2 - W_1) - (W_4 - W_3 - W_5)}{V} \times 1,000$

（g/L）

六、實驗結果討論

（1）通過實驗測定的活性污泥的性能指標，判斷活性污泥的性能。
（2）活性污泥的各項性能指標有什麼意義？
（3）污泥沉降比和污泥指數二者有什麼區別和聯繫？

第二節　曝氣設備清水充氧性能測定

一、實驗目的

1. 加深理解曝氣充氧的機理及影響。
2. 瞭解、掌握曝氣設備清水充氧性能測定的方法。

二、實驗原理

曝氣是人為地通過一些設備向水中加速傳遞氧的過程。常用的曝氣設備分為機械曝氣和鼓風曝氣兩大類。無論哪種曝氣設備，其充氧過程均屬於傳質過程，氧傳遞機理為雙膜理論，它的主要內容是：在氣液兩相接觸界面兩側存在著氣膜和液膜，它們處於層流狀態，氣體分子從氣相主體以分子擴散的方式經過氣膜和液膜進入液相主體，氧轉移的動力為氣膜中的氧分壓梯度和液膜中的氧的濃度梯度，傳遞的阻力存在於氣膜和液膜中，而且主要是存在於液膜中。

曝氣系統的理論充氧能力是指標準狀態下（20℃，1.01×10^5Pa），水中氧濃度為0的條件下，曝氣系統向清水傳輸氧的速率，氧轉移係數為$K_{La(20)}$。它的倒數單位是時間，表示將滿池水從溶解氧為0充到飽和值時所需要的時間，因此$K_{La(20)}$是反應氧傳遞速率的一個重要指標。

影響氧轉移的因素有曝氣水水質、曝氣水水溫、氧分壓、氣液之間的接觸面積和時間、水的紊流程度等。在實驗中，這些條件對充氧性能都有影響，因此需要引入壓力和溫度修正係數。

氧轉移的基本方程式為：

$$\frac{dC}{dt} = K_{La}(C_s - C_b)$$

$$K_{La} = \frac{D_L \cdot A}{X_L \cdot V}$$

式中：$\frac{dC}{dt}$——液體中溶解氧濃度變化速率 [$kgO_2/(m^3 \cdot h)$]；

C_s——液膜處飽和溶解氧濃度（mg/L）；

C_b——液相主體中溶解氧濃度（mg/L）；

K_{La}——氧總轉移係數（1/h）；

D_L——氧分子在液膜中的擴散係數（m^2/h）；

A——氣液兩相接觸界面面積（m^2）；

X_L——液膜厚度（m）；

V——曝氣液體積（m^3）。

由於液膜厚度X_L及兩相接觸界面面積A很難確定，因而用氧總轉移係數K_{La}值來代

替。K_{La} 值與溫度、水絮動性、氣液接觸面面積等有關。它指的是在單位傳質動力下，單位時間內向單位曝氣液體中充入氧量，它是反應氧轉移速度的重要指標。

整理得到曝氣設備氧總轉移係數 K_{La} 值計算式，即

$$K_{La} = \frac{1}{t - t_0} \ln \frac{C_s - C_0}{C_s - C_t}$$

式中：C_s——曝氣池內液體飽和溶解氧濃度（mg/L）；

C_o——曝氣初始時，曝氣池內溶解氧濃度（一般取 $t = 0$ 時，$C_o = 0$ mg/L）（mg/L）；

C_t——t 時刻曝氣池內溶液溶解氧濃度（mg/L）；

t、t_0——曝氣時間（min）。

曝氣設備充氧性能測定實驗，主要有間歇非穩態法和連續穩態法兩種。目前常用的是間歇式非穩態法，即向池內註滿所需水後，將待曝氣的水用無水亞硫酸鈉為脫氧劑，氯化鈷為催化劑，脫氧至溶解氧值為 0 後開始曝氣，溶解氧濃度逐漸升高，曝氣後每隔一定時間 t 測定水中溶解氧濃度。水中溶解氧濃度 C 為時間 t 的函數，通過計算公式計算 K_{La} 值，也可以以 $\ln \frac{C_s - C_0}{C_s - C_t}$ 為縱坐標，以 t 為橫坐標，繪製直線，通過圖解法求得直線斜率即 K_{La} 值。

三、實驗設備及用具

實驗設備及用具包括：

(1) 無水亞硫酸鈉；
(2) 氯化鈷（$CoCl_2 \cdot 6H_2O$）；
(3) 1,000mL 量筒；
(4) 水桶；
(5) 電子天平；
(6) 曝氣裝置；
(7) 溶氧儀。

四、實驗步驟

(1) 用 1,000mL 量筒量取 5L 自來水至水桶內，記錄體積 V（L）；
(2) 用溶氧儀測定水中的溶解氧濃度，記錄 DO（mg/L）；
(3) 計算加藥量：

① 桶內溶解氧含量：$G = \dfrac{DO \times V}{1,000}$（g）

② 脫氧劑投加量。（無水亞硫酸鈉）根據反應方程式 $2Na_2SO_3 + O_2 = 2Na_2SO_4$，投加量 $g = (1.1 \sim 1.5) \times 8 \cdot G$（g）。（結晶水亞硫酸鈉）根據反應方程式 $2Na_2SO_3 \cdot 7H_2O + O_2 = 2Na_2SO_4 + 14H_2O$，投加量 $g = (1.1 \sim 1.5) \times 16 \cdot G$（g）。其中 1.1~1.5 值為脫氧完全而取的係數。

③ 催化劑的投加量（氯化鈷）：投加濃度為1.6mg/L。

（4）將脫氧劑和催化劑一併投入水中，用玻璃棒輕輕攪拌，同時測定水中溶解氧濃度，當溶解氧值降為0時，打開曝氣裝置開始曝氣，並同時開始計時。

（5）每隔1min（前三個間隔）和0.5min（後幾個間隔）測定池內溶解氧值，直至池內溶解氧值不再增長（飽和）為止。隨後關閉曝氣裝置。

（6）記錄數據，如表5-3。

表5-3　　　　　　　　　　清水曝氣充氧實驗記錄表

水樣體積	L			水溫 T			℃	
初始溶解氧濃度 C_0	mg/L			飽和溶解氧 C_s			mg/L	
氯化鈷用量	g			無水亞硫酸鈉用量			g	
儀器名稱及型號								
測量時間 t（min）	1	2	3	3.5	4	4.5	5	5.5	6	6.5
溶解氧濃度 C_t（mg/L）										
測量時間 t（min）	7	7.5	8	8.5	9	9.5	10	10.5	11	…
溶解氧濃度 C_t（mg/L）										…
實驗時間				實驗地點				
實驗小組成員								

五、實驗數據及成果整理

1. 計算氧總轉移系數 $K_{La(T)}$

（1）通過公式計算 K_{La} 值，如表5-4。

表5-4　　　　　　　　　　氧總轉移系數 K_{La} 計算

$t-t_0$（min）	C_t mg/L	C_s-C_t（mg/L）	$\dfrac{C_s}{C_s-C_t}$	$\ln\dfrac{C_s}{C_s-C_t}$	$\dfrac{1}{t-t_0}$	$K_{La(T)}$

（2）以 $\ln\dfrac{C_s-C_0}{C_s-C_t}$ 為縱坐標，t 為橫坐標，繪製直線，通過圖解法求得直線斜率即為 K_{La} 值。

可以試比較兩種方法獲得的 K_{La} 值有什麼不同。

2. 計算溫度修正系數 K，根據 $K_{La(T)}$，求氧總轉移系數 $K_{La(20)}$

$$K = 1.024^{(20-T)}$$

$$K_{La(20)} = K \cdot K_{La(T)} = 1.024^{(20-T)} \times K_{La(T)}$$

3. 曝氣裝置的充氧能力 E_L

$$E_L = K_{La(20)} \cdot C_s \text{ kgO}_2 / (\text{h} \cdot \text{m}^3)$$

4. 動力效率 E_P

$$E_P = \frac{E_L}{N} \text{ kg}/(\text{kw} \cdot \text{h})$$

式中：N 為理論功率。

5. 氧利用率 E_A

$$E_A = \frac{E_L \cdot V}{Q \times 0.28} \times 100\%$$

式中：V 為曝氣池體積（m³）；Q 為標準狀態下的氣量，$Q = \dfrac{Q_b \cdot P_b \cdot T_a}{T_b \cdot P_a}$，式中 P_a 為 1atm，T_a 為 293T。

六、思考題

（1）曝氣充氧原理及其影響因素是什麼？
（2）溫度修正、壓力修正系數的意義如何？
（3）氧總轉移系數 K_{La} 的意義是什麼？

第三節　UASB 處理高濃度有機廢水實驗

一、實驗目的

（1）瞭解 UASB 的內部結構；
（2）掌握 UASB 的啟動方法、顆粒污泥的形成機理；
（3）就某種污水進行動態試驗，以掌握工藝參和處理水的水質。

二、實驗原理

UASB 由污泥反應區、氣液固三相分離器（包括沉澱區）和氣室三部分組成。在底部反應區內存留大量厭氧污泥，具有良好的沉澱性能和凝聚性能的污泥在下部形成污泥層。要處理的污水從厭氧污泥床底部流入與污泥層中污泥進行混合接觸，污泥中的微生物分解污水中的有機物，把它轉化為沼氣。沼氣以微小氣泡的形式不斷放出，微小氣泡在上升過程中，不斷合併，逐漸形成較大的氣泡，在污泥床上部由於沼氣的攪動，形成一個污泥濃度較稀薄的污泥，和水一起上升進入三相分離器，沼氣碰到分離器下部的反射板時，折向反射板的四周，然後穿過水層進入氣室，集中在氣室的沼氣，用導管導出，固液混合液經過反射進入三相分離器的沉澱區，污水中的污泥發生絮凝，顆粒逐漸增大，並在重力作用下沉降。沉澱至斜壁上的污泥沿著斜壁滑回厭氧反應區

內，使反應區內累積大量的污泥，與污泥分離後的處理出水從沉澱區溢流堰上部溢出，然後排出污泥床。

三、實驗裝置及材料

1. 實驗裝置的組成和規格（設備本體由水箱、UASB 反應器、水浴等幾部分組成）：
（1）環境溫度：5℃~40℃。
（2）處理水量：2~5L/h。
（3）停留時間：8~20h。
（4）穿孔曝氣柱：φ150×1,600mm。
（5）進水 BOD：1,000~2,000mg/L。
（6）出水 BOD：20~150mg/L。
（7）進水 COD：1,500~3,000mg/L。
（8）出水 COD：100~200mg/L。
（9）進水 SS：300~500mg/L。
（10）出水 SS：30~50mg/L。
（11）進出水 pH：6~9。
（12）電源：220V。功率：1,800W。

2. 配套裝置有：
（1）優質 PVC 水箱 1 只；
（2）熱水循環泵 1 臺；
（3）進水提升泵 1 臺；
（4）銅閥取樣口 5 個；
（5）配水管閥件 1 套；
（6）三相分離器 1 個；
（7）加熱系統 1 套；
（8）水封系統 1 套；
（9）水浴系統 1 套；
（10）恒流泵 1 臺；
（11）不銹鋼實驗臺架 1 個；
（12）廢水箱 1 只；
（13）電源線、連接管道、閥門等 1 套。

3. 實驗儀器、試劑（用戶自備）：

具密封塞的加熱管：50mL

錐形瓶：150mL

酸式滴定管：25mL

消解液：稱取 9.8g 重鉻酸鉀、50g 硫酸鋁鉀、10g 鉬酸銨溶解於 500mL 蒸餾水中，加入 200mL 濃硫酸，冷卻後移至 1,000mL 容量瓶中，並用蒸餾水稀釋至標線。該溶液的重鉻酸鉀濃度為 0.4mol/L。

Ag$_2$SO$_4$–H$_2$SO$_4$催化劑：稱取 8.8g 分析純 Ag$_2$SO$_4$溶解於 1,000mL 濃硫酸中。
掩蔽劑：稱取 10.8g 分析純 HgSO$_4$溶解於 100mL 10%硫酸中。

四、實驗步驟

（1）準確量取 3.0mL 水樣，置於 50mL 具密封的加熱管中，加入 1mL 掩蔽劑、3mL 消化液、5mL 催化劑，旋緊密封塞子，將消化管插入已達到 165 度的 COD 消解裝置恒溫體孔中，定時定溫進行催化消解工作。當定時器發出呼叫信號時，整個消解過程完畢，將消解管按順序從裝置中取出，冷卻後用滴定法測出 COD 值。

（2）將樣液轉移到 150mL 錐形瓶中，用 20mL 蒸餾水分 3 次沖洗消化管水進錐形瓶中，加入 2~3 滴試亞鐵靈指示劑。

（3）用硫酸亞鐵銨標準溶液回滴，使溶液顏色由黃色變為藍綠色再變為紅褐色為止。

（4）記錄硫酸亞鐵銨標準溶液的用量，並算出 COD 值：

$$COD(\text{mg/L}) = 1,000 \times 8(V_0 - V_1)C/V_2$$

式中：V_0——空白水樣消耗硫酸亞鐵銨標準溶液用量；

V_1——待測樣消耗硫酸亞鐵銨標準溶液用量；

V_2——水樣體積；

C——硫酸亞鐵銨標準溶液濃度；

8——氧［1/20 摩爾質量（g/mol）］。

五、問題與討論

（1）實驗為何要選用掩蔽劑、催化劑，可否選用其他藥劑作為掩蔽劑、催化劑？

（2）設計實驗測定進出水 pH、氣體、VFA 等參數。

（3）該實驗結果表明此工藝對 COD 去除率怎樣？

第四節　活性污泥法動力學測定實驗

一、實驗目的

活性污泥法是應用最廣泛的一種生物處理方法。過去都是根據經驗數據來進行設計和運行。近年來，國內外學者對活性污泥法動力學方面做了不少研究，目的是希望通過對有機污染物降解和微生物增長規律進行研究，能更合理地進行曝氣池的設計和運行。通過本實驗，希望達到以下目的：

（1）加深對活性污泥法動力學基本概念的理解；

（2）瞭解用間歇進料方式測定活性污泥法動力學系數 a、b 和 K 的方法。

二、實驗原理

活性污泥法去除有機污染物的動力學模型有多種。在此以兩個較常見的關係式來

討論如何通過實驗確定動力學系數。

(1) $$\frac{S_0 - S_e}{X_v T} = KS$$

式中：S_0——進水有機污染物濃度，以 COD 或 BOD 表示（mg/L）；
　　　S_e——出水中有機污染物濃度（mg/L）；
　　　X_v——曝氣池內揮發性懸浮固體濃度（MLVSS）（g/l）；
　　　T——水力停留時間（h）；
　　　K——有機污染物降解系數（d^{-1}）。

(2) $$\frac{1}{\theta} = a\frac{S_0 - S_e}{X_v T} - b$$

是由於 $X_v = aQ(S_0 - S_e) - b \cdot V \cdot X_v$

式中：θ_c——污泥齡（d）；
　　　a——污泥增長系數（kg/kg）；
　　　b——內源呼吸系數（也稱衰減系數）（d^{-1}）。

　　活性污泥法動力學系數的測定，可以在連續進料生物反應器系統裡做實驗。連續進料生物反應器系統的特點是，污水連續穩定地流入生物反應器，經處理後連續排出，同時，污泥也連續地回流到生物反應器內。這種實驗系統可用以模擬完全混合型活性污泥系統和推流性活性污泥系統。缺點是實驗設備略多，實驗期間發生故障的機率較間歇進料實驗裝置大。

三、實驗裝置及材料

　　1. 實驗裝置的組成和規格（設備本體由除沉池、混合調節池、流化床曝氣池、推流式曝氣池及二沉池等幾部分組成）：

　　（1）環境溫度：5℃~40℃；
　　（2）處理水量：10~20L/h；
　　（3）電源：220V 單相三線制，功率 800W。

　　2. 配套裝置有：

　　（1）優質 PVC 水箱 1 只；
　　（2）水泵 1 臺；
　　（3）回流泵 1 臺；
　　（4）液體流量計 1 個；
　　（5）配水管閥件 1 套；
　　（6）排水管 1 套；
　　（7）回流管 1 套；
　　（8）氣體流量計 2 個；
　　（9）低噪音充氧風機 1 臺；
　　（10）不銹鋼實驗臺架 1 個；
　　（11）防水板 2 張（25mm）；

（12）壓力表 1 只；

（13）可編程時間控制器 4 只；

（14）電源線、連接管道、閥門等 1 套；

（15）按鈕開關 4 只。

四、實驗步驟

（1）實驗裝置本體為生物反應器（曝氣池）。活性污泥法是由曝氣池、沉澱池、污泥回流和剩餘污泥排放四個部分組成的。在曝氣池中的污泥被稱為活性污泥，是一個細菌的混合群體，常以菌膠團的形式存在。在活性污泥的曝氣過程中，廢水中有機物的變化可以劃分為吸附和穩定兩個階段。在吸附階段，主要是廢水中的有機物轉移到活性污泥上去；在穩定階段，轉移到活性污泥上去的有機物為微生物所利用。構成活性污泥法有三個基本要素：①微生物；②有機物；③溶解氧。廢水連續穩定地流入曝氣池，經處理後，泥水混合液連續地排至沉澱池，在沉澱池中泥水分離，處理水排出，同時污泥也從沉澱池連續地回流到曝氣池內。生物反應器本體為推流式曝氣池，內有曝氣管路、氣量調節裝置、微孔曝氣器、進水管、出水堰等。

（2）實驗時，先將作為菌種的活性污泥加入反應器，使反應器內的 MLVSS 濃度為 2.0g/L 左右，然後按實驗設計確定的進水流量、回流比引進污水和回流污泥，並通入壓縮空氣，使系統開始運行。運行期間每天要測定 MLVSS，以便確定每日的排泥量。每日排去的污泥量應等於每日增殖的污泥量，使反應器內的 MLVSS 維持在恒定的水平。一般情況下，連續運行 2 至 4 周（3 至 5 倍的泥齡），系統便可處於穩定狀態 i。判斷實驗系統是否穩定的方法是：①測定反應器內混合液析耗氧率（即呼吸速率）；②測定出水 BOD。當二者的數據都穩定時，可認為實驗系統已經穩定。系統穩定後可以進行正式的廢水實驗，可以進行混合液耗氧速率動力學系數的測定和廢水處理效果的測定。

（3）如果用 3~5 個生化反應器，在 S_0 相同的條件下，按 3~5 個不同的水力停留時間進行實驗。待實驗系統穩定後，測定各反應器的 S_0、S_C、X、和 ΔX，連續測定 7~10 天，便可得到 3~5 組實驗數據。

（4）若將實驗數據整理後繪在以 $(S_0-S_C)/XV_t$ 為縱坐標，S_C 為橫坐標的坐標紙上，便可得到一條通過原點的直線，該直線的斜率為有機污染物降解系數 K。將實驗數據繪在以 $1/\theta C$ 為縱坐標，$(S_0-S_C)/XV_t$ 為橫坐標的坐標紙上，所得直線的斜率即污泥增長系數 a，截距為內源呼吸系數 b。

五、問題與討論

（1）評述本實驗的方法和實驗結果。

（2）以正交試驗設計法擬定一個獲取曝氣池設計參數（泥齡和負荷率）的實驗方案。

（3）如果污泥中存在不可生物降解物，實驗曲線會發生什麼變化？

第五節　工業污水可生化實驗

一、實驗目的

污水的可生化性實驗，是研究污水中有機物可被微生物降解的程度，可為選定何種污水處理工藝提供必要的依據。

用生物處理的方法去除污水中的有機物具有高效、經濟的特點，因此，在選擇某種污水的處理方案時，一般首先要考慮生物處理的可能性。對於生活污水和城市污水，均可採用此法，但對於水質複雜、污染物種類繁多的工業廢水，僅僅採用生物處理法不一定可行，或效果不一定顯著。這是由於某些工業污水中含有難以生物降解的有機物，或含有可能一直毒害微生物生長的物質，或缺少微生物生長所需要的某些營養物質及環境條件等。因此，在沒有現成參考資料和實際運行經驗可以借鑑時，需要通過實驗來考察某些工業廢水生物處理的可行性，即工業廢水的可生化性，以確保廢水處理方案選擇的合理性與可靠性，或確定廢水中某些組分進入生物處理構築物的最高允許濃度。

通過本實驗，希望達到以下目的：
(1) 瞭解工業廢水可生化性的含義；
(2) 掌握用微生物呼吸速率法測定工業廢水可生化性的實驗和數據處理方法。

二、實驗原理

實驗裝置的主要組成部分是生化反應器和曝氣設備，如圖 5-1 所示。

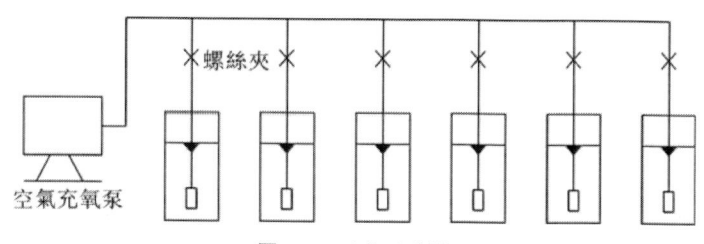

圖 5-1　生化反應器

如果污水中的組分對微生物生長無毒害、抑製作用，微生物與污水混合後，會立即大量攝取有機物合成新細胞，同時消耗水中的溶解氧。如果污水中的一種或幾種組分對微生物的生長有毒害抑製作用，微生物與污水混合後，其降解利用有機物的速率便會減慢或停止。可以通過實驗測定活性污泥的呼吸速率、用氧吸收量累計值與時間的關係曲線、呼吸速率與時間的關係曲線來判斷某種污水生物處理的可能性和某種有毒、有害物質進入生物處理設備的最大允許濃度。

三、實驗裝置及材料

1. 實驗裝置的組成和規格（設備本體由池體和斜板兩部分組成）

(1) 環境溫度：0℃~40℃。

(2) 電源：220V。功率：530W。

(3) 反應柱：Ø50×300mm 6 根，有機玻璃。

(4) 氣泵：80W，最大氣量每小時 2.5m^3。

2. 配套裝置

(1) DN150 有機玻璃充氧塔 6 套；

(2) 穿孔曝氣管 6 根；

(3) 空氣充氧泵 1 臺；

(4) 電控箱 1 只；

(5) 漏電保護開關；

(6) 電源電壓表 1 個；

(7) 按鈕開關 2 個；

(8) 連接管道和球閥；

(9) PVC 配水箱 1 個；

(10) 不銹鋼臺架 1 套。

四、實驗步驟

(1) 從城市污水廠曝氣池出口取回活性污泥混合液，攪拌均勻後，在 6 個反應器內分別加入約 1.3L 的混合液，再加自來水約 3L，使每個反應器內濃度為 1~2g/L。

(2) 開動充氧泵，曝氣 1~2h，使微生物處於內源呼吸狀態。

(3) 除待測內源呼吸速率的 1 號反應器以外，其他 5 個反應器都停止曝氣。

(4) 靜置沉澱，待反應器內污泥沉澱後，用虹吸去除上層清液。

(5) 在 2~6 號反應器內均加入從污水廠初次沉澱池出口處取回的城市污水至虹吸前水位，測量反應器內水容積。

(6) 繼續曝氣，並按表 5-5 計算和投加間甲酚。

表 5-5　　　　　　　　各生化反應器內間甲酚濃度

生化反應器序號	1	2	3	4	5	6
間甲酚/（mg. L^{-1}）	0	0	100	300	600	1,000

(7) 混合均勻後用溶氧儀測定反應器內溶解氧濃度，當溶解氧濃度大於 6~7mg/L 時，立即取樣測定呼吸速率$\left(\dfrac{dO}{dt}\right)$。以後每隔 30min 測定一次呼吸速率，3h 後改為每隔 1h 測定一次，5~6h 結束實驗。

呼吸速率測定方法：

用250mL 的廣口瓶取反應器內混合液1瓶，迅速用裝有溶解氧探頭的橡皮塞塞緊瓶口（不能有氣泡或漏氣），將瓶子放在電磁攪拌器上，啓動攪拌器，定期測定溶解氧濃度 ρ（0.5~1min），並做記錄，測定 10min。然後以 ρ 對 t，所得直線的斜率即微生物的呼吸速率。

五、實驗數據處理

記錄實驗操作條件

實驗日期_____年____月____日　　反應器序號_____

間甲酚投加量_____g 或 mL　　污泥濃度_____g/L

（1）測定 dO/dt 的實驗記錄可參考表 5-6、表 5-7：

表 5-6　　　　　　　　　　溶解氧測定值

時間 t/min	1	2	3	4	5	6	7	8	9
溶解氧測定儀讀數/（mg·L^{-1}）									

（2）溶解氧測定值為縱坐標、時間 t 為橫坐標作圖，所得直線斜率即 dO/dt（做 5h 測定可得到 9 個 dO/dt 值）。

（3）以呼吸速率 dO/dt 為縱坐標、時間 t 為橫坐標作圖，得 dO/dt 與 t 的關係曲線。

（4）用 dO/dt 與 t 的關係曲線，利用表 5-7 計算氧吸收量累計值 O_u。表中 $\frac{dO}{dt} \times t$ 和 O_u 可參照下列公式計算：

$$\left(\frac{dO}{dt} \times t\right)_{n-1} = \frac{1}{2}\left[\left(\frac{dO}{dt}\right)_n + \left(\frac{dO}{dt}\right)_{n-1}\right](t_n - t_{n-1})$$

$$(Q_\mu)_n = (Q_\mu)_{n-1} + \left(\frac{dO}{dt} \times t\right)_n$$

計算時，$n = 2, 3, 4, \cdots$

表 5-7　　　　　　　　　　實驗記錄表

序號	1	2	3	4	……	$n-1$	n
時間 t/h							
$\frac{dO}{dt}$/（mg·L^{-1}·min^{-1}）							
$\frac{dO}{dt} \times t$/（mg·L^{-1}）							
Q_μ/（mg·L^{-1}）							

（5）以氧吸收量累計值 Q_μ 為縱坐標、時間 t 為橫坐標作圖，得到間甲酚對微生物氧吸收過程的影響。

六、思考題

（1）什麼叫工業污水的可生化性？
（2）什麼叫內源呼吸？什麼叫生物耗氧？
（3）有毒有害物質對微生物的抑制或毒害作用與哪些因素有關？
（4）擬訂一個確定有毒物質進入生物處理構築物容許濃度的實驗方案。

七、注意事項

（1）本實驗所列實驗設備是一組學生所需設備。每組學生（2人）僅完成一種濃度實驗。

（2）假如各生化反應器的活性污泥混合液量應相等（即 MLSS 相同），這樣才能使各反應器內的活性污泥的呼吸速率相同，使各反應器的實驗結果有可比性

（3）取樣測定呼吸速率時，應充分攪拌，使反應器內活性污泥濃度保持均勻，以避免由於採樣帶來的誤差。

（4）反應器內的溶解氧建議維持在 4~7mg/L，以保證測定呼吸速率時有足夠的溶解氧；第1、6組的反應器內的溶解氧可維持在 4mg/L，因反應器內微生物的呼吸速率較小。

第六節　SBR 法計算機自動控制系統實驗

一、實驗目的

1. 通過 SBR 法計算機自動控制系統模型實驗，瞭解和掌握 SBR 法計算機自控制系統的構造與原理。
2. 通過模型演示實驗，理解和掌握 SBR 法的特徵。

二、SBR 法概述

間歇式活性污泥法（簡稱 SBR 法），又稱序批式活性污泥法，是一種不同於傳統的連續流活性污泥法的廢水活性污泥法處理工藝。SBR 工藝具有工藝簡單、所需費用較低等特點。採用該工藝處理城鎮污水時，比普通的活性污泥法節省基建費用投資約 30％。而且該工藝布置緊湊，節省占地面積。此外，其理想的推流過程使生化反應推動力大，效率也高；運行方式較靈活，脫氮除磷效果好，可防止污泥膨脹，且耐衝擊負荷。然而，SBR 法實際上並不是一種新工藝，而是活性污泥法初創時期充排式反應器的改進與復興。1914 年英國的 Ardem 和 Lockett 首創活性污泥法時，採用的就是間歇式。SBR 工藝具有其他工藝無可比擬的優勢。自從 1955 年 Hoover 與 Porges 用 SBR 法處理牛奶場廢水取得成功後，人們逐漸認識到該工藝的巨大潛能，從而拉開了 SBR 復興的序幕。此後，美國、日本、澳大利亞、荷蘭等國相繼投入大量的人力、物力對其

進行研究，並取得了一定的成果。近年來，SBR 法也引起了中國水污染治理界的重視。

三、工作原理

SBR 工藝作為活性污泥法的一種，其去除有機物的機理與傳統的活性污泥法相同，即微生物利用污水中的有機物合成新的細胞物質，並為合成提供所需的能量；同時通過活性污泥的絮凝、吸附、沉澱等過程來實現對有機污染物的去除；所不同的只是其運行方式。典型的 SBR 系統包含一座或幾座反應池及初沉池等預處理設施和污泥處理設施，反應池兼有調節池和沉澱池的功能。該工藝被稱為序批間歇式，它有兩個含義：一是其運行操作在空間上按序排列，是間歇的；二是每個 SBR 的運行操作在時間上也是按序進行，並且也是間歇的。

當反應池充水，開始曝氣後，就進入了反應階段；待有機物含量達到排放標準或不再降解時，停止曝氣。混合液在反應器中處於完全靜止狀態，進行固液分離，一段時間後，排放上清液，活性污泥留在反應池內，多餘的污泥可通過放空管排出。至此，就完成了一個運行週期，反應器又處於準備進行下一週期運行的待機狀態。圖 5-2 為 SBR 法的基本運行模式。

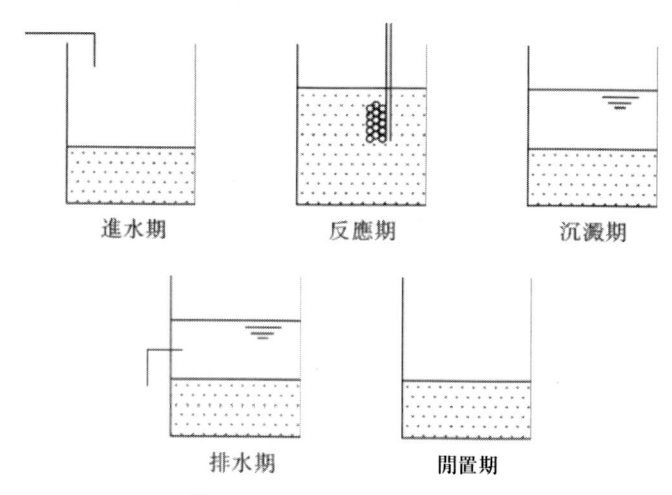

進水期　　　反應期　　　沉澱期

排水期　　　閒置期

圖 5-2　SBR 法的基本運行模式

SBR 法系統的運行分 5 個階段，即進水階段、反應階段、沉澱澄清階段、排放處理水階段和待進水階段。從進水到待進水的整個過程被稱為一個運行週期，在一個運行週期內，底物濃度、污泥濃度、底物的去除率和污泥的增長速率等都隨時間不斷地變化，因此，間歇式活性污泥法系統屬於單一反應器內非穩定狀態的運行。

SBR 系統的組成可以是單池，也可以是多池，主要取決於進水的水質、水量的變化和管理水平等因素。系統的運行可以是單池單獨運行，也可以是多池並聯或串聯運行。其運行大致可分為以下五個階段。

1. 進水階段

進水階段不僅是水位上升過程，更重要的是能在反應器內進行著重要的生化反應。

在這期間，根據不同微生物生長的特點，可以採用曝氣或厭氧攪拌或二者輪換的方式運行。到底採用哪一種方式或組合方式運行，要根據處理的目的來決定。

2. 反應降解階段

當反應器充水至設計水位後，污水不再流入反應器內，曝氣和攪拌成為該階段的主要運行方式。其間，曝氣一方面可以降解污水中 BOD，另一方面可以進行硝化反應，作為生物脫氮的前提。如果曝氣之後立即進行厭氧攪拌，則可完成反硝化過程，從而完成脫氮的全過程。有時在這一階段排放一部分剩餘污泥。

3. 沉澱澄清階段

反應降解結束後，反應器內不再曝氣或攪拌，系統進入沉澱澄清階段。這是由於在靜止的條件下進行了絮凝和沉澱，有較理想的澄清與濃縮污泥的效果。

4. 排放處理水階段

經過沉澱澄清淨化的上清液，由排水閥排出池外直到設計的最低液位。有時隨後排出部分剩餘污泥。

5. 待進水階段

使微生物恢復活性，並起到一定的反硝化作用而脫氮。

四、操作步驟

（1）開啟水泵，將原水送入反應器，直到達到所要求的最高水位。該水位可由水位繼電器的觸杆 2 來控制。上升觸杆 2，反應器內的最高水位上升；反之亦然。

（2）水泵關閉，氣閥打開，儲氣罐內的壓縮空氣進入反應器，開始曝氣，此即反應階段。當然，也可以在開啟水泵的同時打開氣閥。

（3）經過一段時間的曝氣後，關閉氣閥，使反應器內的混合液靜置。曝氣時間的長短可以自由設定，當然亦可以由其他的運行參數來控制。例如，當溶解氧達到某一數值，認為反應可以結束時，即可關閉氣閥。

（4）靜置一段時間後（靜置時間可任意設定，其目的是使混合液中的污泥充分沉澱），打開閥 I 約 0.5min，使排水管中充滿上清液，排水管的進水管沒於水面下。

（5）關閉閥 I，打開閥 II，排水至最低水位。

（6）關閉閥 II。至此 SBR 工藝的一個運行週期結束，進入下一週期的準備狀態。

第六章　水質工程學習題集

第一節　水質工程學 I 部分

第一部分　水質與水質標準

一、名詞解釋

BOD_5、COD_{cr}、COD_{Mn}、SS、TOD、TOC、DO、POPs、TS、TN、TKN、水體自淨

二、選擇題

1. 水處理（　　）的選擇及主要構築物的組成，應根據原水水質、設計生產能力、處理後水質要求，參照相似條件下水廠的運行經驗，結合當地條件，通過技術經濟比較綜合研究確定。

　　A. 工藝流程　　　B. 儀器設備　　　C. 技術參數　　　D. 規模

2. 水處理構築物的生產能力，應按最高日供水量加自用水量確定，必要時還應包括（　　）補充水量。

　　A. 澆灑綠地　　　B. 消防　　　　　C. 未預見　　　　D. 管道漏失

3. 城鎮水廠和工業企業自備水廠的自用水量應根據原水水質和所採用的處理方法以及構築物類型等因素通過計算確定。城鎮水廠的自用水率一般可採用供水量的（　　）%。

　　A. 1~5　　　　　B. 3~8　　　　　C. 5~10　　　　　D. 8~15

4. 水處理構築物的設計，應按原水水質最不利情況（如沙峰等）時，所需供水量進行（　　）。

　　A. 設計　　　　　B. 校核　　　　　C. 對比　　　　　D. 調整

5. 淨水構築物應根據具體情況設置排泥管、（　　）、溢流管和壓力沖洗設備等。

　　A. 排氣管　　　　B. 排空管　　　　C. 檢修管　　　　D. 觀測管

三、簡答題

1. 水中雜質按尺寸大小可分為幾類？瞭解各類雜質主要來源、特點及一般去除方法。

2. 簡要敘述各種典型水質特點。

3. 概述《生活飲用水衛生標準（GB5749-2006）》分類指標。

4. 解釋水體的富營養化。

第二部分　水處理方法概論

一、填空題
1. 水處理按技術原理可分為＿＿＿＿＿＿和＿＿＿＿＿＿兩大類。
2. 按對氧的需求不同，將生物處理過程分為＿＿＿＿＿＿和＿＿＿＿＿＿兩大類。
3. 按反應器內的物料的形態可將反應器分為＿＿＿＿＿＿和＿＿＿＿＿＿兩大類；按反應器的操作情況可將反應器分為＿＿＿＿＿＿和＿＿＿＿＿＿兩大類。
4. 列舉水的物理化學處理方法：＿＿＿＿＿＿、＿＿＿＿＿＿、＿＿＿＿＿＿、＿＿＿＿＿＿、＿＿＿＿＿＿。（舉出 5 種即可）

二、簡答題
1. 簡要敘述水的主要物理化學處理方法。
2. 反應器原理用於水處理有何作用和特點？
3. 概述反應器的類型。
4. 理想反應器模型及其特點是什麼？
5. 簡要敘述典型給水處理工藝流程。

第三部分　凝聚和絮凝

一、選擇題
1. 用於（　　）的凝聚劑或助凝劑，不得使處理後的水質對人體健康產生有害的影響。
　　A. 生活飲用水　　B. 生產用水　　C. 水廠自用水　　D. 消防用水
2. 凝聚劑和助凝劑品種的選擇及其用量，應根據相似條件下的水廠運行經驗或原水凝聚沉澱試驗資料，結合當地藥劑供應情況，通過（　　）比較確定。
　　A. 市場價格　　B. 技術經濟　　C. 處理效果　　D. 同類型水廠
3. 凝聚劑的投配方式為（　　）時，凝聚劑的溶解應按用藥量大小、凝聚劑性質，選用水力、機械或壓縮空氣等方式攪拌。
　　A. 人工投加　　B. 自動投加　　C. 乾投　　D. 濕投
4. 濕投凝聚劑時，溶解次數應根據凝聚劑用量和配製條件等因素確定，一般每日不宜超過（　　）次。
　　A. 3　　　　　B. 2　　　　　C. 4　　　　　D. 6
5. 凝聚劑用量較大時，溶解池宜設在（　　）。
　　A. 地上　　　　B. 地下　　　　C. 半地下　　　D. 藥庫旁
6. 凝聚劑用量較小時，溶解池可兼作（　　）。
　　A. 貯藥池　　　B. 攪拌池　　　C. 投藥池　　　D. 計量池
7. 凝聚劑投配的溶液濃度為（　　）（按固體重量計算）。
　　A. 3%～10%　　B. 5%～20%　　C. 5%～10%　　D. 3%～15%
8. 石灰宜製成（　　）投加。
　　A. 乳液　　　　B. 粉末　　　　C. 顆粒　　　　D. 溶液

9. 投藥應設瞬時指示的（　　）設備和穩定加註量的措施。
   A. 控制　　　　B. 計量　　　　C. 操作　　　　D. 顯示
10. 與凝聚劑接觸的池內壁、設備、管道和地坪，應根據凝聚劑性質採取相應的（　　）措施。
   A. 防滲　　　　B. 防銹　　　　C. 防腐　　　　D. 防藻
11. 加藥間必須有保障工作人員衛生安全的勞動保護措施。當採用發生異臭或粉塵的凝聚劑時，應在通風良好的單獨房間內制備，必要時應設置（　　）設備。
   A. 安全　　　　B. 淨化　　　　C. 除塵　　　　D. 通風
12. 加藥間應與藥劑倉庫毗連，並宜靠近（　　）。加藥間的地坪應有排水坡度。
   A. 值班室　　　B. 投藥點　　　C. 主要設備　　D. 通風口
13. 藥劑倉庫及加藥間應根據具體情況，設置計量工具和（　　）設備。
   A. 防水　　　　B. 搬運　　　　C. 防潮　　　　D. 報警
14. 藥劑倉庫的固定儲備量，應按當地供應、運輸等條件確定，一般可按最大投藥量的（　　）天用量計算。其週轉儲備量應根據當地具體條件確定。
   A. 5~10　　　　B. 10~15　　　 C. 15~30　　　 D. 10~20
15. 計算固體凝聚劑和石灰貯藏倉庫的面積時，其堆放高度一般可為（　　）m。當採用機械搬運設備時，堆放高度可適當增加。
   A. 0.5~1.0　　 B. 0.5~1.5　　 C. 1.0~1.5　　 D. 1.5~2.0
16. 計算固體凝聚劑和石灰貯藏倉庫的面積時，其堆放高度一般當採用石灰時可為（　　）m。當採用機械搬運設備時，堆放高度可適當增加。
   A. 1.5　　　　 B. 1.2　　　　 C. 1.0　　　　 D. 2.0
17. 絮凝池型式的選擇和絮凝時間的採用，應根據原水水質情況和相似條件下的運行經驗或通過（　　）確定。
   A. 計算　　　　B. 比較　　　　C. 試驗　　　　D. 分析
18. 設計隔板絮凝池時，絮凝時間一般宜為（　　）min。
   A. 20~30　　　 B. 15~20　　　 C. 10~15　　　 D. 12~15
19. 設計隔板絮凝池時，絮凝池廊道的流速，應按由大到小的漸變流速進行設計，起端流速一般宜為（　　）m/s，末端流速一般宜為0.2~0.3m/s。
   A. 0.2~0.3　　 B. 0.5~0.6　　 C. 0.6~0.8　　 D. 0.8~1.0
20. 設計隔板絮凝池時，隔板間淨距一般宜大於（　　）m。
   A. 1.0　　　　 B. 0.8　　　　 C. 0.5　　　　 D. 0.3
21. 設計機械絮凝池時，池內一般設（　　）擋攪拌機。
   A. 4~5　　　　 B. 1~2　　　　 C. 2~3　　　　 D. 3~4
22. 設計機械絮凝池時，攪拌機的轉速應根據漿板邊緣處的線速度通過計算確定，線速度宜自第一檔的（　　）m/s逐漸變小至末檔的（　　）m/s。
   A. 0.5；0.1　　B. 0.5；0.2　　C. 0.6；0.3　　D. 0.6；0.2
23. 設計折板絮凝池時，絮凝時間一般宜為（　　）min。
   A. 6~15　　　　B. 5~10　　　　C. 6~10　　　　D. 5~12

24. 設計折板絮凝池時，絮凝過程中的速度應逐段降低，分段數一般不宜少於（　　）段。

　　A. 二　　　　　B. 三　　　　　C. 四　　　　　D. 五

25. 設計折板絮凝池時，折板夾角採用（　　）。

　　A. 45°~90°　　B. 90°~120°　　C. 60°~100°　　D. 60°~90°

26. 設計穿孔旋流絮凝池時，絮凝池每格孔口應作（　　）對角交叉布置。

　　A. 前後　　　　B. 左右　　　　C. 進出　　　　D. 上下

二、簡答題

1. 解釋以下概念：混凝、凝聚、絮凝、同向絮凝、異向絮凝、接觸絮凝、G 值、GT 值。

2. 某往復式隔板絮凝池設計流量為 75,000m³/d；絮凝時間採用 20min；為配合平流沉澱池寬度和深度，絮凝池寬度 22m，平均水深 2.8m。試設計各廊道寬度並計算絮凝池長度。

3. 何謂膠體穩定性？

4. 膠體的凝聚機理有哪些？簡述其作用過程。

5. 混凝過程中，壓縮雙電層和吸附-電中和作用有何區別？

6. 為什麼高分子混凝劑投量過多時，混凝效果反而不好？

7. 目前中國常用的混凝劑有哪幾種？各有何優缺點？

8. 簡要敘述硫酸鋁混凝作用機理及其與水的 pH 值的關係。

9. 什麼叫助凝劑？常用的有哪幾種？

10. 何謂同向絮凝和異向絮凝？兩者的絮凝速率（或碰撞速率）與哪些因素有關？

11. 絮凝過程中，G 值的真正含義是什麼？沿用已久的 G 值和 GT 值的數值範圍存在什麼缺陷？請寫出機械絮凝池和水力絮凝池的 G 值公式。

12. 當前水廠中常用的絮凝設備有哪幾種？各有何優缺點？在絮凝過程中，為什麼 G 值應自進口至出口逐漸減小？

13. 影響混凝效果的主要因素有哪幾種？這些因素是如何影響混凝效果的？

14. 隔板絮凝池設計流量為 75,000m³/d。絮凝池有效容積為 1,100m³，絮凝池總水頭損失為 0.26m。求絮凝池總的平均速度梯度 G 值和 GT 值各為多少？（水廠自用水量為 5%）

15. 混凝劑有哪幾種投加方式？各有何優缺點以及其適用條件是什麼？

16. 當前水廠中常用的混合方法有哪幾種？各有何優缺點？在混合過程中，控制 G 值的作用是什麼？

第四部分　沉澱

一、選擇題

1. 選擇沉澱池或澄清池類型時，應根據原水水質、設計生產能力、處理後水質要求，並考慮原水水溫變化、制水均勻程度以及是否連續運轉等因素，結合當地條件通過（　　）比較確定。

A. 工程造價　　B. 同類型水廠　　C. 施工難度　　D. 技術經濟

2. 沉澱池和澄清池的個數或能夠單獨排空的分格數不宜少於（　　）。

　　A. 同時工作的個數　　　　B. 三個

　　C. 兩個　　　　　　　　D. 四個

3. 經過混凝沉澱或澄清處理的水，在進入濾池前的渾濁度一般不宜超過（　　）度，遇高濁度原水或低溫低濁度原水時，不宜超過 15 度。

　　A. 3　　B. 5　　C. 8　　D. 10

4. 設計沉澱池和澄清池時應考慮（　　）的配水和集水。

　　A. 均勻　　B. 對稱　　C. 慢速　　D. 平均

5. 沉澱池積泥區和澄清池沉泥濃縮室（鬥）的容積，應根據進出水的（　　）含量、處理水量、排泥週期和濃度等因素通過計算確定。

　　A. 濁度　　B. 懸浮物　　C. 含砂量　　D. 有機物

6. 當沉澱池和澄清池排泥次數（　　）時，宜採用機械化或自動化排泥裝置。

　　A. 不確定　　B. 較少　　C. 較多　　D. 有規律

7. 澄清池應設（　　）裝置。

　　A. 檢修　　B. 觀測　　C. 控制　　D. 取樣

8. 混合設備的設計應根據所採用的凝聚劑品種，使藥劑與水進行恰當的（　　）、充分混合。

　　A. 急遽　　B. 均勻　　C. 長時間　　D. 全面

9. 混合方式一般可採用（　　）混合或專設的混合設施。

　　A. 重力　　B. 水泵　　C. 攪拌　　D. 人工

10. 絮凝池宜與沉澱池（　　）。

　　A. 寬度一致　　B. 深度一致　　C. 合建　　D. 高程相同

11. 平流沉澱池的沉澱時間，應根據原水水質、水溫等，參照相似條件下的運行經驗確定，一般宜為（　　）小時。

　　A. 1.0~1.5　　B. 0.5~1.5　　C. 1.0~3.0　　D. 1.0~2.0

12. 平流沉澱池的水平流速可採用 10~25mm/s，水流應避免過多（　　）。

　　A. 急流　　B. 轉折　　C. 渦流　　D. 交叉

13. 平流沉澱池的有效水深，一般可採用（　　）m。

　　A. 2.0~3.0　　B. 1.5~2.0　　C. 3.0~3.5　　D. 2.0~2.5

14. 平流沉澱池的每格寬度（或導流牆間距），一般宜為 3~8m，最大不超過 15m，長度與寬度之比不得小於 4；長度與深度之比不得小於（　　）。

　　A. 5　　B. 6　　C. 8　　D. 10

15. 平流沉澱池宜採用（　　）配水和溢流堰集水，溢流率一般小於 500m³/m·d。

　　A. 穿孔牆　　B. 導流牆　　C. 左右穿孔板　　D. 上下隔板

16. 異向流斜管沉澱池宜用於渾濁度長期低於（　　）度的原水。

　　A. 1,000　　B. 800　　C. 300　　D. 500

17. 異向流斜管沉澱池，斜管（　　）液面負荷，應按相似條件下的運行經驗確定，一般為 9.0~11.0m³/m²·h。
   A. 進水區　　　B. 配水區　　　C. 沉澱區　　　D. 出水區
18. 異向流斜管沉澱池，斜管設計一般可採用下列數據：管徑為 25~35mm；斜長為 1.0m；傾角為（　　）。
   A. 30°　　　B. 75°　　　C. 45°　　　D. 60°
19. 異向流斜管沉澱池，斜管沉澱池的清水區保護高度一般不宜小於（　　）m；底部配水區高度不宜小於 1.5m。
   A. 1.0　　　B. 1.2　　　C. 1.5　　　D. 0.8
20. 同向流斜板沉澱池宜用於渾濁度長期低於（　　）度的原水。
   A. 100　　　B. 200　　　C. 150　　　D. 300
21. 同向流斜板沉澱池斜板沉澱區液面負荷，應根據當地原水水質情況及相似條件下的水廠運行經驗或試驗資料確定，一般可採用（　　）m³/m²·h。
   A. 30~40　　　B. 15~25　　　C. 10~20　　　D. 20~30
22. 同向流斜板沉澱池沉澱區斜板傾角設計一般可採用（　　）。
   A. 30°　　　B. 45°　　　C. 60°　　　D. 40°
23. 同向流斜板沉澱池應設均勻（　　）的裝置，一般可採用管式、梯形加翼或縱向沿程集水等型式。
   A. 集水　　　B. 進水　　　C. 配水　　　D. 排泥
24. 機械攪拌澄清池宜用於渾濁度長期低於（　　）度的原水。
   A. 4,000　　　B. 5,000　　　C. 3,000　　　D. 2,000
25. 機械攪拌澄清池（　　）的上升流速，應按相似條件下的運行經驗確定，一般可採用 0.8~1.1 毫米/秒。
   A. 進水區　　　B. 排泥區　　　C. 清水區　　　D. 分離區
26. 水在機械攪拌澄清池中的總停留時間，可採用（　　）h。
   A. 0.5~1.0　　　B. 0.8~1.0　　　C. 1.2~1.5　　　D. 1.0~1.2
27. 機械攪拌澄清池攪拌葉輪提升流量可為進水流量的 3~5 倍，葉輪直徑可為第二絮凝室內徑的 70%~80%，並應設調整葉輪（　　）和開啓度的裝置。
   A. 轉速　　　B. 角度　　　C. 間距　　　D. 數量
28. 機械攪拌澄清池是否設置機械刮泥裝置，應根據池徑大小、底坡大小、進水（　　）含量及其顆粒組成等因素確定。
   A. 濁度　　　B. 懸浮物　　　C. 含砂量　　　D. 有機物
29. 水力循環澄清池宜用於渾濁度長期低於 2,000 度的原水，（　　）的生產能力一般不宜大於 7,500m³/d。
   A. 濾池　　　B. 設計　　　C. 單池　　　D. 水廠
30. 水力循環澄清池清水區的（　　）流速，應按相似條件下的運行經驗確定，一般為 0.7~1.0mm/s。
   A. 進水　　　B. 出水　　　C. 水平　　　D. 上升

31. 水力循環澄清池導流筒（第二絮凝室）的有效高度，一般為（　　）m。
　　A. 1~2　　　　　B. 2~3　　　　　C. 3~4　　　　　D. 1.5~2.5
32. 水力循環澄清池的回流水量，可為進水流量的（　　）倍。
　　A. 1.5~2　　　　B. 2~4　　　　　C. 1.5~3　　　　D. 1~2
33. 水力循環澄清池斜壁與水平面的夾角不宜小於（　　）。
　　A. 30°　　　　　B. 60°　　　　　C. 45°　　　　　D. 75°
34. 脈衝澄清池宜用於渾濁度長期低於（　　）度的原水。
　　A. 1,000　　　　B. 2,000　　　　C. 2,500　　　　D. 3,000
35. 脈衝澄清池清水區的（　　）流速，應按相似條件下的運行經驗確定，一般為0.7~1.0mm/s。
　　A 上升　　　　　B. 出水　　　　　C. 水平　　　　　D. 進水
36. 脈衝（　　）可採用30~40s，充放時間比為3:1~4:1。
　　A. 週期　　　　　B. 持續時間　　　C. 形成　　　　　D. 間隔
37. 脈衝澄清池的（　　）高度和清水區高度，為1.5~2.0m。
　　A. 沉泥區　　　　B. 進水層　　　　C. 懸浮層　　　　D. 配水區
38. 脈衝澄清池應採用穿孔管配水，上設人字形（　　）。
　　A. 蓋板　　　　　B. 分水板　　　　C. 導流板　　　　D. 穩流板
39. 虹吸式脈衝澄清池的配水總管，應設（　　）裝置。
　　A. 排氣　　　　　B. 檢測　　　　　C. 取樣　　　　　D. 計量
40. 懸浮澄清池宜用於渾濁度長期低於3,000度的原水。當進水渾濁度大於3,000度時，宜採用（　　）式懸浮澄清池。
　　A. 三層　　　　　B. 雙層　　　　　C. 活動式　　　　D. 組合式
41. 懸浮澄清池單池面積不宜超過150m²。當為矩形時每格池寬不宜大於（　　）m。
　　A. 5　　　　　　B. 3　　　　　　C. 6　　　　　　D. 4
42. 懸浮澄清池清水區高度宜採用1.5~2.0m；懸浮層高度宜採用2.0~2.5m；懸浮層下部傾斜池壁和水平面的夾角宜採用（　　）。
　　A. 30°~40°　　　B. 40°~50°　　　C. 45°~50°　　　D. 50°~60°
43. 懸浮澄清池宜採用穿孔管配水，水在進入澄清池前應有（　　）設施。
　　A. 氣水分離　　　B. 計量　　　　　C. 排氣　　　　　D. 取樣

二、填空題

1. 沉砂池可分為_____、_____、_____、_____。
2. 沉澱池的短流的種類有：_____、_____、_____。
3. 沉澱池分為：_____、_____、_____（寫出三種即可）。
4. 沉澱類型有：_____、_____、_____、_____。

三、簡答題

1. 簡述沉澱、澄清、水力循環澄清池、機械攪拌澄清池、表面負荷的概念。
2. 沉澱分為哪幾類，各類特點是什麼？

3. 解釋沉澱池總去除率公式中各部分含義。
4. 分析影響平流沉澱池沉澱效果的因素，說明沉澱池縱向分格的作用。
5. 斜板斜管沉澱池的工作原理、工作特點、工作過程是什麼？
6. 平流沉澱池由哪幾部分構成？理想沉澱池應符合哪些條件？根據理想沉澱條件，討論沉澱效率與池子深度、長度和表面積關係如何？
7. 平流沉澱池進水為何採用穿孔隔牆？出水為什麼往往採用出水支渠？
8. 斜管沉澱池的理論根據是什麼？為什麼斜管傾角通常採用60°？
9. 理想沉澱池的假設條件是什麼？推導理想沉澱池中沉速為 u_i（$u_i<u_0$）的顆粒的沉澱效率公式，說明公式中各符號的含義，並對公式進行定性分析。
10. 澄清池的基本原理和主要特點是什麼？
11. 簡述澄清池的分類及各種澄清池的工作過程。
12. 何為氣浮法？氣浮法中要注意什麼？
13. 平流沉澱池設計流量為 $720m^3/h$。要求沉速等於和大於 $0.4mm/s$ 的顆粒全部去除。試按理想沉澱條件，求：
（1）所需沉澱池表面積為多少平方米？
（2）沉速為 $0.1mm/s$ 的顆粒，可去除百分之幾？

第五部分　過濾

一、選擇題

1. 濾池型式的選擇，應根據（　　）、進水水質和工藝流程的高程布置等因素，結合當地條件，通過技術經濟比較確定。
　　A. 建設資金　　B. 施工水平　　C. 管理水平　　D. 設計生產能力
2. 濾料應具有足夠的機械強度和（　　）性能，並不得含有有害成分，一般可採用石英砂、無菸煤和重質礦石等。
　　A. 水力磨　　B. 耐磨　　C. 化學穩定　　D. 抗蝕
3. 快濾池、無閥濾池和壓力濾池的個數及單個濾池面積，應根據生產規模和運行維護等條件通過技術經濟比較確定，但個數不得少於（　　）。
　　A. 三個　　B. 兩個　　C. 兩組　　D. 三組
4. 濾池應按正常情況下的濾速設計，並以檢修情況下的（　　）校核。
　　A. 反沖洗強度　　B. 濾層膨脹率　　C. 強制濾速　　D. 單池面積
5. 濾池的工作週期，宜採用（　　）h。
　　A. 8～12　　B. 10～16　　C. 10～18　　D. 12～24
6. 濾池的正常濾速根據濾料類別不同一般分為：① 8～12m/h，② 10～14m/h，③ 18～20m/h。採用石英砂濾料過濾應該取（　　）濾速。
　　A. ①　　B. ②
　　C. ③　　D. 不在上述範圍內
7. 濾池的濾料粒徑範圍根據濾池類別及所選濾料種類不同分為：①$d = 0.5～1.2mm$；②$d = 0.8～1.8mm$；③$d = 0.8～1.6mm$；④$d = 0.5～0.8mm$；⑤$d = 0.25～$

0.5mm。如果採用雙層濾料過濾無菸煤濾料粒徑應選（　　）。

  A. ④   B. ③   C. ②   D. ①

8. 快濾池宜採用大阻力或中阻力配水系統。大阻力配水系統孔眼總面積占濾池面積之比例為（　　）。

  A. 1.0%~1.5%   B. 1.5%~2.0%

  C. 0.20%~0.28%   D. 0.6%~0.8%

9. 中阻力配水系統孔眼總面積占濾池面積之比例為（　　）。

  A. 1.0%~1.5%   B. 1.5%~2.0%

  C. 0.20%~0.28%   D. 0.6%~0.8%

10. 虹吸濾池、無閥濾池和移動罩濾池宜採用小阻力配水系統，其孔眼總面積與濾池面積之比例為（　　）。

  A. 1.0%~1.5%   B. 1.5%~2.0%

  C. 0.20%~0.28%   D. 0.6%~0.8%

11. 水洗濾池根據採用的濾料不同的沖洗強度及沖洗時間分為：①$q=12~15$ L/s·m², $t=5~7$ 分鐘；②$q=13~16$ L/s·m², $t=6~8$ min；③$q=16~17$ L/s·m², $t=5~7$ 分鐘。如果採用雙層濾料過濾其沖洗強度和沖洗時間應選（　　）。

  A. ①   B. ②

  C. ③   D. 不在上述範圍內

12. 每個濾池應設（　　）裝置。

  A. 取樣 B. 排氣 C. 連通 D. 計量

13. 快濾池沖洗前的水頭損失，宜採用2.0~3.0m。每個濾池應裝設（　　）。

  A. 計量裝置 B. 壓力表 C. 真空表 D. 水頭損失計

14. 濾層表面以上的水深，宜採用（　　）m。

  A. 1.5~2.0 B. 2.0~2.5 C. 1.0~1.5 D. 1.0~1.2

15. 當快濾池採用大阻力配水系統時，其承托層粒徑級配分（　　）層。

  A. 二   B. 四   C. 三   D. 一

16. 大阻力配水系統應按沖洗流量設計，配水干管（渠）（　　）處的流速為1.0~1.5m/s。

  A. 孔眼 B. 末端   C. 進口   D. 出口

17. 三層濾料濾池宜採用（　　）配水系統。

  A. 小阻力   B. 中阻力

  C. 中阻力或大阻力   D. 大阻力

18. 三層濾料濾池承托層除滿足粒徑要求外，其材料選擇上小粒徑宜選擇（　　），大粒徑宜選擇礫石。

  A. 重質礦石 B. 石英砂 C. 無菸煤 D. 礫石

19. 快濾池洗砂槽的平面面積，不應大於濾池面積的（　　）%，洗砂槽底到濾料表面的距離，應等於濾層沖洗時的膨脹高度。

  A. 30   B. 25   C. 20   D. 15

20. 濾池沖洗水的供給方式可採用沖洗（　　）或高位水箱。
　　A. 水池　　　　B. 水表　　　　C. 水泵　　　　D. 水塔
21. 濾池沖洗水的供給方式當採用沖洗水泵，水泵的能力應按沖洗（　　）濾池考慮，並應有備用機組。
　　A. 一組　　　　B. 雙格　　　　C. 全部　　　　D. 單格
22. 濾池沖洗水的供給方式當採用沖洗水箱時，水箱有效容積應按單格濾池沖洗水量的（　　）倍計算。
　　A. 1.5　　　　B. 2　　　　　C. 2.5　　　　D. 3
23. 快濾池（　　）斷面流速宜為2.0~2.5m/s。
　　A. 排空管　　　B. 沖洗水管　　C. 溢流管　　　D. 取樣管
24. 當壓力濾池的直徑大於（　　）m時，宜採用卧式。
　　A. 2　　　　　B. 5　　　　　C. 3　　　　　D. 4
25. 虹吸濾池的分格數，應按濾池在（　　）運行時，仍能滿足一格濾池沖洗水量的要求確定。
　　A. 正常　　　　B. 交替　　　　C. 高負荷　　　D. 低負荷
26. 虹吸濾池沖洗前的水頭損失，一般為（　　）m。
　　A. 1.5　　　　B. 1.2　　　　C. 2.0　　　　D. 2.5
27. 虹吸濾池沖洗水頭應通過計算確定，一般宜採用1.0~1.2m，並應有（　　）沖洗水頭的措施。
　　A. 調整　　　　B. 減少　　　　C. 增大　　　　D. 控制
28. 虹吸進水管的流速，宜採用（　　）m/s；虹吸排水管的流速，宜採用1.4~1.6m/s。
　　A. 1.0~1.2　　B. 1.2~1.5　　C. 0.6~1.0　　D. 0.8~1.2
29. 每個無閥濾池應設單獨的進水系統，（　　）系統應有不使空氣進入濾池的措施。
　　A. 出水　　　　B. 沖洗　　　　C. 排水　　　　D. 進水
30. 無閥濾池沖洗前的水頭損失，一般可採用（　　）m。
　　A. 1.5　　　　B. 1.2　　　　C. 2.0　　　　D. 2.5
31. 無閥濾池過濾室濾料表面以上的直壁高度，應等於沖洗時濾料的（　　）高度再加保護高。
　　A. 平均　　　　B. 最大膨脹　　C. 濾層　　　　D. 水頭損失
32. 無閥濾池應有輔助（　　）措施，並設調節沖洗強度和強制沖洗的裝置。
　　A. 虹吸　　　　B. 排氣　　　　C. 計量　　　　D. 沖洗
33. 移動罩濾池的分組及每組的分格數，應根據生產規模、運行維護等條件通過技術經濟比較確定，但不得少於可獨立運行的（　　），每組的分格數不得少於8格。
　　A. 四組　　　　B. 三組　　　　C. 一組　　　　D. 兩組
34. 移動罩濾池的設計過濾水頭，可採用（　　）m，堰頂宜做成可調節高低的形式。移動罩濾池應設恒定過濾水位的裝置。

A. 1.2~1.5　　　B. 1.0~1.2　　　C. 0.8~1.0　　　D. 1.5~1.8

35. 移動罩濾池集水區的高度應根據濾格尺寸及格數確定，一般不宜小於（　　）米。

A. 0.3　　　　　B. 0.4　　　　　C. 0.5　　　　　D. 0.6

36. 移動罩濾池過濾室濾料表面以上的直壁高度應等於沖洗時濾料的（　　）高度再加保護高度。

A. 濾層　　　　B. 平均　　　　C. 最大膨脹　　D. 水頭損失

37. 移動罩濾池的運行宜採用（　　）控制。

A. 程序　　　　B. 半自動　　　C. 自動加人工　D. 人工

二、填空題

1. 過濾的目的是去除水中＿＿＿＿＿和＿＿＿＿＿。

2. 過濾的種類：＿＿＿＿＿、＿＿＿＿＿和＿＿＿＿＿。

3. 濾池的分類：從濾料的種類分有＿＿＿＿＿、＿＿＿＿＿和＿＿＿＿＿，按作用水頭分，有＿＿＿＿＿和＿＿＿＿＿；從進、出水及反沖洗水的供給與排除方式分有＿＿＿＿＿、＿＿＿＿＿和＿＿＿＿＿。

4. 濾料的種類：＿＿＿＿＿、＿＿＿＿＿、＿＿＿＿＿和＿＿＿＿＿。

三、簡答題

1. 什麼叫濾料「有效粒徑」和「不均勻系數」？不均勻系數過大對過濾和反沖洗有何影響？

2. 什麼叫「等速過濾」和「變速過濾」？分析兩種過濾方式的優缺點。哪幾種濾池屬於等速過濾？

3. 什麼叫「負水頭」？它對過濾和沖洗有何影響？如何避免濾層中「負水頭」產生？

4. 大阻力配水系統和小阻力配水系統的含義是什麼？各有何優缺點？

5. 所謂「V」形濾池，其主要特點是什麼？

6. 濾料承托層有何作用？粒徑級配和厚度如何考慮？

7. 單層石英砂濾料截留雜質分佈存在什麼缺陷？有哪些濾料層優化措施？

8. 什麼是反沖洗強度？反沖洗時的濾層水頭損失與反沖洗強度是否有關？反沖洗過程中最大水頭損失如何表達？

9. 試描述濾料的顆粒級配過程。

10. 說明排水槽的設計計算。

11. 簡述快濾池的主要設計參數。

第六部分　吸附

一、選擇題

1. 生活飲用水必須消毒，一般可採用加（　　）、漂白粉或漂粉精法。

A. 氯氨　　　　B. 二氧化氯　　C. 臭氧　　　　D. 液氯

2. 選擇加氯點時，應根據（　　）、工藝流程和淨化要求，可單獨在濾後加氯，或

同時在濾前和濾後加氯。

  A. 原水水質 B. 消毒劑類別 C. 水廠條件 D. 所在地區

 3. 氯的設計用量，應根據相似條件下的運行經驗，按（ ）用量確定。

  A. 冬季 B. 夏季 C. 平均 D. 最大

 4. 當採用氯胺消毒時，氯和氨的投加比例應通過（ ）確定，一般可採用的重量比為 3∶1～6∶1。

  A. 計算 B. 經濟比較 C. 試驗 D. 經驗

 5. 水和氯應充分混合，其接觸時間不應小於（ ）min。

  A. 60 B. 20 C. 25 D. 30

 6. 水和氯應充分混合。氯胺消毒的接觸時間不應小於（ ）h。

  A. 2 B. 1.5 C. 1 D. 0.5

 7. 投加液氯時應設加氯機。加氯機應至少具備指示瞬時投加量的儀表和防止水倒灌氯瓶的措施。加氯間宜設校核氯量的（ ）。

  A. 儀表 B. 磅秤 C. 流量計 D. 記錄儀

 8. 採用漂白粉消毒時應先製成濃度為 1%～2% 的澄清溶液再通過計量設備注入水中。每日配製次數不宜大於（ ）次。

  A. 3 B. 6 C. 2 D. 4

 9. 加氯（氨）間應盡量靠近（ ）。

  A. 值班室 B. 氯庫 C. 清水池 D. 投加點

 10. 液氯（氨）加藥間的集中採暖設備宜用（ ）。如採用火爐時，火口宜設在室外。散熱片或火爐應離開氯（氨）瓶和加註機。

  A. 暖氣 B. 電熱爐 C. 火爐 D. 空調

 11. 加氯間及氯庫內宜設置測定（ ）中氯氣濃度的儀表和報警措施，必要時可設氯氣吸收設備。

  A. 氯瓶 B. 空氣 C. 加氯裝置 D. 加氯管

 12. 加氯（氨）間外部應備有防毒面具、搶救材料和工具箱。防毒面具應嚴密封藏，以免失效。（ ）和通風設備應設室外開關。

  A. 報警器 B. 加氯機 C. 照明 D. 氯瓶

 13. 加氯（氨）間必須與其他（ ）隔開，並設下列安全設施：一、直接通向外部且向外開的門；二、觀察窗。

  A. 設備 B. 氯庫 C. 工作間 D. 加藥間

 14. 加氯（氨）間及其倉庫應有每小時換氣（ ）次的通風設備。

  A. 8~12 B. 10~12 C. 8~10 D. 6~10

 15. 加漂白粉間及其倉庫可採用（ ）通風。

  A. 機械 B. 自然 C. 強制 D. 人工

 16. 通向加氯（氨）間的給水管道，應保證不間斷供水，並盡量保持管道內（ ）的穩定。

  A. 流速 B. 流態 C. 水壓 D. 流量

17. 投加消毒藥劑的管道及配件應採用耐腐蝕材料，加氨管道及設備（　　）採用銅質材料。

  A. 應該　 B. 盡量　 C. 不宜　 D. 不應

18. 加氯、加氨設備及其管道應根據具體情況設置（　　）。

  A. 閥門　 B. 檢修工具　 C. 管徑　 D. 備用

19. 液氨和液氯或漂白粉應分別堆放在單獨的倉庫內，且宜與加氯（氨）間（　　）。

  A. 隔開　 B. 毗連　 C. 分建　 D. 合建

20. 藥劑倉庫的固定儲備量應按當地供應、運輸等條件確定，城鎮水廠一般可按最大用量的（　　）天計算。其週轉儲備量應根據當地具體條件確定。

  A. 8~10　 B. 10~15　 C. 15~30　 D. 12~20

二、填空題

1. 影響吸附劑吸附量的主要因素包括＿＿＿＿和＿＿＿＿。
2. 按照吸附的作用機理，吸附作用可分為＿＿＿＿和＿＿＿＿兩大類。
3. 目前粒狀活性炭的再生方法有＿＿＿＿、＿＿＿＿、＿＿＿＿、＿＿＿＿、＿＿＿＿、＿＿＿＿。
4. 水處理中常用的吸附劑除活性炭，還有＿＿＿＿、＿＿＿＿、＿＿＿＿等（列舉2~3種）。

三、簡答題

1. 吸附、吸附質、吸附劑的概念分別是什麼？
2. 什麼是吸附穿透現象、穿透曲線？畫出穿透曲線的示意圖。
3. 什麼是吸附等溫線？吸附等溫線有什麼應用意義？
4. 分別解釋 EBCT、Ccri、Lcri 的定義，並說明它們之間存在的關係。
5. 什麼是活性炭的再生？活性炭的再生方法有哪些？
6. 影響活性炭吸附性能的因素有哪些？
7. 在水處理中，粉末炭的投加點有哪些？選擇合適的投加點要考慮哪些因素？
8. 活性炭的功能有哪些？
9. 繪圖說明有明顯吸附帶的穿透曲線，並說明如何充分利用吸附容量。

第七部分　氧化還原與消毒

1. 什麼叫折點加氯？出現折點的原因是什麼？折點加氯有何利弊？什麼叫餘氯？餘氯的作用是什麼？
2. 水的 pH 值對氯消毒作用有何影響？為什麼？
3. 臭氧消毒的機理是什麼？影響消毒效果的因素主要有哪些？
4. 簡述二氧化氯消毒的機理及特點。

第八部分　離子交換

一、名詞解釋
離子交換平衡、交聯度、濕真密度、濕視密度、全交換容量、工作交換容量。

二、簡答題
1. 試述順流再生離子交換器的 5 個操作步驟。
2. 與順流再生相比，逆流再生為何能使離子交換出水水質顯著提高？
3. 影響離子交換速度的因素有哪些？

第九部分　給水處理工藝系統

問答題
1. 給水處理系統的選擇原則是什麼？
2. 舉例說明微污染水的處理系統。
3. 畫出採用活性炭吸附水處理工藝的工藝簡圖，並說明工藝各部分的作用。
4. 臭氧-活性炭水處理工藝與只採用臭氧作為消毒措施的工藝相比具有哪些優點？
5. 什麼是生物活性炭技術？生物活性炭技術處理飲用水有哪些特點？需要注意哪些問題？
6. 進行給水廠污泥脫水設施的設計時，應注意哪幾方面的問題？
7. 試述給水廠污泥處置的方法及採用每種方法處理污泥時應注意的問題。

第二節　水質工程學 II 部分

第一部分　污水性質概述

一、填空題
1. 按雜質的來源，可以將水中雜質分為天然的物質和污染性的物質，按水中雜質的尺寸，水中雜質可分為＿＿＿＿、＿＿＿＿、＿＿＿＿，從化學結構上，可以將水中雜質分為＿＿＿＿、＿＿＿＿、＿＿＿＿。
2. 無機污染物中公認的六大毒性物質是＿＿＿＿、＿＿＿＿、＿＿＿＿、＿＿＿＿、＿＿＿＿、＿＿＿＿。
3. 生活飲用水水質標準的制定主要是根據人們終生用水的安全來考慮，可以將生活飲用水的水質標準分為＿＿＿＿、＿＿＿＿、＿＿＿＿、＿＿＿＿ 4 大類指標。
4. 難生物降解的有機污染物的特點是＿＿＿＿。
5. 可生物降解的有機污染物的含量通常用＿＿＿＿、＿＿＿＿、＿＿＿＿、＿＿＿＿。
6. 人工合成化合物如農藥、殺蟲劑等多數具有很強的「三致」特性，三致指＿＿＿＿

_____、_____、_____、_____、_____。

7. 水中的生物與人體健康關係密切，對人體影響比較大的主要有_____、_____、_____、_____、_____等（至少四種）。

8. 污水中含氮化合物有_____、_____、_____、_____四種。

9. 污水處理按處理程度分_____、_____、_____。

10. 污水的排放方式分為_____和_____。

二、選擇題

1. 回用水源的設計水質，應根據收集區域現有水質資料和規劃預測資料確定。若以城市二級污水處理廠的出水作為回用水源，其原水水質可按（　）考慮。

  A. $BOD_5 = 20mg/L$，$SS = 20mg/L$，$COD_{Cr} = 100mg/L$
  B. $BOD_5 = 30mg/L$，$SS = 30mg/L$，$COD_{Cr} = 120mg/L$
  C. $BOD_5 = 30mg/L$，$SS = 30mg/L$，$COD_{Cr} = 100mg/L$
  D. $BOD_5 = 50mg/L$，$SS = 50mg/L$，$COD_{Cr} = 120mg/L$

2. 對於同一個水樣來說，以下幾個指標數值最大的是（　）。

  A. BOD_5 B. BOD_u C. COD_{Cr} D. TOC

3. 以下（　）指標不屬於水體的物理性指標。

  A. 水溫   B. 色度   C. pH 值   D. 懸浮固體含量

4. 綜合生活用水一般不包括（　）。

  A. 居民生活用水   B. 學校和機關辦公樓等用水
  C. 工業企業工作人員生活用水   D. 公共建築及設施用水

5. 地面水環境質量標準（GB 3838-88）規定：Ⅰ類-Ⅳ類水質標準 pH 值為（　），Ⅴ類水質標準 pH 值為（　）。

  A. 6.5~8.5；6~9   B. 6~9；6.5~8.5
  C. 7~8；6~9   D. 6~9；7~8

6. 根據污水深度處理的對象判斷以下哪項正確？（　）

  A. 去除大的懸浮物，保護水泵
  B. 進一步降低 BOD_5、COD_{Cr}、TOC 等指標，使水進一步穩定，防止富營養化
  C. 脫氮除磷
  D. 消毒、殺菌，去除水中的有毒有害物質

7. 一般水體的溶解氧含量正常值為（　）左右。

  A. 4mg/L   B. 0mg/L   C. 2mg/L   D. 8mg/L

三、名詞解釋

1. 水體的富營養化   2. 水體自淨   3. BOD   4. COD
5. 水環境容量   6. 合流制   7. 分流制   8. TOD

四、簡答題

1. 什麼是水體富營養化？水體富營養化有什麼危害？
2. 簡述水體自淨的主要過程，可以用哪兩個相關的水質指標來描述，為什麼？

3. 人類活動造成水體富營養化，N 和 P 的主要來源有哪些？
4. 畫出河流垂氧曲線，並說明其變化過程。
5. 廢水可生化性問題的實質是什麼？評價廢水可生化性的主要方法是什麼？

第二部分　污水處理方法及工藝系統概述

一、名詞解釋

1. 一級處理　2. 二級處理　3. 三級處理　4. 生物處理　5. 活性污泥法
6. 生物膜法

二、填空題

1. 污水處理的物理方法有：_____、_____、_____、_____、_____、_____、_____、_____ 等。（寫出 5 種即可）
2. 污水的化學處理法通常有：_____、_____、_____、_____、_____、_____、_____。
3. 污水的生物處理通常包括_____和_____兩類。

三、簡答題

1. 污水處理工藝流程的選擇應考慮哪些原則？
2. 畫出城市污水處理的典型工藝流程，簡要說明各部分的主要功能，並說明什麼叫做 1、2、3 級處理。
3. 城市污水中水回用的常用工藝流程有哪些？請列舉說明。
4. 試討論新建城市廢水處理廠需綜合考慮哪些事項？

第三部分　污水的物理處理方法

選擇題

1. 污水廠應設置通向各構築物和附屬建築物的必要通道，主要車行道（單車道）的寬度為（　　）。
　　A. 2.5m　　　　B. 3.0m　　　　C. 3.5m　　　　D. 4.5m

2. 污水廠應設置通向各構築物和附屬建築物的必要通道，主要車行道（雙車道）的寬度為（　　）。
　　A. 3~4m　　　B. 3~4m　　　C. 5~6m　　　D. 6~7m

3. 污水廠應設置通向各構築物和附屬建築物的必要通道，車行道轉彎半徑不宜小於（　　）。
　　A. 4m　　　　B. 5m　　　　C. 6m　　　　D. 7m

4. 污水廠應設置通向各構築物和附屬建築物的必要通道，人行道的寬度為（　　）。
　　A. 0.5~1.0m　　B. 1.0~1.5m　　C. 1.5~2.0m　　D. 2.0~2.5m

5. 污水廠應設置通向各構築物和附屬建築物的必要通道，通向高架橋的扶梯傾角不宜大於（　　）。
　　A. 15°　　　　B. 30°　　　　C. 45°　　　　D. 60°

6. 污水廠應設置通向各構築物和附屬建築物的必要通道，天橋的寬度不宜小於（　　）。

  A. 0.6m B. 0.8m C. 1.0m D. 1.2m

7. 污水處理廠的處理效率，一級處理 SS 去除率為（　　）。

  A. 40%~55% B. 55%~65% C. 65%~70% D. 70%~75%

8. 污水處理廠的處理效率，一級處理 BOD_5 去除率為（　　）。

  A. 20%~30% B. 30%~40% C. 40%~50% D. 50%~60%

9. 污水處理廠的處理效率，二級處理生物膜法 SS 去除率為（　　）。

  A. 65%~85% B. 55%~65% C. 65%~70% D. 60%~90%

10. 污水處理廠的處理效率，二級處理生物膜法 BOD_5 去除率為（　　）。

  A. 65%~90% B. 60%~80% C. 65%~90% D. 50%~80%

11. 污水處理廠的處理效率，三級處理活性污泥法 SS 去除率為（　　）。

  A. 70%~85% B. 60%~85% C. 65%~90% D. 70%~90%

12. 污水處理廠的處理效率，三級處理活性污泥法 BOD_5 去除率為（　　）。

  A. 70%~90% B. 65%~95% C. 70%~95% D. 60%~90%

13. 污水處理廠的設計水質，在無資料時，生活污水的五日生化需氧量應按每人每日（　　）計算。

  A. 25~35g B. 20~40g C. 25~40g D. 30~50g

14. 污水處理廠的設計水質，在無資料時，生活污水懸浮固體量應按每人每日（　　）計算。

  A. 30~50g B. 35~50g C. 30~60g D. 40~60g

15. 污水處理廠各處理構築物的個（格）數不應少於（　　），並應按並聯繫統設計。

  A. 1 個（格） B. 2 個（格） C. 3 個（格） D. 4 個（格）

16. 污水處理系統或水泵前，必須設置格柵。格柵柵條間空隙寬度在污水處理系統前，採用機械清除時為（　　）。

  A. 16~25mm B. 25~40mm C. 40~50mm D. 50~60mm

17. 污水處理系統或水泵前，必須設置格柵。格柵柵條間空隙寬度在污水處理系統前，採用人工清除時為（　　）。

  A. 16~25mm B. 25~40mm C. 40~50mm D. 50~60mm

18. 污水處理系統或水泵前，必須設置格柵。格柵柵條間空隙寬度在水泵前，應根據水泵要求確定。如水泵前格柵柵條間空隙寬度不大於（　　）時，污水處理系統前可不再設置格柵。

  A. 20mm B. 25mm C. 30mm D. 40mm

19. 污水過格柵流速宜採用（　　）。

  A. 0.3~0.6m/s B. 0.6~1.0m/s C. 1.0~1.5m/s D. 1.5~2.0m/s

20. 污水過格柵傾角宜採用（　　）。

  A. 25°~35° B. 35°~45° C. 45°~75° D. 75°~90°

21. 城市污水處理廠，平流式沉砂池的設計最大流速應為（　　）。
    A. 0.3m/s　　　B. 0.6m/s　　　C. 1.0m/s　　　D. 1.5m/s
22. 城市污水處理廠，平流式沉砂池的設計最小流速應為（　　）。
    A. 0.15m/s　　B. 0.3m/s　　　C. 0.6m/s　　　D. 1.0m/s
23. 城市污水處理廠，平流式沉砂池最大流量時停留時間不應少於（　　）。
    A. 30s　　　　B. 60s　　　　 C. 90s　　　　 D. 120s
24. 城市污水處理廠，平流式沉砂池有效水深不應大於（　　）。
    A. 0.6m　　　 B. 0.8m　　　　C. 1.0m　　　　D. 1.2m
25. 城市污水處理廠，平流式沉砂池每格寬度不宜小於（　　）。
    A. 0.6m　　　 B. 0.8m　　　　C. 1.0m　　　　D. 1.2m
26. 城市污水處理廠，曝氣沉砂池水平流速（　　）。
    A. 0.1m/s　　 B. 0.2m/s　　　C. 0.3m/s　　　D. 0.4m/s
27. 城市污水處理廠，曝氣沉砂池最大流量的停留時間為（　　）。
    A. 0.5~1.0min B. 1~3min　　　C. 3~4min　　　D. 5~6min
28. 城市污水處理廠，曝氣沉砂池有效水深為（　　）。
    A. 0.5~1.0m　 B. 1.0~1.5m　　C. 1.5~2.0m　　D. 2.0~3.0m
29. 城市污水處理廠，曝氣沉砂池處理每立方米污水的曝氣量為（　　）空氣。
    A. 0.1~0.2m³ B. 0.2~0.3m³   C. 0.3~0.4m³   D. 2.0~3.0m³
30. 城市污水的沉砂量，可按每立方米（　　）計算。
    A. 0.03L　　　B. 0.04L　　　 C. 0.05L　　　 D. 0.06L
31. 城市污水處理廠，沉砂池砂鬥容積不應大於（　　）的沉砂量。
    A. 2d　　　　 B. 3d　　　　　C. 4d　　　　　D. 5d
32. 城市污水處理廠，沉砂池採用重力排砂時，砂鬥鬥壁與水平面的傾角不應小於（　　）。
    A. 35°　　　　B. 45°　　　　 C. 55°　　　　 D. 90°
33. 城市污水處理廠，沉砂池採用人工排砂時，排砂管直徑不應小於（　　）。
    A. 200mm　　　B. 250mm　　　 C. 300mm　　　 D. 400mm
34. 城市污水處理廠，初次沉澱池沉澱時間宜採用（　　）。
    A. 0.5~1.0h　 B. 1.0~2.0h　　C. 2.0~3.0h　　D. 3.0~4.0h
35. 城市污水處理廠，二次沉澱池沉澱時間宜採用（　　）。
    A. 0.5~1.0h　 B. 1.5~2.5h　　C. 2.0~3.0h　　D. 3.0~4.0h
36. 城市污水處理廠，初次沉澱池污泥含水率宜採用（　　）。
    A. 95%~97%　　B. 97%~98%　　 C. 98%~99%　　 D. 99%~99.5%
37. 城市污水處理廠，二次沉澱池污泥含水率在生物膜法後宜採用（　　）。
    A. 96%~98%　　B. 97%~98%　　 C. 98%~99%　　 D. 99%~99.5%
38. 城市污水處理廠，二次沉澱池污泥含水率在活性污泥法後宜採用（　　）。
    A. 96%~98%　　B. 97%~98%　　 C. 98%~99%　　 D. 99.2%~99.6%
39. 城市污水處理廠，沉澱池的超高不應小於（　　）。

A. 0.1m　　　　B. 0.2m　　　　C. 0.3m　　　　D. 0.4m

40. 城市污水處理廠，沉澱池的有效水深宜採用（　　）。

A. 1~2m　　　　B. 2~4m　　　　C. 4~5m　　　　D. 5~6m

41. 城市污水處理廠，沉澱池採用污泥鬥排泥時，每個泥鬥均應設單獨的閘閥和排泥管。泥鬥的鬥壁與水平面的傾角，方鬥宜為（　　）。

A. 35°　　　　B. 45°　　　　C. 60°　　　　D. 90°

42. 城市污水處理廠，沉澱池採用污泥鬥排泥時，每個泥鬥均應設單獨的閘閥和排泥管。泥鬥的鬥壁與水平面的傾角，圓鬥宜為（　　）。

A. 35°　　　　B. 45°　　　　C. 55°　　　　D. 90°

43. 城市污水處理廠，初次沉澱池的污泥區容積，宜按不大於（　　）的污泥量計算。

A. 2d　　　　B. 3d　　　　C. 4d　　　　D. 5d

44. 城市污水處理廠，機械排泥的初次沉澱池的污泥區容積，宜按不大於（　　）的污泥量計算。

A. 2h　　　　B. 3h　　　　C. 4h　　　　D. 5h

45. 城市污水處理廠，曝氣池後二次沉澱池的污泥區容積，宜按不大於（　　）的污泥量計算。

A. 2h　　　　B. 3h　　　　C. 4h　　　　D. 5h

46. 城市污水處理廠，生物膜法後二次沉澱池的污泥區容積，宜按不大於（　　）的污泥量計算。

A. 2h　　　　B. 3h　　　　C. 4h　　　　D. 5h

47. 城市污水處理廠，沉澱池排泥管直徑不應小於（　　）。

A. 200mm　　　B. 250mm　　　C. 300mm　　　D. 400mm

48. 沉澱池採用靜水壓力排泥時，初次沉澱池的靜水頭不應小於（　　）。

A. 0.5m　　　　B. 0.9m　　　　C. 1.2m　　　　D. 1.5m

49. 沉澱池採用靜水壓力排泥時，二次沉澱池的靜水頭採用生物膜法後不應小於（　　）。

A. 0.5m　　　　B. 0.9m　　　　C. 1.2m　　　　D. 1.5m

50. 沉澱池採用靜水壓力排泥時，二次沉澱池的靜水頭採用活性污泥法後不應小於（　　）。

A. 0.5m　　　　B. 0.9m　　　　C. 1.2m　　　　D. 1.5m

51. 沉澱池出水堰最大負荷，初次沉澱池不宜大於（　　）

A. 0.5L/（s·m）　　　　B. 1.0L/（s·m）

C. 1.7L/（s·m）　　　　D. 2.9L/（s·m）

52. 沉澱池出水堰最大負荷，二次沉澱池不宜大於（　　）

A. 0.5L/（s·m）　　　　B. 1.0L/（s·m）

C. 1.7L/（s·m）　　　　D. 2.9L/（s·m）

53. 城市污水處理廠，沉澱池應設置（　　）。

A. 撇渣設施　　　B. 溚水器　　　C. 消泡裝置　　　D. 消火栓

54. 平流沉澱池的設計，應符合下列要求：每格長度與寬度之比值不小於（　　）。
A. 2　　　B. 4　　　C. 6　　　D. 8

55. 平流沉澱池的設計，應符合下列要求：每格長度與深度之比值不小於（　　）。
A. 2　　　B. 4　　　C. 6　　　D. 8

56. 平流沉澱池的設計，應符合下列要求：一般採用機械排泥，排泥機械的行進速度為（　　）。
A. 0.1~0.3m/min　　　B. 0.3~1.2m/min
C. 1.2~2.0m/min　　　D. 2.0~4.0m/min

57. 平流沉澱池的設計，應符合下列要求：緩衝層採用非機械排泥時為（　　）。
A. 0.5m　　　B. 0.6m　　　C. 1.0m　　　D. 0.8m

58. 平流沉澱池的設計，應符合下列要求。採用機械排泥時，緩衝層上緣宜高出刮泥板（　　）。
A. 0.3m　　　B. 0.5m　　　C. 1.0m　　　D. 2.0m

59. 平流沉澱池的設計，應符合下列要求：池底縱坡不小於（　　）。
A. 0.005m　　　B. 0.02m　　　C. 0.01m　　　D. 0.03m

60. 豎流沉澱池的設計，應符合下列要求：池子直徑（或正方形的一邊）與有效水深的比值不大於（　　）。
A. 2　　　B. 5　　　C. 4　　　D. 3

61. 豎流沉澱池的設計，應符合下列要求：中心管內流速不大於（　　）。
A. 20mm/s　　　B. 25mm/s　　　C. 30mm/s　　　D. 40mm/s

62. 輻流沉澱池的設計，應符合下列要求：池子直徑（或正方形的一邊）與有效水深的比值宜為（　　）。
A. 2~6　　　B. 6~12　　　C. 4~10　　　D. 5~15

63. 輻流沉澱池的設計，應符合下列要求：池子直徑（或正方形的一邊）與有效水深的比值較小時（　　）。
A. 可採用多鬥排泥　　　B. 不可採用多鬥排泥
C. 無規定　　　D. 採用機械排泥

64. 輻流沉澱池的設計，應符合下列要求：緩衝層高度，採用非機械排泥時為（　　）。
A. 0.5m　　　B. 0.6m　　　C. 0.8m　　　D. 1.0m

65. 輻流沉澱池的設計，應符合下列要求：緩衝層採用機械排泥時，緩衝層上緣宜高出刮泥板（　　）。
A. 0.5m　　　B. 0.4m　　　C. 0.3m　　　D. 0.6m

66. 輻流沉澱池的設計，應符合下列要求：池底縱坡不小於（　　）。
A. 0.005　　　B. 0.01m　　　C. 0.02m　　　D. 0.05m

67. 當需要挖掘原有沉澱池潛力或建造沉澱池面積受到限制時，通過技術經濟比較，可採用（　　）。

A. 豎流沉澱池　　　　　　　　B. 輻流沉澱池
C. 斜板（管）沉澱池　　　　　D. 平流沉澱池

68. 升流式異向流斜板（管）沉澱池的設計表面水力負荷，一般可按（　　）的設計表面水力負荷提高一倍考慮。但對於二次沉澱池，尚應以固體負荷核算。

A. 氣浮池　　B. 曝氣池　　C. 普通沉澱池　　D. 酸化池

69. 升流式異向流斜板（管）沉澱池的設計，應符合下列要求。斜板淨距（或斜管孔徑）為（　　）。

A. 20~25mm　　B. 80~100mm　　C. 100~200mm　　D. 200~300mm

70. 升流式異向流斜板（管）沉澱池的設計，應符合下列要求。斜板（管）斜長為（　　）。

A. 0.5m　　B. 1.0m　　C. 1.5m　　D. 2.0m

71. 升流式異向流斜板（管）沉澱池的設計，應符合下列要求。斜板（管）傾角為（　　）。

A. 35°　　B. 45°　　C. 60°　　D. 90°

72. 升流式異向流斜板（管）沉澱池的設計，應符合下列要求。斜板（管）區上部水深為（　　）。

A. 0.5~0.7m　　B. 0.7~1.0m　　C. 1.5m　　D. 2.0m

73. 升流式異向流斜板（管）沉澱池的設計，應符合下列要求。斜板（管）區底部緩衝層高度為（　　）。

A. 0.5m　　B. 1.0m　　C. 1.5m　　D. 2.0m

74. 城市污水處理廠，斜板（管）沉澱池應設（　　）。

A. 沖洗設施　　B. 溚水器　　C. 消泡裝置　　D. 滅火器

75. 雙層沉澱池前應設（　　）。

A、沉砂池　　B. 消毒池　　C. 氣浮池　　D. 沖洗設施

76. 設計雙層沉澱池應符合下列要求：當雙層沉澱池的消化室不少於2個時，沉澱槽內水流方向（　　）。

A. 無具體規定　　B. 不能調換　　C. 應能調換　　D. 按平面位置

77. 雙層沉澱池沉澱槽內的污水沉澱時間、表面水力負荷、排泥所需淨水頭、進出水口結構及排泥管直徑等，應符合（　　）的有關規定。

A. 豎流沉澱池　　　　　　　　B. 輻流沉澱池
C. 斜板（管）沉澱池　　　　　D. 平流沉澱池

78. 雙層沉澱池沉澱槽深度不宜大於（　　）。

A. 1m　　B. 2m　　C. 3m　　D. 4m

79. 雙層沉澱池沉澱槽斜壁與水平面的傾角不應小於（　　）。

A. 35°　　B. 45°　　C. 55°　　D. 90°

第四部分　活性污泥法

一、填空題

1. 活性污泥由四部分組成，分別是＿＿＿＿＿＿、＿＿＿＿＿＿、＿＿＿＿＿＿和＿＿＿＿＿＿。
2. 活性污泥法對營養物質的需求如下：$BOD_5：N：P=$＿＿＿＿＿＿。
3. 活性污泥微生物增殖分為以下四個階段：＿＿＿＿＿＿、＿＿＿＿＿＿、＿＿＿＿＿＿和＿＿＿＿＿＿。
4. 活性污泥系統中，＿＿＿＿＿＿和＿＿＿＿＿＿的出現，其數量和種類在一定程度上還能預示和指示出水水質，因此常稱其為「指示性微生物」。
5. 對硝化反應影響的環境因素主要有＿＿＿＿＿＿、＿＿＿＿＿＿、＿＿＿＿＿＿和有毒物質。
6. 氧化溝曝氣裝置的主要功能是＿＿＿＿＿＿、＿＿＿＿＿＿、＿＿＿＿＿＿。
7. 間歇式活性污泥處理系統的工序是＿＿＿＿＿＿、＿＿＿＿＿＿、＿＿＿＿＿＿和＿＿＿＿＿＿。
8. 現在通行的曝氣法有＿＿＿＿＿＿、＿＿＿＿＿＿和＿＿＿＿＿＿。
9. 活性污泥處理系統運行中的異常情況有＿＿＿＿＿＿、＿＿＿＿＿＿、＿＿＿＿＿＿。
10. 根據微生物在反應器中存在的形式，好氧生物處理可以分為＿＿＿＿＿＿活性污泥法和＿＿＿＿＿＿生物膜法。
11. 活性污泥微生物的增殖速率主要取決於＿＿＿＿＿＿和＿＿＿＿＿＿的比值。
12. 污泥回流比是指從二沉澱池返回到曝氣池的＿＿＿＿＿＿與＿＿＿＿＿＿之比。
13. 活性污泥反應動力學研討重點在於確定＿＿＿＿＿＿與＿＿＿＿＿＿之間的關係。
14. 活性污泥微生物的增殖是微生物和＿＿＿＿＿＿兩項生理活動的綜合結果。
15. 活性污泥反應動力學的理論基礎是＿＿＿＿＿＿和＿＿＿＿＿＿。
16. 根據需氧量的不同，選擇器可分為＿＿＿＿＿＿反應器、＿＿＿＿＿＿反應器、＿＿＿＿＿＿反應器等形式。
17. 常用的污泥培養方法有＿＿＿＿＿＿、＿＿＿＿＿＿、＿＿＿＿＿＿。
18. 生物脫氮工藝中，根據微生物在構築物中的生長條件，可分為＿＿＿＿＿＿和＿＿＿＿＿＿兩大類。
19. 污水生物脫氮除磷的新技術有＿＿＿＿＿＿、＿＿＿＿＿＿、＿＿＿＿＿＿等。
20. SBR 工藝主要的變形形式有＿＿＿＿＿＿、＿＿＿＿＿＿、＿＿＿＿＿＿、＿＿＿＿＿＿等。
21. 膜生物反應器主要由＿＿＿＿＿＿和＿＿＿＿＿＿兩部分組成。

二、名詞解釋

1. MLSSmLVSS　　2. 污泥沉降比　　3. 污泥容積指數　　4. 污泥齡
5. BOD-污泥負荷，BOD-容積負荷　　6. 污泥上浮　　7. 污泥腐化
8. 回流污泥　　9. 活性污泥的比耗氧速率　　10. 比增殖速率
11. 氧轉移速率　　12. 膜生物反應器　　13. 增殖速率　　14. 污泥馴化
15. 污泥比阻

三、選擇題

1. （　　）一般宜採取在曝氣池始端 1/2~3/4 的總長度內設置多個進水口的措施。
   A. 普通曝氣池　　　　　　　　　B. 吸附再生曝氣池
   C. 完全混合曝氣池　　　　　　　D. 階段曝氣池

2. 完全混合曝氣池可分為合建式和分建式。合建式曝氣池的設計，應符合下列要求：（　　）的表面水力負荷宜為 $0.5~1.0 m^3/(m^2 \cdot h)$。
   A. 曝氣區　　B. 沉澱區　　C. 導流區　　D. 出水區

3. 氧化溝宜用於要求出水水質較高或有脫氮要求的中小型污水廠，設計應符合下列要求：（　　）宜為 1.0~3.0m。
   A. 總阻力　　B. 風機壓力　　C. 有效水深　　D. 溝總高

4. 氧化溝宜用於要求出水水質較高或有脫氮要求的中小型污水廠，設計應符合下列要求：溝內（　　）不宜小於 0.25m/s。
   A. 平均水平流速　　B. 平均垂直流速　　C. 水平流速　　D. 垂直流速

5. 氧化溝宜用於要求出水水質較高或有脫氮要求的中小型污水廠，設計應符合下列要求：剩餘污泥量可以干污泥計算，按（　　）產生 0.3kg 干污泥計算。
   A. 去除每千克五日生化需氧量　　　B. 去除每千克化學需氧量
   C. 投配每千克化學需氧量　　　　　D. 投配每千克五日生化需氧量

6. 污泥回流設施的最大設計回流比宜為 100%，污泥回流設備臺數不宜少於 2 臺，並應有備用設備，但（　　）可不設備用設備。
   A. 離心泵　　B. 空氣提升器　　C. 混流泵　　D. 螺旋泵

7. 生物脫氮過程中（　　）階段需要投加鹼度。
   A. 氨化階段　　B. 硝化階段　　C. 反硝化階段　　D. 沉澱階段

8. 普通活性污泥法，二沉池的水力停留時間一般為（　　）。
   A. 1.5~2.5h　　B. 2.5~3.5h　　C. 3.5~4.5h　　D. 4.5~5.5h

9. 廢水生物處理去除的對象不包括（　　）。
   A. 不可自然沉澱的膠體狀固體物　　B. 有機物
   C. 可自然沉澱的膠體狀固體物　　　D. 氮、磷

10. 厭氧處理需要的養料 COD：N：P 一般是（　　）。
    A. 100：5：1　　B. 200：5：1　　C. 500：5：1　　D. 700：5：1

11. 延時曝氣法對應細菌生長曲線的（　　）階段。
    A. 適應期　　B. 對數增長期　　C. 減數增長期　　D. 內源呼吸期

12. MLVSS 不包含下列哪種物質？（　　）

A. 活細胞　　　　　　　　　　　B. 內源代謝殘留物
C. 有機物　　　　　　　　　　　D. 無機物

13. 活性污泥法處理中 SV 的正常數值是（　　　）。
A. 10%~20%　　B. 20%~30%　　C. 30%~40%　　D. 20%~40%

14. 下列哪個工藝中不含顆粒污泥？（　　　）
A. A-O　　　　B. UAS　　　　C. C、IC　　　　D. EGSB

15. 沼氣的主要成分常有四種，它們是（　　　）。
A. CH_4、CO_2、H_2、N_2　　　　B. CH_4、CO_2、H_2、SO_2
C. CH_4、CO_2、H_2S、N_2　　　　D. CH_4、CO_2、H_2、H_2S

16. 在除磷菌釋放磷的厭氧反應器內，應保持（　　　）。
A. 好氧條件　　B. 缺氧條件　　C. 厭氧條件　　D. 兼性厭氧條件

17. 在無氧的條件下，由兼性菌及專性厭氧細菌降解有機物，最終產物是二氧化碳氣和甲烷氣，使污泥得到穩定，這就是（　　　），也稱（　　　）。
A. 厭氧消化；污泥生物穩定過程　　B. 好氧消化；污泥消化穩定過程
C. 污泥處理；污泥生物穩定過程　　D. 生物膜法；污泥消化穩定過程

18. 根據活性污泥的定義判斷以下（　　　）項正確。
A. 活性污泥是一種沉渣　　　　　B. 活性污泥是一種化學污泥
C. 活性污泥是一種消化污泥　　　D. 活性污泥是一種生物污泥

19. 以下（　　　）不具有生物除磷功能。
A. 標準活性污泥功能
B. A（厭氧）/O（好氧）工藝
C. A（厭氧）-A（缺氧）/O（好氧）工藝
D. SBR（序批式）工藝

20. 以下（　　　）活性污泥工藝不是推流式。
A. 奧貝爾型氧化溝系統　　　　　B. SBR 工藝
C. 漸減曝氣活性污泥法　　　　　D. 完全混合活性污泥法

21. 氧化溝宜用於要求出水水質較高或有脫氮要求的中小型污水廠，設計應符合下列要求：氧化溝前可不設（　　　）。
A. 沉砂池　　B. 初次沉澱池　　C. 粗格柵　　D. 細格柵

22. 低負荷生物濾池的設計當採用碎石類填料時，應符合下列要求：濾池上層填料的粒徑宜為（　　　）mm，厚度宜為 1.3~1.8m。
A. 20~25　　　B. 25~40　　　C. 40~70　　　D. 70~100

23. 高負荷生物濾池的設計當採用碎石類填料時，應符合下列要求：濾池下層填料的粒徑宜為（　　　），厚度宜為 1.8m。
A. 20~25　　　B. 25~40　　　C. 40~70　　　D. 70~100

24. （　　　）的吸附區和再生區可在一個池子內，也可分別由兩個池子組成，一般應符合下列要求：當處理城市污水時，吸附區的容積應不小於曝氣池總容積的四分之一，生產污水應由試驗確定。

A. 普通曝氣池　　　　　　　　B. 吸附再生曝氣池
C. 完全混合曝氣池　　　　　　D. 階段曝氣池

25. (　　) 的吸附區和再生區可在一個池子內時, 沿曝氣池長度方向應設置多個出水口; 進水口的位置應適應吸附區和再生區不同容積比例的需要; 進水口的尺寸應按通過全部流量計算。

A. 普通曝氣池　　　　　　　　B. 吸附再生曝氣池
C. 完全混合曝氣池　　　　　　D. 階段曝氣池

26. 曝氣池的超高, 當採用空氣擴散曝氣時為 (　　)。

A. 0.3~0.5m　　B. 0.5~1.0m　　C. 1.0~1.5m　　D. 1.5~2.0m

27. 曝氣池的超高, 當採用葉輪表面曝氣時, 其設備平臺宜高出 (　　) 0.8~1.2m。

A. 設計水面　　B. 池頂　　C. 走道　　D. 池底

28. 曝氣池污水中含有大量表面活性劑時, 應有 (　　)。

A. 測 TOC 措施　　B. 測 COD 措施　　C. 除泡沫措施　　D. 測 DO 措施

29. 每組曝氣池在有效水深一半處宜設置 (　　)。

A. 放空管　　B. 測 DO 措施　　C. 除泡沫措施　　D. 放水管

30. 廊道式曝氣池的池寬與有效水深比宜為 1:1~2:1。有效水深應結合流程設計、地質條件、供氧設施類型和選用 (　　) 等因素確定, 一般為 3.5~4.5m。在條件許可時, 水深尚可加大。

A. 風機壓力　　B. 風機流量　　C. 風機電機功率　　D. 風機升溫

31. (　　) 一般宜採取在曝氣池始端 1/2~3/4 的總長度內設置多個進水口的措施。

A. 普通曝氣池　　　　　　　　B. 吸附再生曝氣池
C. 完全混合曝氣池　　　　　　D. 階段曝氣池

32. 完全混合曝氣池可分為合建式和分建式。合建式曝氣池的設計, 應符合下列要求: 曝氣池宜採用 (　　), 曝氣區有效容積應包括導流區部分。

A. 正方形　　B. 長方形　　C. 三角形　　D. 圓形

33. 完全混合曝氣池可分為合建式和分建式。合建式曝氣池的設計, 應符合下列要求: (　　) 的表面水力負荷宜為 $0.5~1.0m^3/(m^2·h)$。

A. 曝氣區　　B. 沉澱區　　C. 導流區　　D. 出水區

34. 氧化溝宜用於要求出水水質較高或有脫氮要求的中小型污水廠, 設計應符合下列要求: (　　) 宜為 1.0~3.0m。

A. 總阻力　　B. 風機壓力　　C. 有效水深　　D. 溝總高

35. 氧化溝宜用於要求出水水質較高或有脫氮要求的中小型污水廠, 設計應符合下列要求: 溝內 (　　) 不宜小於 0.25m/s。

A. 平均水平流速　　B. 水平流速　　C. 平均垂直流速　　D. 垂直流速

36. 氧化溝宜用於要求出水水質較高或有脫氮要求的中小型污水廠, 設計應符合下列要求: 曝氣設備宜採用表面曝氣葉輪、(　　) 等。

A. 氣提　　　B. 射流曝氣　　　C. 轉盤　　　D. 轉刷

37. 氧化溝宜用於要求出水水質較高或有脫氮要求的中小型污水廠，設計應符合下列要求：剩餘污泥量可按（　　）產生 0.3kg 干污泥計算。

  A. 去除每千克五日生化需氧量　　　B. 去除每千克化學需氧量

  C. 投配每千克五日生化需氧量　　　D. 投配每千克化學需氧量

38. 氧化溝宜用於要求出水水質較高或有脫氮要求的中小型污水廠，設計應符合下列要求：氧化溝前可不設（　　）。

  A. 沉砂池　　　B. 初次沉澱池　　　C. 粗格柵　　　D. 細格柵

39. （　　）的供氧，應滿足污水需氧量、混合和處理效率等要求，一般採用空氣擴散曝氣和機械表面曝氣等方式。

  A. 曝氣池　　　B. 初次沉澱池　　　C. 二次沉澱池　　　D. 調節池

40. （　　）的污水需氧量應根據去除的五日生化需氧量等計算確定。

  A. 曝氣池　　　B. 初次沉澱池　　　C. 二次沉澱池　　　D. 調節池

41. 設計需氧量通常去除每千克（　　）可取用 0.7~1.2kg。

  A. 二十日生化需氧量　　　B. 五日生化需氧量

  C. 化學需氧量　　　　　　D. 總有機碳

42. 當採用空氣擴散曝氣時，供氣量應根據曝氣池的設計需氧量、空氣擴散裝置的型式及位於水面下的深度、水溫、污水的氧轉移特性、（　　）以及預期的曝氣池溶解氧濃度等因素，由試驗或參照相似條件運行資料確定，一般去除每千克五日生化需氧量可採用 40~80m³。

  A. 當地的水文資料　　　B. 當地的地質資料

  C. 當地的文物資料　　　D. 當地的海拔高度

43. 當採用空氣擴散曝氣，配置鼓風機時，其總容量（　　）不得小於設計所需風量的 95%，處理每立方米污水的供氧量不應小於 3m³。

  A. 包括備用表曝機　　　B. 包括備用風機

  C. 不包括備用表曝機　　D. 不包括備用風機

44. 當處理城市污水採用表面曝氣器時，去除每千克（　　）的供氧量（按標準工況計），可採用 1.0~2.0kg。

  A. 二十日生化需氧量　　　B. 五日生化需氧量

  C. 化學需氧量　　　　　　D. 總有機碳

45. 每座氧化溝應至少有（　　）的曝氣器。

  A. 一臺備用　　　B. 兩臺備用　　　C. 三臺備用　　　D. 四臺備用

46. 曝氣池混合全池污水所需功率（以表面曝氣器配置功率表示），一般不宜小於 25W/m³，（　　）一般不宜小於 15W/m³。

  A. 普通曝氣池　　B. AB 曝氣池　　C. 氧化溝　　D. AO 曝氣池

47. 各種類型的曝氣葉輪、轉刷和射流曝氣器的供氧能力應按（　　）或產品規格採用。

  A. 實測數據　　B. 計算數據　　C. 經驗數據　　D. 實驗數據

48. 採用表面曝氣葉輪供氧時,應符合下列要求:葉輪的直徑與曝氣池(區)的直徑(　　)比,倒傘型或混流型為1:3~1:5,泵型為1:3.5~1:7。
　　A. 或正方形的邊長的50%　　　　B. 或正方形的邊長的25%
　　C. 或正方形的邊長　　　　　　　D. 或正方形的邊長的95%

49. 採用(　　)葉輪供氧時,應符合下列要求:葉輪的線速度採用3.5~5m/s。曝氣池宜有調節葉輪速度或池內水深的控制設備。
　　A. 深井曝氣　　B. 表面曝氣　　C. 深水曝氣　　D. 深層曝氣

50. 污水處理廠採用空氣擴散曝氣時,宜設置單獨的鼓風機房。鼓風機房內應設有操作人員的值班室、配電室和工具室,必要時應設水冷卻系統和隔聲的維修場所。值班室內應設機房主要設備工況的(　　),並應採取良好的隔聲措施。
　　A. 指示或報警裝置　　　　　　B. DO測量裝置
　　C. pH測量裝置　　　　　　　　D. COD測量裝置

51. 鼓風機的選型應根據使用風壓、單機容量、運行管理和維修等條件確定。在同一供氣系統中,應選用(　　)。
　　A. 同一類型的空壓機　　　　　B. 同一類型的鼓風機
　　C. 不同類型的空壓機　　　　　D. 不同類型的鼓風機

52. 在淺層曝氣或風壓大於等於$5mH_2O$,單機容量大於等於$80m^3/min$,設計宜選用(　　),但應詳細核算各種工況條件時鼓風機的工作點,不得接近鼓風機湍振區,並宜設風量調節裝置。
　　A. 空壓機　　　　　　　　　　B. 羅茨鼓風機
　　C. 離心鼓風機　　　　　　　　D. 不同類型的離心鼓風機

53. 鼓風機的(　　),應根據氣溫、污水量和負荷變化等,對供氣量的不同需要確定。
　　A. 設置臺數　　B. 裝機容量　　C. 備用臺數　　D. 開啓時間

54. 鼓風機房應設置備用鼓風機,工作鼓風機臺數在3臺或3臺以下時,應設(　　)鼓風機,備用鼓風機應按設計配置的最大機組考慮。
　　A. 一臺備用　　B. 兩臺備用　　C. 三臺備用　　D. 四臺備用

55. 鼓風機房應設置備用鼓風機,工作鼓風機臺數在4臺或4臺以上時,應設(　　)鼓風機,備用鼓風機應按設計配置的最大機組考慮。
　　A. 一臺備用　　B. 兩臺備用　　C. 三臺備用　　D. 四臺備用

56. 鼓風機應根據產品本身和空氣擴散裝置的要求,設置空氣除塵設施。鼓風機進風管的位置宜高於地面。大型鼓風機房宜(　　)。
　　A. 採用風道進風　　　　　　　B. 採用進風口進風
　　C. 低於地面進風　　　　　　　D. 採用屋面進風

57. 鼓風機應按產品要求設置供機組啓閉、使用的回風管道和閥門,每臺鼓風機出口管路宜有(　　)的安全保護措施。
　　A. 防止氣回流　　　　　　　　B. 防止水回流
　　C. 防止氣水回流　　　　　　　D. 防止空氣污染回流

58. 計算鼓風機的工作壓力時，應考慮曝氣器局部堵塞、進出風管道系統壓力損失和（　）等因素。
     A. 實際使用時阻力增加   B. 實際使用時阻力減少
     C. 實際使用時阻力變化   D. 實際使用時阻力不變
59. 鼓風機與輸氣管道連接處宜設置柔性連接管。空氣管道應在最低點（　）的放泄口；必要時可設置排入大氣的放泄口，並應採取消聲措施。
     A. 設置排除水分或油分   B. 設置排除水分
     C. 設置排除油分   D. 設置排除空氣
60. 鼓風機出口氣溫大於60℃時，輸氣管道宜（　），並應設溫度補償措施。
     A. 採用玻璃鋼管道   B. 採用鑄鐵管道
     C. 採用塑料管道   D. 採用焊接鋼管
61. （　）輸氣總管道宜採用環狀布置。
     A. 大型曝氣池   B. 大中型曝氣池   C. 中型曝氣池   D. 小型曝氣池
62. （　）應設置單獨的機座，並不應與機房基礎相連接。
     A. 大型鼓風機   B. 大中型鼓風機   C. 中型鼓風機   D. 小型鼓風機
63. 鼓風機房內機組基礎間通道寬度不得小於（　）。
     A. 0.5m   B. 1.0m   C. 1.5m   D. 2.0m
64. 鼓風機房內外的噪聲應分別符合現行的（　）和《城市區域環境噪聲標準》的有關規定。
     A. 《工業企業噪聲衛生標準》   B. 《室外給水設計規範》
     C. 《室外排水設計規範》   D. 《建築給排水設計規範》
65. 污泥回流設施宜採用螺旋泵、（　）和離心泵或混流泵等。
     A. 水射器   B. 空氣提升器   C. 潛水器   D. 表曝器
66. 污泥回流設施的最大設計回流比宜為100%，污泥回流設備臺數不宜少於2臺，並應有備用設備，但（　）可不設備用。
     A. 離心泵   B. 空氣提升器   C. 混流泵   D. 螺旋泵

四、簡答題
1. 什麼是活性污泥？其組成和評價指標有哪些？
2. 請說明污泥沉降比、污泥容積指數在活性污泥運行中的意義。
3. 寫出莫諾基本方程式，並闡明其含義及其推論。
4. 傳統的活性污泥處理系統有哪些優缺點？
5. 說明傳統的活性污泥處理系統的基本流程和特徵。
6. 延時曝氣活性污泥法系統的工藝特徵及優缺點有哪些？
7. 說明氧化溝與傳統的活性污泥處理系統相比在構造、工藝等方面的特徵。
8. 闡明間歇式活性污泥系統的特徵。
9. 說明AB法污水處理系統的工藝流程和主要特徵。
10. 活性污泥法去除有機物的淨化過程及作用如何？
11. 「雙膜理論」的基本觀點是什麼？（畫圖說明）

12. 氧轉移的影響因素有哪些？怎樣提高氧轉移速度？
13. 影響反硝化反應的環境因素有哪些？
14. 簡述生物除氮除磷的基本原理。
15. 請圖示說明缺氧-好氧污泥法脫氮的工藝流程。
16. 請圖示說明厭氧-好氧除磷的工藝流程及其特徵。
17. 請圖示說明 A-A-O 法同步脫氮除磷工藝流程和特徵。
18. 完全混合活性污泥法工藝有哪些特徵？
19. 常用的氧化溝有哪幾種？各自的主要特點是什麼？
20. 什麼是污泥膨脹？污泥膨脹的原因有哪些？
21. 活性污泥處理系統有效運行的基本條件有哪些？
22. 列舉活性污泥法處理工藝。
23. 簡述勞倫斯-麥卡蒂的基本模型及其推論。
24. 高負荷活性污泥法處理工藝有哪些特點？
25. 純氧曝氣活性污泥法工藝中，採用純氧曝氣系統的優點是什麼？
26. 簡述氨的吹脫原理。
27. 曝氣池溶解氧濃度應保持在哪個範圍內？在供氣正常時它的突然變化說明了什麼？
28. 污水充氧性能修正系數 α、β 的意義和測定原理如何？影響 α、β 值的因素有哪些？

五、計算題

1. 已知 $Q = 30,000 \text{m}^3/\text{d}$，$K_h = 1.4$，$S_0 = 225\text{mg/L}$，$S_e = 25\text{mg/L}$，一級處理的 $\eta BOD_5 = 25\%$ 要求：①計算曝氣池容積；②計算需氧量。

2. 曝氣池有效容積為 $4,000\text{m}^3$，混合液濃度為 $2,000\text{mg/L}$（其中揮發性污泥濃度為 $1,500\text{mg/L}$），半小時沉降比為 30%。當進水 BOD_5 為 220mg/L，每日處理 $1,000\text{m}^3/\text{d}$ 生活污水時，處理後水的溶解性 BOD_5 為 20mg/L，試驗測得污泥產率系數為 0.65g/g，自身氧化率為 0.05g/d。計算污泥負荷率、污泥指數、剩餘污泥量、污泥齡。

3. 已知某一級反應起始基質濃度為 220mg/L，2h 後的基質濃度為 20mg/L，求反應速度常數 k 與反應後 1h 的基質濃度 S。

4. 某普通曝氣池混合液的污泥濃度 MLSS 為 $4,000\text{mg/L}$，曝氣池有效容積 $V = 3,000\text{m}^3$，若污泥齡 $\theta_c = 10$ 天，求每日的干污泥增長量。

5. 已知某一廢水 $BOD_5 = 200\text{mg/L}$，$K = 0.15\text{d}^{-1}$，求經好氧微生物在有氧條件下降解 10 天後剩餘的 BOD 值。（$t = 20^\circ C$）

6. 取 500mL 曝氣池混合液於 $1,000\text{mL}$ 量筒中，沉澱半小時後，其污泥體積為 200mL，求污泥的沉降比。

7. 原始數據：$Q = 30,000\text{m}^3/\text{d}$；$BOD_5 = 200\text{mg/L}$，曝氣池污泥濃度 $MLSS = 2,500\text{mg/L}$，$MLVSS/MLSS = 0.75$，$K_2 = 0.02\text{L/mg} \cdot \text{d}$，污泥沉降比 $SV = 30\%$，採用完全混合活性污泥系統處理，處理出水為 10mg/L，試計算污泥容積指數並判斷污泥的沉降性能，計

算所需曝氣池的容積。

8. 如果從活性污泥曝氣池中取混合液 500mL 盛於 500mL 的量筒內，半小時後的沉澱污泥量為 150mL，試計算活性污泥的沉降比。如果曝氣池的污泥濃度為 3,000mg/L，求污泥指數。根據計算結果，你認為曝氣池的運行是否正常？

9. 曝氣池污泥濃度 MLSS 為 2,500mg/L，污泥沉降比為 30%，試計算污泥容積指數並判斷污泥的沉降性能。

10. 原污泥的含水率為 98%，重量為 1,000 克，過濾 10 分鐘時，量筒內的濾液為 500 毫升。求此時的污泥含水率（水的比重以 1 計），同時如果將過濾後的污泥脫水至含水率為 70% 的污泥餅，則污泥餅的重量是多少？

第五部分　生物膜法

一、選擇題

1. 生物濾池的填料應採用高強、耐腐蝕、顆粒勻稱、（　　）的材料，一般宜採用碎石、爐渣或塑料製品。
　　A. 密度大　　　B. 密度小　　　C. 耐磨　　　D. 比表面積大

2. 生物濾池的構造應使全部填料能獲得良好的通風，其底部空間的高度不應小於（　　）m。
　　A. 0.3　　　B. 0.6　　　C. 1.0　　　D. 1.3

3. 生物濾池的布水設備應使污水能（　　）在整個濾池表面上。布水設備可採用活動布水器，也可以採用固定布水器。
　　A. 集中分佈　　B. 不集中分佈　　C. 不均勻分佈　　D. 均勻分佈

4. 低負荷生物濾池的設計當採用碎石類填料時，應符合下列要求：處理城市污水時，在正常氣溫條件下，表面水力負荷以濾池面積計，宜為（　　）m³/m²·d。
　　A. 1~3　　　B. 3~5　　　C. 5~8　　　D. 8~10

5. 塔式生物濾池的設計，應符合下列要求：填料應採用塑料製品，濾層總厚度應由實驗或參照相似污水的實際運行資料確定，一般宜為（　　）m。
　　A. 2~4　　　B. 4~6　　　C. 6~8　　　D. 8~12

6. 塔式生物濾池的設計，應符合下列要求：填料應採用塑料製品，濾層應分層，每層厚度一般不宜大於（　　）m，並應便於安裝和養護。
　　A. 2　　　B. 2.5　　　C. 3.5　　　D. 4

7. 生物轉盤的盤體應輕質、高強、防腐化、防老化、（　　）、比表面積大以及方便安裝、養護和運輸。
　　A. 不易於反洗　　B. 易於反洗　　C. 易於掛膜　　D. 不易於掛膜

8. 生物轉盤應分為（　　）段布置，盤片淨距進水端宜為 25~35mm，出水端宜為 10~20mm。
　　A. 1~4　　　B. 1~2　　　C. 2~4　　　D. 4~6

9. 生物膜法一般宜用於（　　）污水量的生物處理。
　　A. 小規模　　B. 中小規模　　C. 中等規模　　D. 大中規模

10. 污水進行生物膜法處理前，一般宜經（　　）。
    A. 冷凍處理　　　B. 加熱處理　　　C. 消毒處理　　　D. 沉澱處理
11. 生物膜法的處理構築物應根據（　　）等條件，採取防揮發、防凍、防臭和滅蠅等措施。
    A. 地形　　　　　　　　　　　　B. 絕對標高
    C. 當地氣溫和環境　　　　　　　D. 降雨量
12. 生物濾池的填料應採用高強、耐腐蝕、顆粒勻稱、（　　）的材料，一般宜採用碎石、爐渣或塑料製品。
    A. 冷凍處理　　　B. 加熱處理　　　C. 消毒處理　　　D. 比表面積大
13. 生物濾池用作填料的塑料製品，尚應具有耐熱、耐老化、耐生物性破壞並（　　）的性能。
    A. 不易於反沖洗　B. 易於反沖洗　　C. 易於掛膜　　　D. 不易於掛膜
14. 生物濾池的構造應使全部填料能獲得良好的通風，其底部空間的高度不應小於（　　）。
    A. 0.3m　　　　　B. 0.6m　　　　　C. 1.0m　　　　　D. 1.3m
15. 生物濾池的構造應使全部填料能獲得良好的通風，沿濾池壁周邊下部應設置自染通風孔，其總面積不應小於濾池表面積的（　　）。
    A. 1%　　　　　　B. 2%　　　　　　C. 3%　　　　　　D. 4%
16. 生物濾池的布水設備應使污水能（　　）在整個濾池表面上。布水設備可採用活動布水器，也可採用固定布水器。
    A. 集中分佈　　　B. 不集中分佈　　C. 不均勻分佈　　D. 均勻分佈
17. 生物濾池底板坡度應採用（　　）傾向排水渠，並有沖洗底部排水渠的措施。
    A. 0.005　　　　　B. 0.01　　　　　C. 0.02　　　　　D. 0.03
18. 生物濾池出水的回流，應根據（　　）經計算確定。
    A. 水質和工藝要求　B. 地質條件　　　C. 工藝要求　　　D. 水質要求
19. 低負荷生物濾池的設計當採用碎石類填料時，應符合下列要求：濾池上層填料的粒徑宜為（　　），厚度宜為1.3~1.8m。
    A. 20~25mm　　　B. 25~40mm　　　C. 40~70mm　　　D. 70~100mm
20. 低負荷生物濾池的設計當採用碎石類填料時，應符合下列要求：濾池下層填料的粒徑宜為（　　），厚度宜為0.2m。
    A. 20~25mm　　　B. 25~40mm　　　C. 40~70mm　　　D. 70~100mm
21. 低負荷生物濾池的設計當採用碎石類填料時，應符合下列要求：處理城市污水時，在正常氣溫條件下，表面水力負荷以濾池面積計，宜為（　　）。
    A. 1~3m³/（m²·d）　　　　　　　B. 3~5m³/（m²·d）
    C. 5~8m³/（m²·d）　　　　　　　D. 8~10m³/（m²·d）
22. 低負荷生物濾池的設計當採用碎石類填料時，應符合下列要求：處理城市污水時，在正常氣溫條件下，五日生化需氧量以填料體積計，宜為（　　）。
    A. 0.15~0.30kg/（m³·d）　　　　B. 0.30~0.45kg/（m³·d）

C. $0.45 \sim 0.60 kg/(m^3 \cdot d)$　　　　D. $0.60 \sim 0.75 kg/(m^3 \cdot d)$

23. 低負荷生物濾池的設計當採用碎石類填料時，應符合下列要求：當採用固定噴嘴布水時的噴水週期宜為（　　）。

　　A. $1 \sim 3min$　　B. $3 \sim 5min$　　C. $5 \sim 8min$　　D. $8 \sim 10min$

24. 低負荷生物濾池的設計當採用碎石類填料時，應符合下列要求：當採用固定噴嘴布水時的噴水週期不應大於（　　）。

　　A. $3min$　　B. $5min$　　C. $10min$　　D. $15min$

25. 高負荷生物濾池的設計當採用碎石類填料時，應符合下列要求：濾池上層填料的粒徑宜為（　　），厚度不宜大於1.8m。

　　A. $20 \sim 25mm$　　B. $25 \sim 40mm$　　C. $40 \sim 70mm$　　D. $70 \sim 100mm$

26. 高負荷生物濾池的設計當採用碎石類填料時，應符合下列要求：濾池下層填料的粒徑宜為（　　），厚度宜為0.2m。

　　A. $20 \sim 25mm$　　B. $25 \sim 40mm$　　C. $40 \sim 70mm$　　D. $70 \sim 100mm$

27. 高負荷生物濾池的設計當採用碎石類填料時，應符合下列要求：處理城市污水時，在正常氣溫條件下，表面水力負荷以濾池面積計，宜為（　　）。

　　A. $10 \sim 30m^3/(m^2 \cdot d)$　　　　B. $30 \sim 50m^3/(m^2 \cdot d)$

　　C. $50 \sim 80m^3/(m^2 \cdot d)$　　　　D. $80 \sim 100m^3/(m^2 \cdot d)$

28. 高負荷生物濾池的設計當採用碎石類填料時，應符合下列要求：處理城市污水時，在正常氣溫條件下，五日生化需氧量以填料體積計，不宜大於（　　）。

　　A. $0.30kg/(m^3 \cdot d)$　　　　B. $1.2kg/(m^3 \cdot d)$

　　C. $2.0kg/(m^3 \cdot d)$　　　　D. $2.5kg/(m^3 \cdot d)$

29. 塔式生物濾池的設計，應符合下列要求：設計負荷應根據進水水質、要求處理程度和濾層總厚度，並通過試驗或參照相似污水的（　　）確定。

　　A. 小試運行資料　　　　B. 中試運行資料

　　C. 實際運行資料　　　　D. 水質資料

30. 生物轉盤的水槽設計，應符合下列要求：盤體在槽內的浸沒深度（　　）盤體直徑的35%。

　　A. 大於　　B. 不應大於　　C. 小於等於　　D. 不應小於

31. 生物轉盤的水槽設計，應符合下列要求：轉軸中心在水位以上（　　）150mm。

　　A. 大於　　B. 不應小於　　C. 不應大於　　D. 小於等於

32. 生物轉盤的水槽設計，應符合下列要求：盤體外緣與槽壁淨距（　　）100mm。

　　A. 大於　　B. 不宜大於　　C. 不宜小於　　D. 小於等於

33. 生物轉盤的水槽設計，應符合下列要求：每平方米（　　）具有的水槽有效容積，一般宜為5~9L。

　　A. 盤片全部面積　　　　B. 盤片單面面積

　　C. 盤片淹沒全部面積　　D. 盤片淹沒單面面積

34. 生物轉盤的水槽設計，應符合下列要求：盤體的外緣線速度（　　）15~18m/min。

  A. 大於等於　　　B. 不宜採用　　　C. 宜採用　　　D. 小於等於

35. 生物轉盤的設計負荷，應按進水水質、要求處理程度、水溫和停留時間，由試驗或參照相似污水的實際運行資料確定，一般採用（　　）表面有機負荷，以盤片面積計，宜為 10~20g/（m²·d）。

  A. 總有機碳　　　　　　　　B. 完全生化需氧量
  C. 五日生化需氧量　　　　　D. 化學需氧量

36. 生物轉盤的設計負荷，應按進水水質、要求處理程度、水溫和停留時間，由試驗或參照相似污水的實際運行資料確定，表面水力負荷，以（　　）計，宜為 50~100g/（m²·d）。

  A. 氧化槽截面面積　　　　　B. 盤片體積
  C. 氧化槽表面積　　　　　　D. 盤片面積

37. 生物接觸氧化池的填料應採用輕質、高強、防腐蝕、防老化、（　　）、比表面積大以及方便安裝、養護和運輸。

  A. 不易於反沖洗　B. 易於反沖洗　C. 易於掛膜　D. 不易於掛膜

38. 生物接觸氧化池填料應分層，每層厚度由填料品種確定，一般（　　）1.5m。

  A. 大於等於　　　B. 不宜超過　　　C. 宜採用　　　D. 小於等於

39. 生物接觸氧化池，曝氣強度應按（　　）、混合和養護的要求確定。

  A. 供氧量　　　B. 進水量　　　C. C/P 比　　　D. C/N 比

40. 生物接觸氧化池，應根據進水水質和要求處理程度確定採用一段式或二段式，並不少於（　　）。設計負荷由試驗或參照相似污水的實際運行資料確定。

  A. 一個系列　　　B. 兩個系列　　　C. 三個系列　　　D. 四個系列

二、填空題

1. 生物膜的載體材料可分為_____和_____兩類載體。

2. 影響生物濾池性能的主要因素是_____、_____、_____和_____。

3. 普通生物濾池由_____、_____、_____和_____等四部分組成。

4. 生物轉盤由_____、_____、_____及_____組成。

5. 常見的生物濾池主要有_____、_____、_____及_____四種。

6. 高負荷生物濾池 BOD 容積負荷一般為_____kg（BOD）/[m³·d]。進入高負荷生物濾池的 BOD$_5$ 值必須低於_____mg/L。

7. 生物接觸氧化池的填料應分層，每層厚度由填料的品種確定，一般不宜超過_____m。

8. 生物轉盤盤片間距標準值是_____mm，轉軸高於水面_____cm。

9. 生物轉盤生物膜上的微生物食物鏈，接觸反應槽不需曝氣，因此動力消耗

_____。

10. 生物接觸氧化池在形式上，按曝氣裝置的位置，分為_____式與_____式。

11. 生物流化床按照使用載體的動力來源不同可分為_____流化床、_____流化床和_____流化床三種類型。

12. 請列舉兩種新型生物膜反應器：_____和_____。

三、名詞解釋

微生物的比增長速率

曝氣生物濾池

生物接觸氧化

生物流化床

四、問答題

1. 圖示生物膜的構造，並說明生物膜的淨化過程。
2. 選擇生物膜載體的基本原則是什麼？
3. 生物膜法的工藝特徵是什麼？
4. 生物膜的增長可分為哪幾個階段？
5. 簡述普通生物濾池的優缺點。
6. 圖示一種高負荷生物濾池的系統流程。
7. 曝氣生物濾池工藝的主要特點有哪些？
8. 簡述生物轉盤的淨化機理。
9. 簡述生物流化床的優缺點。
10. 生物膜法運行中應注意哪些問題？
11. 試述與活性污泥法相比，生物膜法的特點體現在哪些方面？

五、計算題

1. 已知某城鎮面積為 200 公頃（1 公頃＝0.01 平方千米），人口密度為 400 人/公頃（1 公頃＝0.01 平方千米），排水定額為 100L/cap·d，生活污水 BOD_5 為 150mg/L，另有一座工廠，污水量為 2,000m³/d，其 BOD_5 為 2,200mg/L。擬混合採用回流式生物濾池進行處理，處理後出水的 BOD_5 要求達到 30mg/L，當濾池進水 BOD_5 為 300mg/L 時，濾池的回流比是多少？

2. 某城鎮設計人口 30,000 人，排水量標準為 120L/（人·d），BOD_5 按 40g/（人·d）計，擬採用高負荷生物濾池處理污水，處理後出水 $BOD_5 \leqslant$ 30mg/L，係數 a＝4.4，濾池水力負荷為 20m³/（m²·d），計算濾池面積。

3. 已知某城鎮人口 80,000 人，排水量定額為 100L/人·d，BOD_5 為 20g/人·d。設有一座工廠，污水量為 2,000m³/d，其 BOD_5 為 600mg/L。擬混合後採用高負荷生物濾池進行處理，處理後出水 BOD_5 要求達到 30mg/L［設回流稀釋後濾池進水 BOD_5 為 170mg/L，生物濾池有機負荷率為 800g（BOD_5）/m³·d］，試計算生物濾池的總體積。（設池深為 2.2m，用濾率校核。）

第六部分　厭氧生物處理

一、選擇題

1. 厭氧分解的最終產物主要是（　　）。
   A. 醇類　　　　　B. 乙酸　　　　　C. 甲烷　　　　　D. 氫氣

2. 在無氧的條件下，由兼性菌及專性厭氧細菌降解有機物，最終產物是二氧化碳和甲烷氣，使污泥得到穩定，這就是（　　），也稱為（　　）。
   A. 厭氧消化；污泥生物穩定過程　　　B. 好氧消化；污泥消化穩定過程
   C. 污泥處理；污泥生物穩定過程　　　D. 生物膜法；污泥消化穩定過程

3. 根據厭氧處理的特點判斷，以下（　　）正確。
   A. 厭氧處理可將有機物徹底轉化為水和 CO_2
   B. 厭氧處理污泥產量小
   C. 好氧處理比厭氧處理要節能
   D. 厭氧處理出水水質通常好於好氧處理出水水質

4. 除典型的厭氧生物處理過程以外，其他的厭氧生物處理過程還有（　　）和（　　）。
   A. 硫酸鹽還原；反硝化與厭氧氨氧化
   B. 硫酸鹽還原；硝化
   C. 硝化；反硝化
   D. 硝酸鹽還原；硝化

5. 水體黑臭的原因是（　　）。
   A. 好氧條件下，由好氧菌分解有機物造成的
   B. 厭氧條件下，由嫌氣菌分解有機物產生 H_2S
   C. 水體中含有 NO_2^-
   D. 水體中含有 NO_3^-

二、填空題

1. 厭氧生物處理的 4 個階段是_____、_____、_____和_____。
2. 影響產酸細菌的主要生態因子有_____、_____和_____。
3. 根據厭氧生物處理的特點，厭氧處理有機負荷、污泥量、_____。
4. 厭氧反應的細菌按溫度可分為_____細菌和_____細菌。
5. 產甲烷階段是由嚴格專性厭氧的產甲烷細菌將乙酸、甲醇、甲酸、甲胺和 CO_2/H_2 等轉化為_____和_____的過程。
6. UASB 中的污泥成_____狀。
7. UASB 要穩定運行，其主要控制參數有_____、_____、_____以及_____等。
8. UASB 反應器的其他改進形式有_____、_____、_____

（任寫三個）
9. 懸浮厭氧生物處理法主要有＿＿＿＿＿、＿＿＿＿＿和＿＿＿＿＿三種。
10. 常見的固著生長厭氧生物處理工藝有＿＿＿＿＿、＿＿＿＿＿和＿＿＿＿＿。（任寫三種）

三、名詞解釋
厭氧生物處理
硝酸鹽還原
兩相厭氧處理

四、簡答題
1. 厭氧生物處理的優缺點各是什麼？
2. 畫出厭氧代謝過程的原理圖。
3. 哪個階段是厭氧反應處理的限速步驟？為什麼？
4. 影響產甲烷細菌的主要生態因子有哪些？
5. 簡述 UASB 的工作原理。
6. UASB 啟動的操作原則是什麼？
7. 簡述 UASB 中三相分離器的工作原理。
8. UASB 的布水系統為什麼要求布水均勻？
9. 厭氧反應器的負荷遠遠大於好氧反應器，為什麼？
10. 說明兩級厭氧處理和兩相厭氧處理的區別。
11. 闡述厭氧處理系統中，產酸菌與產甲烷菌的相互關係。

五、計算題
某啤酒廠生產廢水量為 $4,000 m^3/d$，COD 為 $2,000 mg/L$，BOD 為 $1,200 mg/L$，pH 值為 6~9，請設計一座 UASB 處理該廢水。要求 COD 去除率達到 85%，設計有機負荷 $7 kgCOD/(m^3 \cdot d)$。

第七部分　自然生物處理系統

一、選擇題
1. 以下不屬於穩定塘的描述中錯誤的是（　　）。
    A. 能充分利用地形，工程簡單，節省建設投資
    B. 能夠實現污水資源化
    C. 污水處理能耗少，維護方便
    D. 污水淨化效果穩定，不受季節、氣溫、光照等因素的影響
2. 穩定塘中的細菌不包括（　　）。
    A. 好氧菌和兼性菌　B. 硝化菌　　　C. 產酸菌　　　D. 產甲烷菌
3. 穩定塘淨化過程的影響因素不包括（　　）。
    A. 溫度　　　　　B. 光照　　　　C. 水的硬度　　D. 營養物質
4. 通過深度塘的處理可以去除 BOD、COD、（　　）、藻類等。
    A. 細菌　　　　　B. 重金屬　　　C. 硬度　　　　D. 水生動物

二、填空題

1. 穩定塘可分為　　　　、　　　　、　　　　和　　　　四種。
2. 污水土地處理系統由　　　　、　　　　、　　　　、　　　　、　　　　和　　　　六部分組成。
3. 常見的污水土地處理工藝包括　　　　、　　　　、　　　　和　　　　等四種。
4. 人工濕地處理系統可分為　　　　和　　　　。
5. 穩定塘抗衝擊負荷能力　　，能承受水量變化　　，建設投資　　。
6. 厭氧塘較深，有機負荷較高，其一般在 $BOD_5>$ 　　mg/L 時設置。
7. 深度處理塘主要是進行　　　　、　　　　、　　　　、　　　　的去除。

三、名詞解釋

穩定塘

污水土地處理系統

四、簡答題

1. 圖示並說明典型的兼性穩定塘淨化功能模式。
2. 穩定塘從哪幾個方面來淨化污水？
3. 什麼是濕地處理系統？
4. 簡述穩定塘的優缺點。
5. 好氧塘中 pH 值和 DO 值的日變化規律如何？為什麼？
6. 污水土地處理系統的對污水的淨化作用機理是什麼？
7. 穩定塘淨化過程的影響因素有哪些？

五、計算題

用好氧塘處理污水，污水流量為 $2,000m^2/d$，進水 BOD_5 為 120mg/L，求好氧塘的面積。（BOD_5 設計負荷取 $2g/m^2 \cdot d$）

第八部分　污泥處理

一、填空題

1. 按來源不同，污泥可分為　　　　、　　　　；按成分不同，可分為　　　　和　　　　。
2. 污泥中所含水分大致可分為 4 類：　　　　、　　　　、　　　　和　　　　。
3. 降低含水率的方法有　　　　、　　　　、　　　　。
4. 厭氧消化的影響因素有　　　　、　　　　、　　　　、　　　　等。
5. 氣浮濃縮的工藝流程可分為　　　　和　　　　兩種方式運行。

6. 機械脫水前的預處理的目的是_____、_____和_____。

7. 污泥消毒的方法有_____、_____和_____。

8. 污泥濃縮的目的在於_____。

9. 污泥泥濃縮的方法有_____、_____和_____。

10. 根據運行方式的不同，重力濃縮池可分為_____重力濃縮池和_____重力濃縮池。

11. 新建的消化池需要培養消化污泥，培養方法有_____、_____兩種。

12. 脫水機械設備主要有_____、_____、_____和_____。

13. 利用_____厭氧消化處理的系統是中溫消化，利用_____厭氧消化處理的系統是高溫消化。

二、名詞解釋

1. 污泥含水率　　2. 揮發性固體和灰分　　3. 固體通量
4. 厭氧消化　　　5. 離心濃縮　　　　　　6. 消化池的投配率
7. 好氧消化　　　8. 濕污泥比重　　　　　9. 熟污泥
10. 化學污泥　　 11. 污泥調理　　　　　 12. 污泥干燥

三、選擇題

1. 城市污水污泥的處理流程應根據污泥的（　　），首先應考慮用作農田肥料。
　　A. 最終處置方法選定　　　　B. 含水率選定
　　C. MLVSS/MLSS 的比值選定　　D. 溫度變化情況選定

2. 城市污水污泥用作農肥時其處理流程宜（　　）消化，然後脫水；也可不經脫水，採用壓力管道直接將濕污泥輸送出去。污泥脫水宜採用機械脫水，有條件時，也可採用污泥干化場或濕污泥池。
　　A. 未濃縮的剩餘活性污泥
　　B. 濃縮的剩餘活性污泥
　　C. 採用初沉污泥與濃縮的剩餘活性污泥合併
　　D. 採用初沉污泥

3. 污泥處理構築物個數不宜少於（　　）個，按同時工作設計，污泥脫水機械可考慮一臺備用。
　　A. 1　　　　B. 2　　　　C. 3　　　　D. 4

4. 重力式污泥濃縮池的設計，當濃縮城市污水的活性污泥時，應符合下列要求：濃縮時間採用不宜小於（　　）h。
　　A. 6　　　　B. 12　　　C. 18　　　D. 24

5. 重力式污泥濃縮池的設計，當濃縮城市污水的活性污泥時，應符合下列要求：（　　）一般宜為4m。
　　A. 濃縮池總高　　　　　　B. 濃縮池有效水深
　　C. 濃縮池超高　　　　　　D. 濃縮池泥鬥高度

6. 當濕污泥用作肥料時，污泥的濃縮與貯存可採用濕污泥池。濕污泥池有效深度一般宜為1.5m，池底坡向排出口坡度採用不宜小於（　　）。濕污泥池容積應根據污泥量和運輸條件等確定。

  A. 0.01 B. 0.02 C. 0.03 D. 0.04

7. 污泥消化可採用兩級或單級（　　），一級消化池溫度應採用33℃~35℃。

  A. 中溫消化 B. 高溫消化 C. 低溫消化 D. 常溫消化

8. 消化池的有效容積（兩級消化為總有效容積）應根據消化時間和容積負荷確定。消化時間宜採用20~30d，（　　）容積負荷宜為0.6~1.5kg/m³·d。

  A. 總有機碳 B. 總固體 C. 非揮發性固體 D. 揮發性固體

9. （　　）宜採用池外熱交換，也可採用噴射設備將蒸汽直接加到池內或投配泵的吸泥井內，也可利用投配污泥泵的吸泥管將蒸汽吸入。

  A. 污泥加熱 B. 沼氣加熱 C. 空氣加熱 D. 污水加熱

10. 污泥干化場的（　　），宜根據污泥性質、年平均氣溫、降雨量和蒸發量等因素，參照相似地區經驗確定。

  A. 污泥總體積   B. 污泥固體負荷量

  C. 污泥含水率   D. MLVSS/MLSS

11. （　　）排水層下宜設不透水層。不透水層宜採用黏土，其厚度宜為0.2~0.4m，亦可採取厚度為0.1~0.15m的低強度等級混凝土或厚度為0.15~0.30m的灰土。不透水層坡向排水設施，宜為1%~2%的坡度。

  A. 干化場 B. 消化池 C. 濃縮池 D. 沉澱池

12. 設計污泥機械脫水時，應遵守下列規定：經消化後的污泥，可根據污水性質和經濟效益，考慮在（　　）。

  A. 脫水前加溫 B. 脫水前冷凍 C. 脫水前消毒 D. 脫水前淘洗

13. （　　）宜採用折帶式過濾機或盤式過濾機。

  A. 帶式壓濾機 B. 真空過濾機 C. 板框壓濾機 D. 廂式壓濾機

14. 壓濾機宜採用箱式壓濾機、板框壓濾機、帶式壓濾機或微孔擠壓脫水機，其泥餅產率和泥餅含水率，應由試驗或參照相似污泥的數據確定。泥餅含水率一般可為（　　）。

  A. 65%~70% B. 70%~75% C. 75%~80% D. 80%~85%

15. 城市污水污泥在脫水前，應加藥處理。污泥加藥應符合下列要求：藥劑種類應根據污泥的性質和出路等選用，投加量由試驗或參照相似污泥的數據確定。污泥加藥後，應（　　），並進入脫水機。生產污水污泥是否加藥處理，由試驗或參照相似污泥的數據確定。

  A. 立即混合反應 B. 混合反應 C. 調整pH值 D. 調整DO值

16. 已知某污水的總固體量（TS）為900mg/L，其中膠體和溶解的固體量為600mg/L，懸浮固體中的灰分120mg/L，則污水中的SS為（　　）mg/L，VSS為（　　）mg/L。

  A. 180；120 B. 300；180 C. 600；300 D. 600；120

17. 某污水處理廠採用中溫一級消化,需消化污泥 3,000m³/d,消化池的有效容積為 50,000m³,消化池的污泥投配率為( )。
    A. 5%　　　　　B. 6%　　　　　C. 7%　　　　　D. 8%
18. 降低污泥含水率的方法有多種,其中用於降低污泥中空隙水的主要方法是( )。
    A. 自然干化法　B. 機械脫水法　C. 濃縮法　　　D. 干燥與焚燒法
19. 以下哪條是污泥好氧消化的優點?( )
    A. 運行能耗少,運行費用低
    B. 可以回收收沼氣
    C. 污泥有機物分解程度隨溫度波動較小
    D. 消化污泥肥分離,易被植物吸收
20. 反消化反應是指( )。
    A. 硝酸氮和亞硝酸氮在反消化細菌的作用下,被還原為氣態氮的過程
    B. 有機氮化物在氨化菌的作用下,分解、轉化為氨態氮的過程
    C. 氨態氮在亞硝酸菌的作用下,進一步氧化成亞硝酸鹽氮的過程
    D. 亞硝酸鹽氮在硝酸菌的作用下,進一步氧化成硝酸鹽氮的過程
21. 根據厭氧處理的特點判斷,以下( )正確。
    A. 厭氧處理可將有機物徹底轉化為水和 CO_2
    B. 厭氧處理污泥量小
    C. 好氧處理比厭氧處理要節能
    D. 厭氧處理出水水質通常好於好氧處理出水水質
22. ( ),應設置可排出深度不同的污泥水的設施。
    A. 間歇式污泥濃縮池　　　　　　B. 間歇式污泥濃縮池和濕污泥池
    C. 間歇式濕污泥池　　　　　　　D. 間歇式污泥沉澱池
23. 真空過濾機的泥餅產率和泥餅含水率應由試驗或可按相似污泥的數據確定。如無上述數據時,泥餅含水率、活性污泥可按( ),其餘可為75%~80%。
    A. 60%~70%　　B. 70%~80%　　C. 80%~85%　　D. 85%~90%
24. 設計污泥機械脫水時,應遵守下列規定:污泥脫水機械的類型,應按污泥的脫水性質和脫水要求,經技術經濟比較後選用。污泥進入脫水機前的含水率一般不應大於( )%。
    A. 96　　　　　B. 97　　　　　C. 98　　　　　D. 99
25. 兩級消化的一級消化池與二級消化池的容積比可採用2:1。一級消化池加熱並攪拌;二級消化池可( ),但應有排出上清液設施。單級消化池也宜設排出上清液設施。
    A. 不加熱、不攪拌　　　　　　　B. 不加熱
    C. 不攪拌　　　　　　　　　　　D. 不排泥
26. 城市污水污泥的處理流程應根據污泥的( ),首先應考慮用作農田肥料。
    A. 最終處置方法選定　　　　　　B. 含水率選定

C. MLVSS/MLSS 的比值選定　　　　D. 溫度變化情況選定

27. 城市污水污泥用作農肥時其處理流程宜（　　）消化，然後脫水；也可不經脫水，採用壓力管道直接將濕污泥輸送出去。污泥脫水宜採用機械脫水，有條件時，也可採用污泥干化場或濕污泥池。

　　A. 未縮的剩餘活性污泥
　　B. 濃縮的剩餘活性污泥
　　C. 採用初沉污泥與濃縮的剩餘活性污泥合併
　　D. 採用初沉污泥

28. 農用污泥的有害物質含量應符合現行的（　　）的規定，並經過無害化處理。
　　A.《農用污泥中污染物控制標準》　　B.《污水回用標準》
　　C.《工業企業噪聲衛生標準》　　　　D.《農田灌溉水質標準》

29. 污泥處理過程中產生的污泥水應送入（　　）處理。
　　A. 污水處理構築物　　　　　　　　B. 污泥處理構築物
　　C. 城市垃圾填埋場　　　　　　　　D. 公海

30. 重力式污泥濃縮池的設計，當濃縮城市污水的活性污泥時，應符合下列要求：（　　）宜採用 30~60 kg/（m²·d）。
　　A. 污水水力負荷　　　　　　　　　B. 污泥水力負荷
　　C. 污水固體負荷　　　　　　　　　D. 污泥固體負荷

31. 重力式污泥濃縮池的設計，當濃縮城市污水的活性污泥時，應符合下列要求：（　　）進入污泥濃縮池的污泥含水率，當採用 99.2%~99.6%時，濃縮後污泥含水率宜為 97%~98%。
　　A. 由平流式沉砂池　　　　　　　　B. 由一次沉澱池
　　C. 由曝氣沉砂池　　　　　　　　　D. 由曝氣池後二次沉澱池

32. 重力式污泥濃縮池的設計，當濃縮城市污水的活性污泥時，應符合下列要求：（　　）一般宜為 4m。
　　A. 濃縮池總高　　　　　　　　　　B. 濃縮池有效水深
　　C. 濃縮池超高　　　　　　　　　　D. 濃縮池泥鬥高度

33. 重力式污泥濃縮池的設計，當濃縮城市污水的活性污泥時，應符合下列要求：採用刮泥機排泥時，其外緣線速度一般宜為 1~2m/min，池底坡向泥鬥的坡度不宜小於（　　）。
　　A. 0.05　　　　B. 0.10　　　　C. 0.20　　　　D. 0.30

34. 重力式污泥濃縮池的設計，當濃縮城市污水的活性污泥時，應符合下列要求：在（　　）上應設置濃集柵條。
　　A. 刮泥機　　　B. 走道板　　　C. 進泥管　　　D. 出泥管

35. 重力式污泥濃縮池的設計，當濃縮城市污水的活性污泥時，應符合下列要求：濃縮（　　）的活性污泥時，可由試驗或參照相似污泥的實際運行數據確定。
　　A. 生活污水　　B. 雨水　　　　C. 生產污水　　D. 地下水

36. 重力式污泥濃縮池的設計，當濃縮城市污水的活性污泥時，應符合下列要求：

污泥濃縮池一般宜有（　　）。

  A. 消除泡沫裝置　　　　　　　　B. 潷水裝置

  C. 除油裝置　　　　　　　　　　D. 去除浮渣的裝置

37.（　　），應設置可排出深度不同的污泥水的設施。

  A. 間歇式污泥濃縮池　　　　　　B. 間歇式污泥濃縮池和濕污泥池

  C. 間歇式濕污泥池　　　　　　　D. 間歇式污泥沉澱池

38. 消化池的有效容積（兩級消化為總有效容積）應根據消化時間和容積負荷確定。消化時間宜採用 20~30d，（　　）容積負荷宜為 0.6~1.5kg/（m³·d）。

  A. 總有機碳　　B. 總固體　　C. 非揮發性固體　　D. 揮發性固體

39. 池內攪拌宜採用污泥氣循環，也可用水力提升器、螺旋槳攪拌器等，攪拌可採用連續的，也可採用間歇的。間歇攪拌設備的能力應至少在（　　）內將全池污泥攪拌一次。

  A. 1~5h　　　B. 5~10h　　　C. 10~15h　　　D. 15~20h

40.（　　）應密封，並能承受污泥氣的工作壓力。固定蓋式消化池應有防止池內產生負壓的措施。

  A. 消化池　　B. 一沉池　　C. 二沉池　　D. 沉砂池

41.（　　）宜設有測定氣量、氣壓、泥量、泥溫、泥位、pH 值等的儀表和設施。

  A. 消化池　　B. 一沉池　　C. 二沉池　　D. 沉砂池

42.（　　）的（包括平面位置、間距等）設計應符合現行的《建築設計防火規範》的規定。防爆區內電機、電器和照明均應符合防爆要求。控制室（包括污泥氣壓縮機房）應採取下列安全設施：設置沼氣報警設備，設置通風設備。

  A. 消化池　　　　　　　　　　　B. 輔助構築物

  C. 消化池及其輔助構築物　　　　D. 化驗室

43. 消化池溢流管出口不得放在室內，並必須有（　　）。

  A. 除油　　　B. 消泡　　　C. 消聲　　　D. 水封

44. 消化池和污泥氣貯罐的出氣管上均應設（　　）。

  A. 潷水器　　B. 回火防止器　　C. 消聲器　　D. 除油器

45. 干化場分塊數一般不少於（　　）；圍堤高度採用 0.5~1.0m，頂寬採用 0.5~0.7m。

  A. 2 塊　　　B. 3 塊　　　C. 4 塊　　　D. 5 塊

46.（　　）宜設人工排水層，人工排水層填料可分為 2 層，每層厚度各宜為 0.2m。下層應採用粗礦渣、礫石或碎石，上層宜採用細礦渣或砂等。

  A. 干化場　　B. 消化池　　C. 濃縮池　　D. 沉澱池

47.（　　）排水層下宜設不透水層。不透水層宜採用粘土，其厚度宜為 0.2~0.4m，亦可採取厚度為 0.1~0.15m 的低標號混凝土或厚度為 0.15~0.30m 的灰土。不透水層坡向排水設施，宜為 0.01~0.02 的坡度。

  A. 干化場　　B. 消化池　　C. 濃縮池　　D. 沉澱池

48.（　　）宜有排除上層污泥水的設施。

A. 干化場　　　B. 消化池　　　C. 濃縮池　　　D. 沉澱池

49. 設計污泥機械脫水時，應遵守下列規定：經消化後的污泥，可根據污水性質和經濟效益，考慮在（　　）。

　　A. 脫水前加溫　B. 脫水前冷凍　C. 脫水前消毒　D. 脫水前淘洗

50. 設計污泥機械脫水時，應遵守下列規定：機械脫水間的布置，應考慮泥餅運輸設施和通道。脫水後的污泥應設置泥餅堆場貯存，堆場的容量應根據污泥出路和運輸條件等確定。機械脫水間應考慮（　　）。

　　A. 消毒設施　　　　　　　　B. 自動噴淋設施
　　C. 空氣調節設施　　　　　　D. 通風設施

51. （　　）宜採用折帶式過濾機或盤式過濾機。

　　A. 帶式壓濾機　B. 真空過濾機　C. 板框壓濾機　D. 廂式壓濾機

52. 真空值的採用範圍宜為200～500mmHg，真空泵的抽氣量宜為每平方米過濾面積0.8～1.2m³/min。濾液排除應採用（　　）。

　　A. 手動排液裝置　　　　　　B. 半自動排液裝置
　　C. 排液裝置　　　　　　　　D. 自動排液裝置

53. 壓濾機宜採用箱式壓濾機、板框壓濾機、帶式壓濾機或微孔擠壓脫水機，其泥餅產率和泥餅含水率，應由試驗或參照相似污泥的數據確定。泥餅含水率一般可為（　　）。

　　A. 65%～70%　B. 70%～75%　C. 75%～80%　D. 80%～85%

54. 箱式壓濾機和板框壓濾機的設計，應符合下列要求：過濾壓力為（　　）。

　　A. 400～600KPa　B. 600～700KPa　C. 700～800Kpa　D. 800～900KPa

55. 箱式壓濾機和板框壓濾機的設計，應符合下列要求：過濾週期不大於（　　）。

　　A. 2h　　　B. 3h　　　C. 4h　　　D. 5h

56. 箱式壓濾機和板框壓濾機的設計，應符合下列要求：每臺過濾機可設污泥壓入泵一臺，泵宜選用（　　）。

　　A. 自吸式　　B. 混流式　　C. 柱塞式　　D. 離心式

57. 箱式壓濾機和板框壓濾機的設計，應符合下列要求：（　　）為每立方米濾宰不小於2m³/min（按標準工況計）。

　　A. 污水量　　B. 污泥量　　C. 空氣量　　D. 壓縮空氣量

四、簡答題

1. 污泥處置的原則是什麼，常見的工藝有哪些？
2. 污泥最終處置與利用的主要方法有哪些？污泥堆肥的基本原理是什麼？
3. 污泥的性質指標有哪些？
4. 簡要寫出污泥量的計算公式。
5. 簡述污泥厭氧消化的機理。
6. 污泥消化池由哪幾部分組成？為何要設置溢流裝置？
7. 論述消化液的緩衝作用與機理。
8. 簡述兩相厭氧消化和兩級厭氧消化的各自特徵。
9. 好氧消化的優缺點有哪些？

10. 為什麼機械脫水前要進行預處理？預處理的方法有哪些？
11. 機械脫水的方法有哪些？論述機械脫水的基本機理。
12. 什麼是固體通量？它由哪幾部分組成？
13. 簡述氣浮濃縮的基本機理。
14. 消化池加溫的目的是什麼？方法有哪些？
15. 寫出污泥含水率的幾個重要公式。
16. 污泥處理的一般原則是什麼？污泥處理有哪些基本處理方法？
17. 降低污泥含水率的方法有哪些？
18. 厭氧消化池攪拌的方法主要有哪些？攪拌的目的是什麼？
19. 簡述 C/N 對厭氧消化過程的影響。

五、計算題

1. 污水處理廠產生的混合污泥為 $600m^3/d$，含水率為 96%，有機物含量為 65%，用厭氧消化池做穩定處理，消化後，熟污泥的有機物含量為 50%。消化池無上清液排除設備，求消化污泥量。

2. 已知某污水處理廠初沉池每天排出含水率 95% 的污泥為 $200m^3/d$；二沉池每天排出含水率 99% 的剩餘污泥為 $2,000m^3/d$，經濃縮後污泥含水率為 95%。新鮮污泥按 5% 的投配率投入消化池，計算消化池的有效容積和消化時間。

3. 污泥含水率從 97.5% 降至 95%，求污泥體積的變化。

4. 某初沉污泥 $120m^3$，含水率為 97%，干污泥有機物含量為 65%，求干污泥相對密度、濕污泥相對密度及濕污泥質量。

第三節　參考答案

水質工程學 I 部分答案

第一部分　水質與水質標準

一、名詞解釋
答案略。

二、選擇題
答案略。

三、簡答題

1. 水中雜質按尺寸大小分為懸浮物、膠體、溶解物三類。

①懸浮物：

尺寸較大（$1\mu m \sim 1mm$），可下沉或上浮（大顆粒的泥沙、礦渣下沉，大而輕的有機物上浮）。

主要是泥沙類無機物質和動植物生存過程中產生的物質或死亡後的腐敗產物等有機物。

這類雜質由於尺寸較大，在水中不穩定，常常懸浮於水流中。

當水靜置時，相對密度小的會上浮於水面，相對密度大的會下沉，因此容易去除。

②膠體：

尺寸很小（10nm~100nm），具有穩定性，長時靜置不沉。

主要是粘土、細菌和病毒、腐殖質和蛋白質等。膠體通常帶負電荷，少量的帶正電荷的金屬氧化物膠體。

一般可通過加入混凝劑去除。

③溶解物：

主要是呈真溶液狀態的離子和分子，如 Ca^{2+}、Mg^{2+}、Cl^- 等離子，HCO_3^-、SO_4^{2-} 等酸根，O_2、CO_2、H_2S、SO_2、NH_3 等溶解氣體分子。

溶解物與水產生均相反應，呈透明狀。但可能產生色、臭、味。

是某些工業用水的去除對象，需要特殊處理。有毒有害的無機溶解物和有機溶解物也是生活飲用水的去除對象。

2. 江河水：易受自然條件影響，濁度高於地下水。江河水年內濁度變化大。含鹽量較低，一般為 70~900mg/L。硬度較低，通常為 50~400mg/L（以 $CaCO_3$ 計）。江河水易受工業廢水和生活污水的污染，色、臭、味變化較大，水溫不穩定。

湖泊及水庫水：主要由河水補給，水質類似河水，但其流動性較小，濁度較低；湖水含藻類較多，易產生色、臭、味。湖水容易受污染。含鹽量和硬度比河水高。湖泊、水庫水的富營養化已成為嚴重的水污染問題。

海水：海水含鹽量高，為 7.5~43.0g/L，以氯化物含量最高，約占 83.7%，硫化物次之，再次為碳酸鹽，其他鹽類含量極少。海水須淡化後才可飲用。

地下水：懸浮物、膠體雜質在土壤滲流中已大部分被去除，水質清澈，不易受外界污染和氣溫變化的影響，溫度與水質都比較穩定，一般宜作生活飲用水和冷卻水。含鹽量通常高於地表水（海水除外），大部分地下水含鹽量在 100~5,000mg/L，硬度通常為 100~500mg/L（以 $CaCO_3$ 計），含鐵量一般在 10mg/L 以下，個別達 30mg/L。

3. 生活飲用水水質標準有四類指標：水的感官性狀和一般化學指標、微生物學指標、毒理性指標、放射性指標。

水的感官性狀和一般化學指標：色度、渾濁度、臭和味、pH 值、總硬度、鐵、錳、銅、鋅、揮發酚類、陰離子合成洗滌劑、硫酸鹽、氯化物、溶解性總固體等。

微生物學指標：細菌總數、大腸菌群、遊離性餘氯。

4. 水體的富營養化是指富含磷酸鹽和某些形式的氮素的水，在光照和其他環境條件適宜的情況下，水中所含的這些營養物質足以使水體中的藻類過量生長，在隨後的藻類死亡和隨之而來的異養微生物代謝活動中，水體中的溶解氧很可能被耗盡，造成水體質量惡化和水生態環境結構破壞的現象。

5. 水體的自淨是指水體在流動中或隨著時間的推移，水體中的污染物自然降低的現象。

通過化學作用和生物作用對水體中有機物進行氧化分解，使污染物質濃度衰減，是水體自淨的主要過程。

第二部分　水處理方法概論

一、填空題
答案略。

二、簡答題

1. 混凝：通過投加化學藥劑，使水中的懸浮固體和膠體聚集成易於沉澱的絮凝體。

沉澱和澄清：通過重力作用，使水中的懸浮顆粒、絮凝體等物質被分離去除。

浮選：利用固體或液滴與它們在其中懸浮的液體之間的密度差，實現固-液或液-液分離的方法。

過濾：使固-液混合物通過多孔材料（過濾介質），從而截留固體並使液體（濾液）通過的過程。

膜分離：利用膜的孔徑或半滲透性質實現物質的分離。

吸附：通常在水處理中指固相材料浸在液相或氣相中，液相或氣相物質固著到固相表面的傳質現象。

離子交換：在分子結構上具有可交換的酸性或鹼性基團的不容性顆粒物質，固著在這些基團上的正、負離子能和基團所接觸的液體中的同符號離子交換為對物質的物理外觀毫無明顯的改變，也不引起變質或增溶作用的過程。

中和：把水的 pH 調整到接近中性或是調整到平衡 pH 值的任何處理。

氧化與還原：改變某些金屬或化合物的狀態，使它們變成不溶解的或無毒的。

2. 作用：應用反應器理論，能夠確定水處理裝置的最佳形式，估算所需尺寸，確定最佳的操作條件。利用反應器的停留時間分佈函數，可以判斷物料在反應器裡的流動模型，也可以計算化學反應的轉化率。

特點：水處理反應器較多在常溫常壓下工作；水處理反應器的進料多是動態的；水處理工程中通常都是採用連續式反應器。

3. 按反應器內物料的形態可以分為均相反應器和多相反應器。

按反應器的操作情況可以分為間歇式反應器和連續流式反應器兩大類。

連續流式反應器有活塞流反應器（管式反應器）和恒流攪拌反應器（連續攪拌罐反應器）兩種完全對立的理想類型

4. 通過簡化可得 3 種理想反應器：完全混合間歇式反應器（CMB 型）、完全混合連續式反應器（CSTR 型）、推流式反應器（PF 型）。

①完全混合間歇式反應器（CMB 型）。

反應物投入容器後，通過攪拌使物質均勻混合，同時發生反應，直到反應物到預期要求時，停止操作，排出反應產物。

在反應過程中不存在由物質遷移而導致的物質輸入和輸出，且假定在恒溫下操作。

CMB 型反應器通常用於實驗室實驗或少量的水處理。

②完全混合連續式反應器（CSTR 型）。

當反應物投入反應器後，經攪拌立即與反應器內的料液達到完全均勻混合，新的反應物連續輸入，反應產物也連續輸出。

輸出的產物濃度和成分與反應器內的物料相同。進口濃度和出口濃度不一樣。由於快速混合，輸出的物料各部分的停留時間各不相同。

③推流式反應器（PF 型）。

反應器的物料僅以相同的流速平行流動，而無擴散作用。物料濃度在垂直液流方向完全均勻，而沿著液流方向將發生變化。這種流型的唯一的質量傳遞就是平行流動的主流傳遞。

5. 典型地表水處理流程：

原水→混凝→沉澱→過濾→消毒→飲用水

典型除污染給水處理流程：

原水→預氧化→混凝→沉澱→過濾→活性炭吸附→消毒→飲用水

一般冷卻水流程：

（1）原水→自然沉澱→冷卻用水

（2）原水→自然沉澱→混凝→沉澱→冷卻用水

除鹽水處理流程：

濾過水→陽離子交換→陰離子交換→除鹽水

第三部分　凝聚和絮凝

一、選擇題

答案略。

二、簡答題

1. 混凝：水中膠體粒子以及微小懸浮物的聚集過程稱為混凝，是凝聚和絮凝的總稱。

凝聚：膠體脫穩並生成微小聚集體的過程。

絮凝：脫穩膠體或微小懸浮物聚結成大的絮凝體的過程。

同向絮凝：由水力或機械攪拌所造成的流體運動引起的顆粒碰撞聚集稱為同向絮凝。

異向絮凝：由布朗運動引起的顆粒碰撞聚集稱為異向絮凝。

G 值：速度梯度，為控制混凝效果的水利條件。

GT 值：量綱為 1，間接表示絮凝時間內的顆粒的碰撞總次數，一般在 $10^4 \sim 10^5$ 為宜。

2. （1）絮凝池淨長度

設計流量 $Q = 75,000 \times 1.06/24 = 3,312.5 \text{m}^3/\text{h} = 0.92 \text{m}^3/\text{s}$（水廠自用水量占 6%）

絮凝池淨長度 $L = QT/BH = 3,312.5 \times 20/(22 \times 2.8 \times 60) = 17.92\text{m}$

（2）廊道寬度設計

絮凝池起端流速取 0.55m/s，末端流速取 0.25m/s。首先根據起、末端流速和平均水深算出起末端廊道寬度，然後按流速遞減原則，決定廊道分段數和各段廊道寬度。

起端廊道寬度 $b = Q/Hv = 0.92/(2.8 \times 0.55) = 0.597\text{m} \approx 0.6\text{m}$

末端廊道寬度 $b = Q/Hv = 0.92/(2.8 \times 0.25) = 1.3\text{m}$

廊道寬度分為 4 段、各段廊道寬度和流速見下表。

表 6-1　　　　　　　　　　　廊道寬度和流速計算表

廊道分段號	1	2	3	4
各段廊道寬度（m）	0.6	0.8	1.0	1.3
各段廊道流速（m/s）	0.55	0.41	0.33	0.25
各段廊道數	6	5	5	4
各段廊道總淨寬（m）	3.6	4	5	5.2

四段廊道寬度之和 $\sum b = 3.6+4+5+5.2 = 17.8m$

取隔板厚度 δ=0.1m，共 19 塊隔板，則絮凝池總長度 L 為：

L＝17.8＋19×0.1＝19.7m

如要計算隔板絮凝池水頭損失和速度梯度，可根據上表有關數據按公式分別求得。

3. 膠體穩定性是指膠體粒子在水中長期保持分散懸浮狀態的特性。

4. 膠體的凝聚機理有 4 個方面：壓縮雙電層作用、吸附-電中和作用、吸附-架橋作用、網捕-卷掃作用。

①壓縮雙電層作用：水中膠體顆粒通常帶有負電荷，使膠體顆粒間相互排斥而穩定，當加入含有高價態正電荷離子的電解質時，高價態正離子通過靜電引力進入到膠體顆粒表面，置換出原來的低價正離子，這樣雙電層中仍然保持電中性，但是正離子的數量減少了，即雙電層的厚度變薄了，膠體顆粒滑動面上的 ζ 電位降低。當 ζ 電位降低至某一數值（臨界電位 ζk）使膠體顆粒總勢能曲線上的勢壘處 Emax=0 時，膠體顆粒即可發生凝集作用。

②吸附-電中和作用：膠體顆粒表面吸附異號離子、異號膠體顆粒或帶異號電荷的高分子，從而中和了膠體顆粒本身所帶部分電荷，減少了膠體顆粒間的靜電斥力，使膠體更易於聚沉。這種吸附作用的驅動力包括靜電引力、氫鍵、配位鍵和範德華力等，具體何種作用為主要驅動力，由膠體特性和被吸附物質本身的結構決定。

③吸附-架橋作用：不帶電，帶異號電荷，甚至帶有與膠粒同性電荷的高分子物質在範德華引力、共價鍵、氫鍵或其他物理化學作用下，與膠粒也產生吸附作用。當高分子鏈的一端吸附了某一膠粒後，另一端又吸附另一膠粒，形成「膠粒-高分子-膠粒」的絮凝體。在這裡高分子起了膠粒與膠粒之間的橋樑作用，故稱為吸附架橋作用。

④網捕-卷掃作用：當鋁（鐵）鹽混凝劑投量很大而形成大量氫氧化物沉澱時，會像多孔的網一樣，將水中的膠體顆粒和懸浮濁質捕獲、卷掃下來，稱網捕或卷掃作用。這是一種機械作用，所需的混凝劑投量與原水雜質含量成反比，即雜質少，用量多。

5. 壓縮雙電層作用是高價態正電荷離子置換出膠體顆粒表面的低價正離子，雙電層中仍保持電中性，但是正離子的數量減少，雙電層的厚度變薄，膠體顆粒滑動面上的 ζ 電位降低。

而吸附-電中和作用是異號離子、異號膠體顆粒、帶異號電荷的高分子中和膠體顆粒本身所帶部分電荷，減少膠體顆粒間的靜電斥力。膠體顆粒表面電荷不但可能被降

為零，而且還可能帶上相反的電荷，即膠體顆粒反號、發生再穩定的現象。

6.（1）壓縮雙電層作用：電位最多可降至 0，因而不能解釋以下兩種現象：①混凝劑投加過多，混凝效果反而下降；②與膠粒帶同樣電荷的聚合物或高分子有機物也有好的凝集效果。

（2）吸附-電中和作用：膠體顆粒與異號離子作用，首先是吸附，然後才是電荷中和，因此當投加混凝劑時，膠體顆粒表面電荷不但可能被降為零，還可能帶上相反電荷。即膠體顆粒反號，發生重新穩定的現象。

（3）吸附-架橋作用：當高分子物質投加過多時，膠體顆粒表面被高分子所覆蓋，兩個膠體顆粒接近時，受到膠粒與膠粒之間因高分子壓縮變形產生的反彈力和帶電高分子之間的靜電排斥力，使膠體顆粒不能凝集。

（4）網捕-卷掃作用：金屬氫氧化物在形成過程中對膠粒的網捕與卷掃，所需混凝劑與原水雜質含量成反比，即當原水膠體含量少時，所需混凝劑多，反之亦然。

當混凝劑加量大時，混凝劑相互之間會有影響，使上述各種作用能力發生變化，但不都是作用力加強，大於混凝劑的最佳投藥量時，再投加混凝劑反而效果會降低。

7. 中國常用的混凝劑有：無機鹽類，如硫酸鋁、三氯化鐵；高分子混凝劑，如聚合氯化鋁（PAC）、聚合硫酸鐵。

硫酸鋁：採用硫酸鋁作混凝劑時，運輸方便，操作簡單，混凝效果好。但水溫低時，硫酸鋁水解困難，形成的絮凝體較鬆散，混凝效果變差。粗製硫酸鋁由於不溶性雜質含量高，使用時廢渣較多，帶來排除廢渣方面的操作麻煩，而且因酸度較高而腐蝕性強，溶解與投加設備需要考慮防腐。

三氯化鐵：採用三氯化鐵作混凝劑時，易溶解，形成的絮凝體比鋁鹽絮凝體密實，沉降速度快，處理底紋、低濁水時效果優於硫酸鋁，使用的 pH 值範圍較寬，投加量比硫酸鋁小。但三氯化鐵固體產品極易吸水潮解，不易保管，腐蝕性較強，對金屬、混凝土、塑料等均有腐蝕性，處理後水色度比鋁鹽處理水高，最佳投加量範圍較窄，不易控制。

聚合氯化鋁（PAC）：聚合氯化鋁作混凝劑時，形成混凝體速度快，絮凝體大而密實，沉降性能好；投加量比無機鹽類混凝劑低；對原水水質適應性好，無論是低溫、低濁、高濁、高色度、有機污染等原水，均保持較穩定的處理效果；最佳混凝 pH 值範圍較寬，最佳投加量範圍寬，一定範圍內過量投加不會造成水的 pH 值大幅度下降，不會突然出現混凝效果很差的現象；由於聚合氯化鋁的鹽基度比無機鹽類高，因此在配製和投加過程中藥液對設備的腐蝕程度小，處理後水的 pH 值和鹼度變化也較小。

聚合硫酸鐵：採用聚合硫酸鐵作混凝劑時，混凝劑用量少；絮凝體形成速度快、沉降速度快；有效的 pH 值範圍寬；與三氯化鐵相比腐蝕性大大降低；處理後水的色度和鐵離子含量均較低。

8. 硫酸鋁的混凝機理：

不同 pH 條件下，鋁鹽可能產生的混凝機理不同。何種作用機理為主，決定於鋁鹽的投加量、pH 值、溫度等。實際上，幾種可能同時存在。其中，水的 pH 值直接影響 Al^{3+} 的水解聚合反應。

pH<3　　　　　簡單的水合鋁離子起壓縮雙電層作用。
pH=4~5　　　　多核羥基絡合物起吸附電性中和作用；除色時適宜。
pH=6.5~7.5　　氫氧化鋁聚合物起吸附架橋作用；絮凝的主要作用，除濁時最佳。

9. 凡能提高或改善混凝劑作用效果的化學藥劑可稱為助凝劑。
常用的助凝劑按其投加目的可分為以下幾類：
①吸附架橋改善已形成的絮體結構，如活化硅酸（$SiO_2 nH_2O$）、骨膠、聚丙烯酰胺（PAM）等高分子絮凝劑。
②調節原水酸鹼度，促進混凝劑水解，如投加石灰、硫酸等。
③破壞水中有機污染物對膠體顆粒穩定作用，改善混凝效果，如投加Cl_2、O_3等。
④改善混凝劑形態，促進混凝效果。如硫酸亞鐵作混凝劑使用時，應將Fe^{2+}氧化成Fe^{3+}。

10. 異向絮凝：由布朗運動引起的顆粒碰撞聚集被稱為異向絮凝。
布朗運動所造成的顆粒碰撞速率與水溫成正比，與顆粒的數量濃度平方成正比，而與顆粒尺寸無關。
同向絮凝：由水力或機械攪拌所造成的流體運動引起的顆粒碰撞聚集稱為同向絮凝。
顆粒同向碰撞速率與顆粒濃度平方成正比，與粒徑的三次方（即體積）成正比，與速度梯度 G 成正比。

11. G 值：速度梯度，控制混凝效果的水力條件，反應能量消耗概念。
G 值和 GT 值變化幅度很大，從而失去控制意義。
$$G = \sqrt{\frac{p}{\mu}} = \sqrt{\frac{gh}{\nu \cdot T}}$$

12. （1）隔板絮凝池。隔板絮凝池包括往復式和回轉式兩種。優點：構造簡單，管理方便。缺點：流量變化大者，絮凝效果不穩定，絮凝時間長，池子容積大。
（2）折板絮凝池。優點：與隔板絮凝池相比，提高了顆粒碰撞絮凝效果，水力條件大大改善，縮短了絮凝時間，池子體積減小。缺點：因板距小，安裝維修較困難，折板費用較高。
（3）機械絮凝池。優點：可隨水質、水量變化而隨時改變轉速以保證絮凝效果，能應用於任何規模水廠。缺點：需機械設備因而增加機械維修工作。
絮凝過程中，為避免絮凝體破碎，絮凝設備內的流速及水流轉彎處的流速應沿程逐漸減少，從而 G 值也沿程逐漸減少。

13. 影響混凝效果的主要因素有水溫，水的 pH 值和鹼度及水中懸浮物濃度。
水溫：①無機鹽的水解是吸熱反應低溫水混凝劑水解困難。
②低溫水的粘度大，使水中雜質顆粒布朗運動強度減弱，碰撞機會減少，不利於膠粒脫穩混凝。
③水溫低時膠體顆粒水化作用增強，妨礙膠體混凝。
④水溫與水的 pH 值有關。
pH 值：對於硫酸鋁而言，水的 pH 值直接影響鋁離子的水解聚合反應，亦即影響

鋁鹽水解產物的存在形態。

對三價鐵鹽混凝劑時 pH 值為 6.0~8.4 最好。

高分子混凝劑的混凝效果受水的 pH 值影響比較小。

懸浮物濃度：含量過低時，顆粒碰撞速率大大減小，混凝效果差。含量高時，所需鋁鹽或鐵鹽混凝劑量將大大增加。

14. 略。

15. 常用的有：

（1）泵前投加。該投加方式安全可靠，一般適用於取水泵房距水廠較近者。

（2）高位溶液池重力投加。該投加方式安全可靠，但溶液池位置較高，適用於取水泵房距水廠較遠者。

（3）水射器投加。該投加方式設備簡單，使用方便，溶液池高度不受太大限制，但水射器效率較低，且易磨損。

（4）泵投加。泵投加有兩種方式：一是採用計量泵，一是採用離心泵配上流量計。採用計量泵不必另備計量設備，泵上有計量標誌，最適合用於混凝劑自動控制系統。

16.（1）水泵混合。混合效果好，不需另建混合設施，節省動力，大、中、小型水廠均可採用。但採用 $FeCl_3$ 混凝劑時，若投量較大，藥劑對水泵葉輪可能有輕微腐蝕作用。適用於取水泵房靠近水廠處理構築物的場合，兩者間距不宜大於 150m。

（2）管式混合。簡單易行，不需另建混合設備，但混合效果不穩定，管中流速低，混合不充分。

（3）機械混合池。混合效果好，且不受水量變化影響，缺點是增加機械設備會相應增加維修工作。

控制 G 值的作用是使混凝劑快速水解、聚合及顆粒脫穩。

第四部分　沉澱

一、選擇題

答案略。

二、填空題

答案略。

三、簡答題

1. 略。

2.（1）自由沉澱，離散顆粒在沉澱過程中沉速不變（沉砂池、初沉池前期）。

（2）絮凝沉澱，絮凝性顆粒在沉澱過程總沉速增加（初沉池後期，二沉池前期；給水混凝沉澱）。

（3）擁擠沉澱，顆粒濃度大，相互間發生干擾，分層（高濁水、二沉池、污泥濃縮池）。

（4）壓縮沉澱，顆粒間相互擠壓，下層顆粒間的水在上層顆粒的重力下擠出，污泥得到濃縮。

3. 理想沉澱池總的去除率：

$$P = (1 - p_0) + \int_0^{p_0} \frac{u_i}{u_0} dp_i$$

p_0——沉速小於截留沉速 u_0 的顆粒重量占原水中全部顆粒重量的百分率

$(1 - p_0)$——沉速 $\geq u_0$ 的顆粒已經全部下沉所占的百分率

p_i——沉速小於 u_i 的所有顆粒重量占全部顆粒重量的百分率

dp_i——具有沉速為 u_i 的顆粒所占的百分率

$\frac{u_i}{u_0} dp_i$——能夠下沉的具有沉速 u_i 的顆粒所占的百分率

$\int_0^{p_0} \frac{u_i}{u_0} dp_i$——所有能夠下沉的沉速小於 u_i 的顆粒所占的百分率

4. 影響平流沉澱池沉澱效果的因素有：水流狀態、顆粒的絮凝作用的影響、平流沉澱池的構造。

沉澱池縱向分格可以減小水力半徑 R 從而降低 Re 和提高 Fr 數，有利於沉澱和加強水的穩定性，從而提高沉澱效果。

5. 原理：在保持截流沉速和水平流速都不變的條件下，減小沉澱池的深度，就能相應地減少沉澱時間和縮短沉澱池長度。

工作特點：①沉澱效率高，表面負荷大，停留時間短；②水力條件改善；③斜管下部的再絮凝作用。

6. 主要由進水區、出水區、沉澱區、積泥區構成。

理想沉澱池應符合條件：

（1）顆粒處於自由沉澱狀態。

（2）水流沿著水平方向流動，流速不變。

（3）顆粒沉到池底即認為已被去除，不再返回水流中。

去除率 $E = \frac{u_i}{Q/A}$

由式子可知：懸浮顆粒在理想沉澱池中的去除率只與沉澱池的表面負荷有關，而與其他因素如水深、池長、水平流速和沉澱時間均無關。

7. 平路沉澱池進水採用穿孔隔牆的原因是使水流均勻地分佈在整個進水截面上，並盡量減少擾動，增加出水堰的長度，採用出水支渠是為了使出水均勻流出，避免出水區附近的流線過於集中，降低堰口的流量負荷。

8. 斜管沉澱池的理論根據：根據公式 $E = \frac{u_i}{Q/A}$，在沉澱池有效容積一定的條件下，增加沉澱面積，可使顆粒去除率提高。因為斜管傾角越小，沉澱面積越大，沉澱效率越高，但對排泥不利，根據生產實踐，故傾角宜為 60 度。

9. 略。

10. 基本原理：原水加藥後進入澄清池，使水中的脫穩雜質與澄清池中的高濃度泥渣顆粒充分接觸碰撞凝聚，並被泥渣層攔截下來，水得到澄清。

主要特點：澄清池將絮凝和沉澱兩個過程綜合於一個構築物內完成，主要利用活

性泥渣層達到澄清的目的。當脫穩雜質隨水流與泥渣層接觸時，便被泥渣層阻留下來，使水獲得澄清。

11. 澄清池的分類，瞭解各種澄清池的工作過程如表 6-2 所示：

	主要構造	工作原理	主要特點
懸浮澄清池	氣水分離器、澄清室、泥渣濃縮室等	加藥後的原水經汽水分離（作用：分離空氣，以免進入澄清池擾動泥渣層）從配水管進入澄清室，水自下而上通過泥渣層，水中雜質被泥渣層截留，清水從集水槽流出，泥渣進入濃縮室濃縮外運	一般用於小型水廠，處理效果受水質、水量等變化影響大，上升流速較小
脈衝澄清池	脈衝發生器、進水室、真空泵、進水管、穩流板	原水由進水管進入進水室，由於真空泵造成的真空使進水室水位上升，此為進水過程，當水位達到最高水位時，進氣閥打開通入空氣，進水室的水位迅速下降，此為澄清池放水過程。通過反覆循環進水和放水實現水的澄清	澄清池的上升流速發生週期性的變化，處理效果受水量、水質、水溫影響較大，構造也較複雜
機械攪拌澄清池	第一絮凝室、第二絮凝室、分離室	加藥後的原水進入第一絮凝室和第二絮凝室內與高濃度的回流泥渣相接觸，達到較好的絮凝效果，結成大而重的絮凝體，在分離室中進行分離	泥渣的循環利用機械進行抽升
水力循環澄清池	第一絮凝室、第二絮凝室、泥渣濃縮室、分離室、噴嘴	原水從池底進入，先經噴嘴高速噴入喉管，在喉管下部喇叭口造成真空而吸入回流泥渣。原水和泥渣在喉管劇烈混合後被送入兩絮凝室，從絮凝室出來的水進入分離室進行泥水分離。泥渣一部分進入濃縮室，一部分進行回流	結構較簡單，無需機械設備，但泥渣回流量難以控制，且因絮凝室容積較小，絮凝時間較短，處理效果較機械澄清池差

12. 略。

13. 略。

第五部分　過濾

一、選擇題

答案略。

二、填空題

答案略。

三、簡答題

1. 略。

2. 當濾池過濾速度保持不變，亦即濾池流量保持不變時，稱「等速過濾」。濾速隨過濾時間而逐漸減小的過濾稱「變速過濾」。

隨著過濾時間的延長，濾層中截留的懸浮物量逐漸增多，濾層孔隙率逐漸減小，由公式可知，當濾料粒徑、形狀、濾層級配和厚度以及水溫已定時，如果孔隙率減小，則在水頭損失保持不變的條件下，將引起濾速的減小；反之，濾速保持不變，將引起水頭損失的增加。這樣就產生了等速過濾和變速過濾兩種基本過濾方式。

虹吸濾池和無閥濾池即屬等速過濾的濾池。

移動罩濾池屬變速過濾的濾池，普通快濾池可以設計成變速過濾也可設計成等速過濾。

3. 在過濾過程中，當濾層截留了大量的雜質以致砂面以下某一深度處的水頭損失超過該處水深時，便出現負水頭現象。

負水頭會導致溶解於水中的氣體釋放出來而形成氣囊。氣囊對過濾有破壞作用，一是減少有效過濾面積，使過濾時的水頭損失及濾層中孔隙流速增加，嚴重時會影響濾後水質；二是氣囊會穿過濾層上升，有可能把部分細濾料或輕質濾料帶出，破壞濾層結構。反沖洗時，氣囊更易將濾料帶出濾池。

避免出現負水頭的方法是增加砂面上水深，或令濾池出口位置等於或高於濾層表面，虹吸濾池和無閥濾池不會出現負水頭現象即是這個原因。

4. 一般規定：配水系統開孔比為 0.20%～0.25% 是大阻力配水系統；開孔比為 0.60%～0.80% 的是中阻力配水系統；開孔比 1.0%～1.5% 的是小阻力配水系統。大阻力配水系統的優點是配水均勻性好，缺點是結構複雜、孔口水頭損失大、沖洗時動力消耗大以及管道易結垢，增加了檢修難度，此外，對沖洗水頭有限的虹吸濾池和無閥濾池，大阻力配水系統不能採用。小阻力配水系統可以克服上述缺點。

5.「V」形濾池因兩側（或一側也可）進水槽設計成「V」形而得名，池底設有一排小孔，既可以作過濾時進水用，沖洗時又可供橫向掃洗布水用，這是「V」形濾池的一個特點。

「V」形濾池的主要特點是：

（1）可採用較粗濾料較厚濾層以增加過濾週期。由於反沖洗時濾層不膨脹，整個濾層在深度方向的粒徑分佈基本均勻，不發生水力分級現象。即所謂「均質濾料」，使濾層含污能力提高。一般採用砂濾料，有效粒徑 0.95～1.50mm，不均勻系數 2～1.5，濾層厚約 0.95～1.5m。

（2）氣、水反衝再加上始終存在的橫向表面掃洗，沖洗效果好，沖洗水量大大減少。

6. 承托層作用，主要是防止濾料從配水系統中流失，同時對均布沖洗水也有一定作用。

為防止反沖洗時承托層移動，對濾料濾池常採用「粗-細-粗」的礫石分層方式。上層粗礫石用以防止中層細礫石在反沖洗過程中向上移動；中層細礫石用以防止砂濾料流失；下層粗礫石則用以支撐中層細礫石。具體粒徑級配和厚度，應根據配水系統類型和濾料級配確定。對於一般的級配分層方式，承托層總厚度不一定增加，而是將每層厚度適當減小。

7. 經過反沖洗後因濾料膨脹而分層，濾料顆粒上細下粗，造成水力分級。由於濾料表層孔隙尺寸最小，而表層截污量最大，所以過濾一段時間後，表層孔隙被堵塞，甚至形成泥膜，使過濾阻力劇增，或者泥膜破裂，使水質惡化，從而必須停止過濾。此時，下層濾料截留雜質較少，未充分發揮濾料的截污作用。優化措施：反粒度過濾、均質濾料、纖維球濾料。

8. 略。
9. 略。
10. 略。
11. 略。

第六部分　吸附

一、選擇題

答案略。

二、填空題

答案略。

三、簡答題

1. 略。

2. (1) 對於粒狀炭，當水連續地通過吸附裝置時，隨著時間的推移，出水中污染物質的濃度逐漸上升，這被稱作污染物的穿透現象。

(2) 達到一定時間後，污染物濃度上升很快；當吸附裝置達到飽和後，出水中污染物濃度幾乎完全與進水相同，吸附裝置失效。以時間為橫坐標，以出水污染物濃度為縱坐標，將出水中污染物隨時間變化作圖，得到的曲線被稱為穿透曲線。

3. 在恒溫及吸附平衡狀況下，單位吸附劑的吸附容量和平衡溶液濃度之間的關係曲線，被稱作吸附等溫線；等溫線可以比較不同活性炭對各種溶質的吸附效果。

4. (1) EBCT 即空床接觸時間是吸附接觸裝置的重要參數，物料意義是指在吸附裝置中不加任何填料情況下過水的水力停留時間。

(2) Ccri 即臨界穿透濃度，是指可以接受的污染物最大出水濃度。

(3) Lcri 即吸附柱的臨界深度，即運行一開始就導致出水濃度等於 Ccri 的吸附柱深度。

(4) 一般來說，Ccri 是由處理要求決定的，而 Lcri 則由相對應的 Ccri 確定，同時，Lcri 和 EBCT 存在如下關係：Lcri/ (Q/A) = EBCT (式中 A 表示吸附柱截面積)。

5. (1) 所謂再生，即採用一些特殊的方法，可以是物理方法、化學方法、生物方法，等等，將吸附在活性炭表面的吸附質除去，恢復活性炭吸附能力。

(2) 目前活性炭再生方法有熱再生法、化學藥劑再生法、化學氧化再生法、生物再生法、濕式氧化再生法、超聲波再生法，等等。

6. (1) 活性炭的性質；

(2) 吸附質的性質；

(3) 其他因素包括溶液的 pH 值無機離子組成以及含量，還有無機沉澱等。

7. (1) 在吸水口投加，可以得到足夠長的接觸時間以及良好的混合效果，但是活性炭的投加量比較大，因為很多可以通過混凝過程去除的有機物也會被吸附，所以運行費用較高。

(2) 在快速混合器前投加混合效果也很好，但是有可能由於混凝劑的包裹作用而降低了吸附效率，同時，活性炭對於某些物質的吸附可能沒有達到飽和因而不能得到

完全去除。

（3）在沉澱池出口或者濾池的入口投加可以有效地利用粉末炭的吸附容量，但是由於部分粉末炭的粒度過小可能會穿透濾池進水配水系統；應在快速混合器之前新建一個帶有攪拌裝置的池體，並在該池中進行吸附，可以使粉末炭與水有良好的接觸；同時，多點投加方式應用比較廣泛。

（4）投加點的選擇不僅要滿足良好混合要求以及要有足夠的接觸時間，同時要盡量使水處理藥劑對粉末炭的干擾作用最小，降低活性炭的投加量，節約費用。

8. 略。

9. 略。

第七部分　氧化還原與消毒

1.（1）當水中存在有機物且有機物主要是氨和氮化合物時，水中起始需氯量滿足後，加氯量增加，剩餘氯也增加，當繼續加氯時，雖然加氯量增加，餘氯量反而下降，隨著加氯量的進一步增加，剩餘氯又上升了。這就被稱為折點加氯。（圖略）

1區：無餘氯，消毒效果不可靠。

2區：氯與氨反應，有餘氯的存在，所以有一定的消毒效果，但是主要是化合性氯，主要是 NH_2Cl。

3區：$2NH_2Cl+HOCl \; N_2+HCl+H_2O$，有效氯減少，$NH_2Cl$ 被氧化成沒有消毒作用的化合物，最後到達折點 B。

4區：胺與 HOCl 反應完，自由性餘氯增加。

（2）出現折點加氯的原因是：水中存在氨和氮的化合物。

（3）折點加氯的利弊：當原水受到嚴重污染，一般的加氯量，不能解決問題時，採用折點加氯可取得明顯的效果，它能降低水的色度，去除惡臭，降低水中有機物的含量，能提高混凝效果。但是，當發現水中有機物能與氯生成 THMs 後，折點加氯來處理水源水引起人們擔心，因而人們尋求去除有機物的預處理和深度處理方法和其他消毒方法。

2. 略。

3. 略。

4. 略。

第八部分　離子交換

答案略。

第九部分　給水處理工藝系統

答案略。

水質工程學 II 部分答案

第一部分　污水性質概述

一、填空題

1. 溶解物　膠體　顆粒懸浮物　無機雜質　有機雜質　生物雜質
2. 氰化物　汞　鎘　鉛　鉻　砷
3. 微生物學指標　水的感官性狀指標　一般化學指標毒理學指標　放射性指標
4. 化學性質穩定，不易被微生物降解
5. COD　BOD　TOD　TOC
6. 致癌　致畸　致突變
7. 細菌　病毒　寄生蟲　藻類　真菌　致病原生動物
8. 有機氮　氨氮　亞硝酸鹽氮　硝酸鹽氮
9. 一級處理　二級處理　三級處理
10. 合流制　分流制

二、選擇題

1. B 2. C 3. C 4. C 5. A 6. A 7. D

三、名詞解釋

1. 水體的富營養化：指富含磷酸鹽和某些形式的氮素的水，在光照和其他環境適宜的情況下，水中所含的這些營養物質足以使水體中的藻類過量生長，在隨後的藻類死亡和隨之而來的異養微生物代謝活動中，水體中的溶解氧很可能被耗盡，造成水體質量惡化和水生態環境結構破壞的現象。

2. 水體自淨：指水體在流動中或隨著時間的推移，水體中的污染物自然降低的現象。

3. BOD：在水溫為 20℃ 的條件下，由於微生物的生活活動，將有機物氧化成無機物所消耗的溶解氧量，稱為生物化學需氧量。

4. COD：用強氧化劑，在酸性條件下，將有機物氧化成 CO_2 與 H_2O 所消耗的氧量，被稱為化學需氧量。

5. 水環境容量：指在不影響水的正常用途的情況下，水體所能容納的污染物的量或自身調節淨化並保持生態平衡的能力。

6. 合流制：用同一管渠收集和輸送城市污水和雨水的排水方式。

7. 分流制：用不同管渠分別收集和輸送城市污水和雨水的排水方式。

8. TOD：由於有機物的主要組成元素是 C、H、O、N、P、S 等，被氧化後，分別產生 CO_2、H_2O、NO_2 和 SO_2，所消耗的氧量被稱為總需氧量。

四、簡答題

1.（1）水體的富營養化是指富含磷酸鹽和某些形式的氮素的水，在光照和其他環境適宜的情況下，水中所含的這些營養物質足以使水體中的藻類過量生長，在隨後的藻類死亡和隨之而來的異養微生物代謝活動中，水體中的溶解氧很可能被耗盡，造成

水體質量惡化和水生態環境結構破壞的現象。

（2）水體的富營養化危害很大，對人體健康、水體功能等都有損害。包括：使水味變得腥臭難聞；降低水的透明度；消耗水中的溶解氧；向水體中釋放有毒物質；影響供水水質並增加供水成本；對水生生態有負面影響。

2.（1）水體自淨的主要過程是通過化學作用和生物作用對水體中有機物的氧化分解，使污染物質濃度衰減。

（2）兩個相關水質指標：一個是生化需氧量 BOD，該值越高說明有機物含量越多，水體受污染程度越嚴重；另一個是水中溶解氧 DO，它是維持水生物生態平衡和有機物能夠進行生化分解的條件，DO 越高說明水中有機污染物越少。

（3）原因是進入水體的污染物相當大量的是易氧化的有機物。

3.（1）工業和生活污水未經處理直接進入水體；

（2）污水處理廠出水，採用常規處理工藝的污水處理廠的排放水都含有相當數量的氮和磷；

（3）面源性的農業污染，包括肥料、農藥和動物糞便等；

（4）城市來源，除了人的糞便、工業污水外，大量使用的高磷洗滌劑是重要的磷素來源。

4. 氧垂曲線可分為三段（如圖 6-1）：

（1）第一段：a-0 段，耗氧速率大於復氧速率，水中溶解氧含量大幅度下降，虧氧量增加，直至耗氧速率等於復氧速率。0 點處，溶解氧量最低，虧氧量最大，稱 0 點為臨界虧氧點或氧垂點。

（2）第二段：0-b 段，復氧速率開始超過耗氧速率，水中溶解氧量開始回升，虧氧量逐漸減少，直至轉折點 b。

（3）第三段：b 點以後，溶解氧含量繼續回升，虧氧量繼續減少，直至恢復到排污口前的狀態。

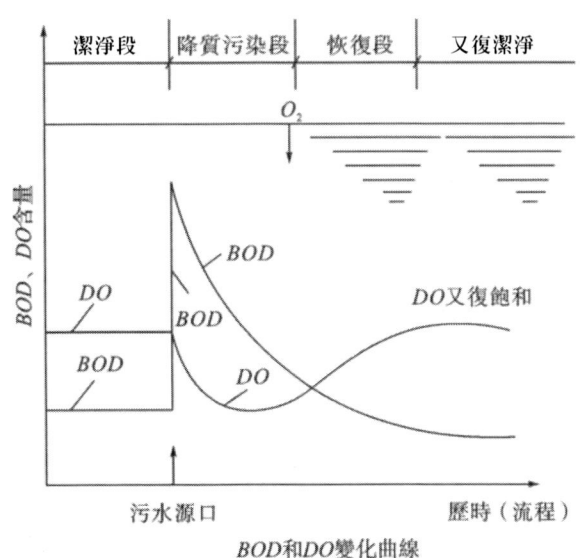

圖 6-1　BOD 和 DO 變化曲線

5.（1）廢水可生化性問題的實質是污水中可以被微生物降解的有機物含量，用來評價廢水是否可以採用生物法處理。

（2）評價方法：BOD_5/COD_{Cr} 法、模型試驗法、脫氫酶活性法、微生物呼吸速率測定法。

第二部分　污水處理方法及工藝系統概述

答案略。

第三部分　污水的物理處理方法

答案略。

第四部分　活性污泥法

一、填空題

1. 具有代謝功能活性的微生物群體　微生物（主要師細菌）內源代謝、自身氧化的殘留物　由原污水挾入的難為細菌降解的惰性有機物質　由污水挾入的餓無機物質
2. 100∶5∶1
3. 適應期　對數增殖期　減速增殖期　內源呼吸期
4. 原生動物　後生動物
5. 營養物質　溫度　溶解氧　pH 值
6. 向混合液供氧　使混合液中有機污染物、活性污泥、溶解氧三者充分混合、接觸　推動水流以一定的流速（不低於 0.25m/s）沿池長循環流動
7. 流入　反應　沉澱　排放　待機
8. 鼓風曝氣　機械曝氣　鼓風-機械曝氣
9. 污泥膨脹　污泥解體　污泥腐化　污泥上浮　泡沫問題
10. 懸浮生長型　附著生長型
11. 有機物量　微生物量
12. 回流污泥量　污水流量
13. 生化反應速率　各項主要環境因素
14. 合成反應　內源代謝
15. 有機物降解與活性污泥微生物增殖　有機物降解與需氧量
16. 好氧　缺氧　厭氧
17. 間歇培養　低負荷連續培養　接種培養
18. 懸浮生長型　附著生長型
19. SHARON 工藝　OLAND 工藝　ANAMMOX 工藝　反硝化聚磷工藝
20. ICEAS 工藝　CASS 工藝　DAT-IAT 工藝　UNITANK 工藝　MSBR 工藝
21. 膜組件　生物反應器

二、名詞解釋

1. MLSS：混合液懸浮團體濃度，又稱混合液行泥濃度，它表示的是在曝氣池單位容積混合液內所含有的活性污泥固體物的總重量。
   MLVSS：混合液揮發性懸浮固體濃度，本項指標所表示的是混合液活性污泥中有機性固體物質部分的濃度。
2. 污泥沉降比：又稱 30min 沉降率，混合液在量筒內靜沉 30min 後所形成沉澱污

泥的容積占原混合液容積的百分率，以%表示。

3. 污泥容積指數：簡稱「污泥指數」，本項指標的物理意義是在曝氣池出口處的混合液，在經過 30min 靜沉後，每克干污泥所形成的沉澱污泥所佔有的容積，以 mL 計。

4. 污泥齡：曝氣池內活性污泥總量（VX）與每日排放污泥量之比，稱之為污泥齡，即活性污泥在曝氣池內的平均停留時間，所以又稱之為「生物固體平均停留時間」。

5. BOD-污泥負荷：所表示的是曝氣池內單位重量（kg）活性污泥，在單位時間（1 天）內能夠接受，並將其降解到預定程度的有機污染物量（BOD）。

BOD-容積負荷：單位曝氣池容積（m^3），在單位時間（1 天）內，能夠接受，並將其降解到預定程度的有機污染物量（BOD）。

6. 污泥上浮：污泥由於在曝氣池內污泥泥齡過長，硝化進程較高，在沉澱池底部產生反硝化，硝酸鹽的氧被利用，氮即呈氣體脫出附於污泥上，從而產生使污泥比重降低，污泥整塊上浮。

7. 污泥腐化：在二次沉澱池有可能由於污泥長期滯留而產生厭氣發酵生成氣體（H_2S、CH_4等），從而使大塊污泥上浮的現象。

8. 回流污泥：二次沉澱池底部的沉澱濃縮污泥的一部分被作為接種污泥返回至曝氣池，被稱為回流污泥。

9. 活性污泥的比耗氧速率：單位重量的活性污泥在單位時間內所能消耗的溶解氧量。

10. 比增殖速率：單位重量微生物（活性污泥）的增殖速率。

11. 氧轉移速率：液相主體中溶解氧濃度變化率。

12. 膜生物反應器：由膜分離技術與污水處理工程中的生物反應器相結合組成的反應器系統。

13. 增殖速率：曝氣池中，活性污泥微生物的增殖速度。

14. 污泥馴化：為使已培養成熟的污水活性污泥逐步具有處理特定廢水的能力的轉化過程。

15. 污泥比阻：單位干重濾餅的阻力，其值越大，越難過濾，其脫水性能越差。

三、選擇題

1. D 2. B 3. C 4. A 5. A 6. B 7. B 8. A 9. C 10. B
11. D 12. D 13. B 14. A 15. A 16. C 17. A 18. D 19. A 20. D
21. A 22. B 23. C 24. B 25. A 26. B 27. A 28. C 29. D 30. C
31. D 32. C 33. A 34. C 35. A 36. C 37. A 38. B 39. A 40. A
41. B 42. B 43. A 44. B 45. A 46. C 47. A 48. C 49. C 50. A
51. A 52. C 53. A 54. A 55. B 56. A 57. C 58. A 59. A 60. D
61. B 62. B 63. C 64. A 65. B 66. B

四、簡答題

1.（1）向生活污水注入空氣進行曝氣，每天保留沉澱物，更換新鮮污水。這樣，在持續一段時間後，在污水中即將形成一種呈黃褐色的絮凝體。這種絮凝體主要是由

大量繁殖的微生物群體所構成,它易於沉澱與水分離,並使污水得到淨化、澄清。這種絮凝體就是被稱為「活性污泥」的生物污泥。

(2) 活性污泥是由下列四部分物質所組成:①具有代謝功能活性的微生物群體(M_a);②微生物(主要是細菌)內源代謝、自身氧化的殘留物(M_e);③由原污水挾入的難為細菌降解的惰性物質(M_i);④由污水挾入的無機物質(M_{ii})。

(3) 評價污泥性能的指標有混合液懸浮團體濃度 MLSS、混合液揮發性懸浮固體濃度 MLVSS、污泥沉降比 SV、污泥容積指數 SVI、污泥齡、BOD-污泥負荷、BOD-容積負荷等。

2. (1) 污泥沉降比能夠反應曝氣池運行過程的活性污泥量,可用以控制、調節剩餘污促的排放量,還能通過它及時地發現污泥膨脹等異常現象。污泥沉降比有一定的使用價值,是活性污泥處理系統重要的運行參數,也是評定活性污泥泥數量和質量的重要指標。

(2) SVI 值能夠反應活性污泥的凝聚、沉降性能,對生活污水及城市污水,此值應介於 70~100 為宜。SVI 值過低,說明泥粒細小,無機質含量高,缺乏活性;過高則說明污泥的沉降性能不好,並且已有產生膨脹現象的可能。

3. $V = \dfrac{1}{X} \dfrac{ds}{dt} = V_{max} \dfrac{X \cdot S}{K_S + S}$ —— 莫諾方程　　$\dfrac{ds}{dt}$ —— 有機底物的降解速度

莫諾方程式是描述微生物比增殖速度(有機底物比降解速度)與有機底物濃度之間的函數關係。對這種函數關係在兩種極限條件下,進行推論,能夠得出如下結論:

①混合液中 $S \gg K_S$,則式中 K_S 可忽略不計——高有機物濃度

$$\begin{cases} V = V_{max} \\ -\dfrac{ds}{dt} = V_{max} X = K_1 X \end{cases}$$

以上說明,在高濃度有機底物的條件下,有機底物以最大的速度進行降解,而與有機底物的濃度無關,呈零級反應關係。在高濃度有機底物的條件下,有機底物的降解速度與污泥濃度(生物量)有關,並呈一級反應關係。

②混合液中 $S \ll K_S$,則式中 S 可忽略不計,公式簡化為:

$$\begin{cases} V = V_{max} \dfrac{S}{K_S + S} \approx \dfrac{V_{max}}{K_S} s = K_2 S \\ -\dfrac{ds}{dt} = V_{max} \dfrac{XS}{K_S + S} \approx \dfrac{V_{max}}{K_S} \cdot XS = K_2 XS \end{cases}$$

對以上公式加以分析可見,有機底物降解遵循一級反應,有機底物的含量已成為有機底物降解的控制因素,因為在這種條件下,混合液中有機底物濃度已經不高,微生物增殖處於減速增殖期或內源呼吸期,微生物酶系統多未飽和。

4. (1) 傳統活性污泥法系統對污水處理的效果極好,BOD 去除率可達 90%,適於處理對淨化程度和穩定程度要求較高的污水。

(2) 經多年運行實踐證實,傳統活性污泥法處理系統存在著下列各項問題:

①曝氣池首端有機污染物負荷高,耗氧速度也高,為了避免由於缺氧形成厭氧狀

態，進水有機物負荷不宜過高，因此，曝氣池容積大，占用的土地較多，基建費用高。

②耗氧速度沿池長是變化的，而供氧速度難於與其相吻合、適應，在池前段可能出現耗氧速度高於供氧速度的現象，池後段又可能出現溶解氧過剩的現象，對此，採用漸減供氧方式，可在一定程度上解決這一問題。

③對進水水質、水量變化的適應性較低，運行效果易受水質、水量變化的影響。

5.（1）工藝系統如圖6-2所示：

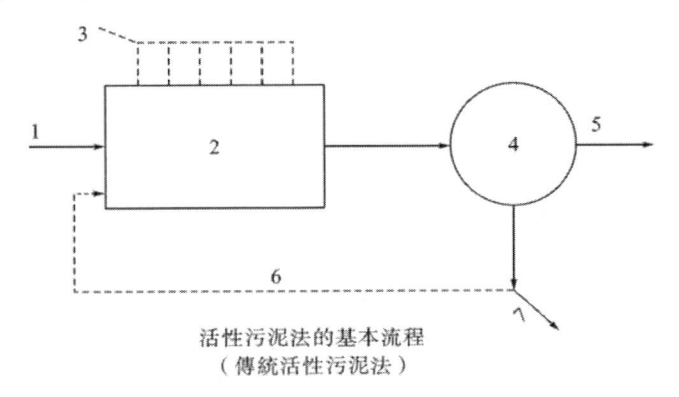

活性污泥法的基本流程
（傳統活性污泥法）

1—進水；2—活性污泥反應器-曝氣池；3—空氣；4—二次沉澱池；
5—出水；6—回流污泥；7—剩餘污泥

圖6-2 傳統活性污泥法系統

從圖6-2可見，原污水從曝氣池首端進入池內，由二次沉澱池回流的回流污泥也同步注入。污水與回流污泥形成的混合液在池內呈推流形式流動至池的末端，流出池外進入二次沉澱池，在這裡處理後的污水與活性污泥分離，部分污泥回流曝氣池，部分污泥則作為剩餘污泥排出系統。

（2）本工藝具有如下特徵：

有機污染物在曝氣池內的降解，經歷了第一階段的吸附和第二階段代謝的完整過程，活性污泥也經歷了一個從池首端的對數增長，經減速增長到池末端的內源呼吸期的完全生長週期。由於有機污染物濃度沿池長遠漸降低，需氧速度也沿池長逐漸降低。因此，在池首端和前段混合液中的溶解氧濃度較低，甚至可能是不足的，沿池長逐漸增高，在池末端溶解氧含量就已經很充足了。

6.（1）本工藝的主要特點是BOD-SS負荷非常低，曝氣反應時間長，一般多在24h以上，活性污泥在池內長期處於內源呼吸期，剩餘污泥量少且穩定，不需再進行厭氧消化處理，因此，也可以說這種工藝是污水、污泥綜合處理設備。此外，本工藝還具有處理水穩定性高，對原水水質、水量變化有較強適應性，不需設初次沉澱池等優點。

（2）本工藝的主要缺點是曝氣時間長、池容大，基建費和運行費用都較高，占用較大的土地面積等。

7. 與傳統活性污泥法曝氣池相較，氧化溝具有下列各項特徵：

（1）在構造方面的特徵：

①氧化溝一般呈環形溝渠狀，平面多為橢圓形或圓形，總長可達幾十米，甚至百

米以上。溝深取決於曝氣裝置，為2~6m。

②單池的進水裝置比較簡單，只要伸入一根進水管即可，如雙池以上平行工作時，則應設配水井，採用交替工作系統時，配水井內還要設自動控制裝置，以變換水流方向。

出水一般採用溢流堰式，宜於採用可升降式的，以調節池內水深。採用交替工作系統時，溢流堰應能自動啓閉，並與進水裝置相呼應以控制溝內水流方向。

③在水流混合方面的特徵在流態上，氧化溝介於完全混合與推流之間。

(2) 在工藝方面的特徵：

①可考慮不設初沉池，有機性懸浮物在氧化溝內能夠達到好氧穩定的程度。

②可考慮不單設二次沉澱池，使氧化溝與二次沉澱池合建，可省去污泥回流裝置。

③BOD 負荷低，同時有活性污泥法的延時曝氣系統，對此，具有下列各項效益：

a. 水溫、水質、水量的變動有較強的適應性；

b. 污泥齡（生物固體平均停留時間），一般可達 15~30d，為傳統活性污泥系統的 3~6 倍。可以存活、繁殖時間長、增殖速度慢的微生物，如硝化菌，在氧化溝內可能產生硝化反應。如運行得當，氧化溝能夠具有反硝化脫氮的效應。

c. 污泥產率低，且多已達到穩定的程度，不需再進行消化處理。

8. 與連續式活性污泥法系統相較，本工藝系統組成簡單，不需設污泥回流設備，不設二次沉澱池，曝氣池容積也小於連續式，建設費用與運行費用都較低。此外，間歇式活性污泥法系統還具有如下各項特徵：

①大多數情況下（包括工業廢水處理），無設置調節池的必要；

②SVI 值較低，污泥易於沉澱，一般情況下，不產生污泥膨脹現象；

③通過對運行方式的調節，在單一的曝氣池內能夠進行脫氮和除磷反應；

④應用電動閥、液位計、自動計時器及可編程序控制器等自控儀表，可能使本工藝過程實現全部自動化，而由中心控制室控制。

⑤運行管理得當，處理水水質優於連續式。

9. AB 法污水處理工藝系統的工藝流程如下圖：

圖略。

與傳統的活性污泥處理相較，AB 工藝的主要特徵是：

①全系統包括預處理段、A 段、B 段共 3 段。在預處理段處設格柵、沉砂池等簡易處理設備，不設初次沉澱池。

②A 段由吸附池和中間沉澱池組成，B 段則由曝氣池及二次沉澱池組成。

③A 段與 B 段各自擁有獨立的污泥回流系統，兩段完全分開，每段能夠培育出各自獨特的、適於本段水質特徵的微生物種群。

10. 這一過程是比較複雜的，它是由物理、化學、物理化學以及生物化學等反應過程所組成。這一過程大致上是由下列幾個淨化階段所組成：

(1) 初期吸附去除。

在活性污泥系統內，在污水開始與活性污泥接觸後的較短時間（5~10min）內，污水中的有機污染物即被大量去除，出現很高的 BOD 去除率。這種初期高速去除現象是由物理吸附和生物吸附交織在一起的吸附作用所產生的，活性污泥具有很強的吸附能力。

這一過程進行較快,能夠在 30min 內完成,污水 BOD 的去除率可達 70%。它的速度取決於:①微生物的活性程度;②反應器內水力擴散程度與水動力學的規律。前者決定活性污泥微生物的吸附、凝聚功能,後者則決定活性污泥絮凝體與有機污染物的接觸程度。活性強的活性污泥,除應具有較大的表面積外,活性污泥微生物所處在增殖期也起著作用,一般處在「饑餓」狀態的內源呼吸期的微生物,其「活性最強」,吸附能力也強。

(2) 微生物的代謝。

污水中的有機污染物,首先被吸附在有大量微生物棲息的活性污泥表面,並與微生物細胞表面接觸,在微生物透膜酶的催化作用下,透過細胞壁進入微生物細胞體內。小分子的有機物能夠直接透過細胞壁進入微生物體內,而如澱粉、蛋白質等大分子有機物,則必須在細胞外酶——水解酶的作用下,被水解為小分子後再為微生物攝入細胞體內。

微生物對一部分有機物進行氧化分解,最終形成 CO_2 和 H_2O 等穩定的無機物質,並從中獲取合成新細胞物質所需要的能量;另一部分有機污染物為微生物,用於合成新細胞,即合成代謝,所需能量取自分解代謝。

11. 雙膜理論(見圖 6-3) 這一理論的基本點可歸納如下:

①在氣、液兩相接觸的界面兩側存在著處於層流狀態的氣膜和液膜。在其外側則分別為氣相主體和液相主體,兩個主體均處於紊流狀態。氣體分子以分子擴散方式從氣相主體通過氣膜與液膜而進入液相主體。

②由於氣、液兩相的主體均處於紊流狀態,其中物質濃度基本上是均勻的,不存在濃度差,也不存在傳質阻力,氣體分子從氣體主體傳遞到液相主體,阻力僅存在於氣、液兩層層流膜中。

③在氣膜中存在著氧的分壓梯度,在液膜中存在著氧的濃度梯度。它們是氧轉移的推動力。

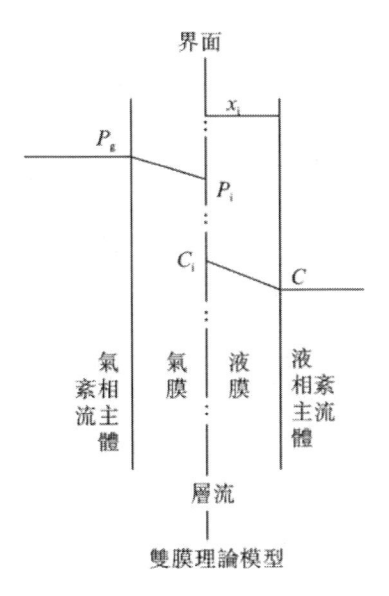

雙膜理論模型

圖 6-3　雙膜理論模型

④氧難溶於水，因此，氧轉移決定性的阻力又集中在液膜上，因此，氧分子通過液膜是氧轉移過程的控制步驟，通過液膜的轉移速度是氧轉移過程的控制速度。

12. 氧的轉移速度取決於下列各項因素：氣相中氧分壓梯度；液相中氧的濃度梯度；氣液之間的接觸面積和接觸時間；水溫；污水的性質以及水流的紊流程度等。

提高氧轉移速度的措施有：

①提高氧總轉移係數，這樣需要加強液相主體的紊流程度，降低液膜厚度，加速氣、液界面的更新，增大氣、液接觸面積等。

②提高 Cs 值。提高氣相中的氧分壓，如採用純氧曝氣、深井曝氣等。

13. 影響反硝化反應的環境因素有：

(1) 碳源。

能為反硝化菌所利用的碳源是多種多樣的，但從污水生物脫氮工藝來考慮，可分下列幾類：

①污水中所含碳源。這是比較理想和經濟的，優於外加碳源。一般認為，當污水中 $BOD_5/T-N$ 值>3-5 時，即可認為碳源充足，不需外加碳源。

②外加碳源。當原污水中碳、氮比值過低，如 $BOD_5/T-N$ 值<3~5，即需另投加有機碳源，現多採用甲醇，因為它被分解後的產物為 CO_2 和 H_2O，不留任何難於降解的中間產物，而且反硝化速率高。

(2) pH 值。

pH 值是反硝化反應的重要影響因素，對反硝化菌最適宜的 pH 值是 6.5~7.5，在這個 pH 值的條件下，反硝化速率最高，當 pH 值高於 8 或低於 6 時，反硝化速率將大為下降。

(3) 溶解氧。

反硝化菌以在厭氧、好氧交替的環境中生活為宜，溶解氧應控制在 0.5mg/L 以下。

(4) 溫度。

反硝化反應的適宜溫度是 20℃~40℃，低於 15℃ 時，反硝化菌的增殖速率降低，代謝速率也降低，從而降低了反硝化速率。

14. (1) 除氮原理。

在未經處理的新鮮污水中，含氮化合物存在的主要形式有：①有機氮，如蛋白質、氨基酸、尿素、胺類化合物、硝基化合物等；②氨態氮，一般以前者為主。

有機氮化合物，在氨化菌的作用下，分解、轉化為氨態氮，這一過程稱之為「氨化反應」。在硝化菌的作用下，氨態氮進一步分解氧化，就此分兩個階段進行。首先在亞硝化菌的作用下，使氨轉化為亞硝酸氮；繼之，亞硝酸氮在硝酸菌的作用下，進一步轉化為硝酸氮。硝酸氮（NO_3-N）和亞硝酸氮（NO_2-N）在反硝化菌的作用下，被還原為氣態氮（N_2）。

(2) 除磷原理。

所謂生物除磷，是利用聚磷菌一類的微生物，能夠在數量上超過其生理需要，從

外部環境攝取磷，並將磷以聚合的形態貯藏在菌體內，形成高磷污泥，排出系統外，達到從污水中除磷的效果。

①聚磷菌對磷的過剩攝取。在好氧條件下，聚磷菌營有氧呼吸，不斷地氧化分解其體內儲存的有機物，同時也不斷地通過主動輸送的方式，從外部環境向其體內攝取有機物，由於氧化分解，又不斷地放出能量，能量為 ADP 所獲得，並結合 H_3PO_4 而合成 ATP。

②聚磷菌的放磷。在厭氧條件下，聚磷菌體內的 ATP 進行水解，放出 H_3PO_4 和能量形成 ADP。

這樣，聚磷菌具有在好氧條件下過剩攝取 H_3PO_4 以及在厭氧條件下釋放 H_3PO_4 的功能，生物除磷技術就是利用聚磷菌這一功能而開創的。

15. 分建式缺氧-好氧活性污泥脫氧系統如圖 6-4 所示，即反硝化、硝化與 BOD 去除分別在兩座不同的反應器內進行。硝化反應器內的已進行充分反應的硝化液的一部分回流反硝化反應器，而反硝化反應器內的脫氮菌以原污水中的有機物作為碳源，以回流液中硝酸鹽的氧作為受電體，進行呼吸和生命活動，將硝態氮還原為氣態氮 (N_2)，不需外加碳源（如甲醇）。設內循環系統，向前置的反硝化池回流硝化液是本工藝系統的一項特徵。

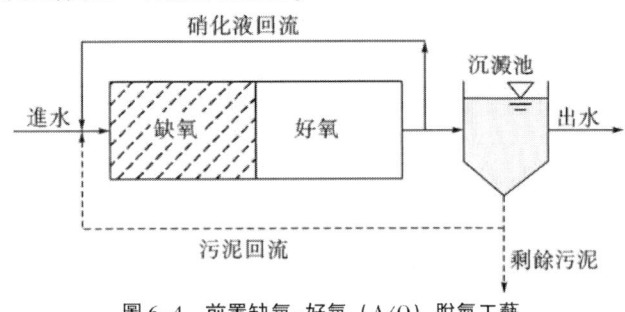

圖 6-4 前置缺氧-好氧（A/O）脫氮工藝

16. 從圖 6-5 可見，本工藝流程簡單，既不投藥，也不需考慮內循環，因此，建設費用及運行費用都較低。而且由於無內循環的影響，厭氧反應器能夠保持良好的厭氧（或缺氧）狀態。

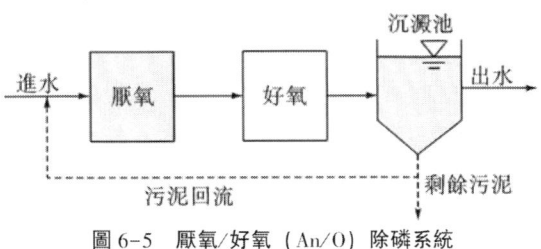

圖 6-5 厭氧/好氧（An/O）除磷系統

本工藝具有如下特徵：

①反應器內的停留時間一般從 3~6h，是比較短的。
②反應器（曝氣池）內污泥濃度一般為 2,700~3,000mg/L。
③BOD 的去除率大致與一般的活性污泥系統相同。磷的去除率較好，處理水中磷含量不低於 1.0mg/L，去除率為 76% 左右。
④沉澱污泥含磷率約為 4%，污泥的肥效好。
⑤混合液的 SVI 值≪100，易沉澱，不膨脹。

17. 本工藝具有以下各項特點（如圖 6-6 所示）：

①本工藝在系統上可以稱為最簡單的同步脫氮除磷工藝，總的水力停留時間少於其他同類工藝。

173

②在厭氧（缺氧）、好氧交替運行條件下 SVI 值一般均小於 100。
③污泥中含磷濃度高，具有很高的肥效。
④運行中不需投藥，兩個 A 段只用輕緩攪拌，以不增加溶解氧為度，運行費用低。

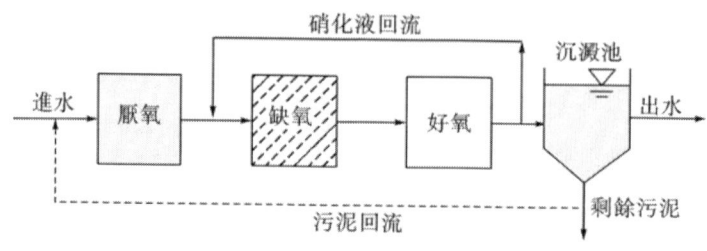

圖 6-6　A2/O 工藝流程圖

18. 本工藝具有如下各項特點：
①進入曝氣池的污水很快即被池內已存在的混合液所稀釋、均化，原污水在水質、水量方面的變化，對活性污泥產生的影響將降到極小的程度。正因為如此，這種工藝對沖擊負荷有較強的適應能力，適用於處理工業廢水，特別是濃度較高的工業廢水。
②污水在曝氣池內分佈均勻，各部位的水質相向，F：M 值相等，微生物群體組成和數量幾近一致，各部位有機污染物降解工況相同，因此，有可能通過對 F：M 值的調整，將整個曝氣池的工況控制在最佳條件下。此時工作點處於微生物增殖曲線上的一個點上。活性污泥的淨化功能得以良好發揮。在處理效果相同的條件下，其負荷率高於推流式曝氣池。
③曝氣池內混合液的需氧速度均衡，動力消耗低於推流式曝氣池。

19. 當前國內外常用的有下列幾種氧化溝系統：
①卡羅塞（Carrousel）氧化溝。
卡羅塞氧化溝系統是由多溝串聯氧化溝及二次沉澱池、污泥回流系統所組成。靠近曝氣器的下游為富氧區，而其上游則為低氧區，外環還可能成為缺氧區，這樣的氧化溝能夠形成生物脫氮的環境條件。
②交替工作氧化溝系統。
3 池交替工作氧化溝，應用較廣，兩側的 A、C2 池交替地作為曝氣池和沉澱池，中間的 B 池則一直為曝氣池，原污水交替地進入 A 池或 C 池，處理水則相應地從作為沉澱池的 C 池和 A 池流出：
經過適當運行，3 池交替氧化溝能夠完成 BOD 去除和硝化、反硝化過程，取得優異的 BOD 去除與脫氮效果。這種系統不需污泥回流系統。
③二次沉澱池交替運行氧化溝系統。
氧化溝連續運行，設兩座二次沉澱池交替運行，交替回流污泥。
④奧巴勒（Orbal）型氧化溝系統。
這是由多個呈橢圓形同心溝渠組成的氧化溝系統。污水首先進入最外環的溝渠，然後依次進入下一層溝渠，最後由位於中心的溝渠流出進入二次沉澱池。
⑤曝氣——沉澱一體化氧化溝。

所謂一體化氧化溝就是將二次沉澱池建在氧化溝內。

20. 正常的活性污泥沉降性能良好，含水率在99%左右。當污泥變質時，污泥不易沉澱，SVI 值增高，污泥的結構鬆散和體積膨脹，含水率上升，澄清液稀少（但較清澈），顏色也有異變，這就是「污泥膨脹」。污泥膨脹主要是由絲狀菌大量繁殖所引起，也由污泥中結合水異常增多導致污泥膨脹；一般污水中碳水化合物較多，缺乏氮、磷、鐵等養料，溶解氧不足，水溫高或 pH 值較低等都容易引起絲狀菌大量繁殖，導致污泥膨脹。此外，超負荷、污泥齡過長或有機物濃度梯度小等，也會引起污泥膨脹。排泥不通暢則易引起結合水性污泥膨脹。

21. 活性污泥法處理系統有效運行的基本條件是：污水中含有足夠的可溶解性有機物，作為微生物生理活動所必需的營養物質；混合液中含有足夠的溶解氧；活性污泥在曝氣池中呈懸浮狀態，能夠與污水充分接觸；活性污泥連續回流，同時，還要及時地排出剩餘污泥，使曝氣池中保持恆定的活性污泥濃度；沒有對微生物有害作用的物質進入。

22. 活性污泥處理工藝有傳統活性污泥法、漸減曝氣活性污泥法、分段進水活性污泥法、吸附再生活性污泥法、完全混合活性污泥法、延時曝氣活性污泥法、高負荷活性污泥法、純氧曝氣活性污泥法等。

23.（1）勞-麥第一基本方程式為：

$$\frac{1}{\theta_c} = Yq - K_d$$

勞-麥第一基本方程式由 $V = q$ 推出

有機物的降解速度等於其被微生物的利用速度，所以：

$$\left(\frac{ds}{dt}\right)_u = K\frac{X_a S}{K_S + S} = V_{\max}\frac{X_a S}{K_S + S}$$

有機底物的利用速率（降解速率）與曝氣池內微生物濃度 Xa 及有機底物濃度 S 之間的關係。

（2）勞-麥方程式的推論與應用如下：

$$s_e = \frac{K_s\left(\frac{1}{\theta_c} + K_d\right)}{YV_{\max} - \left(\frac{1}{\theta_c} + K_d\right)}$$

Y 為微生物產率，K_s 為半速度係數。

S_e 僅取決於污泥齡，處理水有機底物的濃度 θc、Kd、Y、$V_{\max}$ 均為常數。

反應器內活性污泥濃度 Xa 的計算如下：

$$X_a = \frac{\theta_c Y(S_0 - S_e)}{t(1 + K_d \theta_c)}$$

污泥回流比 R 與 θc 值之間的關係如下：

$$\frac{1}{\theta_c} = \frac{Q}{V}\left(1 + R - R\frac{X_r}{X_a}\right) \qquad (X_r)_{\max} = \frac{10^6}{SVI}$$

完全混合式曝氣池有機底物降解速度的推導：

Monod 式在低有機物濃度下，有機底物的降解速度 $V = K_2 X$。

勞-麥式：有機底物的降解速度等於其被微生物的利用速度，即 $V = q$，在穩定條件下：

$$\left(\frac{\mathrm{d}s}{\mathrm{d}t}\right)_u = \frac{S_0 - S_e}{t} = \frac{Q(S_0 - S_e)}{V}$$

對於完混合式曝氣池有：$\dfrac{Q(S_0 - S_e)}{V} = K_2 S_e X_a$

活性污泥的二種產率（合成產率 Y 與表觀產率 Y_{obs}）與 θ_c 的關係如下：

Y——合成產率，表示微生物的增殖總量，沒有去除內源呼吸而消亡的那一部分。

Y_{obs}——表觀產率，實測所得微生物的增殖量，即微生物的淨增殖量，已去除了因內源呼吸而消亡的那一部分。所以：

$$Y_{obs} = \frac{Y}{1 + K_d \theta_c}$$

24. 其主要特點是 F/M 負荷高，曝氣時間短，處理效果差，一般 BOD 的去除率不超過 70%~75%，因此稱之為不完全處理活性污泥法，適用於處理對處理水要求不高的污水。

25. 採用純氧曝氣系統的主要優點有：氧利用率可達 80%~90%，而鼓風曝氣系統僅為 10%左右；曝氣池內混合液的 MLSS 值可達 4,000~7,000mg/L，能夠提高曝氣池的容積負荷；曝氣池混合液的 SV 值較低，低於 100，污泥膨脹現象發生得較少；產生的剩餘污泥量少。

26. 氨吹脫的原理是水中的氨氮，多以氨離子和遊離氨的狀態存在，兩者保持一定的平衡，這一平衡的關係受 pH 值的影響，當 pH 值升高，平衡向左移動，遊離氨所占的比例增大。當 pH 值為 7 時，氨氮多以氨離子的狀態存在，而當 pH 值為 11 左右時，氨大致在 90%以上，遊離氨易於從水中逸出，如加以曝氣吹脫的物理作用，並使水的 pH 值升高，則可以促使氨從水中逸出。

27. 曝氣池內的溶解氧濃度一般宜保持在不低於 2mg/L 的程度（以出口處為準）。供氧正常時溶解氧的濃度變化說明有機物相對集中，濃度高，耗氧速率高，有機污染物分解過快，微生物缺乏營養，活性污泥易於老化。

28. （1）污水中含有各種雜質，它們對氧的轉移產生一定的影響。特別是某些表面活性物質，它們聚集於界面上，形成一層分子膜，阻礙氧分子的擴散轉移。導致氧轉移系數下降，為此引入一個小於 1 的修正系數 α。

（2）由於在污水中含有鹽類，因此，氧在水中的飽和度也受水質的影響，對此，引入另一個小於 1 的系數 β。

兩個修正系數值均可通過對污水、清水的曝氣充氧試驗予以確定。

五、計算題

1. 曝氣池的容積為 5,121m^3，需氧量為 12,168m^3/h。
2. 污泥負荷率為 0.027,5kgBOD/（kgMLVSS·d），容積指數為 150。

3. 反應常數為 0.69h⁻, 1 小時後的基質濃度為 68.2mg/L。
4. 每日的干污泥增長量為 1,200kg。
5. 剩餘 BOD₅ 為 39.4mg/L。
6. 污泥沉降指數為 40%。
7. 污泥容積指數為 120mL/g，SVI 值為 70~150，污泥沉降性能良好。曝氣池容積為 5,063m³。
8. 污泥沉降比為 30%，污泥容積指數為 100，SVI 值為 70~150，污泥沉降性能良好。
9. 120mL/g SVI 值為 70~150，污泥沉降性能良好。
10. 污泥含水率為 96%，污泥餅的重量為 66.7g。

第五部分　生物膜法習題答案

一、選擇題
答案略。

二、填空題
1. 無機　有機
2. 濾池高度　負荷　回流　供氧
3. 池體　濾料　布水裝置　排水系統
4. 盤片　接觸反應槽　轉軸　驅動裝置
5. 普通生物濾池　高負荷生物濾池　塔式生物濾池　曝氣生物濾池
6. 0.5~2.5　200
7. 1.5
8. 30　10~25
9. 低
10. 分流直流
11. 液流動力　氣流動力　機械攪拌
12. 移動床生物膜反應器　微孔膜生物反應器　複合式生物膜反應器

三、名詞解釋
微生物的比增長速率：微生物比增長速率是描述生物膜增長繁殖特徵的最常用參數之一，它反應了微生物增長的活性。微生物比增長速率的定義為：

$$\mu = \frac{d_x/d_t}{X}$$

式中：X ——微生物濃度；
　　　μ ——微生物比增長速率。

生物轉盤容積面積比（G）：G 值是接觸氧化槽的實際容積 V（m³）與轉盤盤片全部表面積 A（m²）之比值。

曝氣生物濾池：曝氣生物濾池是集生物降解、固定分離於一體的污水處理工藝，是生物接觸氧化工藝與過濾工藝的有機結合。

生物接觸氧化：生物接觸氧化法就是在池內充填一定密度的填料，從池下通入空氣進行曝氣，污水浸沒全部填料並與填料上的生物膜廣泛接觸，在微生物新陳代謝功能作用下，污水中的有機物得以去除，污水得到淨化。

生物流化床：生物流化床就是以砂、活性炭、焦炭一類的較小的惰性顆粒為載體充填在床體內，因載體表面覆蓋著生物膜而使其質地變輕，污水以一定流速從下向上流動，使載體處於流化狀態。

四、問答題

1. 生物膜內、外，生物膜與水層之間的物質傳遞的主要有以下過程：

（1）空氣中的氧通過流動水層、附著水層傳遞至生物膜供微生物呼吸。

（2）水中的 BOD 進入生物膜，被微生物降解。

（3）代謝產物從生物膜中轉移至水中帶走。

2. 生物膜法在廢水處理中處理效果的好壞與所用的載體材料特性有密切的關係。在具體的選擇和應用過程中，應著重考慮以下幾方面的問題：

（1）足夠的機械強度，以抵抗強烈的水流剪切力的作用；

（2）優良的穩定性，主要包括生物穩定性、化學穩定性和熱力學穩定性；

（3）親疏水性及良好的表面帶電特性，通常廢水 pH 值在 7 左右時，微生物表面帶負電荷，而載體為帶正電荷的材料時，有利於生物體與載體之間的結合；

（4）無毒性或抑制性；

（5）良好的物理性狀，如載體的形態、相對密度、空隙率和比表面積等；

（6）就地取材、價格合理。

3. 生物膜法的工藝特徵主要有以下幾點：

（1）耐衝擊負荷，對水質、水量變動有較強的適應性；

（2）微生物量多，處理能力大、淨化功能強；

（3）污泥沉降性能好，易於沉降分離；

（4）能夠處理低濃度的污水；

（5）易於管理、節能、無污泥膨脹問題；

（6）需要較多的填料和支撐結構，在不少情況下基建投資超過活性污泥法；

（7）出水常常攜帶較大的脫落的生物膜片，大量非活性細小懸浮物分散在水中使處理水的澄清度降低；

（8）活性生物量較難控制，在運行方面靈活性差。

4. 生物膜的整個增長過程由以下六個階段組成：

（1）潛伏期和適應期；

（2）對數期或動力學增長期；

（3）線性增長階段；

（4）減速增長期；

（5）生物膜穩定期；

（6）脫落期。

5. 普通生物濾池的主要優點有：易於管理、節省能源、運行穩定、剩餘污泥少且

易於沉降分離等。

其主要缺點是：占地面積大，不適合處理大量的污水；濾料易於堵塞；濾池表面生物膜累積過多，易產生濾池蠅，惡化環境衛生；噴嘴噴灑污水，散發臭味。

6. 略。

7. 污水和空氣在濾料的間隙接觸，氣液固三相接觸氧轉移效率高，動力消耗低。

（1）自身具有截留污水中懸浮物和生物脫落污泥的功能，因此不用設置二沉池，占地省；

（2）採用直徑 3~5mm 濾料，比表面積大適合生物附著；

（3）生物量大和過濾截留作用結合，出水水質好；

（4）不需要污泥回流，沒有污泥膨脹的現象，如果實現反沖洗自動化，運行管理方便；

（5）抗衝擊負荷能力強，耐低溫；

（6）易掛膜，啓動快。

8. 略。

9. 除了生物膜法共有的優點以外，生物流化床還有以下優點：

（1）生物量大，容積負荷高；

（2）微生物活性高；

（3）傳質效果好；

（4）較高的生物量和良好的傳質條件使生物流化床可以在維持相同處理效果的同時，減少反應器容積及占地面積，降低投資成本。

其缺點主要是運行費用較高。

10. 生物膜法運行中應注意以下問題：

（1）防止生物膜過厚。解決的方法一般有：①加大回流量，借助水力衝脫過厚的生物膜；②二級濾池串聯，交替進水。

（2）維持較高的 DO。

（3）減少出水懸浮物濃度。

11.（1）微生物方面的特徵：

①參與淨化反應微生物多樣化生物膜處理法的各種工藝都適於微生物生長棲息、繁衍的安靜穩定的環境，生物膜上的微生物不需像活性污泥那樣承受強烈的攪拌衝擊，適於增長繁殖，由細菌、真菌、藻類、原生動物、後生動物以及一些肉眼可見的蠕蟲、昆蟲的幼蟲等組成。

②生物的食物鏈長在生物膜上，動物性營養一類所占比例較大，微型動物的存活率也高，棲息著高次營養水平的生物，如寡毛蟲類和昆蟲，因此食物鏈要長於活性污泥，所產污泥量也少於活性污泥處理系統。

③能夠存活世代時間長的微生物生物膜處理法中，生物固體平均停留時間與污水的停留時間無關，污泥齡比活性污泥大得多，硝化菌與亞硝化菌得以繁衍增殖，因此具有一定的硝化功能，採取適當的運行方式還可能具有返硝化脫氮的功能。

④分段運行與優勢菌種生物膜處理法多分段運行，每段繁衍與本段水質相適應的

微生物，並形成優良種屬，有利於微生物新陳代謝功能的充分發揮和有機污染物的降解。

(2) 處理工藝方面的特徵：

①對水質、水量變動有較強的適應性。有一段時間中斷進水，對生物膜的淨化功能也不會有致命影響，通水後能夠較快地恢復。

②污泥沉降性良好，易於固液分離。脫落的生物膜所含動物成分較多，比重較大，且污泥顆粒個體較大，沉降性良好，易於固液分離。

③能夠處理低濃度廢水。活性污泥不適合處理低濃度的污水，若 BOD 長期低於 50~60mg/L，會影響污泥絮體的形成，但生物膜處理低濃度污水，也能取得較好的處理效果。

④易於維護運行，節能，動力費用低。與活性污泥處理系統相比較，生物膜處理法中的各種工藝都是比較易於維護管理的，像生物濾池、生物轉盤等工藝，還都是節省能源的，動力費用較低。

五、計算題

1. 96%
2. 540m³
3. 3,795m³　水力負荷率略大於 10，滿足要求

第六部分　厭氧生物處理習題答案

一、選擇題

CABAB

二、填空題

1. 水解階段　產酸發酵階段　產氫產乙酸階段　產甲烷階段
2. pH 值　氧化還原電位　鹼度　溫度　水力停留時間　有機負荷
3. 高　少
4. 高溫　中溫
5. CH_4　CO_2
6. 顆粒
7. 溫度　揮發酸固體　停留時間（SRT）　有機負荷
8. 複合式厭氧反應器（UBF）　厭氧折流板反應器（ABR）　厭氧反覆層反應器（AMBR）　內循環反應器（IC）
9. 完全混合懸浮生長厭氧消化池　厭氧接觸池　厭氧序批式反應器
10. 升流式厭氧填充床　厭氧膨脹床　厭氧流化床　降流式厭氧固著生長反應器

三、名詞解釋

厭氧生物處理：在厭氧條件下，利用厭氧微生物的生命活動，將各種有機物或無機物加以轉化的過程。

硝酸鹽還原：硝酸鹽還原又稱為硫酸鹽呼吸或反硫化作用，是指在厭氧條件下，化能異樣型硫酸鹽還原細菌利用廢水中的有機物作為電子供體，將氧化態硫化合物還

原為硫化物的過程。

兩相厭氧處理：兩相厭氧處理就是建造兩個獨立控制的反應器，分別培養產酸細菌和產甲烷細菌。

四、簡答題

1. 厭氧生物處理的優點如下：

能耗低、運行費用低；污泥量少；營養鹽需要少；產生甲烷，可作為潛在的能源；可消除氣體排放的污染；能處理高濃度的有機廢水；可承受較高的有機負荷和容積負荷；厭氧污泥可長期儲存，添加底物後可實現快速回應。

其缺點如下：

欲達到理想的生物量的啟動週期長；有時需要提高鹼度；常需進一步通過好氧處理達到排放要求；低溫條件下降解率低；對某些有毒物質敏感；會產生臭味和腐蝕性物質。

2. 略。

3. 產甲烷階段，因為產甲烷細菌是一種嚴格的專性厭氧菌，它們對營養要求較簡單，而對環境條件的變化的反應特別敏感；此外，產甲烷細菌繁殖時間長，代謝速率較緩慢，所以產甲烷菌是控制厭氧生物處理效率的主要微生物。

4. 影響產甲烷細菌的主要生態因子有：pH 值、氧化還原電位、有機負荷率、溫度、污泥濃度、鹼度、接觸與攪拌、營養、抑制物和激活劑。

5. UASB 反應器中廢水為上相流，最大的特點是在反應器上部設了一個三相分離器，三相分離器下部是反應區。

當反應器運行時，廢水自下部進入反應器，並以一定上升流速通過污泥層向上流動。進水底物與厭氧活性污泥充分接觸而得到降解，並產生沼氣。產生的沼氣形成小氣泡，小氣泡上升將污泥托起，隨著產氣量增加，攪拌作用加強，氣體從污泥層內不斷逸出，引起污泥層呈沸騰狀態。污泥層的顆粒隨著顆粒表面氣泡的成長向上浮動，當浮到一定高度由於減壓使氣泡釋放，顆粒再回到污泥層。氣、固、液和混合液上升至三相分離器內，氣體可被收集，污泥和水則進入上部相對靜止的沉澱區，在重力作用下，水與污泥分離，上清液從沉澱區上部排出，污泥被截留在三相分離器下部並通過斜壁返回到反應區。

6. UASB 啟動應遵循以下五條操作原則：

（1）最初的污泥負荷應低於 0.1~0.2kgCOD/（kgSS·d）；

（2）廢水中原來存在和產生出來的各種發酸未能有效地分解之前，不應增加反應器負荷；

（3）反應器內的環境條件應控制在有利於厭氧細菌繁殖的範圍內；

（4）種泥量應盡可能多，一般應為 10~15kgVSS/m³；

（5）控制一定的上升流速，允許多餘的污泥沖洗出來，截留住重質污泥。

7. 氣、固、液和混合液上升至三相分離器內，氣體可被收集，污泥和水則進入上部相對靜止的沉澱區，在重力作用下，水與污泥分離，上清液從沉澱區上部排出，污泥被截留在三相分離器下部並通過斜壁返回到反應區。

8. 因為 UASB 中的微生物是分層生長的，共三相四種群，若布水不均勻，會產生上下的剪切力，破壞微生物的分層，從而使 UASB 失效。

9. 因為厭氧反應器的污泥濃度高，微生物成集團生長，處理能力強。

10. 兩級厭氧處理只是兩個厭氧反應器的分級處理，每個反應器中都進行產酸產甲烷，而兩相厭氧處理是指在建造兩個獨立控制的反應器，分別培養產酸細菌和產甲烷細菌。

11. 產酸菌與產甲烷菌的相互關係主要有：
（1）產酸菌為產甲烷細菌提供生長繁殖的底物；
（2）產酸菌為產甲烷菌創造了適宜的氧化還原電位；
（3）產酸菌為產甲烷菌創造、清除了有毒物質；
（4）產甲烷菌為產酸菌的生化反應解除了反饋抑制；
（5）產酸菌和產甲烷菌共同維持環境中的適宜 pH 值。

五、設計步驟（供參考）：
1. 選定池型（矩形或圓形），確定主要尺寸；
2. 設計進水、配水和出水系統；
3. 選定三相分離器。

第七部分　自然生物處理系統習題答案

一、選擇題

DDCA

二、填空題

1. 好氧塘　兼性塘　厭氧塘　曝氣塘

2. 污水的收集與預處理設備　污水的調節貯存設備　配水與布水系統　土地淨化作用　淨化水的收集利用系統　監測系統

3. 慢速滲濾處理系統　快速滲濾處理系統　地表漫流處理系統　濕地處理系統污水地下滲濾處理系統

4. 自由水面人工濕地處理系統　人工潛流濕地處理系統

5. 強　大　省

6. 300

7. BOD　COD　細菌　藻類　氮磷

三、名詞解釋

穩定塘：又稱氧化塘，是人工適當修整或人工修建的設有圍堤和防滲層的污水池塘，主要依靠自然生物淨化功能。

污水土地處理系統：指污水有節制地投配到土地上，通過土壤-植物系統的物理、化學、生物的吸附、過濾與淨化作用和自我調控功能，使可生物降解的污染物得以降解、淨化，氮、磷等營養物質和水分得以再利用，促進綠色植物生長並獲得增產。

四、簡答題

1. 略。

2. 穩定塘淨化污水主要依靠以下幾個方面的作用：
（1）稀釋作用；
（2）沉澱和絮凝作用；
（3）微生物的代謝作用；
（4）浮遊生物的作用；
（5）水生微管束植物的作用。

3. 將污水投放到土壤，經常處於水飽和狀態而且生長有蘆葦，在香蒲等耐水植物的沼澤地上，污水沿一定方向流動，在流動過程中，在耐水植物和土壤的聯合作用下，污水得到淨化的一種土地處理工藝。

4. 穩定塘具有以下優點：
（1）能夠充分利用河道、沼澤地、山谷、河漫灘等地形進行建設；
（2）運行維護簡單，管理維護人員少；
（3）能實現污水資源化；
（4）美化環境，形成生態景觀；
（5）污泥產生量少，僅為活性污泥法的1/10；
（6）適應能力和抗衝擊負荷能力強，能承受水質和水量大範圍的波動。

穩定塘也有以下弊端：
（1）占地面積過大；
（2）污水處理效果受季節、氣溫和光照等影響，在全年內不夠穩定；
（3）防滲處理不當，地下水可能遭受污染；
（4）容易散發臭氣和滋生蚊蠅。

5. 白天藻類光合作用放出的氧超過細菌降解的有機物所需，塘水中氧的含量很高，甚至達到飽和狀態；晚間藻類光合作用停止，進行有氧呼吸，水中溶解氧濃度下降，在凌晨時最低；陽光開始照射，光合作用又開始進行，水中的溶解氧再次上升。

好氧塘內的pH值也是變化的，白天，由於光合作用，藻類吸收二氧化碳，pH值上升；晚上光合作用停止，有機物降解產生的二氧化碳溶於水中，pH值又下降。

6. 土地-植物系統對污水的處理作用是一個十分複雜的過程，其中包括物理、化學過程及微生物的代謝，具體有以下幾種作用：
（1）物理過濾；
（2）物理吸附與物理化學吸附；
（3）化學反應與化學沉澱；
（4）微生物代謝作用下的有機物分解；
（5）植物吸附和吸收作用。

7. 穩定塘淨化過程的影響因素有溫度、光照、混合、營養物質、有毒物質、蒸發量和降雨量。

五、計算題

好氧塘的面積為：

$$F = \frac{L_a Q}{q}$$

由題中可知：$Q = 2,000 \text{m}^3/\text{d}$，$La = 120 \text{mg/L} = 1.2 \times 10^{-4} \text{kg/m}^3$，$q = 2 \text{g/m}^2 \cdot \text{d} = 2 \times 10^{-3} \text{kg/m}^2 \cdot \text{d}$。

將以上數據代入上式可得好氧塘的面積為：

$$F = \frac{L_a Q}{q} = \frac{1.2 \times 10^{-4} \times 2,000}{2 \times 10^{-3}} = 120 \text{m}^2$$

第八部分　污泥處理、處置與利用答案

一、填空題

1. 沉澱污泥　生物處理污泥　有機污泥　無機污泥
2. 顆粒間的空隙水　毛細水　污泥顆粒吸附水　顆粒內部水
3. 濃縮胞法　自然干化法和機械脫水法　干燥和焚燒
4. 溫度　生物的固體停留時間與負荷　攪拌與混合　營養與 C/N 比　氮的守恒與轉化
5. 無回流，對全部污泥加壓氣浮　有回流水，用回流水加壓氣浮
6. 改善污泥脫水性能　提高機械脫水效果　提高機械脫水設備的生產能力
7. 巴氏消毒法　石灰穩定法　加氯消毒法
8. 減容
9. 重力濃縮　氣浮濃縮　離心濃縮
10. 連續式　間歇式
11. 逐步培養法　一次培養法
12. 真空吸濾機　板框壓濾機　帶式壓濾機　轉筒離心機
13. 中溫甲烷菌　高溫甲烷菌

二、名詞解釋

1. 污泥含水率：污泥中所含水分的重量與污泥總重量之比的百分數被稱為污泥含水率。
2. 揮發性固體和灰分：揮發性固體近似地等於有機物含量；灰分表示無機物含量。
3. 固體通量：即單位時間內，通過單位面積的固體重量叫固體通量，單位為 $\text{kg}/(\text{m}^2 \cdot \text{h})$。
4. 厭氧消化：即在無氧的條件下，由兼性菌及專性厭氧細菌降解有機物，最終產物是二氧化碳和甲烷氣（或稱污泥氣、消化氣），使污泥得到穩定。
5. 離心濃縮：是利用污泥中的固體、液體的比重差，在離心力場所受到的離心力的不同而被分離。
6. 消化池的投配率：消化池的投配率是每日投加新鮮污泥體積占消化池有效容積的百分數。
7. 好氧消化：即在不投加底物的條件下，對污泥進行較長時間的曝氣，使污泥中微生物處於內源呼吸階段進行自身氧化。

8. 濕污泥比重：濕污泥比重等於濕污泥重量與同體積的水重量之比值。

9. 熟污泥：生污泥經厭氧消化或好氧消化處理後，被稱為消化污泥或熟污泥。

10. 化學污泥：用化學沉澱法處理污水後產生的沉澱物稱為化學污泥或化學沉渣。

11. 污泥調理：即破壞污泥的膠態結構，減少泥水間的親和力，改善污泥的脫水性能。

12. 污泥干燥：是將脫水污泥通過處理，去除污泥中絕大部分毛細結合水，表面吸附水和內部結合水的方法。

三、選擇題

1. A 2. C 3. B 4. B 5. B 6. A 7. A 8. D 9. A 10. B
11. A 12. D 13. B 14. C 15. A 16. B 17. B 18. C 19. D 20. A
21. B 22. B 23. C 24. C 25. A 26. A 27. C 28. A 29. B 30. D
31. D 32. B 33. A 34. A 35. A 36. D 37. A 38. D 39. A 40. A
41. A 42. C 43. D 44. B 45. A 46. A 47. A 48. A 49. A 50. A
51. A 52. D 53. C 54. A 55. C 56. C 57. D

四、簡答題

1. （1）污泥處理處置的原則：①使污水廠能正常運行；②使有害有毒物質得到妥善處理或利用；③使有機物得到穩定處理；④綜合利用，變害為利。總原則——減量、穩定、無害化及綜合利用。

（2）污泥處理處置常見工藝：

①生污泥→濃縮→消化→自然干化→最終處理；

②生污泥→濃縮→自然干化→堆肥→最終處理；

③生污泥→濃縮→消化→機械脫水→最終處理；

④生污泥→濃縮→機械脫水→干燥焚燒→最終處理；

⑤生污泥→濕污泥池→最終處理；

⑥生污泥→濃縮→消化→最終處理。

2. （1）最終處置與利用的主要方法是：作為農肥利用、建築材料利用、填地。

（2）污泥堆肥一般採用好氧條件下，利用嗜溫菌、嗜熱菌的作用，分解污泥中有機物質並殺滅傳染病菌、寄生蟲卵與病毒，提高污泥肥分。污泥堆肥一般應添加膨脹劑，膨脹劑可用堆熟的污泥、稻草、木屑或城市垃圾等。膨脹劑的作用是增加污泥肥堆的孔隙率，改善通風以及調配污泥含水率與碳氮比。

堆肥可分為兩個階段，即一級堆肥階段與二級堆肥階段。一級堆肥可分為 3 個過程：發熱、高溫消毒及腐熟。二級堆肥階段：一級堆肥完成後，停止強制通風，採用自然堆放方式，使其進一步熟化，干燥、成粒。

3. 污泥的性質指標有：①污泥含水率：污泥中所含水分的重量與污泥總重量之比的百分數稱為污泥含水率。②揮發性固體和灰分：揮發性固體近似地等於有機物含量。灰分表示無機物含量。③可消化程度。④濕污泥比重與干污泥比重：濕污泥重量等於污泥所含水分重量與干固體重量之和。濕污泥比重等於濕污泥重量與同體積的水重量之比值。⑤污泥肥分。⑥污泥重金屬離子含量。

4. 初沉污泥量

$$V = \frac{1,000\rho_0 \eta q_V}{10^3(100-P)\rho}$$

$$V = \frac{SN}{1,000}$$

式中：V——初沉污泥量，單位為 m^3/d；

q_V——污水流量，單位為 m^3/d；

η——沉澱池中懸浮物的去除率，單位為%；

ρ_0——進水中懸浮物濃度，單位為 mg/L；

P——污泥含水率，單位為%；

ρ——污泥密度，以 $1,000kg/m^3$ 計；

S——每人每天產生的污泥量，一般採用 $0.3\sim 0.8L/(d\cdot 人)$；

N——設計人口數，單位為人。

5. 剩餘活性污泥量（活性污泥法）

剩餘活性污泥量以 VSS（揮發性固體）計，即 $P_X = Yq_V(\rho_{S0}-\rho_{Se}) - K_{d\rho_x}V$。

剩餘活性污泥量以 SS 計，即 $P_{SS} = \frac{P_X}{f}$。

6. 伯力特等人根據微生物的生理種群，提出了厭氧消化三階段理論。三階段消化突出了產氫產乙酸細菌的作用，並把其獨立地劃分為一個階段。三階段消化的第一階段，是在水解與發酵細菌作用下，使碳水化合物、蛋白質與脂肪水解與發酵轉化成單糖、氨基酸、脂肪酸、甘油及二氧化碳、氫等；第二階段，是在產氫產乙酸菌的作用下，把第一階段的產物轉化成氫、二氧化碳和乙酸；第三階段，是通過兩組生理上不同的產甲烷菌的作用，一組把氫和二氧化碳轉化成甲烷，另一組是對乙酸脫羧產生甲烷。

7.（1）消化池的構造主要包括污泥的投配、排泥及溢流系統，沼氣排出、收集與貯氣設備，攪拌設備及加溫設備等。

（2）溢流裝置：消化池的投配過量、排泥不及時或沼氣產量與用氣量不平衡等情況發生時，沼氣室內的沼氣受壓縮，氣壓增加甚至可能壓破池頂蓋。因此消化池必須設置溢流裝置。及時溢流，以保持沼氣常壓力恆定。溢流裝置必須絕對避免集氣罩與大氣相通。溢流裝置常用形式有倒虹管式、大氣壓式及水封式等3種。

8. 水解與發酵菌及產氫產乙酸菌對 pH 值的適應範圍大致為 $5\sim 6.5$，而甲烷菌對 pH 值的適應範圍為 $6.6\sim 7.5$。即只允許在中性附近波動。在消化系統中，如果水解發酵階段與產酸階段的反應速率超過產甲烷階段，則 pH 值會降低，會影響甲烷菌的生活環境。但是，在消化系統中，由於消化液的緩衝作用，在一定範圍內可以避免這種情況發生。緩衝劑是在有機物分解過程中產生的，即消化液中的 CO_2（碳酸）及 NH_3，故重碳酸鹽與碳酸組成緩衝溶液。

9.（1）兩級消化把消化池設計成兩級，第一級消化池有加溫、攪拌設備，並有集氣罩收集沼氣，然後把排出的污泥送入第二級消化池。第二級消化池沒有加溫與攪拌

設備，依靠餘熱繼續消化，消化溫度約為 20℃～26℃，產氣量約占 20%，可收集或不收集，由於不攪拌，所以第二級消化池有濃縮的功能。兩級消化能節省加溫所需的能量。

（2）厭氧消化可分為三個階段，即水解與發酵階段、產氫產乙酸階段及產甲烷階段。各階段的菌種、消化速度對環境的要求及消化產物等都不相同，造成運行管理方面的諸多不便；如採用兩相消化法，即把第一、二階段與第三階段分別在兩個消化池中進行，使各自都有最佳環境條件，故兩相消化具有池容積小、加溫與攪拌能耗少、運行管理方便、消化更徹底的優點。

10. 污泥好氧消化有如下主要優缺點：

優點：①污泥中可生物降解有機物的降解程度高；②上清液 BOD 濃度低；③消化污泥量少，無臭、穩定、易脫水，處置方便；④消化污泥的肥分高，易被植物吸收；⑤好氧消化池運行管理方便簡單，構築物基建費用低。

缺點：①運行能耗多，運行費用高；②不能回收沼氣；③因好氧消化不加熱，所以污泥有機物分解程度隨溫度變化而波動；④消化後的污泥進行重力濃縮時，上清液 SS 濃度高。

11.（1）預處理的目的在於改善污泥脫水性能，提高機械脫水效果與機械脫水設備的生產能力。

（2）初次沉澱污泥、活性污泥、腐殖污泥、消化污泥均由親水性帶負電荷的膠體顆粒組成，揮發性固體含量高、比阻值大、脫水困難。特別是活性污泥的有機分散包括平均粒徑小於 0.1μ 的膠體顆粒，平均粒徑為 $1.0\sim100\mu$ 的超膠體顆粒及由膠體顆粒聚集的大顆粒所組成，所以其比阻值最大，脫水更困難。

一般認為污泥的比阻值在 $(0.1\sim0.4)\times10^9 S^2/g$ 之間時，對其進行機械脫水較為經濟與適宜，但污泥的比阻值均大於此值，故機械脫水前，必須預處理。

（3）預處理的方法主要有化學調節法、熱處理法、冷凍法及淘洗法等。

12.（1）污泥機械脫水方法有真空吸濾法、壓濾法和離心法等。

（2）污泥機械脫水以過濾介質兩面的壓力差作為推動力，使污泥水分被強制通過過濾介質，形成濾液；而固體顆粒被截留在介質上，形成濾餅，從而達到脫水的目的。造成壓力差推動力的方法有 4 種：①依靠污泥本身厚度的靜壓力（如干化場脫水）；②在過濾介質的一面造成負壓（如真空吸濾脫水）；③加壓污泥把水分壓過介質（如壓濾脫水）；④造成離心力（如離心脫水）。

13. 固體通量即單位時間內，通過單位面積的固體重量叫固體通量，單位為 $kg/(m^2\cdot h)$。通過濃縮池任一斷面的固體通量由兩部分組成。一部分是濃縮池底部連續排泥所造成的向下流固體通量，另一部分是污泥自重壓密所造成的固體通量。

14. 氣浮濃縮的原理是在一定的溫度下，空氣在液體中的溶解度與空氣受到的壓力成正比，即服從亨利定律。當壓力恢復到常壓後，所溶空氣即變成微細氣泡從液體中釋放出。大最微細氣泡附著在污泥顆粒的周圍，可使顆粒比重減少而被強制上浮，達到濃縮的目的。因此氣浮濃法適用於污泥顆粒比重接近於 1 的活性污泥。

15.（1）消化池的加溫目的在於：維持消化池的消化溫度（中溫或高溫），使消化

能有效地進行。

（2）加溫的方法有兩種。用熱水或蒸汽直接通入消化池或通入設在消化池內的盤管進行間接加溫。這種方法由於存在著一些缺點，如使污泥的含水率增加、局部污泥受熱過高、在盤管外壁結殼等，故目前很少採用；池外間接加溫，即把生污泥加溫到足以達到消化的溫度，補償消化池殼體及管道的熱損失。這種方法的優點在於：可有效地殺滅生污泥中的寄生蟲卵。

16. 污泥的體積、重量及所含固體物濃度之間的關係如下：

$$\frac{V_1}{V_2} = \frac{W_1}{W_2} = \frac{100 - P_2}{100 - P_1} = \frac{C_2}{C_1}$$

$$\gamma = \frac{濕污泥重量\ W}{與濕污泥同體積的水的重量} = \frac{P + (1 - P)}{\left[\dfrac{P}{\gamma_{水}} + \dfrac{100 - P}{\gamma_S}\right]}$$

濕污泥比重：$\gamma = \dfrac{2,500}{250P + (100 - P)(100 + 1.5P_V)}$

17. 污泥處理的一般原則是減量化、資源化、無害化、穩定化。基本方法有濃縮、穩定、調理、脫水。

18. 降低污泥含水率的方法有：

濃縮法（因所占比例最大，故濃縮是減容的主要方法）；自然干燥法和機械脫水法，主要脫除毛細水；干燥與焚燒法，主要脫除吸附水與內部水。

19. 攪拌的目的是使池內污泥溫度與濃度均勻，防止污泥分層或形成浮渣層，衝池內鹼度，從而提高污泥分解速度。當消化池內各處污泥濃度相差不超過10%時，被認為混合均勻。消化池的攪拌方法有沼氣攪拌、泵加水射器攪拌及聯合攪拌等。

20. 厭氧消化池中，細菌生長所需營養由污泥提供，合成細胞所需的碳源擔負著雙重任務，一是作為反應過程的能源，二是合成新細胞。如果 C/N 太高，細胞的氮量不足，消化液的緩衝能力低，pH 值容易降低；C/N 太低，氮量過多，pH 值可能上升，氨鹽容易累積，會抑制消化進程。

五、計算題

1. 消化污泥量為 7.2m^3。

2. 消化池的有效容積為 30m^3，反應時間為 20 天。

3. 體積減少一半。

4. 干污泥相對密度為 1.267，濕污泥的相對密度為 1.006,4，濕污泥質量為 120.768t。

第七章　水質工程學課程設計指導

第一節　水質工程學Ⅰ課程設計部分

　　城市給水處理廠的設計工作一般分為兩個階段，即初步設計階段和施工圖設計階段。設計內容主要包括：①污水處理廠位置的選擇；②污水處理程度及污水處理流程的決定；③單體構築物型式的選擇及其尺寸的設計；④污水處理廠平面及高程布置；⑤繪製污水處理廠總平面布置圖、單體構築物工藝計算草圖、污水處理廠污水和污泥處理高程布置圖；⑥對於以設備為主的小型水處理系統，如消毒、污泥處理、化學與處理系統等，有時需要繪製流程圖。

　　對於大型的和複雜的工程，在初步設計之前，往往還需要進行工程可行性研究或所需特定的試驗研究。

　　初步設計階段，首先要分析、調查、核實已有設計資料。所需主要資料包括：地形、地質、水文、水質、地震、氣象，編製工程概算所需資料、設備、管配件的價格和施工定額，材料、設備供應狀況，供電狀況，交通運輸狀況，水廠排污問題等，需要時，還應參觀、瞭解類似的水廠設計、施工和運行經驗。在此基礎上，提出幾種方案進行技術經濟比較，最後確定水廠位置、工藝流程、處理構築物形式和初步尺寸以及其他生產和輔助設施等，並初步確定水廠總平面布置和高程布置。在水廠設計中，通常還包括取水工程設計。

一、設計原則

　　有關水廠設計原則，在設計規範中已作了全面規定，本章僅重點提出以下幾方面：

　　（1）水處理構築物的生產能力，應以最高日供水量加水廠自用水量進行設計，並以原水水質最不利的情況進行校核。

　　（2）水廠應按近期設計，考慮遠期發展，根據使用要求和技術經濟合理性等因素，對近期工程亦可做分期建造的安排。對於擴建、改建工程，應從實際出發，充分發揮原有設施的效能，並應考慮與原有構築物的合理配合。

　　（3）水廠設計中應考慮對各構築物或設備進行檢修、清洗，當部分停止工作時，仍能滿足用水要求。例如，主要設備（如水泵機組）應有備用量。城鎮水廠內處理構築物一般雖不設備用量，但通過適當的技術措施，可在設計允許範圍內提高運行負荷力。

　　（4）水廠自動化程度，應本著提高供水水質和供水可靠性，降低能耗、藥耗，提高科學管理水平和增加經濟效益的原則，根據實際生產要求、技術經濟合理性和設備

供應情況，妥善確定。

（5）設計中必須遵守設計規範的規定。如果採用的現行規範尚未列入新技術、新工藝、新設備和新材料，則必須通過科學論證，確證其行之有效，方可付諸實踐。但對於確實行之有效、經濟效益高、技術先進的新工藝、新設備和新材料，應積極採用，不必受現行設計規範的約束。

二、設計一般步驟

（1）分析研究設計規模（處理水量、水質）、處理程度要求、占地要求、投資情況，提出可行性處理方案。（此部分為本科生課程設計要點，要求針對具體的設計任務，提出至少兩個給水淨化流程）

（2）從處理效果、操作管理以及投資運行花費等方面進行比較，確定最佳處理方案。同時，應確定主要設備及附屬設施。

（3）進行處理構築物形式的選擇。

（4）進行各處理構築物的設計計算。

（5）確定水廠的附屬構築物和建築物。

（6）進行水廠的平面布置。

（7）進行水頭損失計算，確定水廠的高程布置。

（8）設備材料選型。

三、設計要點與說明

（1）給水處理廠廠址的選擇。

廠址選擇應在整個給水系統設計方案中全面規劃、綜合考慮，通過技術經濟比較確定。在選擇廠址時，一般應考慮以下幾個問題：

a. 廠址應選擇在工程地質條件較好的地方，一般選在地下水位低、承載力較大、濕陷性等級不高、岩石較少的地層，以降低工程造價和便於施工。

b. 水廠盡可能選擇在不受洪水威脅的地方，否則應考慮防洪措施。

c. 水廠應盡量設置在交通方便的靠近電源的地方，以利於施工管理和降低輸電線路的造價，同時要考慮沉澱池排泥及濾池沖洗水排除是否方便。

d. 當取水地點距離用水區較遠時，水廠一般設置在取水構築物附近，通常與取水構築物建在一起，當取水地點距離用水區較近時，廠址選擇有兩種方案。一是將水廠設置在取水構築物附近，二是將水廠設置在離用水區較近的地方。前一種方案主要優點是：水廠和取水構築物可集中管理，節省水廠自用水（如濾池沖洗和沉澱池排泥）的輸水費用並便於沉澱池排泥和濾池沖洗水排除，特別是對濁度較高的水源而言。但從水廠輸送至主要用水區的輸水管道口徑要增大，管道承壓較高，從而增加了輸水管道的造價，特別是當城市用水量逐時變化系數較大及輸水管道較長時；或者需在主要用水區增設配水廠（消毒、調節和加壓），淨化後的水由水廠送至配水廠，再由配水廠送入管網，需要加強給水系統的設施建設和管理工作。後一種方案的優缺點與前者正相反。對於高濁度水源，也可將預沉構築物與取水構築物建在一起，水廠其餘部分設

置在主要用水區附近。以上不同方案應綜合考慮各種因素並結合其他具體情況，通過技術經濟比較加以確定。

（2）給水處理廠處理流程的確定。

給水處理廠的工藝流程是指在保證處理水達到所要求的處理程度的前提下，所採用的水處理技術的各單元的有機組合。在選定處理工藝流程的同時，還需要考慮確定各處理技術單元構築物的形式，兩者互為制約，互為影響。水處理流程的選擇原則：經濟節省性原則；運行可靠性原則；技術先進性原則。應考慮的一些重要因素：充分考慮業主的需求；考慮實際操作管理人員的水平。

給水處理工藝流程的選定是一項比較複雜的系統工程，必須對當地的各項條件、水質狀況、工程造價與運行費用及處理水量等因素加以綜合考慮，進行多種方案的經濟技術比較，必要時應當進行深入的調查研究和試驗研究工作。這樣才有可能選定技術可行、先進、經濟合理的水處理工藝流程。以下介紹幾種較典型的給水處理工藝流程以供參考。

以地表水作為取水水源時，處理工藝流程中通常包括混合、絮凝、沉澱或澄清、過濾及消毒。工藝流程如圖7-1所示。

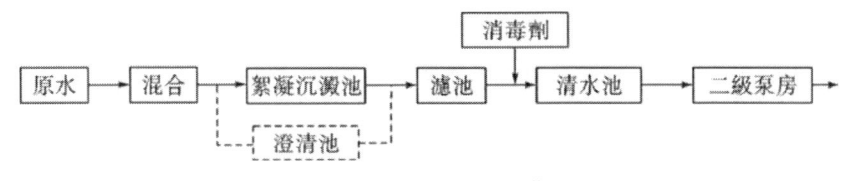

圖7-1　地表水常規處理工藝流程

原水濁度較低（一般在50度以下），不被工業廢水污染且水質變化不大，可省略混凝沉澱（或澄清）構築物，原水採用雙層濾料或多層濾料濾池直接過濾，也可在過濾前設一微絮凝池，稱之為微絮凝過濾。工藝流程如圖7-2所示。

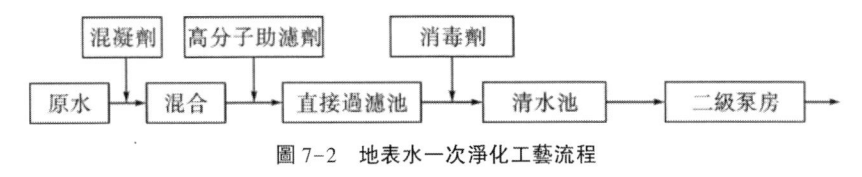

圖7-2　地表水一次淨化工藝流程

當原水濁度高，含沙量大時，為了達到預期的混凝沉澱（或澄清）效果，減少混凝劑用量，應增設預沉池或沉砂池，工藝流程如圖7-3所示。

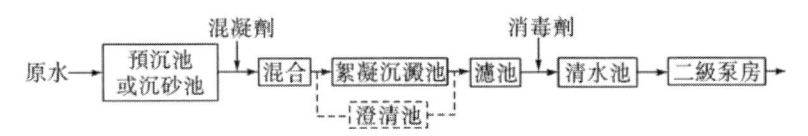

圖7-3　高濁度水處理工藝流程

若水源受到較嚴重的污染，目前行之有效的方法是在砂濾池後再加設臭氧/活性炭處理，如圖7-4。

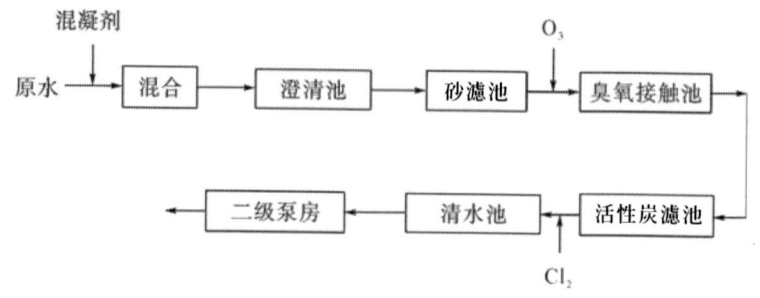

```
原水 → 混合 → 澄清池 → 砂濾池 → 臭氧接觸池
         ↑混凝劑              ↑O₃
二級泵房 ← 清水池 ← 活性炭濾池 ←
              ↑Cl₂
```

圖 7-4　受污染水源處理工藝流程（Ⅰ）

被污染的水源還可在常規處理工藝前增加生物預處理（包括預氧化、活性炭吸附、生物處理等），增加生物預處理如圖 7-5。

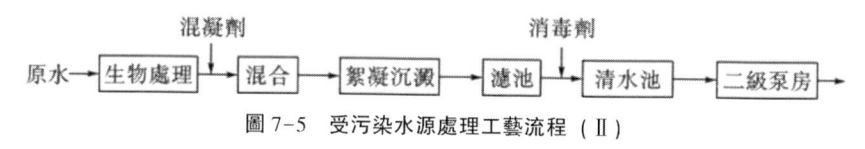

```
原水 → 生物處理 → 混合 → 絮凝沉澱 → 濾池 → 清水池 → 二級泵房
              ↑混凝劑              ↑消毒劑
```

圖 7-5　受污染水源處理工藝流程（Ⅱ）

以地下水作為水源時，由於水質較好，通常不需任何處理，僅消毒即可。

(3) 給水處理廠的設計處理量。

水處理構築物的生產能力，應以最高日供水量加水廠自用水量進行設計，並對原水水質最不利的情況進行校核。水廠自用水量主要用於濾池沖洗及沉澱池或澄清池排泥等方面。自用水量取決於所採用的處理方法、構築物類型及原水水質等因素。城鎮水廠自用水量一般為供水量的 5%～10%。

(4) 處理構築物的選型。

對處理流程及構築物選型的合理性進行分析，說明工藝特點。另外，應注意在確定處理流程以及進行處理構築物選型時，要兼顧水廠的平面布置和高程布置。

常規處理構築物的組合主要是指「混凝沉澱池（澄清池）—過濾池—清水池」三階段的配合，因為水廠中這三種構築物在經濟上和技術上占主要地位。有的組合方式根本不用考慮，例如：平流沉澱池和無閥濾池的配合，不僅在各自適用水量大小上不相配，在高程上的配合也有困難。就水廠規模而言，小於 10,000m³/d。根據具體情況和經驗選定以下可行方案：

　　a. 機械澄清池——移動罩濾池

　　b. 機械澄清池——普通快濾池

　　c. 機械澄清池——虹吸濾池

　　d. 平流沉澱池——移動罩濾池

　　e. 平流沉澱池——普通快濾池

　　f. 平流沉澱池——虹吸濾池

　　g. 斜管沉澱池——移動罩濾池

　　h. 斜管沉澱池——普通快濾池

　　i. 斜管沉澱池——虹吸濾池

之後，從經濟上考慮，年成本最低者為優化方案。在以上方案比較中，濾池後的清水池均相同，故不參與比較。此外，平流沉澱池和斜管沉澱池前的絮凝池還可進行幾種方案的比較。

在選定處理構築物型式組合以後，各單項構築物（主要指常規構築物：絮凝池、沉澱池、澄清池、濾池）處理效率和實際標準也有一個優化設計問題。因為設計規範中每種構築物的設計參數均有一定的可變幅度。某一構築物處理效率或設計標準往往與後續處理構築物的處理效率密切相關。例如：將已選定的平流沉澱池和普通快濾池相配合，若平流沉澱池設計停留時間長、造價高，但出水濁度低，快濾池濾速可選用較高值，濾池面價可適當減少，沖洗週期可適當延長，從而濾池造價和沖洗耗水量減小，反之亦然。

（5）藥劑配製與投加設備的設計。

混凝劑的投加量應在選擇了混凝劑的種類之後，用實驗的方法確定，中國各水廠的平均投藥量為5~30mg/L，最高不超過100mg/L（以三氧化二鋁計），否則就應當通過藥劑的混合使用及各種改進處理方法使水澄清。在確定混凝劑及投量之後，確定投藥方式、選擇配製及投加藥劑的設備形式。溶解池和溶液池，可根據混凝劑的純度、溶液的濃度、加藥量以及配製次數等進行計算，相應數據應合理確定。

（6）混合與絮凝設備的設計。

充分考慮各方面因素，合理確定混合方式。

絮凝設備的工作效果，會直接影響沉澱效果，應合理選擇其形式、水流速度及停留時間等。絮凝池形式及工藝尺寸的選擇，往往牽扯到與沉澱池的配合問題，所以絮凝池和沉澱池應一併考慮。應注意絮凝池出水管中流速的選擇。

（7）沉澱澄清設備的設計。

沉澱設備、澄清設備類型很多，應進行全面比較，慎重選取，然後依照規範、手冊進行詳細設計。

（8）過濾設備的設計。

濾池種類甚多，應根據水廠規模和運行管理要求等情況進行比較選擇。

（9）消毒設備的設計。

充分考慮各方面因素，合理選擇消毒劑。結合處理工藝，確定消毒劑投加點。

目前中國主要採用加氯消毒，加氯量的多少，應視水中有機物及細菌數量而定，一般為0.5~2.0mg/L，相應的接觸時間須在30min以上。消毒一般在過濾後進行，氯常加在濾池至清水池的輸水管上，當水在清水池內停留時，使其進行充分接觸。

加氯間應有良好的通風設備和直通室外的出口，加氯間和加氯點之間的距離一般為10~20m，加氯間的面積應根據加氯設備的形式、數量和布置決定。

（10）給水處理廠其他構築物、建築物的設計。

包括清水池、排泥水處理工藝單元及水廠附屬構築物和建築物的設計和確定。

清水池的有效容積可按最高日用水量的10%~20%考慮（大水廠採用較小的百分比）；清水池的池數或分格數一般不少於兩個，並能單獨工作和分別放空。從水廠平面上看，清水池應盡量靠近濾池，特別是應與二級泵站靠近；從高程上考慮，清水池有

地下式、半地下式和地面式三種類型,一般都按深入地下 3~4m 左右考慮,並設計在地形的最低處。

水廠生產廢水包括反應沉澱池排泥水及濾池反沖洗廢水,在此將其統稱為水廠排泥水。排泥水水量按日處理量的 4%~7% 估算,估算時應說明理由。

給水處理廠附屬構築物、建築物面積可根據水廠規模等條件,參照涉及手冊確定。

(11) 給水處理廠的布置原則。

在水廠中直接與生產有關的生產構築物包括一級泵房、預沉池、絮凝池、沉澱池、澄清池、濾池、清水池、沖洗設施、二級泵房、變配電室、投藥間、排污泵房、污泥沉澱(濃縮)池、脫水機房等。輔助和附屬建築物包括:化驗室、檢修車間、材料倉庫、危險品倉庫、值班室、辦公室、鍋爐房、車庫等。

水廠平面布置涉及的管線一般包括:給水、排水管線,加藥和廠用水管線、電纜、電線等。給水管線包括生產給水管線和超越管線;排水管線包括廠內雨水的排除管線、場內生產廢水的排除管線和廠內生活污水的排除管線;加藥管線包括混凝劑投加管線和消毒劑投加管線;自用水管線包括廠內生活用水、消防用水、泵房、藥間沖洗溶解用水,以及清洗水池用水;大型水廠內的電纜較多,有動力、通信、照明、控制電纜等,可採用集中電纜溝的方式進行布置。

進行水廠的平面布置時,應注意的原則:流程盡量簡短,避免迂迴重複,盡量減少水頭損失,構築物盡量靠近,便於操作管理;盡量適用地形,力求減少土石方量;注意構築物、建築物的朝向和間距,水廠建築物以南北向布置較為理想,構築物、建築物之間的間距應滿足施工和管線布置等的要求;連接管渠應簡單、短捷,盡量避免立體交叉,並考慮施工、檢修方便;注意水廠內的功能分區,合理布置;考慮近遠期的協調。

廠區道路、綠化布置、照明、圍牆及進門等其他設施的設計和布置參見涉及手冊。

給水處理廠的高程布置是在平面布置完成之後進行的,先應計算處理構築物之間的水頭損失,確定各自高程,再進行高程布置。

構築物間的水頭損失包括處理構築物中的水頭損失、構築物連接管渠的水頭損失和計量設備的水頭損失。處理構築物中的水頭損失可按經驗數值取用,構築物連接管渠的水頭損失應計算,計量設備的水頭損失可按公式計算,或進行估算,一般水廠出水管上計量儀表中的水頭損失可按 0.2m 計算,流量指示器水頭損失可按 0.1~0.12m 計算。

一般來說,應先決定清水池的水面標高,然後逆著處理流程進行水頭損失的計算並確定相應高程;水頭損失的計算和高程的確定可列表進行。本次課程設計,要求二泵房水泵出口壓力不小於 40m 水柱。

四、圖紙繪製

設計圖紙是表達工程設計的基本文件。城市給水處理廠課程設計圖紙是設計的主要內容。由於受設計時間、設計教學基本要求等因素的限制,城市給水處理廠設計圖紙不能全部按照施工圖的要求繪製,其中有一部分可以按照初步設計(或擴大初步設

計）的要求繪製。

繪圖是工程設計的基本訓練內容，城市給水處理廠設計中要求學生用計算機繪圖；同時也要求學生有一定數量的手工繪圖。下面介紹一些城市給水處理廠畢業設計圖紙繪製的基本要求：

（1）給水處理廠平面布置圖給水處理廠總平面圖上，應繪出全部的主要淨水構築物、水泵站、清水池及附屬房屋建築、道路、風向玫瑰圖、綠化地帶及廠區界限，並用坐標表示出其外形尺寸和相互距離。

（2）給水處理廠高程布置圖。橫向比例採用 1：500～1：1,000，縱向比例採用 1：50～1：100；同時可以不按比例繪製。

在制水與污泥高程圖中，要求制水與污泥在處理過程中流動距離最長、水頭損失最大的流程，並按最大設計流量進行高程計算，以此來繪製各處理構築物與連接管道的高程平面圖。為保證各構築物之間的污水靠重力自流，必須精確計算各構築物及管道中的水頭損失，這既包括沿程水頭損失也包括局部水頭損失，還須考慮事故與擴建等情況所需的儲備水頭。

高程圖中必須註明原有地面與平整後地面的標高和構築物的頂部、底部及其有效水位的標高等。構築物之間的連接管應標出管徑和管中心的標高，連接渠應標出渠頂、渠底和有效水位的標高。

（3）單體處理構築物工藝設計圖。（此部分適合成績爭優同學，其他同學不要求）

任務書要求選擇任意一個單體構築物進行詳細制圖，其比例尺採用 1：10～1：100。主要處理構築物工藝構造應有的平面圖和剖面圖，基本達到擴初設計深度。

圖中應註明構築物的全部主要工藝尺寸、相互距離、構築物及管渠名稱及其安裝高度、圖中複雜的節點構造以及表示不出的構件及有關部分，應另繪大樣圖（1：10～1：20）表示之。對有關的問題，應做必要說明。圖中各構築物壁及各種管渠皆用雙線表示。

剖面圖應能表示出構築物內部構件的全部構造，圖中應註明各構築物之頂、底及水面的標高、各構件及管渠的安裝高度、內部地面及外部地面的標高。

（一）繪圖基本要求

繪製設計圖紙時，應遵守下列規定。

（1）設計應以圖樣表示，不得以文字代替繪圖。如必須對某部分進行說明時，說明文字應通俗易懂、簡明清晰。有關全工程項目的問題應在首頁進行說明，局部問題應註寫在本張圖紙內。

（2）在同一工程項目的設計圖紙中，圖紙、術語、繪圖的表示方法應保持一致。

（3）在同一工程子項的設計圖紙中，圖紙規格應該一致，如有困難時，不宜超過兩種規格。

（4）圖紙編號應遵守下列規定。

a. 初步設計採用水規-××；

b. 初步設計採用水初-××，水擴初-××；

c. 施工圖採用水施-××。

(5) 圖紙圖號應按下列規定編排：

a. 一般按照水處理流程圖（有時可省略）、總平面圖、單體構築物設計圖及主要設備設計圖的順序排列；

b. 單體構築物按平面圖、剖面圖、大詳圖及詳圖順序排列；

c. 主要設備按系統原理在前，平面圖、剖面圖、放大圖、軸測圖、詳圖依次在後的順序排列；

d. 主要管道按總平面圖在前，管道節點圖、閥門井示意圖、管道縱斷面圖或管道高程表、詳圖依次在後的順序排列；

e. 平面圖中應按地下各層在前、地上各層依次在後的順序排列；

f. 對於小型水處理系統，水處理流程圖應在前，平面圖、剖面圖、放大圖、詳圖應依次在後。

圖面編排要求比例恰當，布置緊湊合理，圖與圖之間、圖與表之間的間距要適當；圖幅選擇應合適，能用某一號圖表達清楚的，就不用大一號的圖；圖面布置要有層次，應突出重點。

對於圖線的一般要求如下：

第一，圖線的寬度。圖線的寬度 b，應根據圖紙的類別、比例和複雜程度，按《房屋建築制圖統一標準》中第 3.0.1 條的規定選用。線寬 b 宜為 0.7mm 或 1.0mm。

第二，線型。給排水專業制圖，常用的各種線型宜符合表 7-1 的規定。

表 7-1　　　　　　　　　　　線型

名稱	線型	線寬	用途
粗實線	————	b	新設計的各種排水和其他重力流管線
粗虛線	— — — —	b	新設計的各種排水和其他重力流管線的不可見輪廓線
中粗實線	————	0.75b	新設計的各種給水和其他壓力流管線；原有的各種排水和其他重力流管線
中粗虛線	— — — —	0.75b	新設計的各種給水和其他壓力流管線及原有的各種排水和其他重力流管線的不可見輪廓
中實線	————	0.50b	給排水設備、零（附）件的可見輪廓線；總圖中新建的建築物和構築物的可見輪廓線；原有的各種給水和其他壓力流管線的不可見輪廓線
中虛線	— — — —	0.50b	給排水設備、零（附）件的不可見輪廓線；總圖中新建的建築物和構築物的不可見輪廓線；原有的各種給水和其他壓力流管線的不可見輪廓線
細實線	————	0.25b	建築的可見輪廓線；總圖中原有的建築物和構築物的可見輪廓線；制圖中的各種標註線
細虛線	— — — —	0.25b	建築的不可見輪廓線；總圖中原有的建築物和構築物的不可見輪廓線

表7-1(續)

名稱	線型	線寬	用途
單點長劃線	—·—·—·—·—·—·—·—	0.25b	中心線、定位軸線
折斷線	⌇	0.25b	斷開界限
波浪線	〰〰〰	0.25b	平面圖中水面線；局部構造層次範圍線；保溫範圍示意線等

對於標高的標註要求如下：

第一，室內工程應標註相對標高；室外工程宜標註絕對標高，當無絕對標高資料時，可標註相對標高，但應與總圖專業一致。

第二，壓力管道應標註管中心標高；溝渠和重力流管道宜標註溝（管）內底標高。

第三，在下列部位應標註標高：

a. 溝渠和重力流管道的起訖點、轉角點、連接點、邊坡點、變尺寸（管徑）點及交叉點；

b. 壓力流管道中的標高控制點；

c. 管道穿外牆、剪力牆和構築物的壁及底板等處；

d. 不同水位線處；

e. 構築物和土建部分的相關標高。

第四，標高的標註方法應符合下列規定：

a. 平面圖中，管道標高應按圖7-6的方式標註。

b. 平面圖中，溝渠標高應按圖7-7的方式標註。

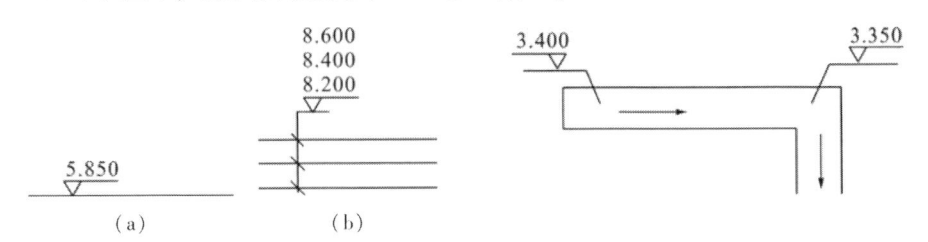

圖7-6　平面圖中管道標高標註法　　　圖7-7　平面圖中溝渠標高標註法

c. 剖面圖中，管道及水位的標高應按圖7-8的方法標註。

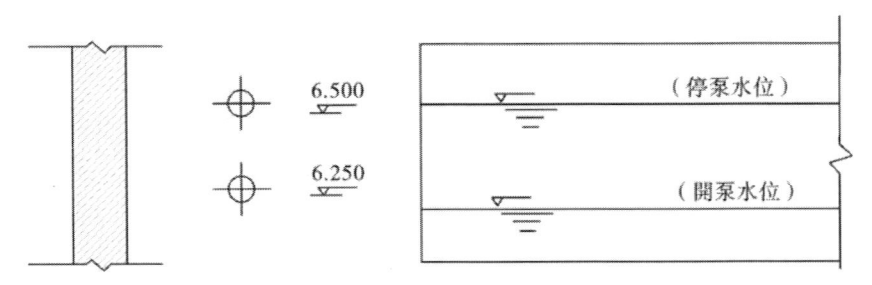

圖7-8　剖面圖中管道及水位標高標註法

d. 軸測圖中，管道標高應按圖 7-9 的方式標註。

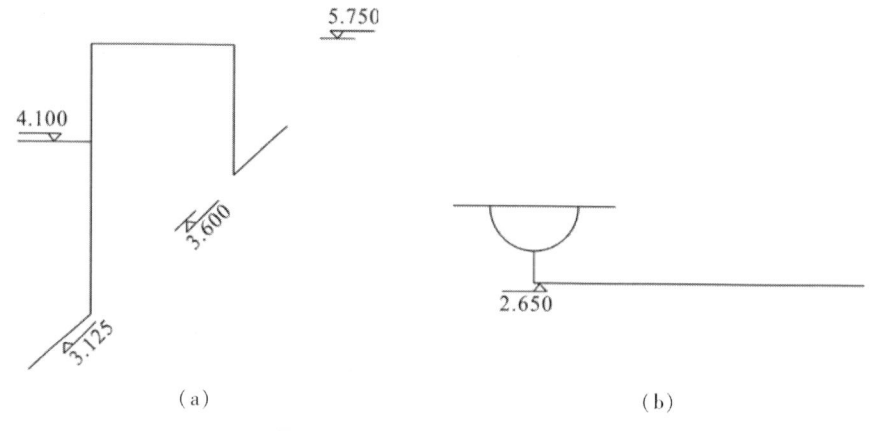

（a）　　　　　　　　　　　　　（b）

圖 7-9　軸測圖中管道標高標註法

管徑的表示如下：

第一，管徑應以 mm 為單位。

第二，管徑的表達方式應符合下列規定：

a. 水煤氣輸送鋼管（鍍鋅和非鍍鋅）、鑄鐵管等管材，管徑宜以公稱 DN 表示（如 DN15、DN50）；

b. 無縫鋼管、焊接鋼管（直縫或螺旋縫）、銅管、不銹鋼等管材，直徑宜以外徑 D×壁厚表示（如 D108×4、D159×4.5 等）；

c. 鋼筋混凝土（或混凝土）管、陶土管、耐酸陶瓷管、缸瓦管等管材，管徑宜以內徑 D 表示（如 D230、D380 等）；

d. 塑料管材，管徑宜按產品標準的方法表示；

e. 當設計均用公稱直徑 DN 表示管徑時，應有公稱直徑 DN 與相應產品規格的對照表。

第三，管徑的標註方法應符合下列規定：

a. 單根管道時，管徑應按圖 7-10 的方式標註。

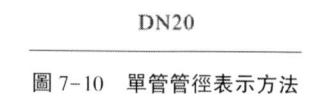

DN20

圖 7-10　單管管徑表示方法

b. 多根管道時，管徑應按 7-11 的方式標註。

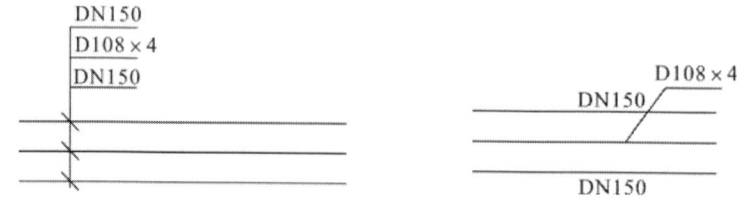

圖 7-11　多管管徑表示方法

圖框及標題欄（參考）如下：

第一，標題欄。應放置在圖紙右下角。總長 130mm，總寬 32mm。格式見表 7-2。

表 7-2　　　　　　　　　　　　　　標題欄（參考）

（圖名）	（比例） 15mm	長 25mm，寬 8mm
	（圖號）	
（制圖） 15mm	（班級，姓名）長 35mm	（日期）	（校名）
（審核）	（姓名）寬都是 8mm	長 15mm	

第二，圖框。A2 圖紙的為 420mm×594mm，A3 圖紙為 297mm×420mm。

圖紙折疊法（參考）如下：

第一，不裝訂的圖紙折疊時，應將圖面折向外方，並使右下角的圖標露在外面。圖紙折疊後的大小，應以 4 號基本圖幅的尺寸（297mm×210mm）為準。

第二，需裝訂的圖紙折疊時，折成的大小尺寸為 297mm×185mm，按圖的順序裝訂成冊。

（二）單體構築物的繪製

1. 總體要求

（1）水處理構築物、泵房平、剖面圖、設備間、衛生間一般採用的比例尺有 1∶100、1∶50、1∶40、1∶30。詳圖採用的比例有 1∶50、1∶30、1∶20、1∶10、1∶5、1∶2、1∶1、2∶1 等。採用 1∶30 以下的比例時，管線要用雙線表示。

（2）應表示出構築物平面和剖面的工藝布置、管道設備的安裝位置、尺寸、高程以及必要的局部大樣。

（3）構築物必須用雙線繪製，並標出材料符號。

（4）圖中還應包括材料表、說明和圖標。

2. 具體規定

（1）單體構築物一般需要繪製平面圖和剖面圖。

（2）對工藝布置比較複雜的構築物，可以用幾個平面表示，但應標明各層平面圖的位置。一個平面圖上也能表示兩個不同剖面位置的平面，具體做法是在剖面圖上用轉折的剖切線表明其位置。

（3）當構築物的平面是對稱布置時，繪製平面圖可以省略其對稱部分，但應在平面對稱的中軸線上用對稱符號（一般為點劃線）表明。

（4）當構築物的平面尺寸過大，在圖上難以全面繪製時，在不影響所表示的工藝部分內容前提下，其間可用折線斷開，但其總尺寸仍需註明。

（5）在平面圖上，按照不敷土的情況將地下管道畫成實線；對所取平面以上的部分，如水池的檢修孔、通風孔等，如確需要表示，可用虛線繪製。

（6）構築物進水管、出水管（渠）、溢流管等管道名稱應在圖上標明。用雙線畫的管道，當管壁淨間距不小於 3mm 時，應畫出管道中心線；管道橫剖圖上圓的直徑不小於 4mm 時，應畫出十字形的管道中心線。

（7）穿牆管預留孔洞以及牆壁上的穿牆孔洞被剖切時，應按實際繪製；在剖面位置後面時，可用虛線繪製。

（8）對於被剖切的池壁、池底、牆及井壁等，應分別繪出其建築材料及土壤符號。管道中的水流方向，以及水處理構築物的進水、出水方向均應以箭頭表示，並標明構築物進水來源及出水去向，如來自沉砂池、去曝氣池等。

（9）僅有本專業管道的單體建築物局部總平面圖，可從閥門井、檢查井繪引出線，線上應標註井蓋面標高；線下應標註管底或管中心標高。

（三）水處理廠總平面繪製圖

在滿足本節基本要求的基礎上，進行如下細化布置。

1. 布置要求

水處理廠的平面布置應包括：

（1）各處理構築物和建築物及其平面定位；

（2）各種管道、閥門及其他附屬設施（如消火栓、給水栓等）設計；

（3）道路、圍牆、綠化等的設計與佈局；

（4）坐標軸線、等高線、風玫瑰（或指北針）；

（5）工程量一覽表、圖例、說明和圖標等。

2. 水廠的平面布置

水廠的基本組成包括兩部分：①生產構築物和建築物，包括處理構築物、清水池、二級泵站、藥劑間等；②輔助建築物，其中又分生產輔助建築物和生活輔助建築物兩種。前者包括化驗室、修理部門、倉庫、車庫及值班宿舍等，後者包括辦公樓、食堂、浴室、職工宿舍等。

處理構築物是水處理廠平面布置的主要內容，平面尺寸由設計計算確定。生活輔助建築物面積應按水廠管理體制、人員編製和當地建築標準確定。生產輔助建築物面積根據水廠規模、工藝流程和當地具體情況而定。

進行處理構築物的平面布置時，要根據各構築物（及其附屬輔助建築物，如泵房、加藥間等）的功能要求和水處理流程的水力要求，結合廠址地形、地質及氣象等自然條件，確定它們在平面圖上的位置。具體可參考以下原則：

（1）水處理流程簡短、流暢，使各處理構築物以最方便的方式發揮作用；處理構築物宜布置成直線型，受場地或者地形限制不能布置成直線型的，應注意建設時構築物之間的銜接。

（2）充分利用地形，力求挖填土方平衡以減少填、挖土方量和施工費用。例如沉澱池或澄清池應盡量布置在地勢較高處，清水池應布置在地勢較低處。

（3）各構築物之間連結管（渠）應簡單、短捷，盡量避免立體交叉，同時要考慮施工、檢修方便。此外，有時也需要設置必要的超越管道，以便某一構築物停產檢修時，為保證必須供應的水量而採取應急措施。

（4）構築物布置應注意朝向和風向。如加氯間和氯庫應盡量設置在水廠主導風向的下風向；泵房及其他建築物盡量布置成南北向。

（5）對分期建造的工程，既要考慮近期的完整性，又要考慮遠期工程建成後整體

佈局的合理性，還應考慮分期施工的方便性能。

關於水廠內道路、綠化、堆場等設計要求見《室外給水設計規範》。

布置樣圖如圖 7-12。

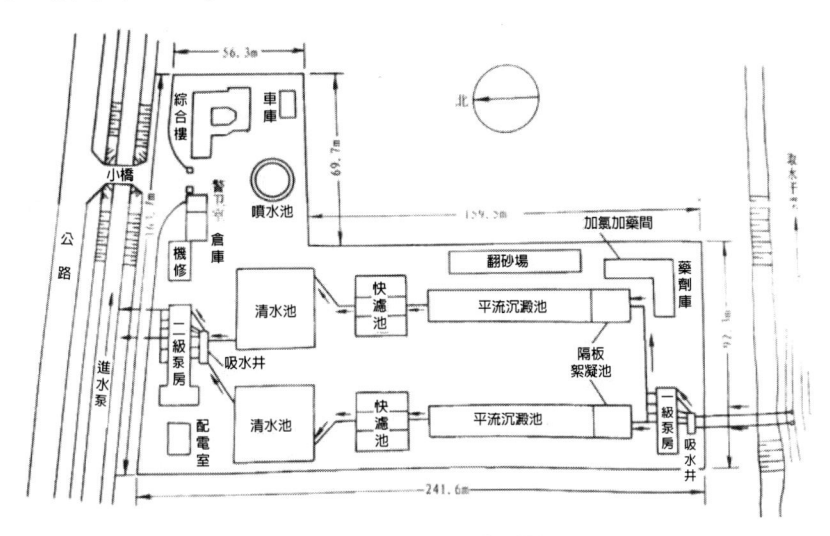

圖 7-12 水廠平面布置圖

3. 水廠的高程布置

在處理工藝流程中，各構築物之間的水流應為重力流。兩構築物之間的水面高差即為流程中的水頭損失，包括構築物身、連接管道、計量設備等水頭損失在內。水頭損失應通過計算確定，並留有餘地。

處理構築物中的水頭損失與構築物型式和構造有關，估算時可採用表 7-3 的數據，一般需通過計算確定。該水頭損失應包括構築物內集水槽（渠）等水頭跌落損失。

表 7-3　　　　　　　　　　處理構築物中的水頭損失

構築物名稱	水頭損失（m）	構築物名稱	水頭損失（m）
進水井格網	0.2~0.3	無閥濾池、虹吸濾池	1.5~2.0
絮凝池	0.4~0.5	移動罩濾池	1.2~1.8
沉澱池	0.2~0.3	直接過濾濾池	2.0~2.5
澄清池	0.6~0.8	普通快濾池	2.0~2.5

各構築物之間的連接管（渠）斷面尺寸由流速決定，其值一般如表 7-4 所示。當地形有適當坡度可以利用時，可採用較大流速以減少管道直徑及相應配件和閥門尺寸；當地形平坦時，為避免增加填、挖土方量和構築物造價，宜採用較小的流速。在選定管（渠）道流速時，應適當留有水量發展的餘地。連接管（渠）的水頭損失（包括沿程和局部）應通過水力計算確定。

表 7-4　　　　　　　　　連接管中允許流速和水頭損失

連接管段	允許流速（m/s）	水頭損失（m）	附註
一級泵站至絮凝池	1.0~1.2	視管道長度而定	應防止絮凝體破碎
絮凝池至沉澱池	0.15~0.2	0.1	
沉澱池或澄清池至濾池	0.8~1.2	0.3~0.5	流速宜取下限，留有餘地
濾池至清水池	1.0~1.5	0.3~0.5	
快濾池沖洗水管	2.0~2.5	視管道長度而定	
快濾池沖洗水排水管	1.0~1.5	視管道長度而定	

在各項水頭損失確定之後，便可進行構築物高程布置。構築物高程布置與廠區地形、地質條件及所採用的構築物型式有關。當地形有自然坡度時，有利於高程布置；當地形平坦時，高程布置中既要避免清水池埋入地下過深，又要避免絮凝沉澱池或澄清池在地面上抬高而增加工程造價。尤其是在當地質條件差，地下水位高時。通常，當採用普通快濾池時，應考慮清水池地下埋深；當採用無閥濾池時，應考慮絮凝、沉澱池或澄清池是否會抬高。

高程布置樣圖如圖 7-13 所示，各構築物之間水面高差由計算確定。

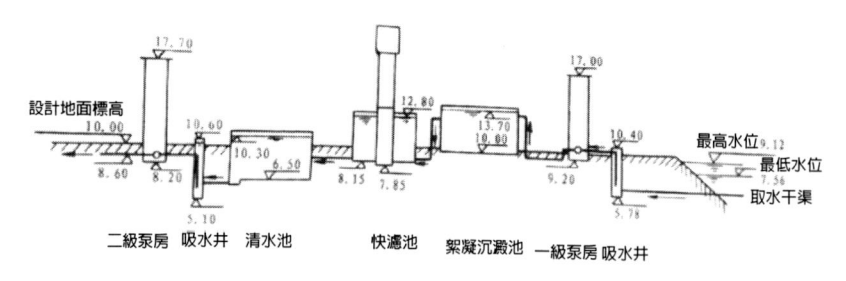

圖 7-13　高程布置樣圖

五、計算說明書文本編製格式及要求

1. 設計說明書內容

設計說明書內容如圖 7-14。

一、概述
 1. 編制依據、原則和範圍
  (1) 編制依據
  (2) 編制原則
  (3) 編制範圍
  (4) 設計採用的主要設計規和設計標準
 2. 自然條件
  (1) 地形條件
  (2) 工程條件
  (3) 氣象條件
  (4) 水文條件
  (5) 交通運輸條件
  (6) 電力供應條件
 3. 水處理廠所涉及城市(區)的現狀與發展規劃
  (1) 水處理廠所涉及的城市(區)的現狀
  (2) 水處理廠所涉及的城市(區)的發展規劃
二、設計內容
 依據任務書要求進行設計
三、水處理廠水質水量分析
 1. 水廠設計規模
  (1) 原水來源
  (2) 設計原水水量
  (3) 設計進水水質
  (4) 設計出水水質
 2. 水處理廠廠址確定及建廠條件
  (1) 廠址的選擇規則
  (2) 廠址現狀及條件
四、處理方案的確定
 1. 水處理方案的確定
  (1) 可行性處理方案的提出
  (此部分本科生設計重點，要求對具體的設計任務，提出至少兩個水處理流程)
  (2) 處理方案的比較
  (針對提出的原水處理流程方案，從處理效果、操作管理以及
  (針對提出的原水處理流程方案，從處理效果、操作管理以及投資運行花費等方面進行比較)
  (3) 最佳處理方的確定
 五、工藝流程以及主要構築說明
  1. 工藝流程及說明
  2. 主要構築物及 設備主要參數描述
   (1) 單體的構築物設計
    a、單體的構築物名稱、尺寸、數量及技術參數
    b、單體構築物配套設備的型號、尺寸、數量及技術參數\
   (2) 主要設備
    a、主要設備的型號、尺寸、數量及技術參數
    b、主要設備所需附屬設施的設計
   (3) 附屬構築物的設計
    a、辦公室
    b、化驗室
    c、其他(採暖、消防、綠化等)
 六、水處理廠工程設計
  1. 平面布置
   (1) 地形、地勢、風向
   (2) 進出水方向
  2. 單體構築物的布置
  3. 高程布置
  4. 附屬建築物設計
  5. 綠化設計
 七、電氣設計
  1. 設計依據
  2. 設計範圍
  3. 電氣負荷
  4. 供電電源
  5. 電纜
 八、自動系統及儀表設計
  1. 自動控制要求
  2. 測量儀表
 九、降噪、安全、環保和可能
  1. 風機房降噪
  2. 環保
  3. 安全
  4. 節能
 十、主要設備及材料估算
  1. 主要的構築物及設備清單
  2. 主要工程材料表
 十一、經濟分析
  1. 工程投資
  2. 運行成本
 十二、工程項目實施計畫與管理
  1. 實施原則和步驟
  2. 項目建設的管理機構
  3. 水處理廠的管理機構
  4. 勞動定員
  5. 設計工安裝
   a. 項目設計及施工
   b 設備的安裝
   c 調制與試運行
  6. 項目實施計畫
 十三、工程效益評價
  1. 社會效益和環境效益
  2. 經濟效益
 十四、結論和建議
  1. 結論
  2. 建議
 十五、圖紙
  1. 平面布置圖
  2. 高程布置圖
  3. 工藝流程圖

圖 7-14　設計說明書內容

2. 計算說明書要求

計算明書是說明設計計算過程的重要資料，內容要全面、完整，敘述應簡明扼要。

在計算說明書中，對城市給水處理廠處理流程的確定、處理構築物的選型要加以分析說明。給水處理主體單元的工藝設計計算應全面。在設計計算說明書中，應列出所採用的全部計算公式，對計算參數的選擇應加以說明，並註明其資料來源，所計算之構築物，皆應繪出相應的計算草圖。應根據水廠規模，估算出水廠人員編製，並初擬水廠附屬建築物的占地面積等，應附以必要的草圖及表格說明。

設計計算說明書要求文句通順、段落分明、格式工整。

3. 設計計算書

設計計算書內容包括 5 部分：

a. 主要構築物設計計算

b. 主要設備的設計計算與選型

c. 構築物之間連接管（渠）的設計計算

d. 水處理廠高程設計計算

e. 投資和運行成本估算

第二節　水質工程學 II 課程設計部分

一、設計目的

（1）通過課程設計加深對污水處理理論課程內容的理解，進一步復習和消化課程講授的內容，提升學生的綜合素質，鞏固學習成果。

（2）掌握污水處理的一般設計方法，訓練和提高學生有關污水處理工藝的設計計算、設計規劃和工程制圖基本技能，使學生綜合運用所學的理論知識，提升學生獨立分析問題和解決問題的能力。

（3）在指導教師的指導下，應通過污水處理工程課程設計的基本訓練，提高學生的綜合設計水平，使其初步具有獨立進行污水處理廠主要構築物工藝設計的基本能力。

二、設計要求

（1）本設計包括設計說明書和計算書一份、主要工藝圖紙。

（2）還包括設計計算說明書書寫格式及內容依據和原始資料，對資料的分析意見和結論，設計要求、設計內容組成等設計任務和依據。說明書應簡明扼要，力求多用草圖、表格來說明，要求文字通順、段落分明、字跡工整。

本課程設計需完成以下圖紙：廢水廠廠區總平面圖，圖中應表示出各工藝構築物的確切位置、外形尺寸和相互距離；其他輔助建築物的位置、廠區道路、綠化布置等。廢水廠高程圖，圖紙標出各構築物的頂、底、水面、重要構件及管溝的設計標高，室內外地坪標高。上述圖紙應註明圖名及比例尺。圖中文字一律用仿宋字體書寫，圖中線條應主次分明，圖紙大小及標註等應符合有關制圖標準。

三、設計步驟

（1）根據所給的原始資料，分析設計流量、水質污染濃度和所需要的處理程度。

（2）根據水質、水量情況，地區地形條件，施工條件以及上述計算結果，確定污水處理工藝，制訂廢水處理方案。確定污泥的處理方法和污水、污泥處理的流量以及有關的處理構築物組成、主要設備的型號和數量等。

（3）根據擬定的各構築物的設計流量，選擇構築物的形式和數目，對各處理構築物進行工藝計算，確定出各構築物和主要構件的形狀、尺寸和安裝位置等。設計時要考慮到構築物及其構件施工上的可行性。

（4）進行各處理構築物的總體布置和廢水與污泥處理流程的高程設計。根據各構築物的數量和確切尺寸，確定各構築物在廢水處理廠平面布置上的確切位置，並最後完成廢水廠平面布置。確定各構築物間的連接管道的位置、管徑、長度、材料及其附屬設施，並定出污水處理廠的高程布置。

（5）繪製本設計任務書中指定的技術圖紙。

(6) 就設計中需要加以說明的主要問題和計算成果，編製設計計算的說明書。

四、設計圖紙繪製

繪圖是工程設計的基本訓練內容，設計圖紙是表達工程設計的基本文件。

(一) 污水處理廠平面布置及總平面圖

污水處理廠的平面布置大致分為三區：生活區、污水處理區、污泥處置區，包括：各處理單元構築物和建築物及其平面定位、連通各處理構築物之間的管、渠及其他管線、其他輔助建築物、工程量一覽表、圖例、說明和圖標、道路以及綠化等布置。根據處理廠的規模大小，採用 1：200～1：500 比例尺的地形圖繪製總平面圖，管道布置可單獨繪製。

污水處理廠平面布置如圖 7-15 所示。

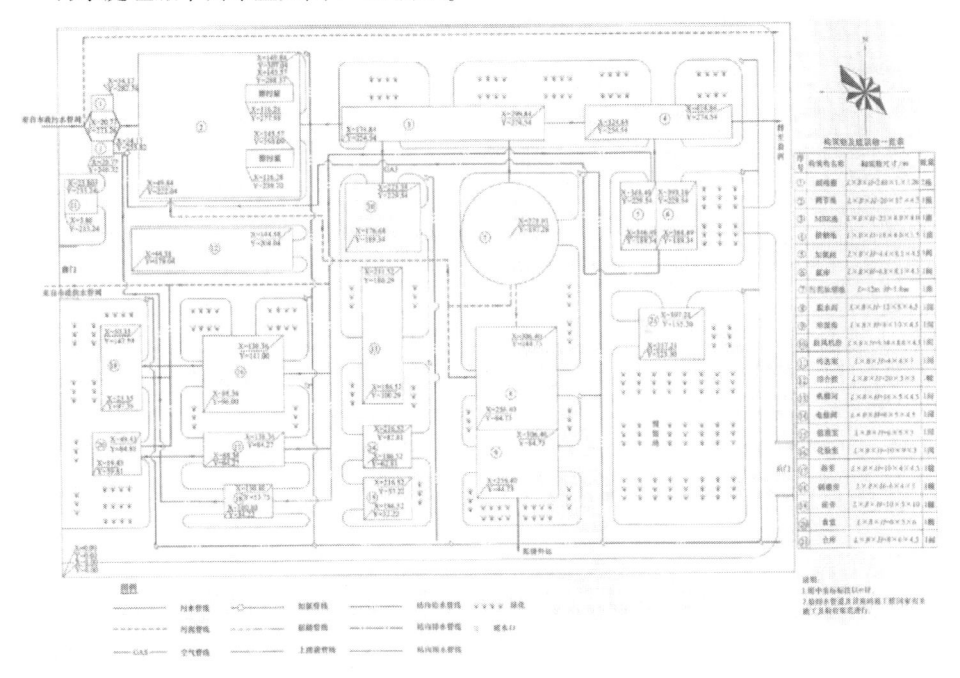

圖 7-15　污水處理廠平面布置圖

(1) 各處理單元構築物的平面布置。

處理構築物是污水處理廠的主體建築物，在做平面布置時，應根據各構築物的功能要求和水力要求，結合地形和地質條件，確定它們在廠區內的布置。具體應考慮：

　　a. 貫通連接各處理構築物之間的管、渠，應便捷、直通，避免迂迴曲折。

　　b. 土方量應做到基本平衡，避開劣質土壤地段。

　　c. 在各處理構築物之間，應保持一定間距，以保證施工要求，一般間距要求為 5～10m，某些有特殊要求的構築物，如消化池、貯氣罐等，其間距按消防有關規定執行。

　　d. 各處理構築物在平面布置上應盡量緊湊，以減少占地，同時減少各處理構築物

之間的管線長度。

e. 污泥處理構築物應考慮盡可能單獨布置，以方便管理，應布置在廠區夏季主導風向的下風向。

f. 必要時考慮預留設施的擴建用地面積。

（2）管（渠）的平面布置。

污水處理廠中有各種管（渠），主要指聯繫各處理構築物的污水、污泥管（渠）以及與污水處理流程相關的其他管線（如曝氣管、沼氣管、消毒液投加管等）。布置時首先要確定需要布置的管線，不能疏漏。典型城市污水處理廠內的管線見表 7-5。

表 7-5　　　　　　　　　典型城市污水處理廠內的管線

—1—	污水管	—9—	濃縮池的上清液管
—2—	曝氣池污泥回流管	—10—	脫水的濾液管
—3—	曝氣管	—11—	沼氣管
—4—	初沉污泥管	—12—	排空管
—5—	二沉池剩餘污泥管	—13—	超越管
—6—	混合污泥管	—14—	給水管
—7—	消毒液管	—15—	廠內污水管線
—8—	消化液管	—16—	廠內雨水管線

確定管線走向需遵循管線水力條件最佳、長度短、防凍及不影響交通的準則，既要有一定的施工位置，又要緊湊，並應盡可能平行布置和不穿越空地，以節約用地。具體布置要求如下：

a. 除了在各處理構築物之間設有貫通連接的管、渠外，還應該設置能夠使各處理構築物獨立運行的管、渠，當某一處理構築物出現故障時，其後的構築物仍然能夠保持正常的運行。

b. 同時還應設事故排放管（超越管），它可超越全部處理構築物，直接排放水體。

c. 此外，廠區內還應設有給水管、生活污水管、雨水管、輸配電線路等。這些管線有的敷設在地下，但大都在地上，對它們的安裝既要便於施工和維護管理，又要緊湊，少占用地。

d. 在污水處理廠廠區內，應有完善的排雨水管道系統，必要時應考慮設防洪溝渠。

（3）遠期構築物。

遠期構築物的連接管線要統一布置，但不畫出來。

（4）其他附屬管線設置。

a. 沼氣管。從厭氧消化池接出，接到沼氣利用系統（該系統一般只做出示意即可）。

b. 廠內產生的污水排放管（產生於各個建築物或構築物值班室或維修間），從產生地接到處理流程最前端的污水提升泵房進行處理。

c. 給水管。從場外某處接入，分配到各個建築物、消毒間、構築物值班室或維修間，消火栓（主要建築物附近根據消防要求設一定數量的消火栓）或綠化帶內的給水

栓上（綠化帶內敷設一定數量的給水管，末端接閥門井，井內設給水栓）；管道敷設時給水管應在污水管的上方，如果受條件限制，即給水管在排水管的下方時，應在交叉處設套管保護。

d. 污水處理廠內應有完善的雨水管道系統，以免積水而影響處理廠的運行。採用馬路排水時，應加以說明；採用雨水管道排水時，要布置雨水管道。

總之所有管線的安排，應根據平面布置圖綜合考慮。

(5) 輔助構築物。

污水處理廠內的輔助建築物有泵房、鼓風機房、辦公室、集中控制室、水質分析化驗室、變電所、機修間、倉庫、食堂等。附屬構築物的布置應根據方便、安全等原則進行。如：鼓風機房應設於曝氣池附近，以節省管道與動力；變電所宜設在耗電量大的構築物附近；化驗室應設在綜合樓內，遠離污泥堆廠、機修間和污泥干化場，以保證有良好的工作條件；辦公室、化驗室等均應與處理構築物保持適當距離，並應位於處理構築物的夏季主風向的上風向處；操作工人的值班室應盡量布置在工人便於觀察各處理構築物運行情況的位置。

(6) 閥門及管道配件。

a. 排泥閥門井。沉澱池每一個靜壓排泥管末端設置排泥閥門井。

b. 污水（污泥）檢查井。污水（污泥）管在管線交匯、跌水、變徑、變坡及一定距離處要設檢查井，具體參照《室外排水設計規範》。

c. 消火栓。應按照消防要求設置消火栓。

d. 閥門井。廠內給水管在管線要分開時，為了便於檢修和控制，給水要設置閥門井。

e. 水表。在進入廠區的給水管線上應設水表。

(7) 道路、圍牆、綠化帶的布置。

在污水廠內應合理地修建道路，方便運輸，要設置通向各處理構築物和輔助建築物的必要通道，道路的設計應符合如下要求：

a. 主要車行道的寬度：單車道為 3~4m，雙車道為 6~7m，並應有回車道。

b. 車行道的轉彎半徑不宜小於 6m。

c. 人行道的寬度為 1.5~2.0m。

d. 通向高架構築物的扶梯傾角不宜大於 45°。

e. 天橋寬度不宜小於 1m。

f. 車行道邊緣至房屋或構築物外牆面的最小距離為 1.5m。

污水廠布置除應保證生產安全和整潔衛生外，還應注意美觀、充分綠化，在構築物處理上，應因地制宜，與周圍情況相稱；在色調上做到活潑、明朗和清潔。應合理規劃花壇、草坪、林蔭等，使廠區景色園林化，為污水廠工作人員提供優美的環境，綠化面積不宜小於全廠的 30%。

(8) 平面圖的繪製。

a. 繪製內容。總平面圖上顯示的內容一般包括污水處理廠平面布置圖與其他輔助標示。

b. 比例。總平面布置圖可根據污水處理廠的規模採用 1∶200~1∶1,000 比例尺的地形圖繪製，常用的比例尺有 1∶500、1∶200、1∶100。

c. 規定。總平面圖的畫法應符合下列規定：

第一，建築物、構築物、道路的形狀、編號、坐標、標高等應與總圖專業圖紙相一致。

第二，給水、排水、雨水、熱水、消防和中水等管道宜繪製在一張圖紙上。如果管道種類較多、地形複雜，在同一張圖紙上表示不清楚時，可按不同管道種類進行分別繪製。

第三，按比例盡量準確地繪出污水處理廠內所有構築物、建築物、給排水及其他相關管線、道路、綠化等目標。

第四，各主要構築物與建築物及其間距需按比例繪製；有些太小的構築物可適當放大或者採用符號表示。

第五，應按照規定的圖例繪製各類管道、閥門井、消火栓井、灑水栓井、檢查井、跌水井、水封井、雨水口、化糞池、隔油池、降溫池、水表井等，並進行編號。各主要構築物與建築物均用帶圈的數字編號表示，名稱不用寫出來。

第六，標出坐標原點，採用自設的坐標系時，坐標數字前採用 A-B 標示，採用國家坐標系時，坐標數字前採用 X-Y 標示。一般採用相對坐標進行標註。坐標原點一般選在污水處理廠圍牆左下角，這樣可使標註尺寸不出現負值。

第七，標註管道類別、管徑、走向、管道轉彎點（井）等處坐標、定位控制尺寸、節點編號；繪製各個建築物、構築物的引入管、排出管，並標註出位置尺寸。

第八，在不繪製管道縱斷面圖的給水管道平面圖上，應將各個管道的管徑、坡度、管道長度、標高等標註清楚。

第九，用控制尺寸時，以建築物外牆或者軸線、道路中心線為定位起始基線。

第十，標出各處理構築物以及建築物的坐標；矩形構築物或建築物採用對角線定位，圓形構築物採用圓心定位的方式。

d. 輔助標示：

第一，指北針與風玫瑰圖。圖面的右上角應繪製風玫瑰圖，如無污染源時可繪製指北針；指北針表示構築物的朝向，用細直線繪製，圓的半徑為 24mm，頭部為針尖型，尾部寬度為 3mm，用黑實線表示。

第二，構築物一覽表及主要設備一覽表。將圖中序號所指代的主要構築物和建築物一一列舉，並寫出相對應的名稱、外形尺寸、單位、數量等。圖紙上各種表格、表頭的繪製詳見表 7-6~表 7-9。

第三，說明圖中所採用的比例、單位、坐標形式等。

表 7-6　　　　　　　　　　　　　　　設備表

序號	名稱	規格	數量	備註

表 7-7　　　　　　　　　　　　　　構築物表

序號	名稱	規格	單位	數量	備註

表 7-8　　　　　　　　　　　　　　　管件

序號	名稱	規格	材料	單位	數量	備註

表 7-9　　　　　　　　　　　　　　　閥門井

序號	名稱	主要尺寸	結構型式	單位	數量	選用	圖號	備註

(二) 污水處理廠豎向布置及流程縱斷面圖

在進行平面布置的同時，必須進行高程布置，污水處理廠高程布置的任務是：確定各處理構築物和泵房等的標高；選定各連接管渠的尺寸並決定其標高；設計、計算各部分的水面標高；使污水能按處理流程在處理構築物之間通暢地按自重流流動，保證污水處理廠正常運行。

高程布置用以確定各處理構築物及連接管渠的高程，並繪製處理流程的縱斷面圖，其垂直和水平方向的比例尺一般不同，一般採用：縱向 1：50～1：100、橫向 1：500～1：1,000 的比例，在示意圖上應註明構築物和管渠的尺寸、坡度、各節點水面、內底以及原地面和設計地面的高程。

污水處理廠高程布置如圖 7-16。

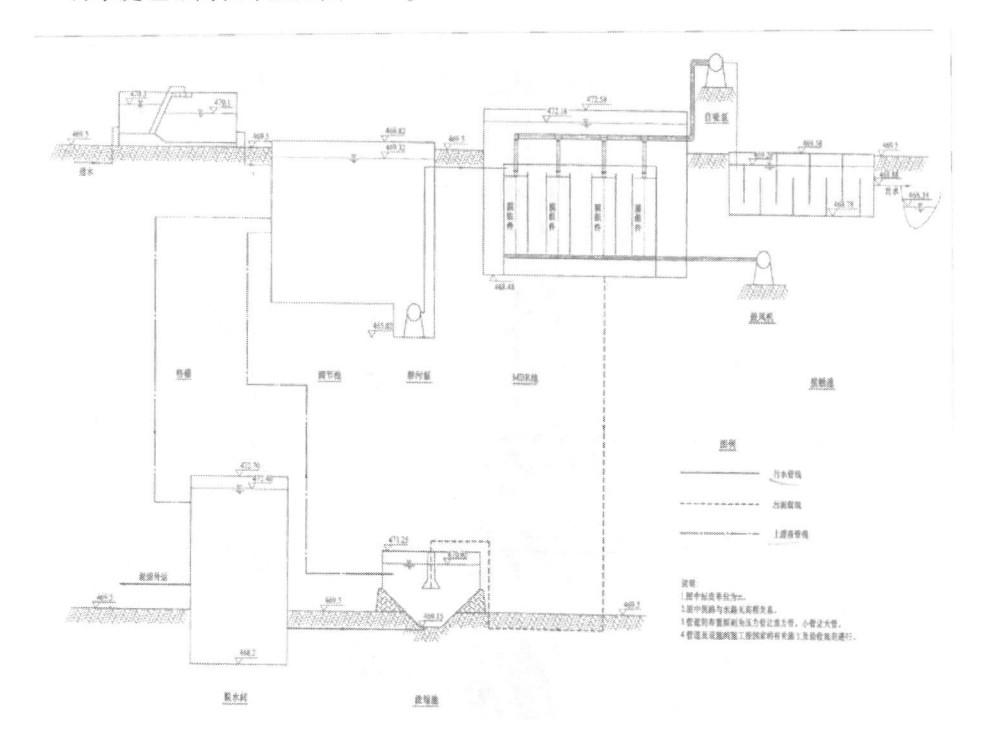

圖 7-16　污水處理廠高程布置圖

(1) 高程布置一般原則。

高程布置一般原則如下：

a. 污水廠高程布置時，所依據的主要技術參數是構築物高度和水頭損失。在處理流程中，相鄰構築物的相對高差取決於兩個構築物之間的水面高差，這個水面高差的數值就是流程中的水頭損失。它主要由三部分組成，即構築物本身的、連接管（渠）的及計量設備的水頭損失等。因此進行高程布置時，應首先計算這些水頭損失，而且計算所得的數值應考慮一些安全因素，以便留有餘地。

b. 考慮遠期發展，水量增加的預留水頭。

c. 避免處理構築物之間跌水等浪費水頭的現象，充分利用地形差，實現自流。

d. 在計算並留有餘量的前提下，力求縮小全程水頭損失及提升泵站的揚程，以降低運行費用。

e. 需要排放的處理水，在大多數時間裡能夠自流排放水體。注意排放水位一定不能選取每年最高水位，因為其出現時間較短，易造成常年水頭浪費，而應選取經常出現的高水位作為排放水位。

f. 應盡可能使污水處理工程的出水管渠高程不受洪水頂托，並能自流。

(2) 污水流動中的水頭損失。

污水流動中的水頭損失包括：

a. 污水流經處理構築物的水頭損失（見表7-10），主要產生在進口、出口和需要的跌水處，而流經處理構築物本身的水頭損失則較小。

表7-10　　　　　　　　　　　各構築物水頭損失

構築物名稱	水頭損失/cm	構築物名稱	水頭損失/cm
格柵	10~25	生物濾池	
沉砂池	10~25	（工作高度為兩米時）	
平流式沉澱池	20~40	裝有旋轉式布水機	270~280
豎流式沉澱池	40~50	裝有固定噴灑布水機	450~475
輻流式沉澱池	50~60	接觸池	10~30
雙層沉澱池	10~20	污泥干化場	200~350
曝氣池		配水井	10~20
污水潛流入池	25~50	混合池	10~30
污水跌水入池	50~150	反應池	40~50

b. 構築物連接管（渠）的水頭損失，包括沿程與局部水頭損失，可按下列公式計算確定：

$$h = h_1 + h_2 = \sum iL + \sum \zeta \frac{v^2}{2g}(m)$$

式中：h_1——沿程水頭損失，單位 m；

h_2——局部水頭損失，單位 m；

i——單位管長的水頭損失（水力坡度），根據流量、管徑和流速等查閱《給排水設計手冊》獲得；

L——連接管段長度，單位 m；
ζ——局部阻力係數，查閱《給排水設計手冊》獲得；
g——重力加速度，單位 m/s²；
v——連接管中流速，單位 m/s。

連接管中流速一般取 0.7~1.5m/s；進入沉澱池時流速可以低些；進入曝氣池或反應池時，流速可以高些。流速太低時，會使管徑過大，相應管件及附屬構築物規格亦增大；流速太高時，則要求管（渠）坡度較大，水頭損失增大，會增加填、挖土方量及水泵揚程等。在確定連接管渠時，可考慮留有水量發展的餘地。

c. 設計設施的水頭損失：一般污水處理廠進、出水管上計量儀表中的水頭損失可按 0.2m 計算。

(3) 注意事項。

在對污水處理廠污水處理流程的高程布置時，應考慮下列事項：

a. 選擇一條距離最長、水頭損失最大的流程進行水力計算，並應適當留有餘地，以保證在任何情況下，處理系統都能夠正常運行。

b. 計算水頭損失時，一般應以近期最大流量（或泵的最大出水量）作為構築物和管渠的設計流量，計算涉及遠期流量的管渠和設備時，應以遠期最大流量為設計流量，並酌加擴建時的備用水頭。

c. 設置終點泵站的污水處理廠，水力計算常以接納處理後污水水體的最高水位為起點，逆污水處理流程應向上倒推計算，以使處理後的污水在洪水季節也能夠自流排放，出水泵需要的揚程則較小，運行費用也較低。但同時應考慮構築物的挖土深度不宜過大，以免土建投資過大，增加施工的困難。此外，還應考慮因維修等原因需將池水放空並在高程上提出要求。

d. 在做高程布置時還應注意污水流程和污泥流程的配合，盡量減少需抽升的污泥量。在決定污泥乾化場、污泥濃縮池、消化池等構築物的高程時，應注意它們的污水能自動排入污水干管或其他構築物的可能。

(三) 單體構築物的繪製

(1) 總體要求。

a. 水處理構築物、泵房平面和剖面圖、設備間、衛生間一般採用的比例尺有 1：100、1：50、1：40、1：30。詳圖採用的比例有 1：50、1：30、1：20、1：10、1：5、1：2、1：1、2：1 等。採用 1：30 以下比例時，管線要用雙線表示。

b. 應表示出構築物平面和剖面的工藝布置、管道設備的安裝位置、尺寸、高程以及必要的局部大樣圖。

c. 構築物必須用雙線繪製，並標出材料符號。

d. 圖中還應包括材料表、說明和圖標。

(2) 具體規定。

a. 單體構築物一般需要繪製平面圖和剖面圖。

b. 對於工藝布置較複雜的構築物，可以用幾個平面圖表示，但應標明各層平面圖的位置。一個平面圖上也能表示兩個不同剖面位置的平面，具體做法是在剖面圖上用

轉折的剖切線表明其位置。

　　c. 當構築物的平面是對稱布置時，繪製平面圖可以省略其對稱部分，但應在平面對稱的中軸線上用對稱符號（一般為點劃線）表明。

　　d. 當構築物的平面尺寸過大，在圖上難以全面繪製時，在不影響其所表示的工藝部分內容的前提下，其間可用折線斷開，但其總尺寸仍須註明。

　　e. 在平面圖上，按照不敷土的情況將地下管道畫成實線；對所取平面以上的部分，如水池的檢修孔、通風孔等，如確實需要表示，可用虛線繪製。

　　f. 構築物進水管、出水管（渠）、溢流管等管道名稱應在圖上標明。用雙線畫的管道，當管壁間淨距不小於 3mm 時，應畫出管道中心線；管道橫剖圖上圓的直徑不小於 4mm 時，應畫出十字形的管道中心線。

　　g. 穿牆管預留孔洞以及牆壁上的穿牆孔洞被剖切時，按實際繪製；在剖面位置後面時，可用虛線繪製。

　　h. 對於被剖切的池壁、池底、牆及井壁等，應分別繪出其建築材料、土壤符號、管道中的水流方向。水處理構築物的進水、出水方向均應以箭頭表示，並標明構築物的進水來源及出水去向，如來自沉砂池、去曝氣池等。

　　i. 僅有本專業管道的單體建築物局部總平面圖，可從閥門井、檢查井繪引出線，線上標註井蓋面標高；線下標註管底或管中心標高。

（四）水處理流程圖繪製要求

1. 繪圖對象

　　對於以設備為主的小型水處理系統，如消毒、污泥處理、化學預處理系統等，有時需要繪製流程圖。

2. 繪製規定

　　a. 流程圖可不按照比例繪製；

　　b. 水處理設備及附加設備按設備形狀以細實線繪製；

　　c. 水處理系統設備之間的管道以中粗實線繪製，輔助設備的管道以中實線繪製；

　　d. 各種設備用編號表示，並附設備編號與名稱對照說明；

　　e. 初步設計說明中可用簡單方框圖表示水的處理流程；

　　f. 除污水、污泥流程圖外，圖中還應該包括圖例、說明和圖標。

第八章　實踐實習指導

第一節　實習的目的及要求

一、認識實習的目的與要求

（一）認識實習的目的

認識實習是給水排水工程專業實踐教學的關鍵環節之一，實習可使學生瞭解給排水工程建設的重要意義，並建立有關給排水工程的感性認識；初步瞭解給排水工程建設的目的及作用，為學生在學習專業課之前提供感性認識，激發學生學習專業課的興趣，增強學生學習的主觀能動性，使學生在學習專業課時不斷加深認知，為專業知識的學習奠定基礎，認識實習可使學生初步瞭解本專業的學習內容、專業範圍，瞭解本專業的現狀和發展前景，進一步鞏固專業思想，培養學生對專業的熱愛，逐步樹立獻身給排水事業的志向，並使學生建立刻苦學習、認真工作的思想。認識實習為培養專業型人才起著重要作用。

（二）認識實習的要求

認識實習通過參觀自來水廠、污水處理廠、建築給排水工程、市政給排水工程、工業給排水工程的形式，並通過查資料、聽講座等途徑，要求學生對專業內容建立感性認識。

（1）掌握水資源及節約利用水資源、污水處理與排放及回用的綜合概念；

（2）瞭解給排水工程的總體規劃要求、給排水工程在城市建設中的作用；

（3）瞭解城市給水廠、城市污水廠常規處理流程，各處理構築物工作過程及主要處理對象，對水處理技術建立初步概念；

（4）瞭解市政給水工程、排水工程的基本組成、布置和施工內容及方法，為學習市政給排水工程專業理論知識打下良好基礎；

（5）瞭解建築給水系統、建築排水系統、建築消防系統的布置、安裝及施工方法和要求，正確認識建築給排水工程專業內容；

（6）瞭解給排水工程的勘測、設計、施工和運行管理工作的大致過程；

（7）瞭解工業給排水工程內容、技術手段及其在工業生產中的重要性。

二、生產實習的目的與要求

（一）生產實習的目的

給排水工程生產實習在給排水工程現場進行。進入已建工程和在建的給排水工程現場，聽取有關專題報告，進行給排水工程現場教學，參加一定的工種勞動或頂崗實習，使學生加深對給排水工程的認識；瞭解給排水專業主要工種的施工內容和方法，加深對不同類型給排水工程的特點、規劃設計、施工方法、現代組織管理基本內容和基本方法的瞭解；培養學生熱愛專業的思想，為繼續學習有關專業課程和畢業實踐打下基礎，並鞏固已經學完的相關專業知識。

（二）生產實習的要求

（1）全面瞭解、學習完整的給排水工程。包括：工程概況、給排水處理工藝、管道布置、主要構築物的作用及構造、工程規劃、設計和施工中的主要問題等。

（2）參與現有的城市給水、污水處理流程及構築物的運行操作並閱讀相關圖紙，聽取專題技術講座，學習水處理技術、運行操作方法及構築物構造等知識。現場學習城市給水廠、城市污水廠的常規處理流程，各處理構築物工作過程及主要處理對象，主要構築物工作的特點、程序和操作的方法。

（3）現場學習市政給水工程、排水工程的基本組成、布置、施工內容及施工技術、方法。

（4）通過對在建的住宅工地、工業廠房工地、綜合樓工地參觀，並進行圖紙閱讀，參與專題講座，進行建築工程施工步驟、施工內容、技術要求的學習。現場學習建築給水系統、建築排水系統、建築消防系統的布置、安裝及施工方法和要求。

（5）現場學習市政管道工程布置及施工技術，掌握給排水工程的施工技術、方法、特點、施工工序。

（6）學習給排水工程質量保證體系和防止質量事故的措施，一般質量事故的處理措施、安全防範措施。

（7）瞭解現場給排水主要施工機械設備的性能、構造和應用以及工程中應用先進技術和設備的情況。

（8）瞭解工程監理和工程造價的內容和工作特點。

三、畢業實習的目的與要求

（一）畢業實習的目的

給排水工程技術專業的培養目標是培養應用型專業技術人才，其實訓環節是培養學生動手能力的關鍵。畢業實習是學生在學完教學計劃規定的全部課程後所必須進行的綜合性實踐教學環節。通過畢業實習，能使學生加深對專業基礎理論知識的再認識，加強對給排水工程在城市基礎設施及國民經濟和社會經濟建設發展中的作用及地位的認識。通過系統的實踐訓練，提高知識技能的綜合運用能力，使學生完成從感性認識到理性認識再從理性認識到實踐的飛躍。畢業實習是對學生綜合素質與培養效果的全面檢驗；也是學生在校期間教學質量的綜合反應。

(二) 畢業實習的要求

畢業實習要根據畢業實踐題目的內容及成果要求，選擇相關生產單位進行深入實習。通過畢業實習，使學生進一步鞏固、加深所學的基礎理論、基本技能和專業知識，使之系統化、綜合化。在畢業實習過程中要注意培養學生獨立工作、獨立思考的能力以及運用已學的知識解決實際問題的能力，同時培養學生獨立獲取新知識的能力；通過畢業實習，使學生樹立起嚴肅的科學態度、正確的思維方法和踏實認真的工作作風；通過畢業實習，培養學生具備一套工程項目建設管理的工作程序和方法。

針對我校學生就業去向以施工單位居多的特點，要求學生通過畢業實習及實踐達到如下要求：

（1）看懂實習工程對象的施工圖，瞭解工程的性質、規模、生產工藝過程等，提出個人對設計圖紙的見解。

（2）參加單位工程或分部工程的施工組織管理工作（完成下列的1~2項）。

①參與擬訂施工方案，並獨立完成部分工作。當已有施工方案時，可通過熟悉方案並結合現場實踐提出個人見解。

②參與編製工程施工進度計劃或施工平面圖，當已有此兩種資料時，可通過瞭解編製方法、執行情況和現場管理等提出個人見解。

③參加或熟悉施工預算的編製。

④參加施工項目管理實施規劃的擬訂。

（3）學習1~2個主要工種工程的施工方法、操作要點、主要機具設備及用途、質量要求以及本人提出的合理化建議及設想等。

（4）瞭解施工單位的組織管理系統、各部門的職能和相互關係，瞭解施工項目經理部的組成，瞭解各級技術人員的職責與業務範圍。

（5）瞭解新技術、新工藝、新材料及現代施工管理方法等的應用，瞭解施工與管理的新規範。

（6）參與現場組織的圖紙會審、技術交流、學術討論會、工作例會、技術革新、現場的質量檢查與安全管理等。

（7）瞭解在施工項目管理中各方（業主、承包商、監理單位）的職責。

（8）瞭解施工項目管理的內容和方法。

第二節　實習內容

一、市政給水排水工程

市政給排水工程主要包括城市給排水管網及其附屬設施的規劃、設計、施工、運行維護及管理等內容，是給排水工程的重要組成部分，也是給排水工程技術專業的學生必須掌握並熟練操作的專業技能之一。通過理論課程的學習，以及不同類型、不同程度的實訓環節，使學生由淺入深、循序漸進地全面學習並掌握市政給排水工程的專

業技能。

(一) 給排水管網設計要點

1. 給水管網設計要點

(1) 正確地確定設計規模和設計方案。

影響設計規模和設計方案的因素很多，應該在充分調查研究的基礎上，認真地進行分析、比較，盡可能做到「規模適當，技術先進，經濟合理」。設計規模應與城市的總體規劃相適應。在滿足近期要求的前提下，為遠期發展留有餘地。

(2) 管道定線

干管通過兩側負荷較大的用水區，並以最短的距離向用戶供水，靠近道路以便於施工及維修，有利於發展，可考慮分期建設的可能性，干管盡量沿高地布置，以減小管道內壓力。由於管網定線不僅關係著供水安全，也影響著管網造價，因此，定線合理與否直接影響著設計的質量和水平。

(3) 環狀管網計算方法及步驟。

①環狀管網正常工作的兩個條件如下：

任一節點的節點流量平衡：$\Sigma Q=0$ (連續性方程)。

任一閉合環能量平衡：$\Sigma h=0$ (能量方程)。

在 $\Sigma Q=0$ 的基礎上滿足 $\Sigma h=0$。

②環狀管網平差方法及步驟 (解環方程組，用哈代-克羅斯迭代法)

管網平差：在 $\Sigma Q=0$ 的基礎上，使 $\Sigma h=0$ 的計算過程即為管網平差。

對環狀管網，根據幾何性質有：$P=J+L-1$。P——管段數；J——節點數；L——環數，因此可列出 P 個方程。

因為 q 是人為分配，所以不可能每個環的 $\Sigma h\neq 0$，但最終要滿足 $\Sigma h=0$，即尋求實際的管段流量，使設計流量滿足、逼近實際流量。為使 $\Sigma h=0$，在各管段加入校正流量 (可正可負)。

如圖 8-1，管段流量分配後，如果該環 $\triangle h=0$，則有：

$$S_4 q_4^2 + S_3 q_3^2 = S_1 q_1^2 + S_2 q_2^2$$

當 $\triangle h\neq 0$ 時，設校正流量為 $\triangle q$，則有：

$$S_1(q_1+\Delta q)^2 + S_2(q_2+\Delta q)^2 - S_3(q_3-\Delta q)^2 - S_4(q_4-\Delta q)^2 = 0$$

展開略去微量平方項得：

$$\Delta q = \frac{S_1 q_1^2 + S_2 q_2^2 - S_3 q_3^2 - S_4 q_4^2}{-2(S_1 q_1 + S_2 q_2 + S_3 q_3 + S_4 q_4)} = \frac{\Delta h}{-2\sum|S_i q_i|}$$

圖 8-1

平差步驟：

a. 繪製管網平面圖，節點編號、各環編號。

b. 在圖上標出節點流量，定出各管段水流方向，初步分配各管段流量，檢查各節點是否滿足 $\sum Q=0$。分配流量時注意：

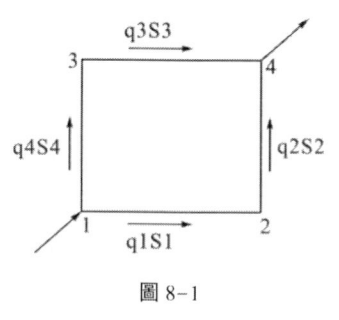

以最短距離送至大用戶（包括水塔、水池）。

分清主要干管和次要干管，同節點相鄰兩干管分配流量相差不要太大，連接管平時流量小，事故猛增，所以連接管不能按平時流量來定，應考慮事故工況，一般管徑可比附近干管小1號。

c. 用經濟流速來定各管段管徑，計算水頭損失、各環閉合差。

d. 若△h≠0，則進行管網平差，至△h符合要求（手算時：基環△h<0.5m，大環△h<1~1.5m；電算時：△h為0.01~0.05）。

e. 根據地形，由各節點自由水頭定出控制點，再推算泵揚程、水塔高度。

f. 進行其他工況校核（消防時、最大轉輸時、最不利管段發生故障時）。

（4）計算結果的整理。

所有計算過程及結果全部用表格表示（流量計算表、管網平差表等）。

（5）圖紙中應注意的問題。

圖紙中應註明比例尺，圖中文字一律採用工程仿宋字書寫，圖例的表示方法應符合一般規定和標準，圖紙應清楚美觀，線條粗細應主次分明。圖紙幅面規格，圖標格式、剖切線、指北針及圖例等畫法參照「給排水設計制圖標準」的有關規定執行。

2. 排水管網設計要點

（1）設計要求。

①正確地確定設計規模和設計方案。影響設計規模和設計方案的因素很多，應該在充分調查研究的基礎上，認真地進行分析、比較，盡可能做到「規模適當，技術先進，經濟合理」。設計規模應與城市的總體規劃相適應。在滿足近期要求的前提下，為遠期發展留有餘地。

②管網的布置經濟合理。管網的布置應先選擇排水體制，再考慮分擔合理，在優先採用重力流等前提下，將污水以最短的距離、最經濟的手段即時排除。

③圖紙繪製正確。

（2）設計方法和步驟。

①在街坊平面圖上布置污水管道；

②對街坊編號並計算面積；

③劃分設計管段，計算設計流量；

④管渠材料的選擇；

⑤各管段的水力計算；

⑥繪製管道平面圖和縱剖面圖。

（3）計算結果的整理。

所有計算過程及結果全部用表格表示（流量計算表、水力計算表等）。

（4）圖紙中應注意的問題。

圖紙中應註明比例尺，圖中文字一律採用工程仿宋字書寫，圖例的表示方法應符合一般規定和標準，圖紙應清楚、美觀，線條粗細應主次分明。圖紙幅面規格、圖標格式、剖切線、指北針及圖例等參照「給排水設計制圖標準」的有關規定執行。

（二）給排水管網施工要點

1. 管線土石方工程及管道基礎施工。

(1) 管道測量放線。

管線測量應依據管道線路控制點的坐標進行。為了準確掌握管溝的控制點，應在工程場地內引進、設置永久性基準樁位，妥善維護，在工程竣工後交給業主。上述工作結束後，請監理公司人員驗線，確認後進行管溝開挖工作。

(2) 管溝的開挖方法。

開挖前應進行調查研究，充分瞭解挖槽段的土質、地下水位、地下構築物、溝槽附近地下建築及施工環境等情況，發現問題應及時與建設單位取得聯繫，研究處理措施。為防止超挖，開挖前要劃出溝槽開口邊線，按開口坡度逐層下挖並隨時測量挖深。

2. 管線閥門井的施工。

(1) 閥門井的砌築。

①安裝管道時，準確地測定井的位置。

②砌築時認真操作，管理人員嚴格檢查，選用同廠同規格的合格磚，砌體上下錯縫、內外搭砌、灰縫均勻一致，水平灰縫凹面灰縫，宜取 5～8cm，井裡口豎向灰縫寬度不小於 5mm，邊鋪漿邊上磚，一揉一擠，使豎縫進漿，收口時，層層用尺測量，每層收進尺寸，四面收口時不大於 3cm，三面收口時不大於 4cm，保證收口質量。

③安裝井圈時，井牆必須清理乾淨，濕潤後，在井圈與井牆之間攤鋪水泥漿後穩井圈，露出地面部分的檢查井，周圍澆築註砼，壓實抹光。

(2) 管線關鍵工序，測量放線工程。

①開工之前，對監理（業主）提供的坐標點、水準點進行復測。

②平面施工控制測量：對坐標控制點測放護樁，施工測量嚴格執行測量雙檢制，以確保測量成果的準確性。

③高程測量控制：以復測報告為依據，在管線區內測放 4 個臨時水準測量點，並埋設標石。

④竣工測量：單項工程完工後，在管溝回填前，對管頂標高及控制點坐標進行竣工測量，繪製竣工測量成果表，依此繪製竣工圖。

(3) 管道的安裝。

在管溝土石方工程施工的同時，即時做好施工各項準備，施工人員和機械應及時進場，施工人員熟悉施工圖和本方案的技術要求，對管材及成品管件即時組織進廠驗收，一旦管溝成型，及時進行管道安裝工作。

①管材和管件的驗收。對管件進場後的質量標準進行檢驗。管材應質地良好、管道內外壁應光潔、平整無裂紋、無脫皮和無明顯痕紋凹陷，管材的色澤基本一致。管材軸向不得有異向彎曲，管端口必須平整，並且垂直於軸線。為了保證管的安裝質量，對管材的承插口的幾何加工尺寸，尤其要嚴格檢查。管材和管件檢驗合格後，應加標示堆放。不合格的管材和管件應交由生產廠家修復，不合格的管材、管件不准使用。

②管道安裝。

a. 在管溝成型，管基施工經監理驗收後，可進行管道的安裝工作。

b. 管道下溝後，組對前，在第一根管的插口端設靠背，在靠背與管承口間加堵板，在管道對口時不發生位移，保證管口對接的嚴密性。

c. 安裝時，清洗乾淨承口內側凹槽及插口外側，接口採用膠圈接口；施工時，接口處內外均應用抹布擦試乾淨，塗抹潤滑油，膠圈安裝時，也應擦試乾淨。將膠圈正確安裝在承口凹槽內，注意不得將膠圈扭曲、反裝，應劃上插入位置標記線，將插口端對準承口並保持管道軸線平直，用緊線器將其平衡插入，直至標記線均勻外露在承口端部。

d. 安裝前根據塑料管的安裝特徵在管口處用尺子畫出安裝線位置，以控制安裝長度。

e. 安裝時用繩子系住兩段塑料管的安裝端，用手扳葫蘆拉緊，安裝時保證兩根管節在同一條直線上，並不時搖動塑料管，直到安裝到預定位置為止。

f. 安裝後，檢查其管節圓心與路中心線是否在同一垂線上，否則要進行調整。

（4）閥門檢驗。

①閥門的型號、規格符合設計外形無損傷，配件完整。

②對所選用每批閥門按10%且不少一個，進行殼體壓力試驗和密封試驗，當不合格時，加倍抽檢，仍不合格時，不得使用此批閥門。

③殼體的強度試驗壓力：當試驗 PN≤1.0Mpa 的閥門時，試驗壓力為 1.0×1.5＝1.5Mpa，試驗時間為 8min，以殼體無滲漏為合格。

上述試驗均由雙方會簽閥門試驗記錄。檢驗合格的閥門掛上標誌編號，按設計圖位號進行安裝。

（5）閥門的安裝。

①閥門安裝，應處於關閉位置。

②閥門與法蘭臨時加螺栓連接，吊裝於所處位置，吊運中不要碰傷。

③法蘭與管道點焊固位，做到閥門內無雜物堵塞，手輪處於便於操作的位置，安裝的閥門應整潔、美觀。

④將法蘭、閥門和管線調整同軸，法蘭與管道連接處於自由受力狀態進行法蘭焊接，螺栓緊固。

⑤閥門安裝後，做空載啟閉試驗，做到啟閉靈活、關閉嚴密。

3. 管道工程的中間驗收和管溝土方回填

（1）管道隱蔽工程中間驗收。

管道在施工期間，分別對土石方工程、管道安裝工程，施工單位都要請監理公司親臨現場進行工程質量檢查，並做好中間驗收記錄，完成雙方會簽。管道在埋土前，雙方對已完工程及其質量做好認證及時辦理工程檢查記錄。上述工作合格後，管道才能進行埋土。

（2）管道的土方回填土。

①管溝的回填土質按要求進行，管頂以上 500mm 處均使用人工回填夯實。在管頂以上 500mm 處到設計標高可使用機械回填和夯實。檢查井周圍 500mm 作為特夯區，回填時，人工用木夯或鐵夯仔細夯實，每層厚度控制在 10cm 內，嚴禁回填建築垃圾和腐

質土，防止路面成型後產生沉陷。

②回填土的鋪土厚度根據夯實機確定。人工使用木夯、鐵夯，夯實為小於200mm一層，蛙式夯、煤夯，夯實為250mm一層。夯填土一直回填到設計地坪，管頂以上埋深不小於設計埋深。

4. 管線工程的質量檢驗和交工

管線工程在施工中，嚴格按照《給水排水管道施工與驗收規範（GB50268-97）》，對工程質量進行檢驗，並取得監理公司和當地工程質檢站的監督和指導。嚴格對土建工程和管道安裝工程兩個分部工程的每道工序做出施工記錄和質量驗評記錄。

（三）給排水管網運行維護要點

1. 給水管網運行維護要點

給水管道系統的任務就是按用戶所需要的水質、水量及水壓將水輸送給用戶。為保證給水管道系統安全供水，保持正常的輸水能力，降低經常運轉費用，必須在管道系統使用期間，做好日常的養護管理工作。

管網的技術管理的主要內容主要有五個方面。

（1）建立健全管網的技術檔案資料。

管網的技術檔案資料應包括：

①管網總平面圖：管網總平面圖應繪製在供水區域地形圖上，應能包括整個給水系統的各個組成部分及用戶情況。圖中應明確標出主要干線的走向、管徑及與其相關的管道附屬設備、主要用戶等。

②管線帶狀平面圖與管線高程圖：管線帶狀平面圖與管線高程圖比總平面圖的比例尺要大些，內容更為詳細。圖中應準確標出管線的具體位置、高程，附屬設備節點位置，用戶節點位置等。

③節點詳圖：節點詳圖有附屬設備節點詳圖與用戶節點詳圖。節點詳圖應能準確反應附屬設備及用戶節點與管網的連接情況。

④用戶管理卡：用戶管理卡主要記錄用戶與管網的關係，其主要內容有：進戶管的管徑、管材、埋深、準確位置；用戶閘門與水表的型號、口徑、進戶管安裝與使用的日期等。

⑤閘門管理卡：閘門管理卡主要記錄閘門（包括消火栓、測流裝置、泄水閥、排氣閥等）的運行與完好狀況，其主要內容有閘門編號、閘門型號、口徑、安裝日期、準確位置、閘門井構造與平面布置，以及閘門啓閉方向與轉數、啓閉人等。

管網技術資料須設專人保管。

（2）管網滲漏的檢查與修復。

給水系統的漏損會造成供水量的減少，以及水資源、能源和藥物的浪費，同時危及公共建築和道路交通等。因此，檢漏工作非常重要。

檢漏的方法有被動檢漏法、音聽法、分區檢漏法、區域裝表法、地表雷達測漏法等幾種。

管網漏水的修復方法要根據管材及漏水部位的不同而採取不同的修復手段。

水泥壓力管因裂縫而漏水，可採用環氧砂漿進行修補；較大的裂縫可用包貼玻璃

纖維布和貼鋼板的方法補漏；嚴重損壞的管段，可在損壞部位管外焊製一鋼套管，內填油麻及石棉水泥。管段砂眼漏水處理方法與裂縫相同。

如果管道接口漏水，多採用填充封堵的方法。在一般情況下，須停水操作。由於膠圈不嚴，產生漏水，可將柔性接口改為剛性接口，重新用石棉水泥打口封堵；若接口縫隙太小，可採用充填環氧砂漿，然後貼玻璃鋼進行封堵；若接口漏水嚴重，不易修補，可用鋼套管將整個接口包住，然後在腔內填自應力水泥砂漿封堵；如果接口漏水的修復是帶水操作，一般採用柔性材料封堵的方法。操作時，先將特製的卡具固定在管身上，然後將柔性填料置於接口處，最後上緊卡具，使填料恰好堵死接口。

鑄鐵管件本身具有一定的抗壓強度，裂縫的修復可採用管卡進行。管卡做成比管徑略大的半圓管段，彼此用螺栓緊固。發現裂縫，可在裂縫處貼上 3mm 的橡膠板，然後壓上管卡，上緊至不漏水即可。砂眼的修補可採用鑽孔、攻絲，用塞頭堵孔的方法進行修補。接口漏水，一般可將填料剔除，重新打口即可。

(3) 定期進行管網的測流、測壓。

管網的水壓和流量是管網運行的重要參數，瞭解管網的壓力和流量參數可以直接掌握管網的運行狀態，提出合理改造管網的措施，節約電耗，保證管網運行經濟合理。

管網水壓的測定一般每季度測一次，但在夏季供水高峰期間，測定次數多些。管網測壓一般在選定的固定測壓點或臨時測壓點進行。固定測壓點一般選在能說明管網運行狀態、具有一定代表意義的壓力點上。經常測壓的測壓點應採用自動水壓記錄儀，每小時測 4 次。條件允許時，還可設置無線遙測水壓傳示儀，24h 連續監測水壓。臨時測壓點一般是根據臨時測壓需要設置，一般無固定式測壓設備，採用臨時裝配壓力表的方法進行測壓。

常用的壓力測量儀表有單圈彈簧管壓力表、電阻式、電感式、電容式等遠傳壓力表。單圈彈簧管壓力表常用於壓力的就地顯示，遠傳式壓力表可通過壓力變送器將壓力信號遠傳至顯示控制端。每次測壓後，都要把測壓結果整理匯總，經過計算，繪製出等水壓線圖。應對管網水壓現狀進行分析，找出管網水壓不合理的原因，以採取相應的措施。

管網流量的測量工作可測定管段中的流向、流速和流量，是檢驗管網經濟合理的重要手段。管網測流常用的是畢託管，目前還用便攜式超聲波流量計。畢託管可插入管道內，測出管道的管徑、流速和流向，是經濟而簡便的測流儀器，但測試時間長，測定結果需進行計算。便攜式超聲波流量計體積小、精度高、操作簡單，儀器內有微機系統，可無需計算，但只能對均質管材的管道進行測定，且易受電磁干擾。

(4) 管道的清洗和防腐。

①管道的防腐。金屬管道由於接觸腐蝕性介質而引起的一種管壁被侵蝕破壞的現象被稱為腐蝕。因腐蝕而造成的管網損失相當嚴重。腐蝕使管道外表色澤發生改變；機械性能下降；穿孔泄漏；管內水質變壞；管壁粗糙，阻力增大；使用年限大大縮短；有時甚至會因管道泄漏而引發重大事故。

腐蝕的類型主要有化學腐蝕、電化學腐蝕、微生物腐蝕等。腐蝕的影響因素主要有水的 pH 值、侵蝕性二氧化碳的存在、水的流速。

腐蝕的防止通常有以下方法：

a. 採用非金屬管材：可以考慮採用預應力鋼筋混凝土管、預應力鋼筒混凝土管、塑料管等非金屬管材。

b. 投加緩蝕劑：投加緩蝕劑可在金屬管道內壁形成保護膜來控制腐蝕。由於緩蝕劑成本較高及對水質有影響，一般限於循環水系統中應用。

c. 水質的穩定性處理：在水中投加鹼性藥劑，以提高 pH 值和水的穩定性。工程上一般以石灰為投加劑。投加石灰後可在管內壁形成保護膜，降低水中 H^+ 的濃度和遊離 CO_2 濃度，抑制微生物的生長，防止腐蝕的發生。

d. 管道氯化法：投加氯來抑制鐵、硫菌，杜絕「紅水」「黑水」事故出現，能有效地控制金屬管道腐蝕。該法效果較好、操作簡單、價格低廉。應盡量使管網遊離餘氯至少維持 1.0mg/L；管網有腐蝕結瘤時，應先進行重氯消毒抑制結瘤細菌，然後連續投氯，使管網保持一定的餘氯值，待取得相當的穩定效果後，可改為間歇投氯。

e. 表面處理：表面鈍化處理、表面塗層防腐、陰極保護法。

②管道的清洗。

管道經長時間使用後，內壁因腐蝕和結垢使得管道阻力增加，管道斷面縮小，導致管道輸水能力下降，電耗增加，使用年限縮短，嚴重時甚至會造成管壁穿孔爆裂。此外，腐蝕、結垢對水質有「二次污染」的情況，使水濁度、色度升高，產生臭和味，細菌總數增加，有的細菌會嚴重影響水質，損害人們的身體健康，有的則加劇管道的腐蝕。

為延長管道的使用壽命，要減緩管道內壁的腐蝕和結垢，保持應有的輸水能力，應定期對管道實施清理並塗保護層，即刮管塗襯。

管道結垢的原因比較複雜，其主要原因有：金屬內壁的銹蝕；水中碳酸鈣物質的沉澱；水中懸浮固體的沉積；鐵細菌、藻類等微生物的滋長和繁殖等。不同的結垢物質，應選用不同的刮管方法，塗襯時也應有所側重。

刮管方法主要有水力清洗、水-氣聯合沖洗、高壓射流沖洗、機械刮管、彈性清管器法。

塗襯方法主要有水泥砂漿塗襯法、環氧樹脂塗襯法、內襯軟管法。

(5) 管網的水質管理和日常運行調度。

①管網的水質管理。管網的水質管理是給水系統管理的重要內容，直接關係到人民的身體健康和工業產品的質量。符合飲用水標準的水進入管網要經過長距離輸送才能到達用戶，如果管網本身管理不善，造成二次污染，將難以滿足用戶對水質的要求，甚至可能出現人患病乃致死亡、產品不合格等重大事故。所以，加強管網管理，是保證水質的重要措施。

影響管網水質的主要因素：

a. 管道內壁腐蝕、結垢：管道內壁腐蝕、結垢是影響管網水質的首要因素。由於腐蝕等作用，管道內生成的各類沉積物形成結垢層，這種結垢層是細菌滋生的場所，形成「生物膜」。水在管道內的結垢層中流動時，受到了管道本身的污染，使水質下降。

b. 管網水受外界的二次污染：由於管道漏水、排水管或排氣閥損壞，當管道降壓或失壓時，水池廢水、受污染的地下水等外部污水均有可能倒流入管道，待管道升壓後就送到用戶；用戶蓄水的屋頂水箱或其他地下水池未定期清洗，特別是入孔未蓋嚴致使其他污染物進入水箱或水池、管道以及生產供水管道連接不合理、管道錯接等原因可引起局部或短期水質惡化或嚴重惡化。

c. 微生物、有機物及藻類的影響：飲用水通常用氯消毒，但管道內容易繁殖耐氯的藻類，抵抗氯的消毒。這些藻類消耗餘氯，使水中有機物濃度提高，有機物本身又成為細菌、線蟲等微生物的營養成分，這些微生物一般停留在支管的末梢或管網內水流動性差的管段，引起餘氯消失，甚至水有味。

避免水質變壞的措施：加強管網水質的監測，發現問題應及時採取有效措施予以解決；定期衝排管網中停滯時間過長的「死水」；及時檢漏、堵漏，避免管網在負壓狀態下受到污染；新敷金屬管道除了要確保供水水質穩定以外，內壁應塗襯水泥砂漿等塗料；已運行的管道應有計劃地實施刮管塗襯，以保護管道內壁，防止管道腐蝕、結垢，對離水廠較遠的管線，若餘氯不能保證，應採取中途加氯的措施；對新敷設的管線及因檢修污染的管線應進行沖洗和消毒；消毒可採用含氯量為 20~30mg/L 的漂白粉溶液，並應浸泡 24h 以上；消毒後用清水沖洗，直至出水合格為止；長期維護與定期清洗水塔、水池以及高位水箱，並檢驗其貯水水質；用戶自備水源與城市管網聯合供水時，一定要採取空氣隔離等措施。

②供水調度。城市供水服務面積廣，情況複雜，要將符合質量要求的水不間斷地送達用戶處，使用戶使用方便，是運行調度的工作範疇。

2. 排水管網運行維護要點

排水管渠系統建成通水後，為保證其正常工作，必須對管渠系統經常進行維護和管理。

排水管渠在使用過程中，常出現如下故障：污物淤塞管道；過重的外荷載和地基不均勻沉陷使管渠出現裂縫；污水和地下水的侵蝕使管渠被腐蝕。所有這些都影響排水管渠的通水能力和正常使用。因此，排水管渠系統管理和維護的任務是：驗收排水管渠；監督排水管渠使用規則的執行；經常檢查、沖洗或清通排水管渠，以維持其通水能力；修理管渠及其附屬構築物，並處理意外事故等。

排水管渠的管理和維護，是一項經常性的持久工作。一般由各城市的建設機關設立專門機構（如維護管理處）領導，按行政區劃分設立維護管理所，下設若干個維護工程隊（班、組），分片負責，各司其職。整個城市排水系統的維護管理。可分為管渠系統、排水泵站和污水處理廠三部分。工業企業內部的排水系統應由其自行負責維護和管理。實際工作中，管渠的維護管理具有服務性強、涉及面廣、點多、線長、物地分散等特點。因此，管渠系統的維護管理應實行「分片定線」的崗位責任制，建立健全規章制度和管理辦法，以充分發揮維護管理人員的主觀能動性和工作積極性。同時，可根據新舊城區、管渠中污物沉積的可能性大小等情況，劃分成若干維護等級，以便對易於淤塞的管渠段，給予重點維護、加強管理。這樣，可以大大提高維護工作的效率，是保證排水管渠系統正常工作的行之有效的措施。

（1）排水管渠的清通。排水管渠的清通，是管渠系統維護和管理的主要工作。排水管渠雖然按不淤流速進行設計，但在實際使用過程中，往往由於水量不足、水量不均勻、污水中可沉物較多、使用不規範、施工質量不良等原因，造成一些污染物在管渠底部沉積，增大了管壁的粗糙系數。越來越多的污物沉積，日積月累，逐漸壓實，便形成了淤泥。淤泥的形成，將減小管渠的通水能力，甚至堵塞管渠。因此，必須定期清通排水管渠。清通的方法主要有水力清通和機械清通兩種。

①水力清通。水力清通的方法是用水對排水管渠進行沖洗，適用於管渠內淤泥量少、不密實，淤塞不嚴重的情況。水力清通的形式取決於管渠佈局、排水狀況、水源狀況和附近的地形條件。一般情況下可分為污水自衝、調水沖洗、沖洗井沖洗、利用泵站開停泵沖洗和水力沖洗車沖洗五種形式。

a. 污水自衝。利用各種控制工具，抬高淤塞管段上游的水位，並借助這種水位差來衝刷淤塞管段內淤泥的一種方法。其操作過程可分為憋水階段和沖洗階段兩個環節。憋水階段：利用各種控制水位的工具，如堵頭、閘門和插飯等，封堵住淤塞管段的上游管口，於是該管段就開始泄空，而上游管段的水位則不斷憋高，待上游管中充滿並使控制工具所在的檢查井中水位抬高至預定高度（一般為 1m 左右）後，憋水階段完成。但應特別注意，在封堵憋水時，關於控制工具所在的檢查井內的憋水高度，必須保證以上游低窪地區的檢查井地面不能冒水為準。尤其是山區城市或道路路面高差較大的地區，更應引起高度重視。沖洗階段：當檢查井中水位憋到要求的預定高度後，就可開啓控制工具，進行水衝。同時，將一個略小於管內徑的「衝牛」，從檢查井口用繩引吊放入管道內。由於「衝牛」的出現，減小了管道的過水斷面，在管內就形成了一股高速激流。這股高速激流能衝活管道底部的淤泥，而「衝牛」在管道中起到頂推淤泥的作用。這樣，在高速激流和「衝牛」的共同作用下，將淤泥衝刷到下游的檢查井中。「衝牛」實際上是疏通工具，由於它在管道內飄浮於污水中，受污水的推力，頂著泥水前進，其狀像牛，故稱其為「衝牛」。它的外緣是橡膠板，適用於不同規格的管道。衝入下游檢查井中的淤泥，可用吸泥車抽汲運走。吸泥車有裝有隔膜泵的鬮泥車、裝有真空泵的真空吸泥車和裝有射流泵的射流泵式吸泥車等多種型式。

採用這種方法，要求管道本身必須有一定的流量，淤泥不宜過多，且上游污水不能從其他支管流走，同時也必須保證不使上游水回流進入附近的建築物。它的缺點是可能會在上游管道產生新的淤積。

b. 調水沖洗。靠近江、河、湖泊等豐富水源的城市，如管道中污水量較少，污水自衝難度較大時，可用水泵將附近的天然水抽升入管道內進行沖洗。

c. 沖洗井沖洗。對於城市的起始排水管段，污水自衝的水源不足時，可採用沖洗井進行沖洗。沖洗井的水源一般為河水或自來水。當沖洗井內的水位達到一定高度後，開啓連接管的閘或堵，即可沖洗管道，但要增設沖洗井，因此不經濟。

d. 利用泵站開停泵沖洗。利用排水管道系統上的泵站，使欲沖洗管道的下游泵站提前把水抽空，然後再開啓上游泵站的水泵，使管道內形成上壓下排的水力狀態，從而沖洗管道。

e. 水力沖洗車沖洗。在城市管渠系統脈脈相通的地方，由於上游的污水可以流向

別的管段，污水自衝難以實現，故只能採用水力沖洗車沖洗。

水力清通方法操作簡便、工效高、操作條件好，被廣泛採用。根據中國一些城市的經驗，水力清通不僅能清除下游管道 250m 以內的淤泥，而且在上游 150m 左右管道中的淤泥也能得到一定程度的衝刷。當檢查井中的水位升高到 1.20m 時，突然放水，不僅可衝出淤泥，而且可衝刷出沉在管道中的碎磚石。

②機械清通。當管渠內淤泥粘結密實、淤塞嚴重、水力清通的效果不好時，需要採用機械清通的方法。機械清通主要有絞車清通和通溝機清通。

a. 絞車清通是目前國內普遍採用的方法。工作時，首先用竹片穿過需要清通的管渠段，竹片一端系上鋼絲繩，繩上系住清通工具的一端。在需清通的管渠兩端檢查井上各設一架絞車，當竹片穿過管段後將鋼絲繩系在一架絞車上，清通工具的另一端通過鋼絲繩系在另一架絞車上。然後利用絞車往復絞動鋼絲繩，帶動清通工具將淤泥刮至下游檢查井內，使管渠得以清通。絞車可以是手動，也可以是機動。機械清通工具的種類繁多，有骨架形松土器、彈簧刀、錨式清通器、鋼絲刷、鐵牛、膠皮刷及鐵畚箕等。清通工具的大小應與管道管徑相適應，當淤泥數量較多時，可先用小號清通工具，待淤泥清除到一定程度後再用與管徑相適應的清通工具。清通大管道時，由於檢查井井口尺寸的限制，清通工具可分成數塊，在檢查井內拼合後再使用。

b. 通溝機清通。主要有氣動式通溝機和軟軸管渠通溝機，效果良好。排水管渠中的污水有一些有毒、有害甚至有爆炸性的氣體，這就要求維護工作必須注意安全。在排水管渠的清通中，要制定切實可行的操作規程、安全規程，以確保清通工作正常進行。

(2) 排水管渠的修理。

排水管渠的修理，是養護工作的重要內容。當發現管渠系統有損壞時，應及時修理，以防損壞擴大，造成事故。一般情況下，應經常進行如下內容的修理：

a. 修理更換檢查井和雨水口的頂蓋；

b. 修理檢查井內脫落的磚塊，更換銹蝕的踏步；

c. 修補局部損壞的管渠；

d. 翻修無法使用的整段管渠；

e. 增建新的管渠系統。

二、建築給水排水工程

(一) 建築給水排水工程的基本內容

建築給排水工程主要內容包括建築內部給水系統、排水系統、熱水系統及消防系統等建築內部給排水工程的設計計算理論及方法、管道及設施的布置原則及方法、管道及設施的施工技術及方法。

1. 建築給水工程的基本內容

建築內給水系統的任務是根據用戶對水量和水壓的要求，將水由城市管網輸送至裝置在市內的各種配水龍頭、生產機組和消防設備等用水點。主要包括生活給水系統、生產給水系統、消防給水系統三類。

（1）建築給水系統的組成。

建築給水系統由引入管、水表節點（閘門、泄水、旁通管）、管道系統（干管、立管、支管）、附件（配水附件、調節附件）、升壓和貯水設備、室內消防設備組成。

（2）建築給水方式。

給水方式即為給水方案，它與建築物的高度、性質、用水安全性、是否設消防給水、室外給水管網所能提供的水量及水壓等因素有關，最終取決於室內給水系統所需總水壓 H 和室外管網所具有的資用水頭（服務水頭）H_0 之間的關係。基本給水方式有直接給水方式、水泵水箱供水方式、水泵給水方式、分區供水方式、環狀供水方式等，在工程中可根據實際情況採用一種或幾種，綜合組成所需要的形式。

上述各種給水方式按其水平干管在建築內敷設的位置分為：

a. 下行上給式：水平干管敷設在地下室天花板下，專門的地溝內或在底層直接埋地敷設，自下向上供水。民用建築直接從室外管網供水時，多採用此方式。

b. 上行下給式：水平干管設於頂層天花板下吊頂中，自上向下供水。適用於屋頂設水箱的建築，或下行存在困難時採用。缺點是結露、結凍，干管漏水時損壞牆面和室內裝修，維修不便。另外，按用戶對供水可靠程度要求的不同，管網分為枝狀（一般建築）和環狀（不允許斷水的建築）。

（3）給水管道的布置。

①引入管：從配水平衡和供水可靠考慮，宜從建築物用水量最大處和不允許斷水處引入（用水點分佈不均勻時）。

用水點均勻——從建築中間引入，以縮短管線長度，減小管網水頭損失。

條數：一般為 1 條，當不允許斷水或消火栓個數大於 10 個時為 2 條，且從建築不同側引入，同側引入時，間間距大於 10m。

②水表節點：北方——承重牆內；南方——水表井。

③室內給水管網：與建築性質、外形、結構狀況、衛生器具布置及採用的給水方式有關。

a. 力求長度最短，盡可能呈直線走，平行於牆梁柱，照顧美觀，考慮施工檢修方便。

b. 干管盡量靠近大用戶或不允許間斷供水，以保證供水可靠，減少管道轉輸流量，使大口徑管道最短。

c. 不得敷設在排水間、煙道和風道內，不允許穿過大小便槽、櫥窗、壁櫃、木裝修。

d. 避開沉降縫，如果必須穿越時，應採取相應的技術措施。

e. 車間內給水管道可架空可埋地，架空時，不得妨礙生產操作及交通，不在設備上通過。不允許在遇水會引起爆炸、燃燒或損壞的原料、產品、設備上面設置管道。埋地應避開設備基礎，避免壓壞或震壞。

（4）給水管道的敷設。

根據建築對衛生、美觀方面的要求不同，可分為明裝和暗裝

①明裝：管道在室內沿牆、梁、柱、天花板下、地板旁暴露敷設。

優點：造價低，便於安裝維修。
缺點：不美觀，凝結水，積灰，妨礙環境衛生。
②暗裝：管道敷設在地下室或吊頂中，或在管井、管槽、管溝中隱蔽敷設。
特點：衛生條件好、美觀、造價高、施工維護均不便。
適用：建築標準高的建築，如高層、賓館，要求室內潔淨無光的車間，如精密儀器、電子元件等。
　　室內給水管道可以與其他管道一同架設，應當考慮安全、施工、維護等要求。在管道平行或交叉設置時，對管道的相互位置、距離、固定等應按管道的綜合有關要求進行統一處理。
　　(5) 管道防腐、防凍、防露、防漏的技術措施。
　　為使建築內部給水系統能在較長年限內正常工作，除應加強維護管理外，在施工中還需採取如下一系列措施。
　　①防腐：不論明暗裝的管道和設備，除鍍鋅鋼管外均需做防腐。
　　鋼管外防腐——刷油法：除銹、防銹漆二道、面漆（銀粉）防腐層；底漆（冷底子油）、瀝青瑪締脂、防水卷材、牛皮紙等冷底子油、瀝青玻璃布二道、熱瀝青三道（二布三油）。
　　鑄鐵管：埋地管外表一律刷瀝青防腐；明露管刷防銹漆及銀粉。
　　內防腐：輸送具有腐蝕性液體時，除用耐腐蝕管道外，也可將鋼管或鑄鐵管內壁塗襯防腐材料，如襯膠、襯玻璃鋼。
　　②防凍：應避開易凍房間；對於寒冷地區屋頂水箱，冬季不採暖的室內管道，設於門廳、過道處的管道應採取保暖措施。
　　③結露：採暖衛生間，工作溫度高、溫度較大的房間（洗衣房）管道水溫低於室溫時，管道及設備外壁結露，久而久之會損壞牆面，引起管道腐蝕，破壞環境。防結露措施應採用防潮絕緣層，一般與溫保法相同。
　　(6) 水質防護。
　　①各給水系統（生活給水、直飲水、生活雜用水）應各自獨立、自成系統，不得串接。
　　②生活用水不得因管道產生回流污染。
　　③建築內二次供水設施的生活飲用水箱應獨立設置，其貯量不得超過 48h 的用水量，並不允許其他用水的溢流水進入。
　　④埋地式生活貯水池與化糞池、污水處理構築物的淨距離不應小於 10m。
　　⑤建築物內的生活貯水池應採用獨立結構形式，不得利用建築物本體結構作為水池的壁板、底板及頂蓋。
　　⑥生活水池（箱）與其他用水水池（箱）並列設置時，應有各自獨立的池壁，不得合用同一分隔牆；兩池壁之間的縫隙滲水，應自流排出。
　　⑦建築內的生活水池（箱）應設在專用的房間內，其上方的房間不應設有廁所、衛生間、廚房、污水處理間等。
　　⑧生活水池（箱）的構造和配管應符合下列要求：

a. 水池（箱）的材質、襯砌材料、內壁塗料應採用不污染水質的材料。

b. 水池（箱）必須有蓋並密封；入孔應有密封蓋並加鎖；水池透氣管不得進入其他房間。

c. 進出水管布置應在水池的不同側，以避免水流短路，必要時應設導流裝置。

d. 通氣管、溢流管應裝防蟲網罩，嚴禁通氣管與排水系統通氣管和風道相連。

e. 溢水管、泄水管不得與排水系統直接相連，不小於0.2m的空氣隔斷。

2. 建築排水工程基本內容

(1) 污水管道分類：生活排水、工業廢水、雨水排水。

合流制：將上述三類污廢水中的兩類或三類統一用一套管道系統排出。

分流制：分別設置管道系統排出。

(2) 建築內排水系統組成。

建築內排水系統由以下內容組成：衛生器具或生產設備受水口、排水管系（衛生器具排水管、橫支管、立管、總干管、出戶管）、通氣管系、清通設備（檢查口：立管上，距地面1.0m，隔10m設置，頂、底層設清掃口橫管，隔一定間距）、抽升系統、室外排水管道（室外第一個檢查井至城市下水道之間管道）、污水局部處理構築物。

通氣管系作用：向排水管內補給空氣，保障水流暢通，減小氣壓變化幅度，防止水封破壞，排出臭氣和有害氣體，使管內有新鮮空氣流動，減少廢氣對管道的銹蝕。

通氣管形式主要有伸頂通氣（離屋面0.3m，且大於積雪厚度；管徑：北方地區比立管大一號；南方地區比立管小一號）、專用通氣管（管徑比最底層立管管徑小一級；當立管設計流量大於臨界流量時設置，且每隔二層與立管相同）、結合通氣管（不小於所連接的較小一根立管管徑；10層以上的建築每隔6~8層設結合通氣管）、環形通氣管（橫支管連接6個以上的便器，橫支管連接4個以上的衛生器具，且管道長度大於12m時設置）、安全通氣管（橫支管連接衛生器具較多且管線較長時設置）、衛生器具通氣管（衛生標準及控制噪音要求高的排水系統）。

(3) 建築內排水管道的布置、敷設與管材。

①排水管道不得布置在遇水引起燃燒、爆炸或損壞原料、產品和設備的上面；

②架空管道不得敷設在生產工藝或對衛生有特殊要求的生產廠房以及食品倉庫和貴重商品倉庫、通風小室和變配電問的上邊；

③排水管道不得布置在食堂、飲食業的主副食操作間、烹調間的上方，當受條件限制不能避免時，應採取防護措施；

④穿過承重牆或基礎，採取防沉降措施，穿過地下室牆壁時，應設防水套管；

⑤一般地下埋設或在地面上、樓板下明設；

⑥排水管道不得穿過沉降縫、菸道和風道、伸縮縫、基礎設備；

⑦生活污水立管不宜靠近與臥室相鄰的內牆；

⑧靠近排水立管底部的排水支管應連接；

⑨最低橫支管與立管連接處至立管底部的最小垂直距離；

⑩排水支管與排出管連接點距立管底部水平距離不小於3m；

⑪排水支管單獨排出室外；

⑫生活污水管道：排水鑄鐵管、硬聚氯乙烯管、鋼管（<50mm）、陶土管（埋地管）；

⑬鑄鐵排水管道按規定設柔性接口。

(4) 建築內雨水排水系統類型。

①雨水排水系統類型：外排水系統（雨落管排水：間距為 8~12m，管徑為 75~100mm。天溝外排水：坡度不小於 0.003，流水長度不大於 50m，設溢流口）、內排水系統（組成：雨水門、連接管、懸吊管、立管、排出管、檢查井、埋地干管）

②內排水系統的布置與敷設。

a. 雨水門：多門排水系統的雨水門宜對立管對稱布置，1 根懸吊管上連接的雨水門不得多於 4 個，且雨水門不得設在立管頂端。

b. 連接管：一般與雨水門同徑，且不得小於 100mm，應牢固地固定在建築物承重結構上，採用 45°三通與懸吊管連接。

c. 懸吊管：懸吊管上設置的雨水門不得多於 4 個，管徑不得小於連接管管徑，且不大於 300mm，採用 45°三通、45°四通、90°斜三通、90°斜四通與立管連接，長度超過 15m，宜在靠近牆柱處設檢查口。

d. 立管：管徑不小於懸吊管，連接的懸吊管不宜多於 2 根，距地面 1m 設檢查口。

e. 埋地管：最小管徑 200mm，最大不超過 600mm。

3. 建築消防基本內容

(1) 建築消防系統分類。

消火栓滅火系統、自動噴灑水滅火系統、水幕消防系統、其他滅火方式。

(2) 消火栓給水系統。

①消火栓給水系統由水槍、水龍帶、消火栓、消防水喉、消防通道、水箱、消防水泵接合器、增壓設備和水源組成。

a. 水槍：噴嘴口徑：$\varphi 13$、$\varphi 16$、$\varphi 19$mm，與水龍帶用快速螺母連接。

b. 水龍帶：DN50mm、DN65mm。

麻質：抗折疊，質輕，水流阻力大（$qxh \leq 3l/s$，$\varphi 16$，DN50）。

橡膠：易老化，質重，水流阻力小（$qxh > 3l/s$，$\varphi 16$、19、DN65）。

c. 消火栓：內扣式快速連接螺母+球形閥，分為單出口、雙出口。

d. 消防水喉：小口徑栓。25mm，噴嘴，$\varphi 6~8$mm，L=20、25、30m。工作壓力：$106Pa = 103kPa = 1MPa = 10kg/cm^2$。

e. 消火栓箱：玻璃門，內置消火栓、水槍、水龍帶、水喉、消防報警及啓泵裝置，設置於承重牆，設置方式為明、暗、半暗。

f. 消防水泵接合器。

作用：一端接室內消防管網，另一端可供消防車加壓供水。

組成：閘門、安全閥、止回閥。

形式：地面、地下、牆壁式。

設置點：便於消防車接管供水地點。

g. 消防給水管網：環狀，立管不變徑。低層可生活+消防，高層獨立。

h. 消防貯水設備及加壓設備、水源：初期火災用水（10min）水箱，氣壓給水裝置，火災連續用水水池可與生活貯水合用。

②消火栓系統類型。

a. 不設消防水箱及水泵的消火栓給水系統：室外管網的壓力及水量在任何時候均可滿足室內消防要求。

b. 僅設水箱：只保證火災初期10min供水（室外水量及壓力不足）。

c. 設消防貯水箱、消火栓泵的消火栓系統：火災延續時間內由室內保證消防用水量及水壓。

d. 分區供水的室內消火栓系統（高層）。

分區原因：從便於滅火和系統安全考慮。

分區依據：最低處消火栓最大靜水壓力超過 $80mH_2O$ 時。

分區方式：串聯分區，並聯分區。

③消火栓系統設置要求。

設有消火栓的建築內，其各層均應設置（無可燃物的設備層除外）；設在明顯、易於取用的地點（走廊、樓梯間、大廳入口處）；保證有兩只水槍的充實水柱同時達到室內任何部位（H≤24，V≤5,000m³，庫房除外，一只水槍）；消火栓栓口靜水壓力≥$80mH_2O$減壓孔板（便於使用，控制出水量，維持10min）；栓口距地面1.10m；同一建築採用同一規格的消火栓、水槍及水龍帶；消防電梯前應設消火栓；每個消火栓處應設直接啟動消火栓泵的按鈕。

④室內消防給水管道的布置

a. 室內消火栓個數大於10個，且室外消防水量大於15 L/s，市內給水管道應為環狀，進水管應為二條。當一條出事故時，另一條供應全部水量。

b. 閥門設置便於檢修又不過多影響供水。

c. 室內消火栓管網與噴淋管網宜分開設，如有困難在報警閥前分開。

d. 水泵接合器設置：便於消防車接管供水地點，同時考慮周圍15~40m處有室外消火栓或消防貯水池；數量按室內消防水量及每個接合器流量經計算定，每個接合器為10~15L/s。

e. 消防水池與水箱的布置。

獨立消防水池設置條件：

第一，室外管網的進水管流量<$Q'_{生產}$ + $Q'_{生活}$ + $Q_{室內消}$ + $Q_{室外消}$

第二，不允許直接抽水。

第三，室外管網為支狀，$Q_{室內消}$ + $Q_{室外消}$ >25l/s

f. 水箱：安裝高度原則上滿足最不利點、滅火設備所需的水量和水壓。一類高層（住宅除外），可設增壓設備，氣壓罐、穩壓泵。二類公共建築、一類住宅，最高處消火栓靜水壓力≮$7mH_2O$。

g. 消防泵及泵房：消防泵吸水管應有獨立的吸水管；消防泵自灌吸水；消防泵壓水管二條與環管連接。泵房有直通室外出口，在樓層內應靠近安全出口；備用泵不小於一臺主泵的能力。

（3）自動噴灑系統。

①系統組成及動作過程。

自噴系統是一種固定式的自動噴水滅火系統設置，是控制火災的有效手段之一。自噴系統與消火栓系統相比有如下優點：自動報警，自動灑水；隨時處於準備工作狀態；從火場中心噴水，並不受菸霧的影響，造成水漬的損失小；滅火及時，2~5min使火災不易擴散，滅火成功率高。

②系統分類。

a. 閉式：濕式——系統充水，適用4℃<t<70℃。

干式——系統充氣，適用無採暖場所管路容積 V ≥ 2,000L。

預作用式——探測系統+噴水系統。快速排氣充水，變干式為濕式，減少誤報、水漬。適用建築裝飾要求高，滅火要求及時。

b. 開式：水幕——冷卻、阻火、防火隔斷。

雨淋——嚴重危險級別。

噴霧——噴射出水霧狀，起冷卻、窒息、稀釋、乳化作用。

③系統布置。

a. 噴頭布置：噴頭布置在吊頂下，呈正方形或長方形，規範正方形最大間距為3.6m。

b. 管網布置：中央布置；側邊布置。

4. 建築熱水供應

（1）熱水供應系統的分類、組成和供水方式。

①分類：集中熱水供應工程、區域熱水供應系統、局部熱水供應系統。

②系統組成自噴系統。

a. 熱媒系統（第一循環系統）：熱源、水加熱器、熱媒管網、冷凝水泵（鍋爐—水加熱器—冷凝水池—冷凝水循環泵—鍋爐）。

b. 熱水供應系統（第二循環系統）：熱水配水管網和回水管網（循環水泵）。

c. 附件：溫度自動調節器、疏水器、減壓閥、安全閥、膨脹管、管道補償器、閘閥、水嘴。

③供水方式：

a. 按管網壓力工況的特點：開式熱水供水方式、閉式熱水供水方式。

b. 熱水加熱方式：直接加熱（加熱冷水、蒸汽混合）、間接加熱（熱水或蒸汽）。

c. 循環管網設置方式：全循環、半循環、無循環。

d. 循環動力：機械強制循環方式、自然循環方式。

e. 干管布置方式：上行下給式。

（2）熱水的加熱設備。

①鍋爐、太陽能集熱器。

②水加熱器：容積式水加熱器、快速式水加熱器、半容積式水加熱器、半即熱式水加熱器、加熱水箱。

（3）熱水管道的布置、敷設及管材。

①體積膨脹、管道伸縮補償、保溫、排氣；
②干線的直線段應設置足夠的伸縮器；
③立管與橫管連接應採用乙字彎；
④上行下給式系統配水干管的最高點應設排氣裝置；
⑤下行上給式熱水配水系統，應利用最高配水點放氣；其回水立管應在最高配水點以下（約0.5m）與配水立管連接；
⑥熱水管網應裝設止回閥的管段：水加熱器或貯水器的冷水供水管、機械循環第二循環回水管、混合器的冷/熱水供水管；
⑦熱水橫管的坡度不應小於0.003，以便放氣和泄水；
⑧熱水管穿過建築物頂棚、樓板、牆壁和基礎處，應加套管；
⑨熱水管道一般為明設；
⑩管徑≤150mm時，應採用鍍鋅鋼管；賓館、高級住宅、別墅等宜採用銅管、聚丁稀管或鋁塑複合管。

（二）建築給水排水工程施工方法和技術要求
1. 施工方法
（1）首先配合土建預留、預埋，凡安裝圖上有而土建圖沒有設計的，應及時和土建聯繫預留、預埋工作，協商各自的範圍及責任，以免發生錯誤和遺漏。
（2）預埋套管及管道屬於特殊工序，施工項目部應首先寫出《特殊工序施工措施》，經審批後方可施工。在預埋時，要進一步核實預埋位置和尺寸，要有專人監護，以防預埋件移位或損壞。
（3）建築給排水安裝基本要求按《採暖與衛生工程施工及驗收規範》執行，由於新材料發展很快，新的規範沒有出版，可參照生產廠家編製的技術要求進行。
（4）地漏安裝應結合土建完成面，施工時應與土建配合。
（5）立管加套管穿樓板時，應按廣州市質量通病防治方法處理。
（6）管道安裝應結合具體條件，合理安排施工順序，一般先地下後地上，先大管後小管再支管，當管道交叉中發生矛盾時，應該按以下原則避讓。
①小直徑管道讓大直徑管道；
②可彎的管道讓不可彎的管道；
③新設的管道讓已建的管道；
④臨時性的管道讓永久性管道；
⑤有壓力的管道讓自流的管道。
（7）給水引入管與排出管的水平淨距不小於1m。室內給水管與排水管平行敷設時，管間最小水平淨距為500mm，交叉時垂直淨距為150mm。給水立管敷設在排水管下方時應加套管，套管長度不應小於排水管徑的3倍。
（8）室內給水系統試驗壓力為0.6~1.0Mpa，然後按規定進行衝洗和消毒。室內排水按檢驗評定標準，分別進行灌水和通水試漏，埋地部分應做好隱蔽工程記錄，以甲方監理簽證為準。

（9）塑料管道配管與粘接。

管道系統的配管與管道粘接應按下列步驟進行：

①按設計圖紙的坐標和標高放線，並繪製實測施工圖；

②按實測施工圖進行配管，並進行預裝配；

③管道粘接；

④接頭養護。

2. 技術要求

（1）鍍鋅鋼管。

①材料和設備在使用和安裝前，應按設計要求核驗規格、型號和質量，必須清除內部污垢和雜物，安裝中斷或完畢的敞口處，應臨時封閉。

②鍍鋅管全部用套絲連接時，管子螺紋應規範，如有斷絲或缺絲不得大於螺紋全扣數的 10%，安裝螺紋零件時，應按旋緊方向一次裝好，不得倒回；安裝後，露出 2~3 牙螺旋，並清除剩餘填烊；螺紋連接時，在管子的外螺紋與管件或閥門之間應用油麻絲、白厚漆或生膠帶做填料，安裝時，先將麻絲拉成薄而均勻的纖維（或用生膠帶），然後從螺紋第二扣開始沿螺紋方向進行纏繞，纏好後在表面塗上厚漆（生膠帶可不塗）然後撐上管件，再用管子鉗收緊，填料要適當，套絲不得過硬或過軟，以免造成連接不嚴密。

③鍍鋅管採用電焊法蘭盤連接時，管子焊接前應清除接口處的浮銹、污垢及油脂，管子的刮口斷面應與管中心線垂直，以保證管子焊接完畢的同心度。為保證施焊過程中管壁能充分焊透，管接頭處應呈「V」形坡口，直徑相同的兩鋼管對焊時，兩管厚度差不應大於 3mm。

④支、吊、托架安裝選用優質膨脹螺栓固定。

水平鋼管支架間距不大於表 8-1 所示的尺寸：

表 8-1　　　　　　　　　　水平鋼管支架間距

公稱直徑（mm）	15	20	25	32	40	50	70	80	100	125	150	200
支架間距（m）	2.5	3	3.5	4	4.5	5	6	6	6.5	7	8	9.5

⑤給水立管調整後，管道上的零件如有松動，必須重新上緊。主管上的閥門要便於開啓和檢修，立管的管卡安裝要求為：當層高小於 5m 時，每層須安裝一個；當層高大於 5m 時，每層不小於 2 個；管卡的安裝高度，應距地面 1.5~1.8m，2 個以上的管卡應均勻安裝。

⑥給水支管安裝支架位置應正確，特別是在裝有瓷器的牆上打洞應小心輕敲，以免破壞飾面。支管口在同一方向開出的配水點和頭應在同一軸線上，保證配水管件的安裝美觀、整齊、統一。支管安裝以後，應該檢查所有支架和管頭，清除殘絲和污物，牆內暗配給的水支管安裝完畢之後立即註水試壓，合格以後才交土建批檔裝飾，以免返工。

⑦明裝管道要求橫平豎直，固定點牢固均勻，清潔、美觀，不留毛刺，垂直度允

許偏差 2%，水平度允許偏差 0.5%~1.0%。

⑧埋地鍍鋅鋼管被破壞的鍍鋅表層或管螺紋露出部分應防腐，可採用塗鉛油防銹漆的方法處理。

⑨焊接法蘭時，必須使管子與法蘭端面垂直，可用角尺從相隔 90 度的兩個方向檢查。點焊後，用靠尺再次檢查法蘭盤的垂直度。另外插入法蘭盤的管子的端部，距法蘭盤內端面的高應為管壁厚度的 1.3~1.5 倍，以便焊接；DN150mm 給水鋼管採用焊接。

(2) 鋁塑複合管。

①除按《採暖與衛生工程施工與驗收規範（GBJ242-82）》基本要求外，還要按產品說明的技術要求施工。

②管道布置和敷設。

a. 管道布置應根據建築物結構特點、使用要求和建築平面布置確定。

b. 鋁塑複合管一般不宜在室外明設，如需要在室外明設時，管道應布置在不受陽光直射處，且必須使用 JZLSG 系列的鋁塑管。

c. 明敷的給水立管宜布置在給水量大的衛生器具或設備附近的牆邊、牆角或立柱處。與給水栓連接處應採取加固措施，在用水器具較集中的房間內布置管道時，宜採用分水器配水，分水器一般設在牆角處，配水支管沿樓（地）面暗敷至各用水器具。

d. 給水管道不得穿過臥室、儲藏室、變配電間，不得穿越煙道、風道，不得穿過大便槽和小便槽，不得敷設在煙道、風道內，且不宜穿過櫥窗、壁櫃、木裝修層。

e. 給水管道敷設於室外明露和寒冷地區的不採暖的房間內時，如外表面可能結露時，應根據建築物的使用要求，採取防結露措施，並應考慮管內的流體會否凝固而損壞管道，必要時應採取防凍措施。

f. 室內管道可採用明設或暗設。暗設時，立管宜敷設在管井或管窟內，亦可敷設在樓板結構層內，橫支管沿牆面敷設時，應敷設在溝槽內，且橫支管的標高不宜高出樓（地）面 400mm。

g. 給水管道與其他管道同溝或同架平行鋪設時，宜沿溝、架邊布置；上下平行敷設時不得敷設在熱水或蒸汽管的上面，且平行位置應錯開，與其他管道交叉鋪設時，應採取保護措施或用金屬套管保護。

h. 給水管道應遠離熱源，立管距爐竈邊淨距不得小於 400mm，與供暖管道的淨距不得小於 200mm，且不得受熱源輻射使管外壁溫度高於 65℃。

i. 規格 $\geq \phi 32$ 的管道，不宜穿過沉降縫、伸縮縫，如必須穿過時，應採取相應的技術措施。規格 $< \phi 32$ 的管道穿過沉降縫、伸縮縫時，應將管道安裝成微波浪形。

j. 建築物內立管穿越樓板和屋面處應有固定支承點，並應採取嚴格的防水措施。

k. 管道穿過承重牆或基礎處，應預留洞口，管頂上預留的淨空應不小於建築物的沉降量，一般不宜小於 100mm。

l. 鋁塑複合管用於熱水管道時，其導熱系數按 0.45（W/m·k）計。暗敷在牆和樓面的支管，一般不需要再做保溫層，明設管道可根據熱損失量的大小來確定是否應做保溫層。

③一般規定。

a. 管道安裝前，應瞭解建築物的結構，熟悉設計圖紙、施工方案及其他工種的配合措施。安裝人員必須熟悉鋁塑複合管的一般性能，掌握基本的操作要點，嚴禁盲目施工。規模較大、管道系統較複雜的工程施工前，應組織施工人員進行安裝技術培訓。

b. 施工現場與材料堆放處溫差較大時，應於安裝前將管材和管件在現場放置一段時間，使其溫度接近現場的環境溫度。

c. 在管道系統安裝過程中，應防止油漆、瀝青等有機污染物與管材、管件接觸。

d. 管道穿越牆壁、樓板及嵌牆壁時，應配合土建施工過程做好預留孔槽工作。其尺寸設計無規定時，應按下列規定執行：

第一，預留孔洞尺寸宜較管外徑大 30～40mm；

第二，嵌牆暗管牆槽尺寸的寬度和深度宜比管外徑大 10～20mm；

第三，裝有管件的地方，應視管件尺寸適當加大、加深；

第四，協調好與土建施工的其他工序，避免在孔洞、管槽外打釘、鑽孔。

④配管與連接、固定如下：

a. 管材為盤卷包裝時，安裝前應先將管子校直。校直宜在平整的地面上進行，方法是用腳踩住管子，滾動卷盤往前延伸，壓直管子，再局部手工校直，對於管徑 ϕ 20 或以下的管子，也可手工直接校直。

b. 管子的切斷應使用專用的管剪，沒有專用管剪時，允許使用管子割刀或細齒鋼鋸將管子切斷，然後用專用整圓器清除斷口的毛刺和毛邊，將切口平整，管的橫截面與軸心線呈 90°±10°。

c. 管子的彎曲應使用專用的彎管彈簧或彎管器：

對於外徑 32mm 及以下的管子，彎曲方法是在管內塞入相應規格的彈簧至彎曲部位，均勻加力即可彎曲，成型後抽出彈簧，如彈簧不夠長，可用鋼絲接駁延長。

對於外徑 40mm 及以上的管子，應使用專用的彎管器，將管彎曲。

d. 連接時，按下列步驟完成：

第一，先用整圓器將管口整圓擴孔；

第二，將管件的螺帽和卡環先後套入管子端頭；

第三，然後將管件本體內芯插入管口內，用力將內芯全長壓入或接近全長壓入；

第四，拉回卡環和螺帽，用扳手均勻用力將螺帽擰固在管件的外螺紋上，以管件剩 2 圈螺紋為宜。禁止使用管鉗替代扳手。

e. 連接時應注意事項：

第一，管件插入管子時，兩者應平整對正，不得傾斜；

第二，如旋緊時發現傾斜或無法旋緊，應更換管件。

f. 外徑 20mm 或以下的管子宜採用將管子直接彎曲的辦法來改變管道走向，急轉彎處可用直角彎頭來連接；外徑 25mm 及以上的管子應根據建築物結構特點結合美觀需要決定採用直接彎曲或彎頭來改變管道方向，管子的彎曲半徑必須是管外徑的 5 倍以上，並應一次成型，不宜多次反覆。

g. 管子彎曲處必須離接頭或管件最小 20mm 以上，不得以管件或接頭做為支點進

行彎曲。

h. 沿牆面或樓板敷設的管道須採用管碼固定，管碼用鋼釘或膨脹螺釘固定在管道所依託的牆體或樓板上，懸吊安裝的管道或管外有保溫層的管道，應採用吊架或托架來固定管道。

i. 若採用金屬管碼、吊架、托架固定管道時，與鋁塑管接觸部位應採用鋁塑帶或橡膠物隔墊，不得使用硬物隔墊。

j. 在金屬管件、閥門等與鋁塑管連接的部位，應適當增加管碼、吊架、托架，並設置在金屬管件、閥門兩端，盡量靠近金屬管件、閥門，使金屬管件或閥門的重量主要由管碼、吊架等承受。

k. 鋁塑管道的立管和水平管的支撐間距應符合表 8-2 規定：

表 8-2　　　　　　　　　鋁塑管道的最大支撐間距（mm）

外徑	¢ 8	¢ 10	¢ 12	¢ 14	¢ 16	¢ 20	¢ 25	¢ 32	¢ 40	¢ 50	¢ 63	¢ 75	¢ 90	¢ 110	¢ 125
水平管≤	500	500	500	500	500	500	550	650	800	950	1,100	1,200	1,350	1,550	2,000
立管≤	800	800	800	800	800	900	1,000	1,200	1,200	1,500	1,500	1,800	2,000	2,200	2,500

⑤室外、室內管道的敷設。

a. 室內明敷管道應在粉刷完畢後進行安裝。安裝前應首先復核預留孔洞的位置是否正確。

b. 室內、外管道安裝應考慮管材的線性膨脹。應根據要求準確計算管道脹縮情況，利用彎管或伸縮彎管、伸縮節等進行補償。

c. 鋁塑管道與其他金屬管道並行時，應留有一定的保護距離。若設計無規定時，淨距不宜小於 100mm。並行時，鋁塑管道宜在金屬管道的內側。

d. 鋁塑管道的各配水點、受力點處，必須採取可靠的固定措施。

e. 鋁塑管道穿過樓板時，應設置套管，套管可採用塑料管，穿屋面時應採用金屬套管。套管應高出地面、屋面不小於 100mm，並採取嚴格的防水措施。

f. 室內暗鋪的鋁塑管道牆槽可採用 1：2 水泥漿填補。管道穿越的孔洞，無防水要求時，可用 1：2 水泥漿填實；有防水要求時，宜採用膨脹水泥配製 1：2 水泥漿填實，並在板面抹三角灰。

⑥埋地管道的鋪設。

a. 室內地坪+/-0.00 以下鋁塑管道宜分為兩段進行。先進行地坪±0.00 以下至基礎牆外壁段的敷設，待土建施工結束後，再進行戶外連接管的敷設。

b. 室內地坪以下管道敷設應在土建工程回填土塌實以後，重新開挖進行。嚴禁在回填土之前或未經塌實的土層中敷設。

c. 敷設管道的溝底應平整，不得有突出的尖硬物體。土壤的顆粒徑不宜大於 12mm，必要時可鋪 100mm 厚的砂墊層。

d. 埋地管道回填時，周圍回填土不得夾雜尖硬物直接與鋁塑管壁接觸。應先用砂土或顆粒徑不大於 12mm 的土壤回填至管頂上側 300mm 處，經塌實後方可回填原土。

室內埋地管道的埋置深度不宜小於 300mm。

e. 鋁塑管出地坪處應設置護管，其高度應高出地坪 100mm。

f. 鋁塑管在穿基礎牆時，應設置金屬套管。套管與基礎牆預留孔上方的淨空高度必須大於建築物的最大沉降量，若設計無規定時不應小於 100mm。

g. 鋁塑管道在穿越街坊道路，覆土厚度小於 700mm 時，應採取嚴格的保護措施。

h. 埋入土壤的金屬管件，在管道連接好後應作防腐處理，可塗刷環氧樹脂類油漆，或刷重防腐塗料等。

（3）鋼塑管。

①安裝方法和技術要求同鍍鋅鋼管。

②關鍵是絕對禁止焊口或表面焊其他焊件。

③管件也均為專用管件配套施工。

（4）複合不銹鋼給水管。

安裝容易，每個規格有三種安裝形式（套絲、插入、膠接）任用戶選擇。

①使用原來加工鍍鋅管用的圓錐管螺紋絞板進行攻絲套扣，主要適用於老管道的維修與更換。

②可用專用管件插入連接，不需攻絲套扣。

③管及連接件塗上專用膠水駁接，方便快捷。

（5）銅管。

在建築給排水工程中，銅管主要應用於熱水供應方面，在施工中應按設計圖紙說明要求實施。

①在一般情況下有如下幾種方法：

a. 管螺紋絲機連接，適用於管閥門，管件熱水泵接點是螺紋的或較大管徑和厚壁適應的管徑連接。

b. 法蘭連接適用於衛生潔具和閥門、角閥及活接頭的連接。

c. 卡套式只適合於衛生潔具和閥門、角閥及活接頭的連接。

d. 承插式套接方法：

套接插入後，用 D2~3mm 代銀焊條焊接。

套接插入後，用焊劑以噴燈加熱熔化焊接。

e. 專用壓接工具，壓接法連接。

②較長的直線熱水管道，不能依靠自身轉角，自然補償時要加伸縮器。

③熱水管道應有不小於 0.003 的坡度，坡向應考慮便於泄水和排出管道內的蒸氣。

④為避免管道中積聚氣體而影響通水能力和增加管道腐蝕，在上行下給式配水干管的最高點應設排氣裝置。

⑤熱水管穿越棱板、地面、牆壁和基礎時應加套管，以免管道脹縮時損壞建築物和管道設備，有水地面套管應高出地面 50~100mm。

⑥銅管在運輸、安裝、堆放中，特別要注意不要壓，不能隨意煨彎。

⑦按銅管伸縮量表，選用伸縮器數量和設置地點。

⑧包膠銅管連接技術要求：

a. 包膠銅管用焊劑施工連接，按如下方法：
* 用一塊濕布繞在塑料折疊處以減少導熱。
* 注意不要把噴槍直接對準塑料。
* 當接合處完整並冷卻後，把接合處膠帶包起來給予持久的保護。
　　b. 焊接前，必須把套接口處，去除銅銹和雜物，防止不嚴密。
　　c. 特別注意焊劑渣不能流入管內壁，以免阻止水流。
　⑨如與現行規範有矛盾時，以「規範」不準。
　（6）塑料給水管（upvc 給水管、pex 給水管）。
　①施工中除按《採暖與衛生工程施工及驗收規範（GBJ242-82）》施工外，還要遵守《建築給水硬聚氯乙烯管道設計與施工及驗收規程（CECS41：92）》規範之規定。
　②連接方式按設計要求。
　　a. 粘接劑；b. 夾緊式接頭；c. 橡膠圈插入式；d. 特種接頭。
　③管材與管件的外觀質量應符合下列規定：
　　a. 管材和管件的顏色應一致，無色澤不均及分解變色線；
　　b. 管材和管件的內外壁應光滑、平整、無氣泡、裂口、裂紋、脫皮和嚴重的冷斑及明顯的痕紋、凹陷；
　　c. 管材軸向不得有異向彎曲，其直線度偏差應小於 1%；管材端口必須平整，並垂直於軸線；
　　d. 管件應完整，無缺損、變形，合模縫、澆口應平整，無開裂。
　④塑料管道與金屬管配件連接的塑料轉換接頭所承受的強度試驗壓力不應低於管道的試驗壓力，其所能承受的水密性試驗不應低於管道系統的工作壓力；其螺紋應符合現行國家標準《可鍛煉鐵管路連接件型式尺寸管件結構尺寸表》的規定，螺紋應完整，如有斷絲或缺絲，不得大於螺紋全扣數的 10%，不得在塑料管材及管件上直接套絲。
　⑤膠粘劑應呈自由流動狀態，不得為凝膠體，在未攪拌的情況下，不得有分層現象和析出物出現，不宜稀釋。
　⑥膠粘劑內不得有團塊、不溶顆粒和其他影響膠粘劑粘接強度的雜質。
　⑦膠粘劑中不得含有毒和利於微生物生長的物質，不得對飲用水的味、嗅及水質有任何影響。
　⑧管道系統安裝過程中，應防止油漆、瀝青等有機物污染物與硬聚氯乙烯管材、管件接觸。
　⑨配管應符合下列規定：
　　a. 斷管工具宜選用細齒鋸、割刀或專用斷管機具；
　　b. 斷管時，斷口應平整，並垂直於管軸線；
　　c. 應去掉斷口處的毛刺和毛邊，並倒角。倒角坡度宜為 100°~150°，倒角長度宜為 2.5~3.0mm；
　　d. 配管時，以承口長度的 1/2~2/3 為宜，並做出標記。
　⑩管道的粘接連接應符合下列規定：

a. 管道粘接不宜在濕度很大的環境下進行，操作場所應遠離火源，防止撞擊和陽光直射。

　b. 塗抹膠粘劑應使用鬃刷或尼龍刷。用於擦承插口的干布不得帶有油膩及污垢。

　c. 在塗抹膠粘劑之前，應先用干布將承、插口上粘接表面擦淨。若粘接表面有油污，可用干布蘸清潔劑將其擦淨。粘接表面不得沾有塵埃、水跡及油污。

　d. 塗抹膠粘劑時，必須先塗承口，後塗插口。塗抹承口時，應由裡向外。膠粘劑應塗抹均勻，並適量。

　e. 塗抹膠粘劑後，應在 20s 內完成粘接。若操作過程中，膠粘劑出現干涸，應在清除干涸的膠粘劑後，重新塗抹。

　f. 粘接時，應將插口輕輕插入承口中，對準軸線，迅速完成。插入深度至少應超過標記。插接過程中，可稍做旋轉，但不得超過 1/4 圈。不得插到底後進行旋轉。

　g. 粘接完畢，應即刻將接頭處多餘的膠粘劑擦乾淨。

　⑪初粘接好的接頭，應避免受力，須靜置固化一定時間，待其牢固後方可繼續安裝。強調粘接完畢後需有一定的靜置固化時間，以使膠粘劑充分發揮作用，保證工程質量。

　⑫塑料管道的立管和水平管的支撐間距不得大於表 8-3 的規定。

表 8-3　　　　　　　塑料管道的最大支撐間距（mm）

外徑	20	25	32	40	50	63	75	90	110
水平管	500	550	650	800	950	1,100	1,200	1,350	1,550
立管	900	1,000	1,200	1,400	1,600	1,800	2,000	2,200	2,400

　(7) UPVC 排水管。

　①遵照《建築排水硬聚氯乙烯管道工程技術規程（CJJ/T29-98）》執行。

　②管道支承件的間距，立管管徑為 50mm 的，不得大於 1.2m；管徑大於或等於 75mm 的，不得大於 2m；橫管直線管段支承件間距宜符合表 8-4 的規定。

表 8-4　　　　　　　橫管直線管段支承件的間距

管徑（mm）	40	50	75	90	110	125	160
間距（m）	0.40	0.50	0.75	0.90	1.10	1.25	1.60

　③UPVC 排水管材質量要求。

　建築排水硬聚氯乙烯管道的管材和管件應符合現行的國家標準《建築排水用硬聚氯乙烯管材（GB/T5836.1）》《排水用芯層發泡硬聚氯乙烯管材（GB/T16800）》和《建築排水用硬聚氯乙烯管件（GB/T5836.2）》的要求。

　④當管道設置伸縮節時，應符合下列規定：

　a. 當層高小於或等於 4m 時，污水立管和通氣立管應每層設一伸縮節；當層高大於 4m 時，其數量應根據管道設計伸縮量和伸縮節允許伸縮量計算確定。

　b. 污水橫支管、橫干管、器具通氣管、環形通氣管和匯合通氣管上無匯合管件的直線管段大於 2m 時，應設伸縮節，但伸縮節之間最大間距不得大於 4m。

c. 管道設計伸縮量不應大於表 8-5 伸縮節的允許伸縮量。

表 8-5　　　　　　　　伸縮節最大允許伸縮量（mm）

管徑	50	75	90	110	125	160
最大允許伸縮量	12	15	20	20	20	25

⑤伸縮節形式的採用。

立管和橫管應按設計要求設置伸縮節。橫管伸縮節應採用鎖緊式橡膠圈管件；當管徑大於或等於 160mm 時，橫干管宜採用彈性橡膠密封圈連接形式。當設計對伸縮量無規定時，管端插入伸縮節處預留的間隙應為：夏季，5~10mm；冬季，15~20mm。

⑥橫管的坡度設計無要求時，坡度應為 0.026 度。

⑦立管管件承口外側與牆飾面的距離宜為 20~50mm。

⑧管道的配管及坡口應符合下列規定：

a. 鋸管長度根據實測並結合各連接件尺寸逐段確定。

b. 鋸管工具宜選用細齒鋸、割管機等機具。端面應平整並垂直於軸線；應清除端面毛刺，管口端面處不得裂痕、凹陷。

c. 插口處可用中號板銼銼成 150~300 度坡口。坡口厚度宜為管壁厚度的 1/3~1/2。坡口完成後應將殘屑清除乾淨。

⑨塑料管與鑄鐵管連接時，宜採有專用配件。當採用水泥捻口連接時，應先將塑料管插入承口部分的外側，用砂紙打毛或塗刷膠粘劑後滾粘後干燥的粗黃砂；插入後應用油麻絲填嵌均勻，用水泥捻口。塑料管與鋼管、排水管栓連接時應採用專用配件。

⑩管道粘接。

粘合面如有油污、塵砂、水漬或潮濕，都會影響粘結強度和密封性能，因此必須用軟紙、細面布或棉紗擦淨，必要時蘸用丙酮或丁酮等清潔劑擦淨，對難擦淨的粘附物，可用細砂紙輕輕打磨，但不可損傷材料表面。砂紙打磨後，再用清潔布揩淨。

管端插入深度劃標記時，應避免用尖硬工具弄傷管材，管端插入承口必須有足夠深度，目的是保證有足夠的粘結面。

塗膠宜採用鬃刷，當採用其他材料時應防止與膠粘劑發生化學作用，刷子寬度一般為管徑的 1/3~1/2。塗刷時動作應迅速、正確。膠粘劑塗刷結束應將管子立即插入承口，軸向需用力準確，並稍加旋轉，注意不可彎曲。因插入後一般不能再變更或拆卸。管道插入後應扶持 1~2min 再靜置以待其完全干燥和固化。110mm、125mm 及 160mm 管因軸向力較大，應由兩人共同操作。

連接後，多餘或擠出的膠粘劑應即時擦除，以免影響管道外壁美觀。

管道粘接後，其靜置時間按美國 ANSI/ASTMD2855 建議，當環境溫度為 15℃~40℃，靜置時間至少為 30min；當環境溫度為 5℃~15℃，靜置時間至少為 1h；當環境溫度為-5℃~15℃，靜置時間至少為 2h；當環境溫度為-20℃~5℃，靜置時間至少為 4h。

(8) 衛生潔具。

①由於衛生潔具新產品品種多且繁雜，在安裝前必須詳細閱讀產品安裝說明書，

遵照要求執行。

②安裝前，應詳盡檢查潔具是否破損或缺件，產品是否有合格證等文件。

③衛生器具的連接管、煨管應均勻一致，不得有凹凸等缺陷。

④衛生器具的安裝，宜採用預埋螺栓或膨脹螺栓固定。如用木螺絲固定，預埋的木磚須作防腐處理，並應凹進淨牆10mm。

⑤衛生器具支、托架的安裝須平整、牢固，與器具接觸應緊密。

⑥安裝完的衛生器具，應採取保護措施。

⑦位置應正確。允許偏差，單獨器具10mm，成排器具5mm。

⑧安裝應平直，垂直度的允許偏差不得超過3mm。

⑨安裝高度如無設計要求時，以聯繫單形式與設計院和業主要求簽證為準。

⑩安裝電加熱器和自控潔具，特別要注意安全保護裝置，其試驗方法詳見產品說明。

⑪安裝浴盆混合式撓性軟管淋浴器掛勾的高度，如無設計要求，應距地面1.5米。但要以工程聯繫單形式，並請設計部門或業主簽證。

三、水處理工程

(一) 給水處理基本內容要點

給水處理工程包括取水工程和給水處理廠兩部分內容。

1. 取水工程基本內容

取水方式根據水源的不同而相異，取水水源分為地下水、地表水兩大類。地下水水源根據其埋藏特點、地表水根據江河的特徵分別選擇有效的取水手段實現取水目的。

(1) 地下水取水。

①地下水分類：地下水分為潛水、層間水（無壓含水層、承壓含水層）、泉水（潛水泉、自流泉）。潛水是埋藏在地下第一個隔水層上的地下水；層間水為兩個不透水層間的水；泉水指從某出口湧出地面的地下水。

②地下取水構築物的形式。

按取水形式分兩類：垂直取水構築物（井）和水平取水構築物（滲渠）。垂直取水構築物包括管井、大口井；水平取水構築物包括滲渠、輻射井。

按井是否貫穿整個含水層分兩類：完整井（穿透整個含水層）和非完整井（不穿透）。

③各種構築物的適用條件（見表8-6）。

表 8-6　　　　　　　　各種構築物的適用條件

型式	井徑	深度	適應含水層	要求水文地質條件	出水量
管井	50～1,000mm 常用150～600mm	可達千米，常用300米以內	頂板埋深>15米，含水層厚H>5米，或有幾層含水層	任何砂、卵石地層	一般為500～600m^3/日，最大為2萬～3萬 m^3/日

表8-6(續)

型式	井徑	深度	適應含水層	要求水文地質條件	出水量
大口井	最大可達10米,常為5~8米,農村一般為0.7~0.8米	30米以內,常為6~20米	埋深<12米,一般在6米以內,含水層厚度為5~20米	補給條件良好,滲透係數k>20米/日,任何沙礫地區	同上
滲渠	一般為0.5~1.5米,常為0.6~1.0米	渠底埋深<7米,常為4~7米	頂板埋深<2米,含水層厚度<5米	中粗砂及卵礫石地層,滲透性能好	一般15~30m³/米·日
輻射井	同大口井	同大口井	埋深同大口井,H很薄,但水量豐富	同滲渠	單井出水量0.5~5萬米³/日

(2) 地表水取水。

地表水源主要有江、河、湖泊、水庫、海等,根據水源的水文、地質等條件的不同,採取不同的取水方式。工程中常用的取水方式如圖8-2:

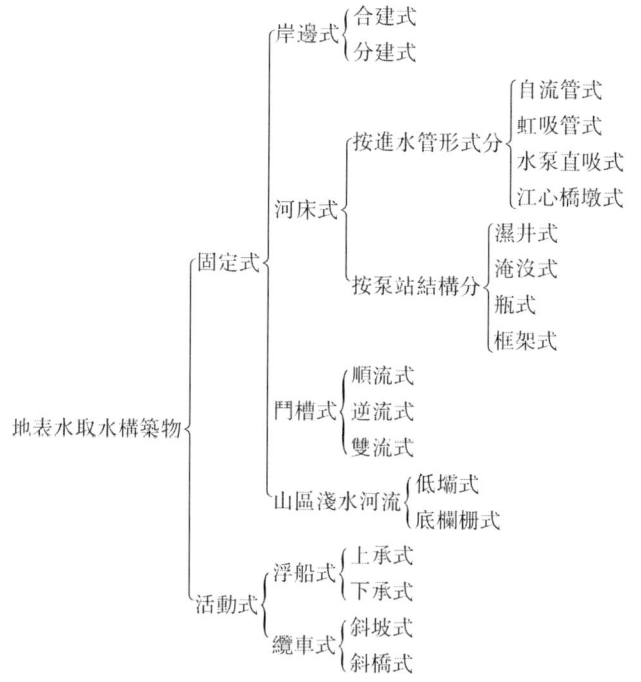

```
                    ┌ 岸邊式 ┬ 合建式
                    │        └ 分建式
                    │                      ┌ 自流管式
                    │        ┌ 按進水管形式分 ┼ 虹吸管式
                    │        │              ├ 水泵直吸式
                    │ 河床式 ┤              └ 江心橋墩式
         ┌ 固定式 ┤        │              ┌ 濕井式
         │        │        └ 按泵站結構分 ┼ 淹沒式
         │        │                      ├ 瓶式
         │        │                      └ 框架式
地表水取水構築物 ┤        │        ┌ 順流式
         │        │ 鬥槽式 ┼ 逆流式
         │        │        └ 雙流式
         │        │              ┌ 低壩式
         │        └ 山區淺水河流 ┴ 底欄柵式
         │              ┌ 浮船式 ┬ 上承式
         └ 活動式 ┤        └ 下承式
                    └ 纜車式 ┬ 斜坡式
                              └ 斜橋式
```

圖8-2 工程中常用的取水方式

2. 給水處理基本內容

根據水源水質情況,採取有效的手段使水處理達到用戶對水質的要求,是給水處理的任務。由於原水成分繁多,單一的水處理單元是難以滿足用戶水質要求的,所以應將多種基本單元過程合理配合,組成水處理工藝流程,達到處理目的。

(1) 給水處理的基本方法。

①去除顆粒物方法有：混凝、沉澱、澄清、氣浮、過濾、篩濾（格柵、篩網、微濾機、濾網濾芯過濾器等）、膜分離（微濾、超濾）、沉砂（粗大顆粒的沉澱）、離心分離（旋流沉砂）等。

②去除、調整水中溶解（無機）離子、溶解氣體的處理方法有：石灰軟化、離子交換、地下水除鐵除錳、氧化還原、化學沉澱、膜分離（反滲透、納濾、電滲析、濃差滲析等方法）、水質穩定（水中溶解離子的平衡，防止結垢和腐蝕等）、除氟（高氟水的飲用水除氟）、氟化（低氟水的飲用水加氟）、吹脫（去除遊離二氧化碳、硫化氫等）、曝氣（充氧）、除氧（鍋爐水除氧等）等。

③去除有機物的處理方法有：粉狀炭吸附、原水曝氣、生物預處理、臭氧預氧化、高錳酸鉀預氧化、過氧化氫預氧化、預氯化、臭氧氧化、活性炭吸附、生物活性炭、膜分離、大孔樹脂吸附（用於工業純水、高純水制備中有機物的去除）等。

④消毒方法有：氯消毒、二氧化氯消毒、臭氧消毒、紫外線消毒、電化學消毒、加熱消毒等。

⑤冷卻方法有：冷卻池、冷卻塔。

(2) 給水處理的基本工藝。

根據原水水質及用戶要求的不同，給水處理的工藝包括：飲用水常規處理工藝、在飲用水常規處理工藝的基礎上增加預處理和（或）深度處理的飲用水處理工藝、其他特殊處理工藝。

第一，飲用水常規處理工藝：絮凝→沉澱→過濾→消毒。

第二，增加預處理和（或）深度處理的飲用水處理工藝：預處理→絮凝→沉澱→過濾→深度處理→消毒。

第三，其他特殊處理工藝：主要指工業水處理，如冷卻、水質穩定、軟化、除鹽等。

選擇給水處理工藝的基本出發點是：①以較低的成本，安全穩定的運行過程；②獲得滿足水質要求的水；③水處理設施所在的地區氣候、地形地質、技術經濟條件的差異，也會影響到水處理工藝流程的選擇。

(3) 常規給水處理單元技術。

①混凝，指向水中加入絮凝劑，經充分混合及相應的反應時間後，水中細小的懸浮物（膠體）凝聚成較大的絮凝體的過程。對應的工藝或設備被稱為「混合」與「絮凝」。

a. 混凝機理主要有壓縮雙電層、吸附電中和、吸附架橋、沉澱物的卷掃或網捕等。

常用的混凝劑有：硫酸鋁、聚合氯化鋁、三氯化鐵、硫酸亞鐵、聚合硫酸鐵、複合式藥劑（如聚合鋁鐵、聚合鋁硅、混凝複合藥劑）等。常用的助凝劑有活化硅酸、聚丙烯酰胺、石灰等。

c. 混合設備：機械混合（水力停留時間為 1~2min，平均速度梯度 500s^{-1}左右）、水力混合（管式靜態混合器、壓力水管混合、跌水混合、漩流混合等）。

d. 絮凝反應池主要有：機械攪拌反應池、隔板反應池、折板反應池等。絮凝反應

243

池的水力停留時間一般為 10~30min，GT 值為 10^4~10^5。

e. 影響混凝效果的因素主要有水溫、濁度與懸浮物、水的 pH 值。

②沉澱指經過混合絮凝而成長為較大顆粒的「礬花」在沉澱池中與水分離而除去的過程。

a. 沉澱類型：根據顆粒沉澱特性，可將沉澱分為自由沉澱、絮凝沉澱、擁擠沉澱、壓縮沉澱四種類型。

b. 沉澱設施被稱為沉澱池，常用的形式有平流式沉澱池、輻流式沉澱池、斜板（斜管）沉澱池、豎流式沉澱池等。

③澄清指將絮凝和沉澱過程在同一個構築物內完成的工藝處理。其對應的處理設施是澄清池。主要型式有機械攪拌加速澄清池、水力旋流澄清池、脈衝澄清池等。

④過濾：將絮凝、沉澱後水中殘留的細小懸浮物過濾，使其得以截留去除。過濾的過程在濾池中完成。

a. 過濾的作用機理：表層過濾、深層過濾。

表層過濾的顆粒去除機理是機械篩除。

深層過濾顆粒去除的主要機理是接觸凝聚，即顆粒的去除是通過水中懸浮顆粒與濾料顆粒進行接觸凝聚，使水中顆粒附著在濾料顆粒上而被去除。在濾料層孔隙中隨水流動的小顆粒在下列作用下可以與濾料顆粒的表面進行接觸，這些作用有攔截、重力沉降、慣性、擴散、水動力作用等。在顆粒之間存在的附著力的作用下，水中顆粒被附著截留下來。

b. 濾池的運行週期：濾池的設計最大水頭損失（濾池的最高水位與濾後水出水堰之間的高差）一般為 2~2.5m，濾池的過濾週期一般在 12~24h。

c. 濾池的反沖洗：單獨用水反沖洗、水反沖洗加表面輔助沖洗、氣水聯合反沖洗。

濾料層的膨脹率一般需達到 40%~50%，一般需要沖洗 5~7min，加上沖洗前後的操作過程，整個反沖洗過程用時一般約為 10min。

反沖洗用水採用過濾後的清水，由反沖洗水塔或反沖洗水泵提供，所用水量一般占過濾水量的 5% 左右。

濾間正在反沖洗和檢修而停止進水期間，由於上游來水水量不變，因此正在運行的各濾間的進水流量將略有增加，水量為正常運行時的 n/（n-1）倍，池中濾速也相應增加。此時的濾速為強制濾速。

d. 濾池過濾的運行方式：變水頭恒速過濾、恒水頭恒速過濾、減速過濾。

e. 濾料。第一，濾料的材質要求：適當的尺寸、形狀、級配或均勻度；有一定的機械強度，使用中的磨損率低；有良好的化學穩定性，不得溶出對人體健康有害的物質；價格便宜。

第二，水處理常用濾料：石英砂濾料、無菸煤石英砂雙層濾料、均質濾料、其他濾料（三層濾料、纖維球濾料、聚苯乙烯泡沫濾料、錳砂濾料）。

f. 濾池的基本構造：濾池由濾料層、承托層、配水系統、沖洗排水槽、集水渠等部分組成。

g. 常用濾池型式：

第一，普通快濾池：濾池單池面積小於 $100m^2$，一般為 $20\sim50m^2$，濾池池深一般為 $3.2\sim3.6m$。過濾方式為幾個濾間為一組的恒水頭恒速過濾（需控流閥）或減速過濾。

第二，虹吸濾池：$6\sim8$ 個濾間組成一個系統，過濾運行方式為變水頭恒速過濾，沖洗前的最大水頭損失一般為 $1.5m$。

第三，重力式無閥濾池：變水頭恒速過濾，最大過濾水頭一般為 $1.5m$。

第四，移動罩濾池：設計過濾水頭為 $1.2\sim1.5m$。

第五，均質濾料濾池：採用均質濾料。

第六，壓力濾罐：濾料厚度一般為 $1.0\sim1.2m$，最終允許水頭損失一般可達 $5\sim6m$。

⑤消毒：飲用水消毒的目的是殺滅水中對人體健康有害的絕大部分病原微生物，包括病菌、病毒、原生動物的胞囊等，以防止通過飲用水傳播疾病。

細菌總數小於等於 $100CUF/mL$，在總大腸菌群和糞便大腸菌群每 $100mL$ 的水樣中不得檢出；飲用水出廠遊離氯濃度不小於 $0.3mg/L$；管網末梢遊離氯濃度不小於 $0.05mg/L$。

a. 消毒方法：氯消毒、二氧化氯消毒、臭氧消毒、紫外線消毒。

b. 消毒劑的投加點：清水池前投加的消毒主工序；調整出廠水剩餘消毒劑濃度的補充投加（在二泵站處）；控制輸水管渠和水廠構築物內菌藻生長的水廠取水口或淨水廠入口的預投加；配水管網中的補充投加；等等。

⑥水的軟化與除鹽。

a. 軟化與除鹽的目的與基本處理方法：去除水中的溶解離子或改變其組成，從而滿足某些工業用水或生活用水要求的處理。軟化處理目的是去除水中產生硬度的鈣離子和鎂離子，基本方法有藥劑軟化法、離子交換法等。除鹽處理目的是去除水中各種溶解離子，滿足中高壓鍋爐、醫藥工業、電子工業等的用水要求，基本方法有離子交換法、反滲透法、電滲析法、蒸餾法等。

b. 藥劑軟化法：石灰軟化法（屬於化學沉澱法，其原理是向水中加入石灰乳，石灰乳是鹼性藥劑，與水中的重碳酸根發生反應，生成碳酸根）、石灰純鹼軟化法（用於同時去除水中的碳酸鹽硬度和非碳酸鹽硬度的軟化處理）。

c. 離子交換軟化法：單級鈉軟化系統（RNa）、氫-鈉軟化系統（RH-RNa）。

第一，RNa 軟化系統：不出酸性水，鹼度不變，出水硬度較高（約 $0.5mg-N/L$）。該系統原水鹼度較低，出水要求不高（只進行軟化），一般作為低壓鍋爐補給水。

軟化過程見圖 8-3：

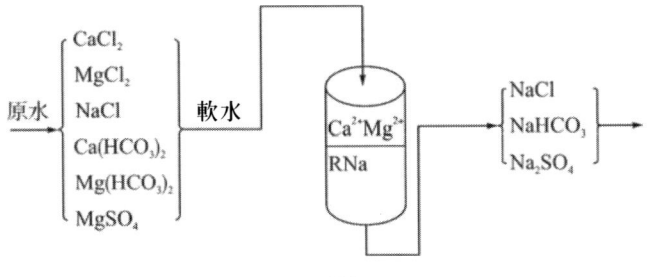

圖 8-3　軟化過程

第二，RH-RNa 軟化系統：適用於原水硬度高、鹼度大的情況。該系統有並聯和串聯兩種方式，並聯繫統緊湊，投資較省；串聯繫統安全可靠，更適合處理高硬度水。

d. 離子交換除鹽法與系統：復床除鹽（陰陽交換器串聯使用達到除鹽目的，有強酸-脫氣-強鹼系統、強酸-脫氣-弱鹼-強鹼系統、強酸-弱鹼-脫氣系統）；混合床除鹽。

第一，強酸-脫氣-強鹼系統：該系統是一級復床除鹽中最基本的系統，由強酸陽床、除二氧化碳器和強鹼陰床組成。進水先通過陽床，去除 Ca^{2+}、Mg^{2+}、Na^+ 等陽離子，出水為酸性水，隨後通過除二氧化碳器以去除 CO_2，最後由陰床去除水中的 SO_4^{2-}、NO_3^-、Cl^-、HCO_3^-、$HsiO_3^-$ 等陰離子。為了減輕陰床的負荷，除二氧化碳器設置在陰床之前，水量很小或進水鹼度較低的小型除鹽裝置可省去脫氣措施。該系統適用於制取脫鹽水。含鹽量不大於 500mg/L 的原水經處理後，出水電阻率可達 $0.1×10^6Ω\cdot cm$ 以上，硅含量在 0.1mg/L 以下。

強鹼陰床設置在強酸陽床之後的原因在於：若進水先通過陰床，容易生成 $CaCO_3$、$Mg(OH)_2$ 沉積在樹脂層內，使強鹼樹脂交換容量降低；陰床在酸性介質中易於進行離子交換，若進水先經過陰床，更不利於去除硅酸，因為強鹼樹脂對硅酸鹽的吸附要比對硅酸的吸附差得多；強酸樹脂抗有機物污染的能力勝過強鹼樹脂；若原水先通過陰床，本應由除二氧化碳器去除的碳酸，都要由陰床承擔，從而增加了再生劑耗用量。

第二，強酸-脫氣-弱鹼-強鹼系統：該系統適用於原水有機物含量較高、強酸陰離子含量較大的情況。弱鹼樹脂用於去除強酸陰離子，強鹼樹脂主要用於除硅。再生採用串聯再生方式，全部 NaOH 再生液先用來再生強鹼樹脂，然後再生弱鹼樹脂。對於強鹼樹脂來說，再生水平很高，而總的來看，再生比耗並不大，再生劑能有效地被加以利用。除二氧化碳器設置在陰床前面，以便於強鹼陰床與弱鹼陰床串聯再生。

第三，強酸-弱鹼-脫氣系統：用於無除硅要求的場合，弱鹼樹脂工作容量高，再生鹼耗低。

第四，混合床：陰陽樹脂裝在同一個交換器內，再生時分層再生，使用時混合均勻，好像許多陽床和陰床串聯在一起。最常用的是強酸-強鹼混合床（制高純水，除硅要求高時用）。混合床出水純度高；交換容量利用率不如復床（因再生時很難分層，陰陽離子交界面再生效果不好）；對有機污染很敏感。

e. 離子交換過程（3個階段）：交換帶形成階段、交換帶移動階段、交換停止（再生）階段。

f. 離子交換裝置。

第一，離子裝置：離子交換器（內添 1.5~2.0m 樹脂層）、附屬設備（上部配水系統、下部配水系統）。

第二，離子交換器類型：

離子交換器 { 固定床 { 單層床 / 雙層床：放性質相同、型號不同的兩種樹脂，互不混合 / 混合床：放性質不同的陰、陽兩種樹脂，工作時均勻混合 } 連續床 { 移動床 / 流動床 }

根據原水與再生液的流動方向，固定床又分為：順流再生固定床（構造簡單、運行方便；再生劑耗量高，再生程度差，效率低）、逆流再生固定床。

(二) 污水處理基本內容要點

污水處理是採用各種手段將污水中的污染物分離出來或使其轉變為無害物質，從而使污水得到淨化。

1. 污水處理基本方法

按作用原理分 { 物理法：沉澱、過濾、氣浮反滲透 / 化學法：混凝、中和、氧化還原 / 物化法：吸附、離子交換、反滲透、電解、電滲析 / 生物法：{ 好氧 / 厭氧 } }

按處理程度分 { 一級處理：以去除懸浮物為主，主要採用物理法 / 二級處理：去除溶解和膠體狀有機物，主要採用生物法 / 三級處理：去除微生物難以降解的有機物、N、P等無機物 / 深度處理：以回用為目的 / 污泥處理：厭氧消化、污泥濃縮、脫水 }

2. 城市污水處理典型流程

原水→粗格柵→細格柵→沉砂→初沉池→生物處理→二沉池→消毒→出水
初沉池污泥及二沉池剩餘污泥→濃縮池消化池→污泥脫水→污泥處置

(三) 常規污水處理單元技術

(1) 物理處理。

生活污水和工業廢水中都含有大量的漂浮物與懸浮物，其進入水處理構築物會沉入水底或浮於水面，會對設備的正常運行產生影響，使其難以發揮應有的功效，因此必須予以去除。

物理處理的去除對象：漂浮物、懸浮物。

物理處理方法：篩濾、重力分離、離心分離。

篩濾：篩網、格柵（去除漂浮物、纖維狀物質和大塊懸浮物）、濾池、微濾機（去除中細顆粒懸浮物）。

重力分離：沉砂池、沉澱池（去除不同密度、不同粒徑的懸浮物）、隔油池與氣浮池（去除密度小於1或接近1的懸浮物）。

離心分離：離心機、旋流分離器（去除比重大、剛性顆粒）。

①格柵：由一組平行的金屬柵條、帶鉤的塑料柵條或金屬篩網組成。

安裝地點：污水溝渠、泵房集水井進口、污水處理廠進水口及沉砂池前。

設置目的：根據柵條間距，截留不同粒徑的懸浮物和漂浮物，以減輕後續構築物的處理負荷，保證設備的正常運行。

柵渣：被截留的污染物，其含水率為70%~80%，容重為750kg/m³。

分類：平面格柵和曲面格柵（又稱回轉式格柵）。

②沉砂池：功能和任務：去除比重比較大的無機顆粒（$\rho \geq 2.65$，$d \geq 0.21mm$，或65目的砂），以減輕對設備的磨損，降低或減輕構築物（沉澱池）的負荷。

設置位置：泵站、倒虹管和初沉池前。

常見類型：平流式沉砂池、曝氣沉砂池和多爾沉砂池等。

設計規範要求：a. 組數不少於2組，一備一用；b. 設計流量：自流按最大設計流量設計，提升泵站按工作水泵最大組合流量設計，合流制系統按降雨時的設計流量設計；c. 沉砂量15~30m³/106m³污水，含水率60%；d. 砂鬥容積≤2日沉砂量，鬥壁與水平面傾角≥55°。

③沉澱池：按工藝布置分為初沉池和二沉池。初沉池是一級污水處理的主體構築物，或作為二級處理的預處理，可去除40%~55%的SS、20%~30%的BOD，降低後續構築物負荷。二沉池位於生物處理裝置後，用於泥水分離，它是生物處理的重要組成部分。經生物處理+二沉池沉澱後，一般可去除70%~90%的SS和65%~95%的BOD。按池內水流流態分為：平流式、輻流式和豎流式。

(2) 生物處理。

生物處理是利用微生物氧化、分解有機物的能力實現污水淨化的方法。

①生物處理法的分類。

a. 按參與處理過程的微生物分類：好氧生物處理法、厭氧生物處理法。

好氧生物處理法：參與處理過程的微生物以好氧微生物為主，主要用於處理城市污水、易於生物降解的有機工業廢水。

厭氧生物處理法：參與處理過程的微生物以厭氧（缺氧）微生物為主，主要用於處理污泥、高濃度有機廢水。

b. 按微生物的生活方式分類：活性污泥法、生物膜法。

活性污泥法：在專門設有空氣輸入和擴散裝置的構築物（曝氣池）內注入生活污水，通過向空氣輸入和擴散裝置池內不斷輸入分散良好的空氣（曝氣），如此每天保留沉澱物，更換新鮮污水。在持續一段時間後，在污水中形成一種由大量微生物和懸浮物組成的黃褐色絮凝體，這種易於沉澱、分離，並能使污水得以淨化、澄清的絮凝體，因其中含有大量活性微生物而被稱為活性污泥，這種污水處理方法即是活性污泥法（利用活性污泥中的活性微生物對污水中的有機物進行氧化、分解，從而使污水淨化的方法）。這是自然界水體自淨的（強化）模擬。

生物膜法：使微生物在固體介質表面（濾料或某些載體）生長、繁殖，形成膜狀活性污泥（生物膜），當污水與之接觸時，生物膜上的微生物攝取污水中的有機物為營養，從而使污水得以淨化的方法。它是自然界土壤自淨的（強化）模擬。

②活性污泥法。

a. 基本流程如圖8-4所示。

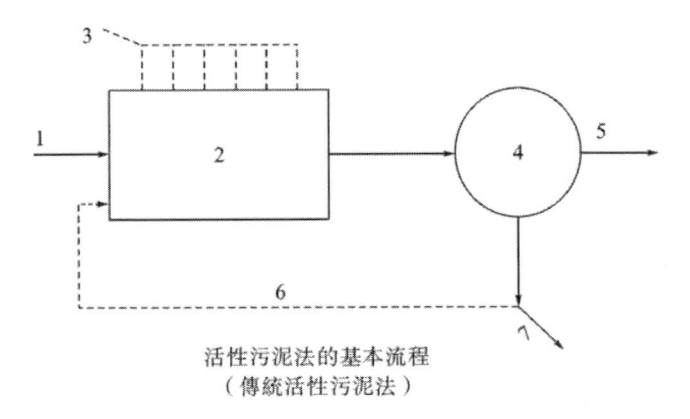

活性污泥法的基本流程
（傳統活性污泥法）

1—進水；2—活性污泥反應器-曝氣池；3—空氣；4—二次沉澱池；
5—出水；6—回流污泥；7—剩餘污泥

圖 8-4　傳統活性污泥法系統

回流污泥：使曝氣池保持一定的懸浮固體濃度，即保持一定的微生物濃度和活性。
剩餘污泥：增殖的微生物量，為保持系統穩定運行，需排除。
二沉池：完成泥水分離。
曝氣系統：供氧，攪拌。
曝氣池：完成生物處理。
b. 常用曝氣方式。

曝氣方法
- 鼓風曝氣：將空壓機送出的壓縮空氣通過一系列管道系統，送到池中的空氣擴散裝置，空氣從那裡以微小氣泡形式逸出，並在混合液中擴散，使氣泡中 O_2 轉移到混合液中；氣泡在混合液中的攪動、擴散，使混合液處於劇烈混合、攪拌狀態
- 機械曝氣：利用安裝在水面上、下的葉輪高速旋轉，劇烈攪動水面產生水躍，使液面與空氣接觸的表面不斷更新，使空氣中 O_2 轉移到混合液中
- 鼓風-機械曝氣

c. 活性污泥的運行方式。

第一，傳統活性污泥法：曝氣池為推流式，回流污泥與廢水同時從池首進入，有機底物的降解經歷了吸附與代謝的完整過程，其濃度沿池長逐漸減少。活性污泥經歷了從對數增長（少）—減衰增長—內源呼吸的完全生長週期。需氧速率沿池長逐漸降低，池首 DO 低，供氧不足。池末過剩。

優點：處理效果好，BOD_5 去除率為 90%～95%，適用於處理淨化程度和穩定程度較高的污水；對廢水的處理程度比較靈活，根據要求可高可低。

缺點：為避免池首形成厭氧狀態，進水有機負荷率不宜過高，所以容積 V 大，占地大；耗氧與供氧速率沿 L 難吻合，池首供氧小於需氧，池後供氧大於需氧；對沖擊

負荷適應性較弱（易受水量、水質影響）。

第二，完全混合活性污泥法：污水與回流污泥進池後，立即與混合液充分混合，可以認為是已處理未泥水分離的處理水。（減衰期）

優點：污水進池即被混合液稀釋、均化，在水質、水量變化時，對活性污泥的影響程度降到極小，所以對沖擊負荷有較強的適應能力，宜處理高濃度工業廢水。污水在池內分佈均勻，各部水質相同，F/M 相等，F/M 的調整，使池工況控制在最佳條件下，工作點位於曲線的一個點，充分發揮活性污泥的淨化功能，在處理效果相同的條件下，Ns 高於推流式；需氧均勻，動力消耗低於推流式。

缺點：有機物無濃度梯度－有機底物的生物降解動力低，活性污泥易產生膨脹現象；處理水質低於推流式。

第三，階段曝氣法（分段進水或多段進水法）：沿池長分段注入，有機負荷較均勻，改善了供氧與需氧速率的矛盾，有利於降低能耗，又能較充分地發揮活性污泥的降解功能；分段注入，提高了池子對水質、水量的衝擊負荷的適應能力；混合液中活性污泥沿池長下降，出流混合液濃度降低，減輕了二沉池負荷，提高了固液分離效果。

第四，吸附-再生法（生物吸附法或接觸穩定法）：將活性污泥對有機物降解的兩個過程，即吸附、代謝，分別在各自的反應器內進行。廢水和經過再生池再生，具有很強活性的活性污泥也同步進入吸附池，充分接觸，大部分有機物被活性污泥吸附，廢水得以淨化。二沉池分離出的污泥進入再生池，對所吸附的有機物進行代謝，有機物降解，微生物增殖，微生物進入內源呼吸期，污泥的活性、吸附功能得到充分恢復，再進入吸附池。

優點：廢水與活性污泥在吸附池接觸時間短，吸附池容積小，再生池接納的是濃度較高的回流污泥，容積也較小，V吸+V再<V傳統，建築費用低；對水量、水質的衝擊負荷有一定的承受能力，吸附池中的活性污泥遭到破壞，由再生池內的污泥予以補救。

缺點：處理效果低於傳統推流式方法；不宜處理溶解性有機底物含量較高的污水。

第五，延時曝氣法（完全氧化活性污泥法）：Ns 低，曝氣時間長，一般在 24h 以上，污泥連續處於內源呼吸期，剩餘污泥量少且穩定，不需再進行消化處理。處理水穩定性較高，對水量、水質變化有較強的適應性，不需初沉池。剩餘污泥主要是無機懸浮物、微生物內源代謝殘留物和難生物降解物質。

缺點：容積大，停留時間長，占地面積大，基建費和運行費高。

適用：對處理水質要求高，又不宜採用污泥處理的小城鎮污水和工業廢水。

第六，高負荷法（短時曝氣或不完全活性污泥法）：Ns 高，時間短，處理效果較低，一般 BOD_5 去除率小於等於 70%~75%。高負荷法適用於對水質要求不高的污水。

第七，純氧曝氣法：純氧分壓比空氣高近 5 倍，大大地提高氧的轉移效率；氧轉移率（利用率）為 80%~90%，鼓風曝氣為 10% 左右；混合液 MLVSS = 4,000~7,000mg/L，容積負荷提高；剩餘污泥量少，SVI<100，無污泥膨脹。

曝氣池為多級封閉式，分幾個小室，每室流態為完全混合，各室串聯，池頂加蓋，以防池外空氣進入，同時排除代謝產物 CO_2。

具體包括淺層低壓曝氣、深水曝氣、深井曝氣。指為克服活性污泥各運行方式占地面積較大、能耗較高的缺點，開發出降低能耗或減少占地面積的工藝。

淺層低壓曝氣的理論基礎是氣泡形成和破碎的瞬間，氧的轉移率最高（與氣泡在水中的上升高度無關）。

曝氣裝置多設於池的一側，安裝在水面下 0.6~0.8m，可用風壓 1,000mm 以下的低壓風機，動力效率較高，耗電少，充氧能力為 $1.8~2.6kgO_2/kw$，池中設導流板，混合液環流。

深水曝氣的水深為 7~8m，水壓大，飽和度提高，氧的轉移率提高，能加快有機物降解速率，減少占地。

深井曝氣的氧轉移率高（為常規法的 10 倍），動力效率高，占地少，設備簡單，易於維護運行，耐衝擊負荷，產泥量低，可不設初沉池。

d. 活性污泥法新工藝：氧化溝、SBR、UNITANK、A2/O 等。

e. 活性污泥運行中異常情況：污泥解體、污泥脫氮、污泥膨脹、污泥腐化等。

③生物膜法。

a. 生物膜法的分類。生物膜法根據生物膜與廢水的接觸方法及接觸介質的種類分為 3 類：潤壁型生物膜法、浸沒型生物膜法、流動床型生物膜法。

第一，潤壁型生物膜法：廢水和空氣沿固定的或轉動的接觸介質表面的生物膜流過，達到污水淨化的目的的方法，如生物濾池、生物轉盤等。

第二，浸沒型生物膜法：接觸濾料固定在曝氣池內，在鼓風曝氣作用下，依靠濾料上的生物膜淨化廢水，如接觸氧化法。

第三，流動床型生物膜法：使附著有生物膜的活性炭、砂等小粒徑接觸介質懸浮流動於曝氣池內，如生物流化床。

與活性污泥法相比，活性污泥法系人工強化生物處理系統生物量大、處理能力強，而膜法更趨於自然淨化原理；活性污泥法為人工強化三相傳質，膜法趨向濃度差擴散傳質，傳質效果較活性污泥差，處理效率較活性污泥差；適於工業廢水處理站和小規模生活污理廠。

b. 生物膜法處理設施：生物濾池（普通生物濾池、高負荷生物濾池、生物濾塔）、生物轉盤、曝氣生物濾池、生物接觸氧化池。

④厭氧生物處理。

在斷絕與空氣接觸的條件下，依賴兼性厭氧菌和專性厭氧菌的生物化學作用，對有機物進行生物降解的過程，被稱為厭氧生物處理法或厭氧消化法。

厭氧生物處理法在污泥處理中的應用：污泥消化。厭氧生物處理法在污水處理中的應用：厭氧濾池、UASB、水解酸化等。

⑤工業廢水應根據水質特點及處理要求選擇合理的處理方法進行有效處理。

第三節　實習地點工程概況

一、阿拉爾市第一污水處理廠

阿拉爾市污水處理廠位於阿拉爾市東側，依據兵團及師市相關文件於 2008 年進行公開招標實施建設。工程建設規模為日處理 1 萬噸污水生產線 2 條，處理標準為一級 B，因資金問題，2010 年 9 月只建成投運了 1 條生產線，日處理能力為 1 萬噸，工程概算 3,200 萬元。續建一條日處理 1 萬噸的污水生產線工程於 2013 年 9 月開工，於 2014 年 10 月建成投入運行，工程概算 3,000 萬元，建成後阿拉爾市生活污水處理廠將達到日處理 2 萬噸污水的能力。

1. 處理工藝流程

城市污水→粗格柵（平板）→進水泵房→細格柵→曝氣沉砂池→配水井→奧貝爾氧化溝→二沉池（輻流式）→消毒間→出水口（排放）。

2. 污泥處理流程

二沉池的剩餘污泥→濃縮池→脫水機房→污泥外運（含水 75%的泥餅）

阿拉爾市污水廠監測情況如表 8-7 所示。

表 8-7　　　　　阿拉爾市污水廠監測情況

污染物種類	監測點位	監測時間	監測頻次	監測項目	監測濃度	排放限值	是否達標	超標倍數	未監測原因
廢水	總排口	2014 年 4 月 26 日	日均值	COD	51.88	60	達標	0	
		2014 年 4 月 26 日	日均值	氨氮	5.891	8	達標	0	
廢水污染物排放去向				塔里木河					

二、阿拉爾市自來水公司

阿拉爾市自來水廠供應近 15.82 萬人的用水，現日供水能力為 4 萬噸，其中 3 萬噸為明渠輸水，存在水質安全隱患，城市供水缺口 3 萬噸。阿拉爾市日最高用水量、平均日用水量預測見表 8-8、表 8-9、表 8-10。2001 年 12 月阿拉爾市給水一期工程開始進行建設，阿拉爾市 48km 的骨幹供水管道同時展開建設。工程總投資概算為 4,638 萬元，其中 2001 年投資 1,500 萬元。資金來源：國債專項資金 1,200 萬元，地方自籌資金 300 萬元。該項目已於 2002 年順利完工並投入運行。

擴建工程屬於阿拉爾市 3 萬噸水廠配套工程，臺州援建總投資 4,802 萬元。工程將在源水地水庫建設水泵站，水流將通過 19.2 千米玻璃鋼輸水管線到水廠，經過水廠淨化處理後輸送到主城區。主要構築物包括：泵房、「V」形濾池、澄清池、清水池、加

氯間等。處理後供水水質應符合現行國家標準《生活飲用水衛生標準（GB5749-85）》的要求。

表 8-8　阿拉爾市（2005—2010 年）日最高用水量預測表（人口以萬人計，水量以萬 m³ 計）

市名	2005 年						2010 年						人均最高日居民生活用水量（L/人·d）	
^	城市人口	用水人口	公共供水（公共供水企業）				城市人口	用水人口	公共供水（公共供水企業）				2005 年	2010 年
^	^	^	總供水量	工業用水	居居用水	其他用水	^	^	總供水量	工業用水	居居用水	其他用水	^	^
阿拉爾市	5.0	5.0	3.5	1.2	1.4	0.9	8	8	22.02	18.4	2.12	1.5	260	260

（註：以上指標包括管網漏失量，生活用水日變化系數取 1.4）

表 8-9　阿拉爾市（2005—2010 年）平均日用水量預測表（人口以萬人計，水量以萬 m³ 計）

市名	2005 年						2010 年						人均居民生活用水量（L/人·d）	
^	城市人口	用水人口	公共供水（公共供水企業）				城市人口	用水人口	公共供水（公共供水企業）				2005 年	2010 年
^	^	^	總供水量	工業用水	居居用水	其他用水	^	^	總供水量	工業用水	居居用水	其他用水	^	^
阿拉爾市	5.0	5.0	2.5	0.86	1	0.64	8	8	15.73	13.2	1.51	0.92	180	180

表 8-10　阿拉爾市（2010 年）公共供水設施生產能力預測表（生產能力以萬 m³/d 計）

縣城	用水人口（萬人）	2010 年公共供水量（萬 m³）				2010 年預測值（萬 m³/d）		公共供水設施現狀生產能力	2010 年生產能力預測		生產能力規劃增加值
^	^	總供水量	工業用水	居居用水	其他用水	日均需水量	最大日需水量	^	富裕	缺少	^
阿拉爾市	8	18.5	15.3	1.9	1.3	15.7	22.02	4		18.02	18.02

1. 工藝流程

原水（勝利水庫）→一級加壓泵站混合→輸水管道→混合→絮凝池（網格）→斜管沉澱池→濾池（「V」形）→消毒→清水池。絮凝劑為鹼式氯化鋁，氯氨消毒。

2. 設計原則

主要設計原則：取水構築物、一級泵房、淨水構築物、從水源到水廠的輸水管，按最高日平均時水量加水廠的自用水量設計計算；二級泵房按最高日最高時用水量設計計算。

阿拉爾水廠至阿拉爾市供水管及市區配水管網按日最高時用水量計算。

根據阿拉爾市的城市規模和供水量，日變化系數為 1.2，時變化系數為 1.5。

給水系統中的工程設施應設置在工程地質良好的地區，工程設施的防洪排澇等級不應低於所在城市設防的相應等級。

長距離輸水管線不宜少於兩條，中間一定部位設連通管，當其中一條發生事故時，

另一條管線的事故給水量不應小於正常給水量的70%。

給水管網建設按遠期流量計算管徑進行配置，給水管網主要採用環狀管網設計，充分保證發生事故等不利條件時的供水安全。

根據目前國內給水管材的使用情況，本規劃建議管材選用如下：

小於 DN400 管道，宜採用 PVC 給水管材；

大於 DN400 管道，宜採用玻璃鋼夾砂管材。

3. 水源及取水、輸水工程概況

阿拉爾市區用水由阿拉爾水廠供給，水源為勝利水庫水。

在勝利水庫放水閘附近處設一級加壓泵站，要求泵站滿足設計流量 $Q=4,300m^3/h$，及進入水廠清水池的需要，初步規劃設 $Q=450m^3/h$，$H=45m$ 揚程離心泵 10 臺，採用變頻啟動。

為了提高供水保證率，設雙管向城市供水，規劃設兩根長 19.73km 的 DN800 玻璃鋼管向水廠供水，管長 39.46km。本工程與取水工程同步實施，於 2006 年實施。水廠設計供水能力現狀為 3.8 萬 m^3/d，規劃新增供水 5.4 萬 m^3/d，達 9.2 萬 m/d 的供水能力，規劃在原水廠設計二期工程的預留位置進行擴建，包括新建氣浮池、過濾池、消毒間、清水池等，及增設相關設備，二級加壓泵站新增供水能力應滿足 $Q=4,100 m^3/h$，管網送至用戶接管點處服務水頭 28 米的要求；初設 $Q=420m^3/h$，$H=50m$ 離心泵 10 臺，90KW 一拖 5 變頻啟動設備兩套，規劃新增泵房管理房等。

水廠供給的自來水水質必須符合國家規定的《生活飲用水衛生標準》。

原水廠至阿拉爾市跨河輸水管道為一根長 4km 的 DN315UPVC 管，自塔里木河大橋下穿過，現狀已遠遠不能滿足供水需要，規劃新建阿拉爾水廠至阿拉爾市跨河輸水管道。經前期方案論證，由於塔里木大橋目前僅能滿足現有運行力要求，再增加負荷會給大橋的安全造成影響，而自河底穿過，則因塔里木河為平原遊蕩性河道，河槽可衝性強，主流遊移不定，洪水期水面寬淺，且局部衝刷可達 12m 以上，因此從河底穿過的方案比較不安全，給工程安全及管理帶來不利影響。因此，規劃根據城市用水需要設獨立跨河工程，採取打井柱設桁架的方式，跨河工程輸水流量要求滿足阿拉爾市用水、塔北灌區九團、十團團部、塔北二干渠生態建設區、十八團用水需要，根據預測，過水流量要求滿足 $5,300m^3/h$ 的要求，規劃由阿拉爾水廠至阿拉爾市設兩根 DN700 玻璃鋼管，全長 8km，單管長 4km，其中跨河工程長 1.6km。跨河工程 1.6km 管道要求設聚胺脂保溫，原 DN315UPVC 供水管規劃向九團、十團農村供水。

阿拉爾市骨幹供水管一期工程建設已完成，根據阿拉爾市城市總體規劃，「十一五」期間，將進行城市工業倉儲區給水管網及阿拉爾市至十團團部供水管及阿拉爾市至 2 號工業園區居民生活供水管的建設，規劃管徑 DN600-DN110，管道總長 49km。

三、阿拉爾市 2 號工業園區污水處理廠

阿拉爾市 2 號工業園工礦企業主要有棉漿泊工廠、熱電廠及粘膠化工廠。這三個企業的廢水都已經做了預處理，出來的水已達到國家廢水三級排放標準，廢水排放量分別為棉漿泊工廠每天 1.64 萬立方米、熱電廠每天 0.50 萬立方米、粘膠化工廠每天

1.11 萬立方米，還有該地區的生活污水為 0.75 萬立方米。根據阿拉爾市政府的要求及自治區環保局要求，處理量設計為 4 萬立方米/日，出水達到農田灌溉旱作用水標準。該項目占地面積為 66,667 平方米，污水廠投資 1.8 億元。年總成本費用：737.11 萬元/a。單位處理成本：0.505 元/m³。年經營成本費用：545.11 萬元/a。單位經營成本：0.22 元/m³。單位電耗：0.30kwh/m³。污水進水水質：CODcr ≤ 1,000mg/L，BOD₅ ≤ 600mg/L，SS ≤ 400mg/L，總鋅 ≤ 5.0mg/L，水溫為 15℃~25℃。出水水質執行《國家農田灌溉用水標準》：COD = 300mg/L，BOD = 150mg/L，SS = 200mg/L，總鋅 = 2.0mg/L。氨氮 ≤ 30mg/L；總磷 ≤ 10.0mg/L；進水管線 DN1000 共計 5,133m，出水管線 DN1000 共計 6,617m，合計 11,750m。有檢查井 37 座，排氣閥 4 個，排泥三通 DN1000×300mm 5 個。

主要採用 A²/O、曝氣生物濾池、高密度澄清池等工藝，處理後出水達到《污水綜合排放標準》一級 A 標準。

處理工藝流程：

1. 污水處理流程

工業廢水→粗格柵（平板）→進水泵房→細格柵（旋轉）→曝氣沉砂池→初沉池（輻流式）→中間提升泵（螺旋泵）→A 池（缺氧池）→O 池（曝氣池）→中沉池（輻流式）→曝氣生物濾池→高密度澄清池→消毒→出水口（排放）。

2. 污泥處理流程

初沉池的初沉污泥+二沉池的剩餘污泥→濃縮池→預熱→蛋形消化池→脫水機房→污泥外運（含水 75%的泥餅）。

四、盛源熱電廠

阿拉爾盛源熱電 2×350 機組工程位於新疆阿拉爾市 2 號工業園。阿拉爾盛源熱電廠 2×350 兆瓦熱電工程總投資 27 億元，自 2011 年 6 月 1 日開工建設，是兵團「十二五」重點建設項目，也是新疆建成的第一個 2×350 兆瓦超臨界空冷熱電工程，同樣也是目前兵團在南疆火電機組運行服役中裝機容量最大的機組。2011 年 6 月 1 日，該工程正式開工，開始主廠房第一方混凝土澆築；1 號機組於 2013 年 10 月 23 日進入 168 小時試運行，現運行正常。2 號機組於 2014 年 1 月 16 日進入 168 小時試運行，目前運行正常。可滿足一師、阿拉爾市以及阿克蘇地區用電需求。鍋爐補給水是電廠安全運行的重要輔助系統，補給水的質量直接影響著機組平穩、可靠的運行。鍋爐補給水的處理首先要對所得數據進行分析校核，在校核不存在問題後再進行一系列的計算。其中水質校核是根據一些公式，通過數據的整理和計算得出校核結果。鍋爐補給水處理系統設計包括兩個方面，一是合理地選擇水處理工藝設備，二是進行設備的工藝設計計算。選擇鍋爐補給水處理系統時應當根據機組的參數、鍋爐蒸汽參數、減溫方式、原水水質等因素，並綜合考慮技術和經濟兩方面因素對水處理系統進行綜合比較，選擇既能滿足熱力設備對水質的要求，在經濟上又很合理的水處理系統。

處理工藝流程：多浪水庫（原水）→混凝→澄清→過濾→一級復床除鹽→混床系統。

其設計步驟為熱力設備補給水量計算、水處理系統設備的選擇（主要包括離子交換系統的選擇、床型選擇和樹脂選擇）、預處理系統的選擇、補給水處理系統工藝計算、混床的計算、陰床的計算、除碳器的計算、陽床的計算、濾池以及澄清池的計算。

五、燕京啤酒廠阿拉爾分公司

坐落在阿拉爾1號工業園區的燕京啤酒（阿拉爾）有限公司占地86,667平方米，投資總額約3億元，設計年生產能力10萬噸。為提高產品質量，該公司啤酒釀造原料採用新疆優質大米、大麥、啤酒花等原料，使用燕京酵母、滲出糖化法與低浸發酵工藝，生產出泡沫豐富、潔白細膩、口感清洌、清爽怡人的清爽型啤酒。其污水主要由生產車間、洗滌車間、維修車間的排水組成。

1. 處理工藝流程

啤酒廢水（酸性廢水和鹼性廢水）→格柵→中和池→機械過濾（篩筒）→初沉池→UASB厭氧處理系統→中沉池→好氧生物處理系統（生物接觸氧化池）→終沉池（聚合氯化鋁）→污泥脫水（帶式壓濾機）→處理水儲存（排放）。

2. 啤酒廢水的來源、特點

啤酒生產主要以大麥和大米為原料，輔以啤酒花和鮮酵母，經長時間發酵釀造而成。污水主要來源於麥芽製造、糖化、發酵、洗瓶及灌裝等工序。啤酒污水富含糖類、蛋白質、澱粉、果膠、醇酸類、礦物鹽、纖維素以及多種維生素，是一種中等濃度的有機污水，可生化性好。污水連續排放，水質、水量有一定波動。

生產過程中產生的污水主要來源於玉米洗滌浸泡等工藝過程。該污水具有污染物濃度較高、pH值低等特徵，若不經處理直接排入水體中，會導致水體嚴重富營養化，破壞水體的生態平衡，對環境造成嚴重污染。

啤酒污水主要來自麥芽車間（浸麥污水）、糖化車間（糖化、過濾洗滌污水）、發酵車間（發酵罐洗滌、過濾洗滌污水）、灌裝車間（洗瓶、滅菌污水及瓶子破碎流出的啤酒）以及冷卻水和成品車間洗滌水、辦公樓、食堂、浴室的生活污水等。工業污水主要含糖類、醇類等有機物，有機物濃度較高，雖然無毒，但易於腐敗，排出水體要消耗大量的溶解氧，會對水體環境造成嚴重危害。啤酒污水的水質和水量在不同季節有一定差別，處於高峰流量時的啤酒污水，有機物含量也處於高峰。國內啤酒廠污水中，COD_{cr}含量為$1,000 \sim 2,500 mg/L$，BOD_5含量為$600 \sim 1,500 mg/L$。該污水具有較高的生物可降解性，且含有一定量的凱氏氮和磷。因為啤酒污水的BOD/COD比高達0.5，所以具有良好的生物可降解性能，處理方法主要選擇生物氧化法。在生物氧化過程中，有些微生物如球衣細菌（俗稱絲狀菌）、酵母菌等雖能適應高有機碳、低N量的環境，由於球衣細菌、酵母菌等微生物體系大、密度小，菌膠團細菌不能在活性污泥法的處理構築物中正常生長，這也是早期活性污泥處理啤酒污水不理想的主要原因之一。因此，早期啤酒污水在進行生物氧化處理時，通常採用生物膜法，一般可選用生物接觸氧化法。生物接觸氧化法利用池內填料聚集球衣細菌等微生物，使處理取得理想的效果，所以啤酒廠污水處理站的主要工藝建議採用生物接觸氧化法，也可先採用厭氧處理，降低污染負荷，再用好氧生物處理。目前國內的啤酒廠工業污水的污水處

理工藝，都是以生物化學方法為中心的處理系統。

3. 原水水質

CODcr = 1,400 mg/L

BOD_5 = 800 mg/L

SS = 350 mg/L

pH = 6～10

4. 出水水質

CODcr ≤ 100 mg/L

BOD_5 ≤ 20 mg/L

SS ≤ 70 mg/L

pH = 6～9

第四節　實習方式及時間安排

根據實習性質及內容的不同，採取靈活多樣的實習方式。

認識實習在第二學期進行，採取專業指導教師組織、安排、集中實習的方式，時間為一週，以建立給排水工程感性認識為目的。

生產實習及畢業實習在第五和第六學期進行，生產實習三周，畢業實習二周。根據學生就業意向或畢業實踐題目內容，實行學校組織集中實習和學生自主聯繫實習單位分散實習相結合的方式，學生可根據自己的需求做出選擇。

1. 集中實習

由學校組織實習隊，委派帶隊教師帶領實習生到事先聯繫好的實習單位，學生服從分配，積極主動地到所派遣工地進行實習，到工地後應盡快地瞭解所在實習單位的組織結構及工程情況，主動找實習指導人聯繫，服從指導人的安排，為圓滿地完成實習任務而努力工作。

2. 分散實習

由實習學生自己聯繫實習單位。實習生在聯繫好實習單位後即時將聯繫實習回執交回系辦公室，經審核同意後方可進行實習；學生進入實習工地後，在現場實習指導人（工地上具有一定職稱技術管理人員）的指導下，根據實習大綱要求和實習項目的特點制訂實習計劃；在實習期間，實習生應與指導人經常保持聯繫，並按照計劃完成生產實習的各部分實習內容，記錄實習日記，自覺遵守實習紀律和有關規章制度，接受日常實習考評。在分散實習生較集中的地方，學校委派教師進行期間檢查和指導。實習結束後，實習生應認真整理和完成有關實習成果，並接受實習答辯。

3. 實習成果

實習結束後，要求學生上交的實習成果是實習報告。學生在實習期間要認真寫好實習日記，根據實習內容，用文字、圖表等簡明地進行記述；對工程參觀、工作例會、專題報告、現場教學、施工操作要領、技術調查及實習中的收穫與體會等亦應及時寫

入實習日記中，為寫實習報告累積素材。

(1) 實習日記。

實習日記是學生累積學習收穫的一種重要方式，也是考核成績的重要依據，學生應根據生產實習大綱的要求每天認真記錄工作情況、心得體會和工作中發現的問題。

a. 記錄每天的工作內容及完成情況，包括工程的形象進度。

b. 認真記錄實習的心得體會。

c. 根據每天的工作情況認真做好資料累積工作，如結構布置、新結構特點、新材料特性、新施工方法及其技術經濟效果、勞動力組織及工作安排、施工進度計劃和施工平面圖布置、項目經理部的組織機構及職能等。

d. 當參與工作例會或聽課、聽報告時，應作詳細記錄。

e. 日記內容除文字外，還應有必要的插圖和表格；除記錄工作內容和業務收穫外，還應記錄思想方面的收穫。

(2) 實習報告。

實習結束後學生應按照實習大綱的要求內容，對實習的全過程進行分析總結。實習報告的大致內容要求如下：

a. 整個實習的安排，實習計劃落實情況。

b. 實習工程的概況（工藝流程、處理效果、工程造價、主要工種工程的工程量及施工方法、施工單位的管理機構和組織系統等）。

c. 實習工作中的主要收穫。

d. 實習期間進行某項專題研究後取得的成果。

e. 對實習單位的合理化建議及採納情況等。

f. 實習工作成果：實習期間所完成的實習工作，凡有書面資料和圖（如施工方案圖、進度計劃表等），要複印較典型的內容（或原件）附在實習報告中。

g. 對實習的安排、實習領導工作和實習指導工作方面的改進意見。

實習報告是評定實習成績的重要依據。它不僅反應學生實習的深度和質量，同時也反應了學生分析和歸納問題的能力。實習報告應圖文並茂，總字數不宜少於5,000字。

第五節　實習考核

實習應進行嚴格的考核並評定成績。評定成績的主要依據是實習成果的質量、實習的態度和完成的工作量以及在實習過程中的主動性和創造性。

(1) 實習成績評定依據以下幾個方面的內容：

①實習報告；

②實習日記；

③工地實習指導人評語（分散實習）；

④實習出勤表；

⑤實習答辯情況。
（2）實習成績按五級分評定（優、良、中、及格、不及格）。
（3）學生實習成績按下列標準進行評定；
①評為「優」的條件：
a. 實習報告內容完整，有對實習內容的認識和體會；
b. 實習單位反應很好（分散實習）；
c. 實習日記完整、記錄清楚真實。
②評為「良」的條件：
a. 實習日記完整、記錄清楚；
b. 實習報告內容完整；
c. 實習單位反應好（分散實習）。
③評為「中」的條件：
a. 實習日記完整、記錄清楚；
b. 實習報告內容基本完整；
c. 單位反應較好。
④評為「及格」的條件：
a. 實習日記完整、記錄尚清楚；
b. 完成實習報告；
c. 實習單位反應較好（分散實習）。
⑤具有下列情況之一者被定為「不及格」：
a. 實習日記不完整，指內容缺少三分之一以上的實習日記或者無實習報告；
b. 實習單位反應不好（分散實習）；
c. 在生產實習中嚴重違紀和弄虛作假，抄襲他人實習成果。

第六節　實習主要注意事項

（1）因為要參觀的水處理廠、污水處理廠、建築等均屬要害部門，學生在實習期間，應嚴格遵守國家法令，遵守學校及實習所在單位的各項規章制度和紀律。
（2）實習生要服從現場實習指導人和教師的指導，虛心學習，積極工作，有意見時應通過組織向實習指導教師或學校提出。
（3）學生在實習期間一般不得請假，特殊原因需要請假一日以內者由實習帶隊教師批准，請假一天以上應報系主管教學主任批准。
（4）學生必須按規定時間到達實習地點，實習結束後立即返校，不得擅自去他處遊玩，不準以探親或辦事為由延誤實習時間，違犯者以曠課論，嚴重者取消實習資格。
（5）實習生逐日寫實習日記，指導教師不定期檢查2~3次，凡實習中有突出收穫和體會者可提前寫出實習報告。
（6）實習期間要特別注意安全；嚴格遵守安全操作規程和保密、保安規定。在實

習單位要按指定路線參觀，不亂動設備（包括閥門、按鈕等）；注意人身安全，不依靠或攀爬欄杆，不靠近正在運轉的設備，不接近無安全防護的危險場所。進入施工工地必須戴安全帽，隨時注意安全，防止發生安全事故發生。

（7）遵守實習單位的作息時間制度，關心集體，搞好環境衛生。

（8）實習結束時按規定時間交出實習報告，供指導教師確定實習成績之用，不得拖延。

附錄

附錄 1　常用正交表

附表 1　　　　　　　　　　$L_4(2^3)$

列號 試驗號	1	2	3
1	1	1	1
2	1	2	2
3	2	1	2
4	2	2	1

附表 2　　　　　　　　　　$L_8(2^7)$

列號 試驗號	1	2	3	4	5	6	7
1	1	1	1	1	1	1	1
2	1	1	1	2	2	2	2
3	1	2	2	1	1	2	2
4	1	2	2	2	2	1	1
5	2	1	2	1	2	1	2
6	2	1	2	2	1	2	1
7	2	2	1	1	2	2	1
8	2	2	1	2	1	1	2

附表 3　　　　　　　　　　$L_{12}(2^{11})$

列號 試驗號	1	2	3	4	5	6	7	8	9	10	11
1	1	1	1	1	1	1	1	1	1	1	1
2	1	1	1	1	1	2	2	2	2	2	2

附表3(續)

列號 試驗號	1	2	3	4	5	6	7	8	9	10	11
3	1	1	2	2	2	1	1	1	2	2	2
4	1	2	1	2	2	1	2	2	1	1	2
5	1	2	2	1	2	2	1	2	1	2	1
6	1	2	2	2	1	2	2	1	2	1	1
7	2	1	2	2	1	1	2	2	1	2	1
8	2	1	2	1	2	2	2	1	1	1	2
9	2	1	1	2	2	2	1	2	2	1	1
10	2	2	2	1	1	1	1	2	2	1	1
11	2	2	1	2	1	2	1	1	1	2	2
12	2	2	1	1	2	1	2	1	2	2	1

附表 4　　　　　　　　　　　L9 (3^4)

列號 試驗號	1	2	3	4
1	1	1	1	1
2	1	2	2	2
3	1	3	3	3
4	2	1	2	3
5	2	2	3	1
6	2	3	1	2
7	3	1	3	2
8	3	2	1	3
9	3	3	2	1

附表 5　　　　　　　　　　　L16 (4^5)

列號 試驗號	1	2	3	4	5
1	1	1	1	1	1
2	1	2	2	2	2
3	1	3	3	3	3
4	1	4	4	4	4

附表5(續)

列號 試驗號	1	2	3	4	5
5	2	1	2	3	4
6	2	2	1	4	3
7	2	3	4	1	2
8	2	4	3	2	1
9	3	1	3	4	2
10	3	2	4	3	1
11	3	3	1	2	4
12	3	4	2	1	3
13	4	1	4	2	3
14	4	2	3	1	4
15	4	3	2	4	1
16	4	4	1	3	2

附表6　　　　　　　　　　$L_{25}(5^6)$

列號 試驗號	1	2	3	4	5	6
1	1	1	1	1	1	1
2	1	2	2	2	2	2
3	1	3	3	3	3	3
4	1	4	4	4	4	4
5	1	5	5	5	5	5
6	2	1	2	3	4	5
7	2	2	3	4	5	1
8	2	3	4	5	1	2
9	2	4	5	1	2	3
10	2	5	1	2	3	4
11	3	1	3	5	2	4
12	3	2	4	1	3	5
13	3	3	5	2	4	1
14	3	4	1	3	5	2
15	3	5	2	4	1	3

附表6(續)

列號 試驗號	1	2	3	4	5	6
16	4	1	4	2	5	3
17	4	2	5	3	1	4
18	4	3	1	4	2	5
19	4	4	2	5	3	1
20	4	5	3	1	4	2
21	5	1	5	4	3	2
22	5	2	1	5	4	3
23	5	3	2	1	5	4
24	5	4	3	2	1	5
25	5	5	4	3	2	1

附表 7　　　　　L8（4×2^4）

列號 試驗號	1	2	3	4	5
1	1	1	1	1	1
2	1	2	2	2	2
3	2	1	1	2	2
4	2	2	2	1	1
5	3	1	2	1	2
6	3	2	1	2	1
7	4	1	2	2	1
8	4	2	1	1	2

附表 8　　　　　L12（3×2^4）

列號 試驗號	1	2	3	4	5
1	1	1	1	1	1
2	1	1	1	2	2
3	1	2	2	1	2
4	1	2	2	2	1
5	2	1	2	1	1

附表8(續)

列號 試驗號	1	2	3	4	5
6	2	1	2	2	2
7	2	2	1	2	2
8	2	2	1	2	2
9	3	1	2	1	2
10	3	1	1	2	1
11	3	2	1	1	2
12	3	2	2	2	1

附表 9　　　　　　　　　L16（4^4×2^3）

列號 試驗號	1	2	3	4	5	6	7
1	1	1	1	1	1	1	1
2	1	2	2	2	1	2	2
3	1	3	3	3	2	1	2
4	1	4	4	4	2	2	1
5	2	1	2	3	2	2	1
6	2	2	1	4	2	1	2
7	2	3	4	1	1	2	2
8	2	4	3	2	1	1	1
9	3	1	3	4	1	2	2
10	3	2	4	3	1	1	1
11	3	3	1	2	2	2	1
12	3	4	2	1	2	1	2
13	4	1	4	2	2	1	2
14	4	2	3	1	2	2	1
15	4	3	2	4	1	1	1
16	4	4	1	3	1	2	2

附錄2 F—分佈臨界值表

附表 10　　　　　　　　　　　$\alpha = 0.005$

$F\alpha$ k1 \\ k2	1	2	3	4	5	6	8	12	24	∞
1	16,211	20,000	21,615	22,500	23,056	23,437	23,925	24,426	24,940	25,465
2	198.5	199.0	199.2	199.2	199.3	199.3	199.4	199.4	199.5	199.5
3	55.55	49.80	47.47	46.19	45.39	44.84	44.13	43.39	42.62	41.83
4	31.33	26.28	24.26	23.15	22.46	21.97	21.35	20.70	20.03	19.32
5	22.78	18.31	16.53	15.56	14.94	14.51	13.96	13.38	12.78	12.14
6	18.63	14.45	12.92	12.03	11.46	11.07	10.57	10.03	9.47	8.88
7	16.24	12.40	10.88	10.05	9.52	9.16	8.68	8.18	7.65	7.08
8	14.69	11.04	9.60	8.81	8.30	7.95	7.50	7.01	6.50	5.95
9	13.61	10.11	8.72	7.96	7.47	7.13	6.69	6.23	5.73	5.19
10	12.83	9.43	8.08	7.34	6.87	6.54	6.12	5.66	5.17	4.64
11	12.23	8.91	7.60	6.88	6.42	6.10	5.68	5.24	4.76	4.23
12	11.75	8.51	7.23	6.52	6.07	5.76	5.35	4.91	4.43	3.90
13	11.37	8.19	6.93	6.23	5.79	5.48	5.08	4.64	4.17	3.65
14	11.06	7.92	6.68	6.00	5.56	5.26	4.86	4.43	3.96	3.44
15	10.80	7.70	6.48	5.80	5.37	5.07	4.67	4.25	3.79	3.26
16	10.58	7.51	6.30	5.64	5.21	4.91	4.52	4.10	3.64	3.11
17	10.38	7.35	6.16	5.50	5.07	4.78	4.39	3.97	3.51	2.98
18	10.22	7.21	6.03	5.37	4.96	4.66	4.28	3.86	3.40	2.87
19	10.07	7.09	5.92	5.27	4.85	4.56	4.18	3.76	3.31	2.78
20	9.94	6.99	5.82	5.17	4.76	4.47	4.09	3.68	3.22	2.69
21	9.83	6.89	5.73	5.09	4.68	4.39	4.01	3.60	3.15	2.61
22	9.73	6.81	5.65	5.02	4.61	4.32	3.94	3.54	3.08	2.55
23	9.63	6.73	5.58	4.95	4.54	4.26	3.88	3.47	3.02	2.48
24	9.55	6.66	5.52	4.89	4.49	4.20	3.83	3.42	2.97	2.43
25	9.48	6.60	5.46	4.84	4.43	4.15	3.78	3.37	2.92	2.38
26	9.41	6.54	5.41	4.79	4.38	4.10	3.73	3.33	2.87	2.33
27	9.34	6.49	5.36	4.74	4.34	4.06	3.69	3.28	2.83	2.29
28	9.28	6.44	5.32	4.70	4.30	4.02	3.65	3.25	2.79	2.25
29	9.23	6.40	5.28	4.66	4.26	3.98	3.61	3.21	2.76	2.21
30	9.18	6.35	5.24	4.62	4.23	3.95	3.58	3.18	2.73	2.18
40	8.83	6.07	4.98	4.37	3.99	3.71	3.35	2.95	2.50	1.93
60	8.49	5.79	4.73	4.14	3.76	3.49	3.13	2.74	2.29	1.69
120	8.18	5.54	4.50	3.92	3.55	3.28	2.93	2.54	2.09	1.43

附表 11 $\alpha = 0.01$

Fα k1 k2	1	2	3	4	5	6	8	12	24	∞
1	4,052	4,999	5,403	5,625	5,764	5,859	5,981	6,106	6,234	6,366
2	98.49	99.01	99.17	99.25	99.30	99.33	99.36	99.42	99.46	99.50
3	34.12	30.81	29.46	28.71	28.24	27.91	27.49	27.05	26.60	26.12
4	21.20	18.00	16.69	15.98	15.52	15.21	14.80	14.37	13.93	13.46
5	16.26	13.27	12.06	11.39	10.97	10.67	10.29	9.89	9.47	9.02
6	13.74	10.92	9.78	9.15	8.75	8.47	8.10	7.72	7.31	6.88
7	12.25	9.55	8.45	7.85	7.46	7.19	6.84	6.47	6.07	5.65
8	11.26	8.65	7.59	7.01	6.63	6.37	6.03	5.67	5.28	4.86
9	10.56	8.02	6.99	6.42	6.06	5.80	5.47	5.11	4.73	4.31
10	10.04	7.56	6.55	5.99	5.64	5.39	5.06	4.71	4.33	3.91
11	9.65	7.20	6.22	5.67	5.32	5.07	4.74	4.40	4.02	3.60
12	9.33	6.93	5.95	5.41	5.06	4.82	4.50	4.16	3.78	3.36
13	9.07	6.70	5.74	5.20	4.86	4.62	4.30	3.96	3.59	3.16
14	8.86	6.51	5.56	5.03	4.69	4.46	4.14	3.80	3.43	3.00
15	8.68	6.36	5.42	4.89	4.56	4.32	4.00	3.67	3.29	2.87
16	8.53	6.23	5.29	4.77	4.44	4.20	3.89	3.55	3.18	2.75
17	8.40	6.11	5.18	4.67	4.34	4.10	3.79	3.45	3.08	2.65
18	8.28	6.01	5.09	4.58	4.25	4.01	3.71	3.37	3.00	2.57
19	8.18	5.93	5.01	4.50	4.17	3.94	3.63	3.30	2.92	2.49
20	8.10	5.85	4.94	4.43	4.10	3.87	3.56	3.23	2.86	2.42
21	8.02	5.78	4.87	4.37	4.04	3.81	3.51	3.17	2.80	2.36
22	7.94	5.72	4.82	4.31	3.99	3.76	3.45	3.12	2.75	2.31
23	7.88	5.66	4.76	4.26	3.94	3.71	3.41	3.07	2.70	2.26
24	7.82	5.61	4.72	4.22	3.90	3.67	3.36	3.03	2.66	2.21
25	7.77	5.57	4.68	4.18	3.86	3.63	3.32	2.99	2.62	2.17
26	7.72	5.53	4.64	4.14	3.82	3.59	3.29	2.96	2.58	2.13
27	7.68	5.49	4.60	4.11	3.78	3.56	3.26	2.93	2.55	2.10
28	7.64	5.45	4.57	4.07	3.75	3.53	3.23	2.90	2.52	2.06
29	7.60	5.42	4.54	4.04	3.73	3.50	3.20	2.87	2.49	2.03
30	7.56	5.39	4.51	4.02	3.70	3.47	3.17	2.84	2.47	2.01
40	7.31	5.18	4.31	3.83	3.51	3.29	2.99	2.66	2.29	1.80
60	7.08	4.98	4.13	3.65	3.34	3.12	2.82	2.50	2.12	1.60
120	6.85	4.79	3.95	3.48	3.17	2.96	2.66	2.34	1.95	1.38
∞	6.64	4.60	3.78	3.32	3.02	2.80	2.51	2.18	1.79	1.00

附表 12　　　　　　　　　　　　　　$\alpha = 0.025$

$F\alpha$ k1 k2	1	2	3	4	5	6	8	12	24	∞
1	647.8	799.5	864.2	899.6	921.8	937.1	956.7	976.7	997.2	1,018
2	38.51	39.00	39.17	39.25	39.30	39.33	39.37	39.41	39.46	39.50
3	17.44	16.04	15.44	15.10	14.88	14.73	14.54	14.34	14.12	13.90
4	12.22	10.65	9.98	9.60	9.36	9.20	8.98	8.75	8.51	8.26
5	10.01	8.43	7.76	7.39	7.15	6.98	6.76	6.52	6.28	6.02
6	8.81	7.26	6.60	6.23	5.99	5.82	5.60	5.37	5.12	4.85
7	8.07	6.54	5.89	5.52	5.29	5.12	4.90	4.67	4.42	4.14
8	7.57	6.06	5.42	5.05	4.82	4.65	4.43	4.20	3.95	3.67
9	7.21	5.71	5.08	4.72	4.48	4.32	4.10	3.87	3.61	3.33
10	6.94	5.46	4.83	4.47	4.24	4.07	3.85	3.62	3.37	3.08
11	6.72	5.26	4.63	4.28	4.04	3.88	3.66	3.43	3.17	2.88
12	6.55	5.10	4.47	4.12	3.89	3.73	3.51	3.28	3.02	2.72
13	6.41	4.97	4.35	4.00	3.77	3.60	3.39	3.15	2.89	2.60
14	6.30	4.86	4.24	3.89	3.66	3.50	3.29	3.05	2.79	2.49
15	6.20	4.77	4.15	3.80	3.58	3.41	3.20	2.96	2.70	2.40
16	6.12	4.69	4.08	3.73	3.50	3.34	3.12	2.89	2.63	2.32
17	6.04	4.62	4.01	3.66	3.44	3.28	3.06	2.82	2.56	2.25
18	5.98	4.56	3.95	3.61	3.38	3.22	3.01	2.77	2.50	2.19
19	5.92	4.51	3.90	3.56	3.33	3.17	2.96	2.72	2.45	2.13
20	5.87	4.46	3.86	3.51	3.29	3.13	2.91	2.68	2.41	2.09
21	5.83	4.42	3.82	3.48	3.25	3.09	2.87	2.64	2.37	2.04
22	5.79	4.38	3.78	3.44	3.22	3.05	2.84	2.60	2.33	2.00
23	5.75	4.35	3.75	3.41	3.18	3.02	2.81	2.57	2.30	1.97
24	5.72	4.32	3.72	3.38	3.15	2.99	2.78	2.54	2.27	1.94
25	5.69	4.29	3.69	3.35	3.13	2.97	2.75	2.51	2.24	1.91
26	5.66	4.27	3.67	3.33	3.10	2.94	2.73	2.49	2.22	1.88
27	5.63	4.24	3.65	3.31	3.08	2.92	2.71	2.47	2.19	1.85
28	5.61	4.22	3.63	3.29	3.06	2.90	2.69	2.45	2.17	1.83
29	5.59	4.20	3.61	3.27	3.04	2.88	2.67	2.43	2.15	1.81
30	5.57	4.18	3.59	3.25	3.03	2.87	2.65	2.41	2.14	1.79
40	5.42	4.05	3.46	3.13	2.90	2.74	2.53	2.29	2.01	1.64
60	5.29	3.93	3.34	3.01	2.79	2.63	2.41	2.17	1.88	1.48
120	5.15	3.80	3.23	2.89	2.67	2.52	2.30	2.05	1.76	1.31
∞	5.02	3.69	3.12	2.79	2.57	2.41	2.19	1.94	1.64	1.00

附表 13　　　　　　　　　　　　　　$\alpha = 0.05$

$F\alpha$ k1 k2	1	2	3	4	5	6	8	12	24	∞
1	161.4	199.5	215.7	224.6	230.2	234.0	238.9	243.9	249.0	254.3
2	18.51	19.00	19.16	19.25	19.30	19.33	19.37	19.41	19.45	19.50
3	10.13	9.55	9.28	9.12	9.01	8.94	8.84	8.74	8.64	8.53
4	7.71	6.94	6.59	6.39	6.26	6.16	6.04	5.91	5.77	5.63
5	6.61	5.79	5.41	5.19	5.05	4.95	4.82	4.68	4.53	4.36
6	5.99	5.14	4.76	4.53	4.39	4.28	4.15	4.00	3.84	3.67
7	5.59	4.74	4.35	4.12	3.97	3.87	3.73	3.57	3.41	3.23
8	5.32	4.46	4.07	3.84	3.69	3.58	3.44	3.28	3.12	2.93
9	5.12	4.26	3.86	3.63	3.48	3.37	3.23	3.07	2.90	2.71
10	4.96	4.10	3.71	3.48	3.33	3.22	3.07	2.91	2.74	2.54
11	4.84	3.98	3.59	3.36	3.20	3.09	2.95	2.79	2.61	2.40
12	4.75	3.88	3.49	3.26	3.11	3.00	2.85	2.69	2.50	2.30
13	4.67	3.80	3.41	3.18	3.02	2.92	2.77	2.60	2.42	2.21
14	4.60	3.74	3.34	3.11	2.96	2.85	2.70	2.53	2.35	2.13
15	4.54	3.68	3.29	3.06	2.90	2.79	2.64	2.48	2.29	2.07
16	4.49	3.63	3.24	3.01	2.85	2.74	2.59	2.42	2.24	2.01
17	4.45	3.59	3.20	2.96	2.81	2.70	2.55	2.38	2.19	1.96
18	4.41	3.55	3.16	2.93	2.77	2.66	2.51	2.34	2.15	1.92
19	4.38	3.52	3.13	2.90	2.74	2.63	2.48	2.31	2.11	1.88
20	4.35	3.49	3.10	2.87	2.71	2.60	2.45	2.28	2.08	1.84
21	4.32	3.47	3.07	2.84	2.68	2.57	2.42	2.25	2.05	1.81
22	4.30	3.44	3.05	2.82	2.66	2.55	2.40	2.23	2.03	1.78
23	4.28	3.42	3.03	2.80	2.64	2.53	2.38	2.20	2.00	1.76
24	4.26	3.40	3.01	2.78	2.62	2.51	2.36	2.18	1.98	1.73
25	4.24	3.38	2.99	2.76	2.60	2.49	2.34	2.16	1.96	1.71
26	4.22	3.37	2.98	2.74	2.59	2.47	2.32	2.15	1.95	1.69
27	4.21	3.35	2.96	2.73	2.57	2.46	2.30	2.13	1.93	1.67
28	4.20	3.34	2.95	2.71	2.56	2.44	2.29	2.12	1.91	1.65
29	4.18	3.33	2.93	2.70	2.54	2.43	2.28	2.10	1.90	1.64
30	4.17	3.32	2.92	2.69	2.53	2.42	2.27	2.09	1.89	1.62
40	4.08	3.23	2.84	2.61	2.45	2.34	2.18	2.00	1.79	1.51
60	4.00	3.15	2.76	2.52	2.37	2.25	2.10	1.92	1.70	1.39
120	3.92	3.07	2.68	2.45	2.29	2.17	2.02	1.83	1.61	1.25
∞	3.84	2.99	2.60	2.37	2.21	2.09	1.94	1.75	1.52	1.00

附表 14　　　　　　　　　　　　　　$\alpha = 0.10$

F_α k1 k2	1	2	3	4	5	6	8	12	24	∞
1	39.86	49.50	53.59	55.83	57.24	58.20	59.44	60.71	62.00	63.33
2	8.53	9.00	9.16	9.24	9.29	9.33	9.37	9.41	9.45	9.49
3	5.54	5.46	5.36	5.32	5.31	5.28	5.25	5.22	5.18	5.13
4	4.54	4.32	4.19	4.11	4.05	4.01	3.95	3.90	3.83	3.76
5	4.06	3.78	3.62	3.52	3.45	3.40	3.34	3.27	3.19	3.10
6	3.78	3.46	3.29	3.18	3.11	3.05	2.98	2.90	2.82	2.72
7	3.59	3.26	3.07	2.96	2.88	2.83	2.75	2.67	2.58	2.47
8	3.46	3.11	2.92	2.81	2.73	2.67	2.59	2.50	2.40	2.29
9	3.36	3.01	2.81	2.69	2.61	2.55	2.47	2.38	2.28	2.16
10	3.29	2.92	2.73	2.61	2.52	2.46	2.38	2.28	2.18	2.06
11	3.23	2.86	2.66	2.54	2.45	2.39	2.30	2.21	2.10	1.97
12	3.18	2.81	2.61	2.48	2.39	2.33	2.24	2.15	2.04	1.90
13	3.14	2.76	2.56	2.43	2.35	2.28	2.20	2.10	1.98	1.85
14	3.10	2.73	2.52	2.39	2.31	2.24	2.15	2.05	1.94	1.80
15	3.07	2.70	2.49	2.36	2.27	2.21	2.12	2.02	1.90	1.76
16	3.05	2.67	2.46	2.33	2.24	2.18	2.09	1.99	1.87	1.72
17	3.03	2.64	2.44	2.31	2.22	2.15	2.06	1.96	1.84	1.69
18	3.01	2.62	2.42	2.29	2.20	2.13	2.04	1.93	1.81	1.66
19	2.99	2.61	2.40	2.27	2.18	2.11	2.02	1.91	1.79	1.63
20	2.97	2.59	2.38	2.25	2.16	2.09	2.00	1.89	1.77	1.61
21	2.96	2.57	2.36	2.23	2.14	2.08	1.98	1.87	1.75	1.59
22	2.95	2.56	2.35	2.22	2.13	2.06	1.97	1.86	1.73	1.57
23	2.94	2.55	2.34	2.21	2.11	2.05	1.95	1.84	1.72	1.55
24	2.93	2.54	2.33	2.19	2.10	2.04	1.94	1.83	1.70	1.53
25	2.92	2.53	2.32	2.18	2.09	2.02	1.93	1.82	1.69	1.52
26	2.91	2.52	2.31	2.17	2.08	2.01	1.92	1.81	1.68	1.50
27	2.90	2.51	2.30	2.17	2.07	2.00	1.91	1.80	1.67	1.49
28	2.89	2.50	2.29	2.16	2.06	2.00	1.90	1.79	1.66	1.48
29	2.89	2.50	2.28	2.15	2.06	1.99	1.89	1.78	1.65	1.47
30	2.88	2.49	2.28	2.14	2.05	1.98	1.88	1.77	1.64	1.46
40	2.84	2.44	2.23	2.09	2.00	1.93	1.83	1.71	1.57	1.38
60	2.79	2.39	2.18	2.04	1.95	1.87	1.77	1.66	1.51	1.29
120	2.75	2.35	2.13	1.99	1.90	1.82	1.72	1.60	1.45	1.19
∞	2.71	2.30	2.08	1.94	1.85	1.17	1.67	1.55	1.38	1.00

附錄3 相關係數界值表

附表 15　　　　　　　　　　　相關係數界值表

	P (2):	0.50	0.20	0.10	0.05	0.02	0.01	0.005	0.002	0.001
	P (1):	0.25	0.10	0.05	0.025	0.01	0.005	0.002,5	0.001	0.000,5
1		0.707	0.951	0.988	0.997	1.000	1.000	1.000	1.000	1.000
2		0.500	0.800	0.900	0.950	0.980	0.990	0.995	0.998	0.999
3		0.404	0.687	0.805	0.878	0.934	0.959	0.974	0.986	0.991
4		0.347	0.603	0.729	0.811	0.882	0.917	0.942	0.963	0.974
5		0.309	0.551	0.669	0.755	0.833	0.875	0.906	0.935	0.951
6		0.281	0.507	0.621	0.707	0.789	0.834	0.870	0.905	0.925
7		0.260	0.472	0.582	0.666	0.750	0.798	0.836	0.875	0.898
8		0.242	0.443	0.549	0.632	0.715	0.765	0.805	0.847	0.872
9		0.228	0.419	0.521	0.602	0.685	0.735	0.776	0.820	0.847
10		0.216	0.398	0.497	0.576	0.658	0.708	0.750	0.795	0.823
11		0.206	0.380	0.476	0.553	0.634	0.684	0.726	0.772	0.801
12		0.197	0.365	0.457	0.532	0.612	0.661	0.703	0.750	0.780
13		0.189	0.351	0.441	0.514	0.592	0.641	0.683	0.730	0.760
14		0.182	0.338	0.426	0.497	0.574	0.623	0.664	0.711	0.742
15		0.176	0.327	0.412	0.482	0.558	0.606	0.647	0.694	0.725
16		0.170	0.317	0.400	0.468	0.542	0.590	0.631	0.678	0.708
17		0.165	0.308	0.389	0.456	0.529	0.575	0.616	0.622	0.693
18		0.160	0.299	0.378	0.444	0.515	0.561	0.602	0.648	0.679
19		0.156	0.291	0.369	0.433	0.503	0.549	0.589	0.635	0.665
20		0.152	0.284	0.360	0.423	0.492	0.537	0.576	0.622	0.652
21		0.148	0.277	0.352	0.413	0.482	0.526	0.565	0.610	0.640
22		0.145	0.271	0.344	0.404	0.472	0.515	0.554	0.599	0.629
23		0.141	0.265	0.337	0.396	0.462	0.505	0.543	0.588	0.618
24		0.138	0.260	0.330	0.388	0.453	0.496	0.534	0.578	0.607
25		0.136	0.255	0.323	0.381	0.445	0.487	0.524	0.568	0.597
26		0.133	0.250	0.317	0.374	0.437	0.479	0.515	0.559	0.588
27		0.131	0.245	0.311	0.367	0.430	0.471	0.507	0.550	0.579
28		0.128	0.241	0.306	0.361	0.423	0.463	0.499	0.541	0.570
29		0.126	0.237	0.301	0.355	0.416	0.456	0.491	0.533	0.562
30		0.124	0.233	0.296	0.349	0.409	0.449	0.484	0.526	0.554
31		0.122	0.229	0.291	0.344	0.403	0.442	0.477	0.518	0.546
32		0.120	0.226	0.287	0.339	0.397	0.436	0.470	0.511	0.539
33		0.118	0.222	0.283	0.334	0.392	0.430	0.464	0.504	0.532
34		0.116	0.219	0.279	0.329	0.386	0.424	0.458	0.498	0.525
35		0.115	0.216	0.275	0.325	0.381	0.418	0.452	0.492	0.519
36		0.113	0.213	0.271	0.320	0.376	0.413	0.446	0.486	0.513
37		0.111	0.210	0.267	0.316	0.371	0.408	0.441	0.480	0.507
38		0.110	0.207	0.264	0.312	0.367	0.403	0.435	0.474	0.501
39		0.108	0.204	0.261	0.308	0.362	0.398	0.430	0.469	0.495
40		0.107	0.202	0.257	0.304	0.358	0.393	0.425	0.463	0.490
41		0.106	0.199	0.254	0.301	0.354	0.389	0.420	0.458	0.484
42		0.104	0.197	0.251	0.297	0.350	0.384	0.416	0.453	0.479
43		0.103	0.195	0.248	0.294	0.346	0.380	0.411	0.449	0.474
44		0.102	0.192	0.246	0.291	0.342	0.376	0.407	0.444	0.469
45		0.101	0.190	0.243	0.288	0.338	0.372	0.403	0.439	0.465
46		0.100	0.188	0.240	0.285	0.335	0.368	0.399	0.435	0.460
47		0.099	0.186	0.238	0.282	0.331	0.365	0.395	0.431	0.456
48		0.098	0.184	0.235	0.270	0.328	0.361	0.391	0.427	0.451
49		0.097	0.182	0.233	0.276	0.325	0.358	0.387	0.423	0.447
50		0.096	0.181	0.231	0.273	0.322	0.354	0.384	0.419	0.443

附錄 4　常用化學試劑的規格標準

化學試劑的純度較高，根據純度及雜質含量的多少，可將其分為以下四個等級：

（1）優級純試劑，亦稱保證試劑，為一級品，純度高，雜質極少，主要用於精密分析和科學研究，常以 GR 表示。

（2）分析純試劑，亦稱分析試劑，為二級品，純度略低於優級純，雜質含量略高於優級純，適用於重要分析和一般性研究工作，常以 AR 表示。

（3）化學純試劑，為三級品，純度較分析純差，但高於實驗試劑，適用於工廠、學校等一般性的分析工作，常以 CP 表示。

（4）實驗試劑，為四級品，純度比化學純差，但比工業品純度高，主要用於一般化學實驗，不能用於分析工作，常以 LR 表示。

以上按試劑純度的分類法已在中國通用。根據化學工業部頒布的「化學試劑包裝及標誌」的規定，化學試劑的不同等級分別用各種不同的顏色來標誌，見附表 16。

附表 16　　　　　　　　　　中國化學試劑的等級及標誌

級別	一等品	二等品	三等品	四等品
純度分類	優級純	分析純	化學純	實驗試劑
瓶簽顏色	綠色	紅色	藍色	黃色

化學試劑除上述幾個等級外，還有基準試劑、光譜純試劑及超純試劑等。基準試劑等於或高於優級純試劑，專作滴定分析的基準物質，用以確定未知溶液的準確濃度或直接配製標準溶液，其主成分含量一般為 99.95%～100%，雜質總量不超過 0.05%。光譜純試劑主要用於光譜分析中作標準物質，其雜質用光譜分析法測不出且雜質低於某一限度，純度在 99.99% 以上。超純試劑又稱高純試劑，是用一些特殊設備如石英、鉑器皿生產的。

中國化學試劑屬於國家標準的附有 GB 代號，屬於化學工業部標準的附有 HG 或 HGB 代號。

除上述化學試劑外，還有許多特殊規格的試劑，如指示劑、基準試劑、當量試劑、光譜純試劑、生化試劑、生物染色劑、色譜用試劑及高純工藝用試劑等，見附表 17。

附表 17　　　　　　　　　常用化學試劑規格和標準

中文簡稱	英文
優級純試劑	GR（Guaranteed reagent）
分析純試劑	AR（Analytical reagent）
化學純試劑	CP（Chemical pure）
實驗試劑	LR（Laboratory reagent）

附表17(續)

中文簡稱	英文
超純試劑	UP（Ultra pure）
生化試劑	BC（Biochemical）
光譜純	SP（Spectrum pure）
氣相色譜	GC（Gas chromatography）
指示劑	Ind（Indicator）
層析用	FCP（For chromatograph purpose）
工業用	Tech（Technical grade）

除常用規格外還有一些特殊用途試劑：特純（EP）、分析用（PA）、合成（FS）、基準（PT）、生物試劑（BR）、分光純（UV）、紅外吸收（IR）、液相色譜（LC）、核磁共振（NMR），2N 中的 N 表示數量，也有 3N、4N 等其他規格；色固就是色澤固定的意思。

附錄 5　化學試劑純度與分級標準

為了使各種規格的化學試劑實行標準化和控制試劑產品的質量，並使買賣雙方在發生爭議時有據可依，人們便制定了試劑標準。為了保證試劑質量，試劑還需要進行多種檢驗。

（一）試劑規格

試劑規格又稱試劑級別或類別。一般按實際的用途或純度、雜質含量來劃分規格標準。目前，國外試劑廠生產的化學試劑的規格趨向於按用途劃分。

例如德國伊默克公司生產的硝酸有 13 種規格：最低濃度為 65%（密度約 1.40）的特純試劑硝酸、雙硫脒試驗通過的最低濃度為 65%（密度約 1.40，Hg 的最高濃度為 0.000,000,5%）的保證試劑（GR）硝酸、雙硫脒試驗通過的最低濃度為 65%（密度約 1.40）的保證試劑（GR）硝酸、最低濃度為 65%（密度約 1.40）的光學與電子學專用特純（Selectipur）硝酸、最低濃度為 100%（密度約 1.52）的保證試劑（GR）硝酸、最低濃度為 100%（密度約 1.42）的光學與電子學專用特純（Seletipur）發菸硝酸、重氫度小於 99% 的重氫試劑硝酸-di（在 D2O 中，不小於 65% DNO3）、滴定用 0.1mol/L 的硝酸溶液和滴定用 1mol/L 的硝酸溶液。

伊默克公司還按用戶的需要生產各種規格的試劑，如生化試劑、默克診斷試劑、醫學研究、農業和環境監測試劑等。

試劑規格按用途劃分的優點簡單明瞭，從規格即可知此試劑的用途，用戶不必在使用哪一種純度級和試劑上反覆考慮。

中國的試劑規格基本上按純度劃分，共有高純、光譜純、基準、分光純、優級純、分析和化學純共 7 種。國家和主管部門頒布的質量指標包括優級純、分級純和化學純這 3 種：

（1）優級純又稱一級品，這種試劑純度最高，雜質含量最低，適合於重要精密的分析工作和科學研究工作，使用綠色瓶簽。

（2）分析純又稱二級品，純度很高，略次於優級純，適合於重要分析及一般研究工作，使用紅色瓶簽。

（3）化學純又稱三級品，純度與分析純相差較大，適用於工礦、學校等一般分析工作，使用藍色瓶簽。

純度遠高於優級純的試劑叫做高純試劑。高純試劑是在通用試劑的基礎上發展起來的，它是為了專門的使用目的而用特殊方法生產的純度最高的試劑。它的雜質含量要比優級試劑低 2 個或更多個數量級。因此，高純試劑特別適用於一些痕量分析，而通常的優級純試劑就達不到這種精密分析的要求。

目前，除對少數產品符合國家標準外（如高純硼酸、高純冰乙酸、高純氫氟酸等），大部分高純試劑的質量標準還很不統一，在名稱上有高純、特純、超純、光譜純等不同叫法。根據高純試劑工業專用範圍的不同，可將其分為以下幾種：

（1）光學與電子學專用高純化學品，即電子級（Electronic grade）試劑。

（2）金屬-氧化物-半導體（Metal-Oxide-Semiconductor）電子工業專用高純化學品，即 MOS 試劑（讀作：摩斯試劑）。一般用於半導體、電子管等方面，其雜質最高含量為 0.01-10ppm，有的可降低到 ppb 數量級。其塵埃等級達到 0-2ppb。

（3）單晶生產用高純化學品。

（4）光導纖維用高純化學品。

此外，還有儀分試劑、特純試劑（雜質含量低於 1/1,000,000～1/1,000,000,000 級）、特殊高純度的有機材料等。下面將化學試劑純度和規格中、英文及其縮寫符號匯集，見附表 18。

附表 18　化學試劑純度和規格中、英文及其縮寫符號對照表

中文	英文	縮寫或簡稱
優級純試劑	Guaranteed reagent	GR
分析純試劑	Analytial reagent	AR
化學純試劑	Chemical pure	CP
實驗試劑	Laboratory reagent	LR
純	Pure	Purum Pur
高純物質（特純）	Extra pure	EP
特純	Purissimum	Puriss
超純	Ultra pure	UP
精製	Purifed	Purify
分光純	Ultra violet Pure	UV
光譜純	Spectrum pure	SP
閃爍純	Scintillation Pure	
研究級	Research grade	
生化試劑	Biochemical	BC
生物試劑	Biological reagent	BR
生物染色劑	Biological stain	BS
生物學用	For biological purpose	FBP
組織培養用	For tissuemedium purpose	
微生物用	Formicrobiological	FMB
顯微鏡用	Formicroscopic purpose	FMP
電子顯微鏡用	For electronmicroscopy	
塗鏡用	For lens blooming	FLB
工業用	Technical grade	Tech

275

附表18(續)

中文	英文	縮寫或簡稱
實習用	Pratical use	Pract
分析用	Pro analysis	PA
精密分析用	Super special grade	SSG
合成用	For synthesis	FS
閃爍用	For scintillation	Scint
電泳用	For electrophoresis use	
測折光率用	For refractive index	RI
顯色劑	Developer	
指示劑	Indicator	Ind
配位指示劑	Complexon indicator	Complex ind
熒光指示劑	Fluorescene indicator	Fluor ind
氧化還原指示劑	Redox indicator	Redox ind
吸附指示劑	Adsorption indicator	Adsorb ind
基準試劑	Primary reagent	PT
光譜標準物質	Spectrographic standard substance	SSS
原子吸收光譜	Atomic adsorption spectorm	AAS
紅外吸收光譜	Infrared adsorption spectrum	IR
核磁共振光譜	Nuclearmagnetic resonance spectrum	NMR
有機分析試劑	Organic analytical reagent	OAS
微量分析試劑	Micro analytical standard	MAS
微量分析標準	Micro analytical standard	MAS
點滴試劑	Spot-test reagent	STR
氣相色譜	Gas chromatography	GC
液相色譜	Liquid chromatography	LC
高效液相色譜	High performance liquid chromatography	HPLC
氣液色譜	Gas liquid chromatography	GLC
氣固色譜	Gas solid chromatography	GSC
薄層色譜	Thin layer chromatography	TLC
凝膠滲透色譜	Gel permeation chromatography	GPC
層析用	For chromatography purpose	FCP

(二) 試劑標準

各國生產化學試劑的大公司，均有自己的試劑標準，中國也有中國的化學試劑標準。近年來，中國化學劑標準委員會正在逐步修正中國的試劑標準，盡可能與國際接軌，統一標準。

1. 中國的化學試劑標準

中國的化學試劑標準分國家標準、部頒標準和企業標準三種。

(1) 國家標準。

國家標準由化學工業部提出，由國家標準局審批和發布，其代號是「GB」，取自「國標」兩字的漢語拼音的第一個字母。其編號採用順序號加年代號，中間用一橫線分開，都用阿拉伯數字。如 GB2299-80 高純硼酸，表示國家標準 2299 號，於 1980 年頒布。

《中華人民共和國國家標準·化學試劑》制定於 1965 年，1971 年編成《國家標準·化學試劑匯編》並出版，1978 年淨增訂分冊陸續出版。1990 年又以《化學工業標準匯編·化學試劑》（第 13 冊）問世。它將化學試劑的純度分為 5 級，即高純、基準、優級純、分析純和化學純，其中優級純相當於默克標準的保證試劑（BR）。

《中華人民共和國國際標準·化學試劑》是中國最權威的一部試劑標準。它的內容除試劑名稱、形狀、分子式、分子量外，還有技術條件（試劑最低含量和雜質最高含量等）、檢驗規則（試劑的採樣和驗收規則）、試驗方法、包裝及標誌等 4 項內容。

(2) 部頒標準。

部頒標準由化學工業部組織制定、審批和發布，報送國家標準局備案，其代號是「HG」，系取自「化工」兩字的漢語拼音的第一個字母，編號形式與國家標準相同。

除部頒標準外，還有部頒暫行標準，是化工部發布暫行的標準，代號是「HGB」，取自「化工部」三個漢字拼音的第一個字母，編號形式與國家標準相同。

(3) 企業標準。

企業標準由省化工廳（局）或省、市級標準局審批、發布，在化學劑行業或一個地區內執行。企業標準的代號採用分數形式「Q/HG」，Q、HG 各系取自「企」「化工」字漢語拼音和第一個字母，編號形式與國家標準相同。

在這 3 種標準中，部頒標準不得與國家標準相抵觸，企業標準不得與國家標準和部頒標準相抵觸。

2. 國外幾種重要化學試劑標準

對中國化學試劑工業影響較大的國外試劑標準有《默克標準》《羅津標準》和《ACS 規格》。現簡介如下。

(1)《默克標準》。

其前身為 1888 年出版的伊默克公司化學家克勞赫（Krauch）博士編著的《化學試劑純度檢驗》，此書附有「伊默克公司和保證試劑」一覽表，表中羅列了當時該公司生產的 130 個分析試劑。到 1939 年又出版了第 5 版修訂本。根據這一傳統，在 1971 年，伊默克公司出版了《默克標準》（*Merck Standards*）（德文）。這本書，不僅敘述了每一種默克保證試劑（GR）中雜質的最高極限，還詳細地敘述了最有效的測定方法。因

此，深受所有試劑用戶的歡迎，被稱為「檢驗大全」。在 1971 年出版的《默克標準》中共收入保證試劑（GR）570 餘種。

伊默克是世界上第一個制定和公布試劑標準的公司，也是第一個用百分數表示試劑最低含量和雜質最高允許含量的公司。可以說，世界上試劑標準的基本款式是由伊默克最早確立的。

（2）《羅津標準》。

全稱為《具有試驗和測定方法的化學試劑及其標準》（Reagent Chemical and Standards with methods of Testing and Assaying），作者約瑟夫·羅津（Joseph Rosin）是美國化學會會員，是美國藥典修訂委員會前任首席化學家和伊默克公司化學指導。該標準自 1937 年出版以來，經 1946 年、1955 年、1967 年多次修訂，不斷增補試劑品種。1967 年出版的第 5 版《羅津標準》共收入分析試劑約 570 種。

《羅津標準》是當前世界上最有名的一部學者標準。

（3）《ACS 規格》。

全稱為《化學試劑——美國化學學會規格》（Reagent Chemical - Americal Chemical Society Specifications），由美國化學學會分析委員會編纂。類似於《ACS 規格》的早期文本是 1917 年出現的，並應用於 1921 年出版的《工業和工程化學》（Industrial and Engineering Chemistry）雜誌中的 4 種化學試劑（氫氧化銨、鹽酸、硝酸和硫酸）。《ACS 規格》現在的款式始於 1924—1925 年。1941 年以分冊的形式出版《ACS 規格》。最終將校訂本和新的試劑品種收集成為一本書的，是 1950 年版的《ACS 規格》。《ACS 規格》自首次出版後不斷完善，是當前美國最有權威性的一部試劑標準。

附錄 6　指示劑

附表 19　　　　　　　　　　常用酸鹼指示劑

名稱	變色(pH 值)範圍	顏色變化	配置方法
0.1%百里酚藍	1.2~2.8	紅到黃	0.1g 百里酚藍溶於 20mL 乙醇中，加水至 100mL
0.1%甲基橙	3.1~4.4	紅到黃	0.1g 甲基橙溶於 100mL 熱水中
0.1%溴酚藍	3.0~1.6	黃到紫藍	0.1g 溴酚藍溶於 20mL 乙醇中，加水至 100mL
0.1%溴甲酚綠	4.0~5.4	黃到藍	0.1g 溴甲酚綠溶於 20mL 乙醇中，加水至 100mL
0.1%甲基紅	4.8~6.2	紅到黃	0.1g 甲基紅溶於 60mL 乙醇中，加水至 100mL
0.1%溴百里酚藍	6.0~7.6	黃到藍	0.1g 溴百里酚藍溶於 20mL 乙醇中，加水至 100mL
0.1%中性紅	6.8~8.0	紅到黃橙	0.1g 中性紅溶於 60mL 乙醇中，加水至 100mL
0.2%酚酞	8.0~9.6	無到紅	0.2g 酚酞溶於 90mL 乙醇中，加水至 100mL
0.1%百里酚藍	8.0~9.6	黃到藍	0.1g 百里酚藍溶於 20mL 乙醇中，加水至 100mL
0.1%百里酚酞	9.4~10.6	無到藍	0.1g 百里酚酞溶於 90mL 乙醇中，加水至 100mL
0.1%茜素黃	10.1~12.1	黃到紫	0.1g 茜素黃溶於 100mL 水中

附表 20　　　　　　　　　　酸鹼混合指示劑

指示劑溶液的組成	變色時 pH 值	顏色（酸色）	顏色（鹼色）	備註
一份 0.1%甲基黃乙醇溶液，一份 0.1%亞基藍乙醇溶液	3.25	藍紫	綠	pH=3.2，藍紫色 pH=3.4，綠色；
一份 0.1%甲基橙水溶液，一份 0.25%靛藍二磺酸水溶液	4.1	紫	黃綠	
一份 0.1%溴甲酚綠鈉鹽水溶液，一份 0.2%甲基橙水溶液	4.3	橙	藍綠	pH=3.5，黃色；pH=4.05，綠色；pH=4.3，淺綠色
三份 0.1%溴甲酚綠乙醇溶液，一份 0.2%甲基紅乙醇溶液	5.1	酒紅	綠	
一份 0.1%溴甲酚綠鈉鹽水溶液，一份 0.1%氯酚鈉鹽水溶液	6.1	黃綠	藍紫	pH=5.4，藍綠色；pH=5.8，藍色；pH=6.0，藍帶紫；pH=6.2，藍紫色
一份 0.1%中性紅乙醇溶液，一份 0.1%亞基藍乙醇溶液	7.0	藍紫	綠	pH=7.0，紫藍色
一份 0.1%甲酚紅鈉鹽水溶液，三份 0.1%百里酚藍鈉鹽水溶液	8.3	黃	紫	pH=8.2，玫瑰紅色；pH=8.4，清晰的紫色
一份 0.1%百里酚藍 50%乙醇溶液，三份 0.1%酚酞 50%乙醇溶液	9.0	黃	紫	從黃到綠，再到紫
一份 0.1%酚酞乙醇溶液，一份 0.1%百里酚酞乙醇溶液	9.9	無	紫	pH=9.6，玫瑰紅色；pH=10，紫紅色
二份 0.1%百里酚酞乙醇溶液，一份 0.1%茜素黃乙醇溶液	10.2	黃	紫	

附表 21　　　　　　　　　　　　　　沉澱及金屬指示劑

名稱	顏色		配製方法
	遊離	化合物	
鉻酸鉀	黃	磚紅	5%水溶液
硫酸鐵銨,40%	無色	血紅	$NH_4Fe(SO_4)_2 \cdot 12H_2O$ 飽和水溶液,加數滴濃 H_2SO_4
熒光黃,0.5%	綠色熒光	玫瑰紅	0.50g 熒光黃溶於乙醇,並用乙醇稀釋至 100mL
鉻黑 T	藍	酒紅	(1)2g 鉻黑 T 溶於 15mL 三乙醇胺及 5mL 甲醇中
鈣指示劑	藍	紅	(2)1g 鉻黑 T 與 100gNaCl 研細,混勻(1:100)
二甲酚橙,0.5%	黃	紅	0.5g 鈣指示劑與 100g NaCl 研細、混勻
K-B 指示劑	藍	紅	0.5g 二甲酚橙溶於 100mL 去離子水中
磺基水楊酸	無	紅	0.5g 酸性鉻藍 K 加 1.25g 萘酚綠 B,再加 25gK_2SO_4 研細,混勻
PAN 指示劑,0.2%	黃	紅	10%水溶液
鄰苯二酚紫,0.1%	紫	藍	0.2gPAN 溶於 100mL 乙醇中
			0.1g 鄰苯二酚紫溶於 100mL 去離子水中

附表 22　　　　　　　　　　　　　　氧化還原法指示劑

名稱	變色電勢 φ/V	顏色		配製方法
		氧化態	還原態	
二苯胺,1%	0.76	紫	無色	1g 二苯胺在攪拌下溶於 100mL 濃硫酸和 100mL 濃磷酸,貯於棕色瓶中
二苯胺磺酸鈉,0.5%	0.85	紫	無色	0.5g 二苯胺磺酸鈉溶於 100mL 水中,必要時過濾
鄰菲囉啉硫酸亞鐵,0.5%	1.06	淡藍	紅	0.5g $FeSO_4 \cdot 7H_2O$ 溶於 100mL 水中,加 2 滴硫酸,加 0.5g 鄰菲囉啉
鄰苯氨基苯甲酸,0.2%	1.08	紅	無色	0.2g 鄰苯氨基苯甲酸加熱溶解在 100mL 0.2% Na_2CO_3 溶液中,必要時過濾
澱粉,0.2%				2g 可溶性澱粉,加少許水調成漿狀,在攪拌下注入 1,000mL 沸水中,微沸 2min,放置,取上層溶液使用(若要保持穩定,可在研磨澱粉時加入 10mgHgI_2)

附錄 7　常用樣品保存技術

附表 23　　　　　　　　　　常用樣品保存技術

序號	項目	貯存容器	採水量（mL）	保存劑	保存時間	備註
1	pH	P 或 G	/	/	/	現場測定
2	SS	P 或 G	500	4℃冷藏	7 天	/
3	電導率	P 或 G	100	2℃～5℃冷藏	24 小時	/
4	色度	P 或 G	200	2℃～5℃暗處冷藏	24 小時	/
5	水溫	/	/	/	/	現場測定
6	透明度	/	/	/	/	現場測定
7	濁度	P 或 G	100	/	盡快分析	
8	銅	P 或 G	500	HNO_3, pH<2	1 個月	/
9	鉛	P 或 BG	500	HNO_3, pH<2	1 個月	/
10	鋅	P 或 BG	500	HNO_3, pH<2	1 個月	/
11	鎘	P 或 BG	500	HNO_3, pH<2	1 個月	/
12	總汞	P 或 BG	500	HNO_3, pH<2, 再加 $K_2Cr_2O_7$ 使濃度為 0.05%	數月	/
13	總鐵	P 或 BG	200	HNO_3, pH<2	1 個月	/
14	錳	P 或 BG	200	HNO_3, pH<2	1 個月	/
15	總鉻	P 或 G	150	HNO_3, pH<2	1 個月	不得使用磨口及內壁已磨毛的容器,以避免對鉻的吸附
16	六價鉻	P 或 G	150	NaOH, pH7～9	24 小時	
17	鎳	P 或 BG	150	HNO_3, pH<2	1 個月	/
18	鋇	P 或 G	150	HNO_3, pH<2	1 個月	/
19	鈷	P 或 BG	150	HNO_3, pH<2	1 個月	/
20	鈹	P 或 G	150	HNO_3, pH<2	24 小時	酸化時不能用 H_2SO_4
21	銀	P 或 BG	150	HNO_3, pH<2	盡快	/
22	鈣、鎂	P 或 BG	250	HNO_3, pH<2	數月	酸化時不能用 H_2SO_4
23	鈣、鎂總量（總硬度）	P 或 BG	250	HNO_3, pH<2	數月	酸化時不能用 H_2SO_4
24	鉀、鈉	P	250	HNO_3, pH<2	數月	/
25	總砷	P 或 G	100	H_2SO_4, pH<2	6 個月	/
26	硒	G 或 BG	500	NaOH, pH>11	6 個月	/
27	氨氮	P 或 G	150	/	盡快分析	H_2SO_4, pH<2 但不過量,利於保存
28	氟化物	P	300	/	7 天	/
29	氯化物	P 或 G	200	/	7 天	/

附表23(續)

序號	項目	貯存容器	採水量(mL)	保存劑	保存時間	備註
30	餘氯	P 或 G	100	/	6 小時	最好現場測定
31	硫化物	P 或 G	500	1mol/LZnAc1mL	1 天	現場固定
32	溴化物	P 或 G	250		28 天	/
33	硫酸鹽	P 或 G	150		7 天	/
34	總氰化物	P 或 G	500	NaOH,pH>12	24 小時	現場固定
35	氰化物	P 或 G	500	NaOH,pH>12	24 小時	現場固定
36	硝酸鹽氮	P 或 G	500	加 H_2SO_4,pH<2	24 小時	/
37	亞硝酸鹽氮	P 或 G	250		盡快分析	/
38	總磷	P 或 G	150	冷藏或加 H_2SO_4,pH<2	24 小時或 28 天	/
39	總氮	P 或 G	500	加 H_2SO_4,pH<2	24 小時	/
40	BOD_5	P 或 G	1,000	置於暗處	24 小時	/
41	COD_{cr}	G	200	H_2SO_4,pH<2	5 天	/
42	COD_{mn}	G	300	H_2SO_4,pH<2,0℃~5℃保存	2 天	/
43	TOC	棕色 G		H_2SO_4	7 天	儀器法不加
44	動植物油	G	250	1+1HCl, pH<2	20 天	單獨採樣
45	石油類	G	250	1+1HCl, pH<2	20 天	單獨採樣
46	DO(電解法) (碘量法)	G G	300 300	/ 1mLmnSO_4 和 2mL 鹼性 KI	/ 8 小時	現場測定 現場固定
47	苯胺類	G	250	/	24 小時	/
48	硝基苯類	G	250	加 H_2SO_4,pH<2	盡快分析	/
49	苯系物	G	250	/	7 天	採滿容器加蓋密封
50	多氯聯苯	G	250	4℃冷藏	7 天	採滿容器加蓋密封
51	揮發酚	G	500	H_3PO_4,pH<4,再加 $CuSO_4$ 1g/l,或 NaOH,pH>12	24 小時	/
52	甲醛	P 或 G	500	每 500mL 水樣中加入 1mL 濃 H_2SO_4	24 小時	/
53	聯苯胺	G	1,000	/	24 小時	/
54	氯苯類	G	250	0℃~4℃或加入 0.1%水樣量(V/V)濃 H_2SO_4	4 天	採滿容器加蓋密封
55	硝基氯苯類	G	250	0℃~4℃或加入 0.1%水樣量(V/V)濃 H_2SO_4	4 天	採滿容器加蓋密封
56	硝基苯、硝基甲苯、硝基氯苯、二硝基甲苯	棕色 G	500	H_2SO_4	7 天	/
57	揮發性有機物	G	60	1+1HCl,pH<2,抗壞血酸,低溫保存	7 天	採滿容器加蓋密封

附表23(續)

序號	項目	貯存容器	採水量(mL)	保存劑	保存時間	備註
58	半揮發性有機物	G	1,200	1+1HCl,pH<2,無水Na$_2$SO$_3$,低溫保存	7天	採滿容器加蓋密封
59	陰離子洗滌劑	G	500	冷藏或加CHCl$_3$	24小時或7天	/
60	有機磷農藥	G	250	4℃低溫	3天	/
61	六六六、滴滴涕	G	250	4℃冷藏	7天	採滿容器加蓋密封
62	揮發性鹵代烴類	G	250	1+1HCl,pH<2,抗壞血酸,低溫保存	7天	採滿容器加蓋密封
63	水質急性毒性	P和G	250	滅菌、冷藏	1天	/
64	細菌總數	G	250	無菌、冷藏	<6小時	/
65	糞大腸菌群	G	500	無菌	<6小時	/
66	鹼度	P	250	4℃低溫	24小時	/

註：G 表示玻璃，P 表示聚乙烯塑料，BG 表示硼硅玻璃。

附表 24

相對密度(15℃)	HCl w/%	HCl c/mol·L^{-1}	HNO$_3$ w/%	HNO$_3$ c/mol·L^{-1}	H$_2$SO$_4$ w/%	H$_2$SO$_4$ c/mol·L^{-1}
1.02	4.13	1.15	3.70	0.6	3.1	0.3
1.04	8.16	2.3	7.26	1.2	6.1	0.6
1.05	10.2	2.9	9.0	1.5	7.4	0.8
1.06	12.2	3.5	10.7	1.8	8.8	0.9
1.08	16.2	4.8	13.9	2.4	11.6	1.3
1.10	20.0	6.0	17.1	3.0	14.4	1.6
1.12	23.8	7.3	20.2	3.6	17.0	2.0
1.14	27.7	8.7	23.3	4.2	19.9	2.3
1.15	29.6	9.3	24.8	4.5	20.9	2.5
1.19	37.2	12.2	30.9	5.8	26.0	3.2
1.20			32.3	6.2	27.3	3.4
1.25			39.8	7.9	33.4	4.3
1.30			47.5	9.8	39.2	5.2
1.35			55.8	12.0	44.8	6.2
1.40			65.3	14.5	50.1	7.2
1.42			69.8	15.7	52.2	7.6
1.45					55.0	8.2
1.50					59.8	9.2
1.55					64.3	10.2
1.60					68.7	11.2
1.65					73.0	12.3
1.70					77.2	13.4
1.84					95.6	18.0

附錄 8　常用酸鹼溶液的相對密度、質量分數與物質的量濃度

附表 25　　常用酸鹼溶液的相對密度、質量分數與物質的量濃度

相對密度 (15℃)	$NH_3 \cdot H_2O$ w/%	$NH_3 \cdot H_2O$ c/mol·L^{-1}	NaOH w/%	NaOH c/mol·L^{-1}	KOH w/%	KOH c/mol·L^{-1}
0.88	35.0	18.0				
0.90	28.3	15				
0.91	25.0	13.4				
0.92	21.8	11.8				
0.94	15.6	8.6				
0.96	9.9	5.6				
0.98	4.8	2.8				
1.05			4.5	1.25	5.5	1.0
1.10			9.0	2.5	10.9	2.1
1.15			13.5	3.9	16.1	3.3
1.20			18.0	5.4	21.2	4.5
1.25			22.5	7.0	26.1	5.8
1.30			27.0	8.8	30.9	7.2
1.35			31.8	10.7	35.5	8.5

附錄 9　市售常用濃酸、氨水密度及濃度

附表 26　　　　　　　　市售常用濃酸、氨水密度及濃度

名稱	基本單元 化學式	基本單元 摩爾質量	密度	近似濃度 質量百分濃度（%）	近似濃度 物質的量濃度（mol/L）
鹽酸	HCl	36.46	1.19	38	12
硝酸	HNO_3	63.01	1.42	70	16
硫酸	H_2SO_4	98.07	1.84	98	18
高氯酸	$HClO_4$	100.46	1.67	70	11.6
磷酸	H_3PO_4	98.00	1.69	85	15
氫氟酸	HF	20.01	1.13	40	22.5
冰乙酸	CH_3COOH	60.05	1.05	99.9	17.5
氨水	$NH_3 \cdot H_2O$	35.05	0.90	27(NH_3)	14.5
氫溴酸	HBr	80.93	1.49	47	9
甲酸	HCOOH	46.04	1.06	26	6
過氧化氫	H_2O_2	34.01		>30	

附錄 10　常用的基準物質干燥條件

附表 27　　　　　　　　　常用的基準物質干燥條件

基準物質 名稱	分子式	干燥後的組成	干燥條件和溫度	標定對象
碳酸氫鈉	$NaHCO_3$	Na_2CO_3	270℃~300℃	酸
十水合碳酸鈉	$Na_2CO_3 \cdot 10H_2O$	Na_2CO_3	270℃~300℃	酸
硼砂	$Na_2B_4O_7 \cdot 10H_2O$	$Na_2B_4O_7 \cdot 10H_2O$	放在裝有 NaCl 和蔗糖飽和溶液的密閉器皿中	酸
碳酸氫鉀	$KHCO_3$	K_2CO_3	270℃~300℃	酸
二水合草酸	$H_2C_2O_4 \cdot 2H_2O$	$H_2C_2O_4 \cdot 2H_2O$	室溫空氣干燥	鹼或 $KmnO_4$
鄰苯二鉀酸氫鉀	$KHC_8H_4O_4$	$KHC_8H_4O_4$	110℃~120℃	鹼
重鉻酸鉀	$K_2Cr_2O_7$	$K_2Cr_2O_7$	140℃~150℃	還原劑
溴酸鉀	$KBrO_3$	$KBrO_3$	130℃	還原劑
碘酸鉀	KIO_3	KIO_3	130℃	還原劑
銅	Cu	Cu	室溫干燥器中保存	還原劑
三氧化二砷	As_2O_3	As_2O_3	室溫干燥器中保存	氧化劑
草酸鈉	$Na_2C_2O_4$	$Na_2C_2O_4$	130℃	氧化劑
碳酸鈣	$CaCO_3$	$CaCO_3$	110℃	EDTA
鋅	Zn	Zn	室溫干燥器中保存	EDTA
氧化鎂	MgO	MgO	850℃	
氧化鋅	ZnO	ZnO	900℃~1,000℃	EDTA
氯化鈉	NaCl	NaCl	500℃~600℃	$AgNO_3$
氯化鉀	KCl	KCl	500℃~600℃	$AgNO_3$
硝酸銀	$AgNO_3$	$AgNO_3$	220℃~250℃	氯化物

附表 27(續)

基準物質		乾燥後的組成	乾燥條件和溫度	標定對象
名稱	分子式			
碳酸氫鈉	$NaHCO_3$	Na_2CO_3	270℃~300℃	酸
十水合碳酸鈉	$Na_2CO_3 \cdot 10H_2O$	Na_2CO_3	270℃~300℃	酸
硼砂	$Na_2B_4O_7 \cdot 10H_2O$	$Na_2B_4O_7 \cdot 10H_2O$	放在裝有 NaCl 和蔗糖飽和溶液的密閉器皿中	酸
碳酸氫鉀	$KHCO_3$	K_2CO_3	270℃~300℃	酸
二水合草酸	$H_2C_2O_4 \cdot 2H_2O$	$H_2C_2O_4 \cdot 2H_2O$	室溫空氣乾燥	鹼或 $KMnO_4$
鄰苯二鉀酸氫鉀	$KHC_8H_4O_4$	$KHC_8H_4O_4$	110℃~120℃	鹼
重鉻酸鉀	$K_2Cr_2O_7$	$K_2Cr_2O_7$	140℃~150℃	還原劑
溴酸鉀	$KBrO_3$	$KBrO_3$	130℃	還原劑
碘酸鉀	KIO_3	KIO_3	130℃	還原劑
銅	Cu	Cu		還原劑
三氧化二砷	As_2O_3	As_2O_3	室溫乾燥器中保存	氧化劑
草酸鈉	$Na_2C_2O_4$	$Na_2C_2O_4$	130℃	氧化劑
碳酸鈣	$CaCO_3$	$CaCO_3$	110℃	EDTA
鋅	Zn	Zn	室溫乾燥器中保存	EDTA
氧化鎂	MgO	MgO	850℃	
		ZnO	900℃~1,000℃	EDTA
氯化鈉	NaCl	NaCl	500℃~600℃	$AgNO_3$
氯化鉀	KCl	KCl	500℃~600℃	$AgNO_3$
硝酸銀	$AgNO_3$	$AgNO_3$	220℃~250℃	氯化物

附錄 11　幾種監測項目的儀器藥品清單

附表 28　　　　　　　幾種監測項目的儀器清單

序號	名稱		數量	序號	名稱		數量
1	250mL 帶磨口的回流裝置(錐形瓶、球形冷凝管)		8 套	30	燒杯	1,000mL	1 個
2	具支磨口帶塞蒸餾燒瓶(500mL)		4 只	31		500mL	5 個
3	蛇形冷凝管(與 2 配套)		4 支	32		250mL	5 個
4	凱氏定氮蒸餾裝置(500mL 凱氏燒瓶、氮球、直形冷凝管)		4 套	33	量筒	1,000mL	1 只
5	藍白酸式滴定管(50mL)		5 支	34		250mL	2 只
6	滴定臺(大理石)		2 個	35		100mL	3 只
7	滴定夾(蝶形)		2 個	36	量杯	100mL	1 只
8	250mL 錐形瓶		5 個	37	細口瓶	1,000mL	5 個
9	鹼式滴定管(50mL)		1 支	38		500mL	5 個
10	90Φ 玻璃漏斗		5 個	39		250mL	3 個
11	稱量瓶(60×30)		10 個	40		100mL	2 個
12	容量瓶	1,000mL(棕色或白色)	7 個	41	鐵架臺(含萬能夾、對頂絲)		10 套
13		500mL	5 個	42	坩堝鉗(30cm)		1 把
14		250mL	5 個	43	塑料洗瓶(500mL)		1 個
15		100mL	2 個	44	聚乙烯瓶(500mL)		2 個
16	移液管	10mL	5 支	45	吸耳球(中號)		2 個
17		5mL	5 支	46	橡膠管(6×9)		1 卷
18		2mL	5 支	47	中速定量濾紙(15cm)		5 盒
19		1mL	5 支	48	快速定性濾紙(15cm)		5 盒
20	大肚吸管	20mL	5 支	49	移液管架		2 個
21		10mL	5 支	50	溫度計(100℃)		2 支
22	無色或棕色滴瓶(60mL)		5 個	51	藥匙		10 把
23	塑料燒杯(500mL)		5 個	52	試管刷		
24	玻璃珠		1 包	53	干燥器(30cm)		1 個
25	分析天平(TG328A)		1 臺	54	可調萬用電爐(1,000W)		1 臺
26	架盤藥物天平	500g	1 臺	55	普通電爐(500W)		10 個
27		100g(0.1g)	1 臺	56	鑷子		2 把
28	DL-202 型恒溫干燥箱		1 臺				
29	PHS-2C 型酸度計(含複合電極)		1 臺				

附表 29　　　　　　　　　幾種監測項目的藥品清單

序號	名稱	規格	數量(P)
1	重鉻酸鉀	基準試劑或優級純	1
2	硫酸亞鐵銨	分析純	1
3	濃硫酸	分析純	5
4	硫酸銀	分析純	1
5	1,10-菲羅啉	分析純	1
6	七水合硫酸亞鐵	分析純	1
7	pH 試紙		1 盒
8	pH 緩衝液(袋裝)		若干
9	濃鹽酸	分析純	2
10	氫氧化鈉	分析純	2
11	磷酸	分析純	1
12	酚酞		1
13	95%乙醇	分析純	1
14	溴甲酚綠		1
15	甲基紅		1
16	無水碳酸鈉	基準試劑	1
17	硫代硫酸鈉	分析純	1
18	氧化鎂	分析純	1
19	溴百里酚藍		1
20	硼酸	分析純	1
21	亞甲藍		1
22	凡士林		1
23	變色硅膠		3

附錄 12　實驗監測數據記錄常用圖表

附表 30　　化學需氧量（COD）的原始記錄表

單位：_____　　送樣人：_____　　　　　　　　　　　　　　年____月____日

樣品編號	樣品名稱	採樣時間	硫酸亞鐵銨的標準用量 (mL)		重鉻酸鉀溶液的加入量 (mL)	水樣體積 (mL)	稀釋倍數	樣品濃度 COD_{cr} (mg/L)	備註
			起點	終點 用量 V_1					

硫酸亞鐵銨的濃度 (mol/L)：_____　$COD_{cr}(mg/L) = \dfrac{(V_0 - V_1) \times c \times 8 \times 1{,}000}{V} \times d$　V_0——空白消耗硫酸亞鐵銨的量 (mL)

分析人員：

附表 31　　　　　　　　　　懸浮物（SS）測定原始記錄表

單位：_____　　送樣人：_____　　送樣日期：____年____月____日

樣品編號	樣品名稱	取樣時間	取樣量 V(mL)	（稱量瓶）+濾紙 A(g)	（稱量瓶）+濾紙+SS B(g)	樣品濃度（mg/L）	備註

計算公式：$C(\mathrm{mg/L}) = \dfrac{(B - A) \times 1.000 \times 1.000}{V}$

分析人員：_____

第____頁

附表 32　　　　　　　　　氨氮（NH_3-N）的測定原始記錄表

單位：＿＿＿＿＿＿　　送樣人：＿＿＿＿＿＿　　送樣日期：＿＿＿＿年＿＿＿＿月＿＿＿＿日　　　　　　　　　第　　　頁

樣品編號	樣品名稱	取樣時間	取樣量 V（mL）	稀釋倍數 D	空白吸光值 A_0	樣品吸光值 A	樣品濃度（mg/L）	備註

分析方法：納氏試劑比色法　　分析儀器：722 分光光度計　　光程：2cm　　測定波長：420nm

校準曲線：$y = bx + a$　　a（截距）＝＿＿＿＿　　b（斜率）＝＿＿＿＿　　r（相關係數）＝＿＿＿＿

公式：$C(\text{mg/L}) = \dfrac{(A - A_0 - a)}{b \times V} \times D$

分析人員：＿＿＿＿＿＿

附錄 13　常用實驗儀器圖片

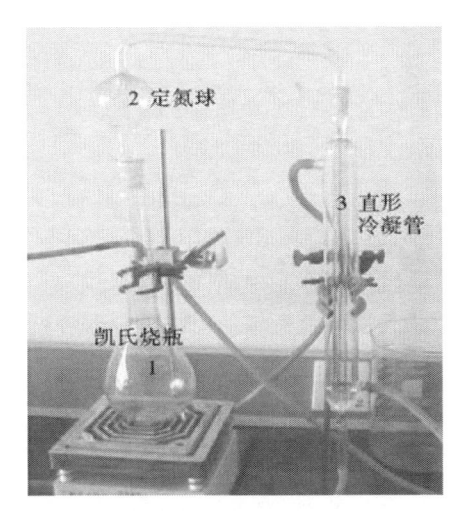

附圖 1　VFA 測定裝置

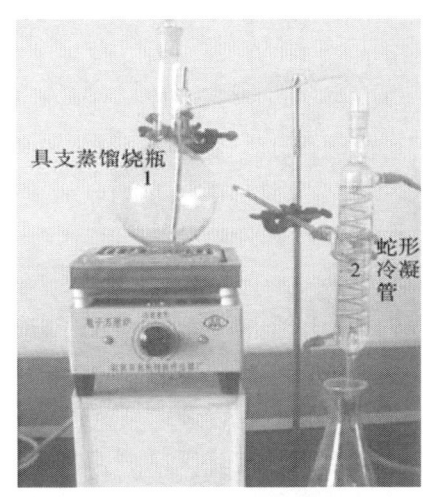

附圖 2　NH_3-N 測定裝置

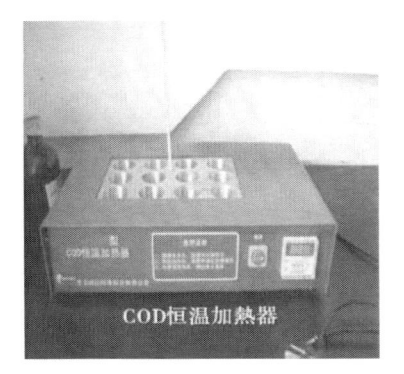

附圖 3　COD 恆溫測定裝置

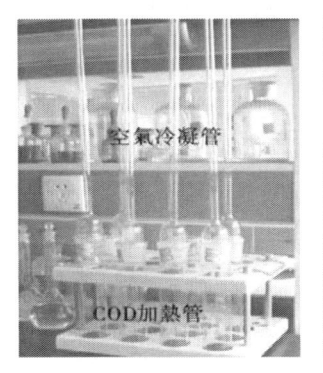

附圖 4　酸式滴定管

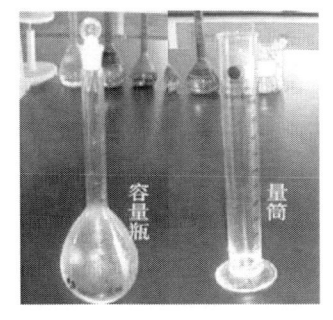

附圖 5　容量瓶量筒

附圖 6　細口瓶

附圖 7　洗瓶置

附圖 8　移液管架

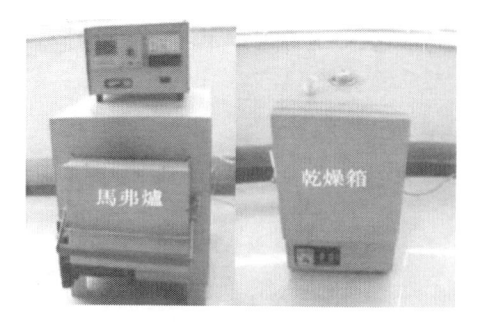

附圖 9　馬弗爐乾燥箱

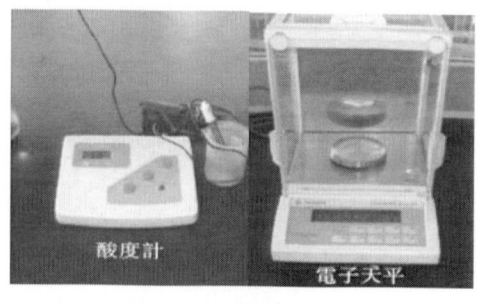

附圖 10　酸度計、電子天平

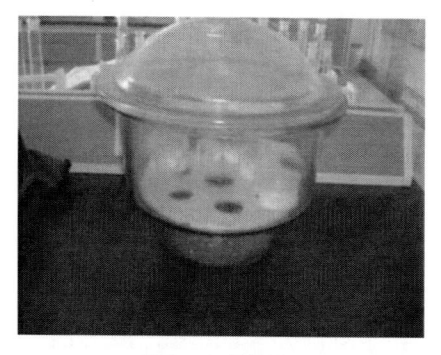

附圖 11　乾燥器

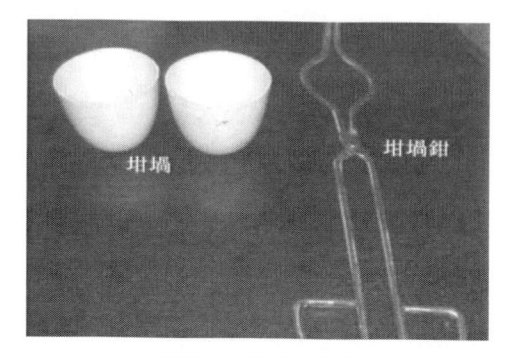

附圖 12　坩堝、坩堝鉗

附圖 13　水浴鍋、蒸發皿

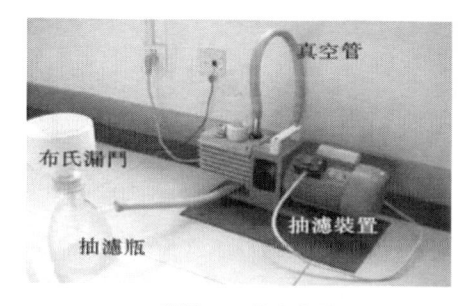

附圖 14　抽濾裝置

附圖 15　聚乙烯瓶

附圖 16　錐形瓶、玻璃漏斗

迴歸方程($y=bx+a$)的計算公式：

$$y = bx + a$$

$$b = \frac{\sum_{i=1}^{n} x_i y_i - n \cdot \bar{x} \cdot \bar{y}}{\sum (x_i)^2 - n(\bar{x})^2}$$

$$a = \bar{y} - b \cdot \bar{x}$$

$$r = \frac{\sum_{i=1}^{n} x_i \cdot y_i - n \cdot \bar{x} \cdot \bar{y}}{\sqrt{[\sum (x_i)^2 - n(\bar{x})^2] \cdot [\sum (y_i)^2 - n \cdot (\bar{y})^2]}}$$

其中 Y 為吸光度值；X 為樣品濃度；a 為標準系列曲線的截距；b 為斜率。

在求 a 值時，$\bar{y}$ 要減去空白吸光度值 A_0。

計算迴歸方程時，要把標準系列的毫升數換算成微克，然後代入計算。

校準曲線的線性檢驗：一般要求其相關係數 $|r| \geq 0.999,0$，否則，應找出原因，重新繪製校準曲線。

附錄14　城鎮污水處理廠污染物排放標準

中華人民共和國國家標準
GB18918-2002
城鎮污水處理廠污染物排放標準
Discharge standard of pollutants for municipal wastewater treatment plant
2002-12-24 發布　　2003-07-01 實施
國家環境保護總局　國家質量監督檢驗檢疫總局發布

前言

　　為貫徹《中華人民共和國環境保護法》《中華人民共和國水污染防治法》《中華人民共和國海洋環境保護法》《中華人民共和國大氣污染防治法》《中華人民共和國固體廢物污染環境防治法》，促進城鎮污水處理廠的建設和管理，加強城鎮污水處理廠污染物的排放控制和污水資源化利用，保障人體健康，維護良好的生態環境，結合中國《城市污水處理及污染防治技術政策》，制定本標準。

　　本標準規定了城鎮污水處理廠出水、廢氣和污泥中污染物的控制項目和標準值。

　　本標準自實施之日起，城鎮污水處理廠水污染物、大氣污染物的排放和污泥的控制一律執行本標準。

　　排入城鎮污水處理廠的工業廢水和醫院污水，應達到GB8978《污水綜合排放標準》、相關行業的國家排放標準、地方排放標準的相應規定限值及地方總量控制的要求。

　　本標準為首次發布。

　　本標準由國家環境保護總局科技標準司提出。

　　本標準由北京市環境保護科學研究院、中國環境科學研究院負責起草。

　　本標準由國家環境保護總局於2002年12月2日批准。

　　本標準由國家環境保護總局負責解釋。

城鎮污水處理廠污染物排放標準

1.範圍

　　本標準規定了城鎮污水處理廠出水、廢氣排放和污泥處置(控制)的污染物限值。

　　本標準適用於城鎮污水處理廠出水、廢氣排放和污泥處置(控制)的管理。

　　居民小區和工業企業內獨立的生活污水處理設施污染物的排放管理，也按本標準執行。

2.規範性引用文件

　　下列標準中的條文通過本標準的引用即成為本標準的條文，與本標準同效：

　　(1)GB3838 地表水環境質量標準；

（2）GB3097 海水水質標準；

（3）GB3095 環境空氣質量標準；

（4）GB4284 農用污泥中污染物控制標準；

（5）GB8978 污水綜合排放標準；

（6）GB12348 工業企業廠界噪聲標準；

（7）GB16297 大氣污染物綜合排放標準；

（8）HJ/T55 大氣污染物無組織排放監測技術導則。

當上述標準被修訂時,應使用最新版本。

3.術語和定義

（1）城鎮污水（Municipal Wastewater）：指城鎮居民生活污水,機關、學校、醫院、商業服務機構及各種公共設施排水,以及允許排入城鎮污水收集系統的工業廢水和初期雨水等。

（2）城鎮污水處理廠（Municipal Wastewater Treatment Plant）：指對進入城鎮污水收集系統的污水進行淨化處理的污水處理廠。

（3）一級強化處理（Enhanced Primary Treatment）：在常規一級處理（重力沉降）的基礎上,增加化學混凝處理、機械過濾或不完全生物處理等,以提高一級處理效果的處理工藝。

4.技術內容

4.1 水污染物排放標準

4.1.1 控制項目及分類

（1）根據污染物的來源及性質,將污染物控制項目分為基本控制項目和選擇控制項目兩類。基本控制項目主要包括水環境、城鎮污水處理廠的一般處理工藝可以去除的常規污染物、部分一類污染物等,共 19 項。選擇控制項目包括對環境有較長期影響的或毒性較大的污染物,共計 43 項。

（2）基本控制項目必須執行。選擇控制項目,由地方環境保護行政主管部門根據污水處理廠接納的工業污染物的類別和水環境質量的要求選擇控制。

4.1.2 標準分級

根據城鎮污水處理廠排入地表水域環境功能和保護目標,以及污水處理廠的處理工藝,將基本控制項目的常規污染物標準值分為一級標準、二級標準、三級標準。一級標準分為 A 標準和 B 標準。部分一類污染物和選擇控制項目不分級。

（1）一級標準的 A 標準是城鎮污水處理廠出水作為回用水的基本要求。當污水處理廠出水將稀釋能力較小的河湖作為城鎮景觀用水和一般回用水等用途時,執行一級標準的 A 標準。

（2）城鎮污水處理廠出水排入 GB3838 地表水Ⅲ類功能水域（劃定的飲用水水源保護區和游泳區除外）、GB3097 海水二類功能水域和湖、庫等封閉或半封閉水域時,執行一級標準的 B 標準。

（3）城鎮污水處理廠出水排入 GB3838 地表水Ⅳ、Ⅴ類功能水域或 GB3097 海水三、四類功能海域,執行二級標準。

（4）非重點控制流域和非水源保護區的建制鎮的污水處理廠，根據當地經濟條件和水污染控制要求，採用一級強化處理工藝時，執行三級標準。但必須預留二級處理設施的位置，分期達到二級標準。

4.1.3 標準值

（1）城鎮污水處理廠水污染物排放基本控制項目，執行附表33和附表34的規定。
（2）選擇控制項目按附表35的規定執行。

附表33　　　　基本控制項目最高允許排放濃度（日均值）　　　　單位：mg/L

序號	基本控制項目		一級標準 A標準	一級標準 B標準	二級標準	三級標準
1	化學需氧量（COD）		50	60	100	120[①]
2	生化需氧量（BOD_5）		10	20	30	60[①]
3	懸浮物（SS）		10	20	30	50
4	動植物油		1	3	5	20
5	石油類		1	3	5	15
6	陰離子表面活性劑		0.5	1	2	5
7	總氮（以N計）		15	20	—	—
8	氨氮（以N計）[②]		5（8）	8（15）	25（30）	—
9	總磷（以P計）	2005年12月31日前建設的	1	1.5	3	5
		2006年1月1日起建設的	0.5	1	3	5
10	色度（稀釋倍數）		30	30	40	90
11	pH		6~9			
12	糞大腸菌群數/（個/L）		10^3	10^3	10^4	—

註：①下列情況下按去除率指標執行：當進水COD大於350mg/L時，去除率應大於60%；BOD大於160mg/L時，去除率應大於50%。②括號外數值為水溫>12℃時的控制指標，括號內數值為水溫≤12℃時的控制指標。

附表34　　　　部分一類污染物最高允許排放濃度（日均值）　　　　單位：mg/L

序號	項目	標準值
1	總汞	0.001
2	烷基汞	不得檢出
3	總鎘	0.01
4	總鉻	0.1
5	六價鉻	0.05
6	總砷	0.1
7	總鉛	0.1

附表 35　　　　　選擇控制項目最高允許排放濃度(日均值)　　　　單位:mg/L

序號	選擇控制項目	標準值	序號	項目	標準值
1	總鎳	0.05	23	三氯乙烯	0.3
2	總鈹	0.002	24	四氯乙烯	0.1
3	總銀	0.1	25	苯	0.1
4	總銅	0.5	26	甲苯	0.1
5	總鋅	1.0	27	鄰-二甲苯	0.4
6	總錳	2.0	28	對-二甲苯	0.4
7	總硒	0.1	29	間-二甲苯	0.4
8	苯並(a)芘	0.000,03	30	乙苯	0.4
9	揮發酚		31	氯苯	0.3
10	總氰化物	0.5	32	1,4-二氯苯	0.4
11	硫化物	1.0	33	1,2-二氯苯	1.0
12	甲醛	1.0	34	對硝基氯苯	0.5
13	苯胺類	0.5	35	2,4-二硝基氯苯	0.5
14	總硝基化合物	2.0	36	苯酚	0.3
15	有機磷農藥(以P計)	0.5	37	間-甲酚	0.1
16	馬拉硫磷	1.0	38	2,4-二氯酚	0.6
17	樂果	0.5	39	2,4,6-三氯酚	0.6
18	對硫磷	0.05	40	鄰苯二甲酸二丁酯	0.1
19	甲基對硫磷	0.2	41	鄰苯二甲酸二辛酯	0.1
20	五氯酚	0.5	42	丙烯晴	2.0
21	三氯甲烷	0.3	43	可吸附有機鹵化物（AOX 以 CL 計）	1.0
22	四氯化碳	0.03			

4.1.4 取樣與監測

(1) 水質取樣在污水處理廠處理工藝末端排放口。在排放口應設污水水量自動計量裝置、自動比例採樣裝置，pH、水溫、COD 等主要水質指標應安裝在線監測裝置。

(2) 取樣頻率為至少每兩小時一次，取 24h 混合樣，以日均值計。

(3) 監測分析方法按國家環境保護總局認定的替代方法、等效方法執行。

4.2 大氣污染物排放標準

4.2.1 標準分級

根據城鎮污水處理廠所在地區的大氣環境質量要求和大氣污染物治理技術和設施條件，將標準分為三級。

(1) 位於 GB3095 一類區的所有（包括現有和新建、改建、擴建）城鎮污水處理廠，自本標準實施之日起，執行一級標準。

(2) 位於 GB3095 二類區和三類區的城鎮污水處理廠，分別執行二級標準和三級標準。其中 2003 年 6 月 30 日之前建設（包括改、擴建）的城鎮污水處理廠，實施標準

的時間為 2006 年 1 月 1 日；2003 年 7 月 1 日起新建（包括改、擴建）的城鎮污水處理廠，自本標準實施之日起開始執行。

（3）新建（包括改、擴建）城鎮污水處理廠周圍應建設綠化帶，並設有一定的防護距離，防護距離的大小由環境影響評價確定。

4.2.2 標準值

城鎮污水處理廠廢氣的排放標準值按相關規定執行。

4.2.3 取樣與監測

（1）氨、硫化氫、臭氣濃度監測點設於城鎮污水處理廠廠界或防護帶邊緣的濃度最高點；甲烷監測點設於區內濃度最高點。

（2）監測點的布置方法與採樣方法按 GB16297 中附錄 C 和 HJ/T55 的有關規定執行。

（3）採樣頻率，每兩小時採樣一次，共採集 4 次，取其最大測定值。

（4）監測分析方法按相關規定執行。

4.3 污泥控制標準

4.3.1 城鎮污水處理廠的污泥應進行穩定化處理，穩定化處理後應達到相關規定。

附錄 15　生活飲用水衛生標準

1. 範圍

本標準規定了生活飲用水水質衛生要求、生活飲用水水源水質衛生要求、集中式供水單位衛生要求、二次供水衛生要求、涉及生活飲用水衛生安全產品的衛生要求、水質監測和水質檢驗方法。

本標準適用於城鄉各類集中式供水的生活飲用水，也適用於分散式供水的生活飲用水。

2. 規範性引用文件

下列文件中的條款通過本標準的引用而成為本標準的條款：

(1)《地表水環境質量標準》(GB 3838)；
(2)《生活飲用水標準檢驗方法》(GB/T 5750)；
(3)《地下水質量標準》(GB/T 14848)；
(4)《二次供水設施衛生規範》(GB 17051)；
(5)《飲用水化學處理劑衛生安全性評價》(GB/T 17218)；
(6)《生活飲用水輸配水設備及防護材料的安全性評價標準》(GB/T 17219)；
(7)《城市供水水質標準》(CJ/T 206)；
(8)《村鎮供水單位資質標準》(SL 308)；
(9)《生活飲用水集中式供水單位衛生規範》。

凡是標註日期的引用文件，其隨後所有的修改(不包括勘誤內容)或修訂版均不適用於本標準，然而，鼓勵根據本標準達成協議的各方研究可使用這些文件的最新版本。凡是不註明日期的引用文件，其最新版本適用於本標準。

3. 術語和定義

下列術語和定義適用於本標準：

3.1 生活飲用水 (Drinking Water)

供人生活的飲水和生活用水。

3.2 供水方式 (Type of Water Supply)

3.2.1 集中式供水 (Central Water Supply)

自水源集中取水，通過輸配水管網送到用戶或者公共取水點的供水方式，包括自建設施供水。為用戶提供日常飲用水的供水站和為公共場所、居民社區提供的分質供水也屬於集中式供水。

3.2.2 二次供水 (Secondary Water Supply)

集中式供水是在入戶之前經再度儲存、加壓和消毒或深度處理，通過管道或容器輸送給用戶的供水方式。

3.2.3 農村小型集中式供水 (Small Central Water Supply for Rural Areas)

是日供水在 1,000m³ 以下(或供水人口在 1 萬人以下)的農村集中式供水。

3.2.4 分散式供水（Non-central Water Supply）

分散式供水是指未經任何設施或僅有簡易設施的供水方式，用戶可直接從水源取水。

3.3 常規指標（Regular Indices）

能反應生活飲用水水質基本狀況的水質指標。

3.4 非常規指標（Non-regular Indices）

非常規指標是指根據地區、時間或特殊情況需要的生活飲用水水質指標。

4. 生活飲用水水質衛生要求

生活飲用水水質應符合下列基本要求，保證用戶飲用安全：

（1）生活飲用水中不得含有病原微生物。

（2）生活飲用水中的化學物質不得危害人體健康。

（3）生活飲用水中的放射性物質不得危害人體健康。

（4）生活飲用水的感官性狀良好。

（5）生活飲用水應經消毒處理。

（6）生活飲用水的水質應符合附表36和附表38衛生要求。集中式供水出廠水中消毒劑限值、出廠水和管網末梢水中消毒劑餘量均應符合附表37要求。

（7）農村小型集中式供水和分散式供水的水質因條件限制，部分指標可暫按照附表39執行，其餘指標仍按附表36、附表37和附表38執行。

（8）當發生影響水質的突發性公共事件時，經市級以上人民政府批准，感官性狀和一般化學指標可適當放寬。

（9）當飲用水中含有附錄15附表40所列指標時，可參考附表和限值評價。

附表36　　　　　　　　水質常規指標及限值

指標	限值
1. 微生物指標[①]	
總大腸菌群（MPN/100mL 或 CFU/100mL）	不得檢出
耐熱大腸菌群（MPN/100mL 或 CFU/100mL）	不得檢出
大腸埃希氏菌（MPN/100mL 或 CFU/100mL）	不得檢出
菌落總數（CFU/mL）	100
2. 毒理指標	
砷（mg/L）	0.01
鎘（mg/L）	0.005
鉻（六價，mg/L）	0.05
鉛（mg/L）	0.01
汞（mg/L）	0.001
硒（mg/L）	0.01
氰化物（mg/L）	0.05
氟化物（mg/L）	1.0

附表36(續)

指標	限值
硝酸鹽（以 N 計，mg/L）	10 地下水源限制時為 20
三氯甲烷（mg/L）	0.06
四氯化碳（mg/L）	0.002
溴酸鹽（使用臭氧時，mg/L）	0.01
甲醛（使用臭氧時，mg/L）	0.9
亞氯酸鹽（使用二氧化氯消毒時，mg/L）	0.7
氯酸鹽（使用複合二氧化氯消毒時，mg/L）	0.7
3. 感官性狀和一般化學指標	
色度（鉑鈷色度單位）	15
渾濁度（NTU-散射濁度單位）	1 水源與淨水技術條件限制時為 3
臭和味	無異臭、異味
肉眼可見物	無
pH（pH 單位）	不小於 6.5 且不大於 8.5
鋁（mg/L）	0.2
鐵（mg/L）	0.3
錳（mg/L）	0.1
銅（mg/L）	1.0
鋅（mg/L）	1.0
氯化物（mg/L）	250
硫酸鹽（mg/L）	250
溶解性總固體（mg/L）	1,000
總硬度（以 $CaCO_3$ 計，mg/L）	450
耗氧量（COD_{Mn} 法，以 O_2 計，mg/L）	3 水源限制，原水耗氧量>6mg/L 時為 5
揮發酚類（以苯酚計，mg/L）	0.002
陰離子合成洗滌劑（mg/L）	0.3
4. 放射性指標[2]	指導值
總 α 放射性（Bq/L）	0.5
總 β 放射性（Bq/L）	1

① MPN 表示最可能數；CFU 表示菌落形成單位。當水樣檢出總大腸菌群時，應進一步檢驗大腸埃希氏菌或耐熱大腸菌群；水樣未檢出總大腸菌群，不必檢驗大腸埃希氏菌或耐熱大腸菌群。

② 放射性指標超過指導值，應進行核素分析和評價，判定能否飲用。

附表 37　　　　　　　　飲用水中消毒劑常規指標及要求

消毒劑名稱	與水接觸時間	出廠水中限值	出廠水中餘量	管網末梢水中餘量
氯氣及遊離氯制劑（遊離氯，mg/L）	至少 30min	4	≥0.3	≥0.05

附表37(續)

消毒劑名稱	與水接觸時間	出廠水中限值	出廠水中餘量	管網末梢水中餘量
一氯胺（總氯，mg/L）	至少120min	3	≥0.5	≥0.05
臭氧（O_3，mg/L）	至少12min	0.3		0.02 如加氯，總氯≥0.05
二氧化氯（ClO_2，mg/L）	至少30min	0.8	≥0.1	≥0.02

附表38　　　　水質非常規指標及限值

指標	限值
1. 微生物指標	
賈第鞭毛蟲（個/10L）	<1
隱孢子蟲（個/10L）	<1
2. 毒理指標	
銻（mg/L）	0.005
鋇（mg/L）	0.7
鈹（mg/L）	0.002
硼（mg/L）	0.5
鉬（mg/L）	0.07
鎳（mg/L）	0.02
銀（mg/L）	0.05
鉈（mg/L）	0.000,1
氯化氰（以CN^-計，mg/L）	0.07
一氯二溴甲烷（mg/L）	0.1
二氯一溴甲烷（mg/L）	0.06
二氯乙酸（mg/L）	0.05
1,2-二氯乙烷（mg/L）	0.03
二氯甲烷（mg/L）	0.02
三鹵甲烷（三氯甲烷、一氯二溴甲烷、二氯一溴甲烷、三溴甲烷的總和）	該類化合物中各種化合物的實測濃度與其各自限值的比值之和不超過1
1,1,1-三氯乙烷（mg/L）	2
三氯乙酸（mg/L）	0.1
三氯乙醛（mg/L）	0.01
2,4,6-三氯酚（mg/L）	0.2
三溴甲烷（mg/L）	0.1
七氯（mg/L）	0.000,4
馬拉硫磷（mg/L）	0.25
五氯酚（mg/L）	0.009

附表38(續)

指標	限值
六六六（總量，mg/L）	0.005
六氯苯（mg/L）	0.001
樂果（mg/L）	0.08
對硫磷（mg/L）	0.003
滅草松（mg/L）	0.3
甲基對硫磷（mg/L）	0.02
百菌清（mg/L）	0.01
呋喃丹（mg/L）	0.007
林丹（mg/L）	0.002
毒死蜱（mg/L）	0.03
草甘膦（mg/L）	0.7
敵敵畏（mg/L）	0.001
莠去津（mg/L）	0.002
溴氰菊酯（mg/L）	0.02
2,4-滴（mg/L）	0.03
滴滴涕（mg/L）	0.001
乙苯（mg/L）	0.3
二甲苯（mg/L）	0.5
1,1-二氯乙烯（mg/L）	0.03
1,2-二氯乙烯（mg/L）	0.05
1,2-二氯苯（mg/L）	1
1,4-二氯苯（mg/L）	0.3
三氯乙烯（mg/L）	0.07
三氯苯（總量，mg/L）	0.02
六氯丁二烯（mg/L）	0.000,6
丙烯酰胺（mg/L）	0.000,5
四氯乙烯（mg/L）	0.04
甲苯（mg/L）	0.7
鄰苯二甲酸二（2-乙基己基）酯（mg/L）	0.008
環氧氯丙烷（mg/L）	0.000,4
苯（mg/L）	0.01
苯乙烯（mg/L）	0.02
苯並（a）芘（mg/L）	0.000,01
氯乙烯（mg/L）	0.005
氯苯（mg/L）	0.3
微囊藻毒素-LR（mg/L）	0.001

附表38(續)

指標	限值
3. 感官性狀和一般化學指標	
氨氮（以 N 計，mg/L）	0.5
硫化物（mg/L）	0.02
鈉（mg/L）	200

附表 39　　農村小型集中式供水和分散式供水部分水質指標及限值

指標	限值
1. 微生物指標	
菌落總數（CFU/mL）	500
2. 毒理指標	
砷（mg/L）	0.05
氟化物（mg/L）	1.2
硝酸鹽（以 N 計，mg/L）	20
3. 感官性狀和一般化學指標	
色度（鉑鈷色度單位）	20
渾濁度（NTU-散射濁度單位）	3 水源與淨水技術條件限制時為 5
pH（pH 單位）	不小於 6.5 且不大於 9.5
溶解性總固體（mg/L）	1,500
總硬度（以 $CaCO_3$ 計，mg/L）	550
耗氧量（COD_{Mn}法，以 O_2 計，mg/L）	5
鐵（mg/L）	0.5
錳（mg/L）	0.3
氯化物（mg/L）	300
硫酸鹽（mg/L）	300

5. 生活飲用水水源水質衛生要求

（1）採用地表水為生活飲用水水源時應符合 GB 3838 要求。

（2）採用地下水為生活飲用水水源時應符合 GB/T 14848 要求。

6. 集中式供水單位衛生要求

集中式供水單位的衛生要求應按照衛生部《生活飲用水集中式供水單位衛生規範》執行。

7. 二次供水衛生要求

二次供水的設施和處理要求應按照 GB 17051 執行。

8. 涉及生活飲用水衛生安全產品衛生要求

（1）處理生活飲用水採用的絮凝、助凝、消毒、氧化、吸附、pH 調節、防銹、阻垢等化學處理劑不應污染生活飲用水，應符合 GB/T 17218 要求。

（2）生活飲用水的輸配水設備、防護材料和水處理材料不應污染生活飲用水，應符合 GB/T 17219 要求。

9. 水質監測

9.1 供水單位的水質檢測

供水單位的水質檢測應符合以下要求：

（1）供水單位的水質非常規指標選擇由當地縣級以上供水行政主管部門和衛生行政部門協商確定。

（2）城市集中式供水單位水質檢測的採樣點選擇、檢驗項目和頻率、合格率計算按照 CJ/T 206 執行。

（3）村鎮集中式供水單位水質檢測的採樣點選擇、檢驗項目和頻率、合格率計算按照 SL 308 執行。

（4）供水單位水質檢測結果應定期報送當地衛生行政部門，報送水質檢測結果的內容和辦法由當地供水行政主管部門和衛生行政部門商定。

（5）當飲用水水質發生異常時應及時報告當地供水行政主管部門和衛生行政部門。

9.2 衛生監督的水質監測

衛生監督的水質監測應符合以下要求：

（1）各級衛生行政部門應根據實際需要定期對各類供水單位的供水水質進行衛生監督、監測。

（2）當發生影響水質的突發性公共事件時，由縣級以上衛生行政部門根據需要確定飲用水監督、監測方案。

（3）衛生監督的水質監測範圍、項目、頻率由當地市級以上衛生行政部門確定。

10. 水質檢驗方法

生活飲用水水質檢驗應按照 GB/T 5750 執行。

附表40　　　　　　　　　　生活飲用水水質參考指標及限值

指標	限值
腸球菌（CFU/100mL）	0
產氣莢膜梭狀芽孢杆菌（CFU/100mL）	0
二（2-乙基己基）己二酸酯（mg/L）	0.4
二溴乙烯（mg/L）	0.000,05
二噁英（2,3,7,8-TCDD，mg/L）	0.000,000,03
土臭素（二甲基萘烷醇，mg/L）	0.000,01
五氯丙烷（mg/L）	0.03
雙酚A（mg/L）	0.01
丙烯腈（mg/L）	0.1
丙烯酸（mg/L）	0.5
丙烯醛（mg/L）	0.1
四乙基鉛（mg/L）	0.000,1
戊二醛（mg/L）	0.07
甲基異莰醇-2（mg/L）	0.000,01
石油類（總量，mg/L）	0.3
石棉（>10 μm，萬/L）	700
亞硝酸鹽（mg/L）	1
多環芳烴（總量，mg/L）	0.002
多氯聯苯（總量，mg/L）	0.000,5
鄰苯二甲酸二乙酯（mg/L）	0.3
鄰苯二甲酸二丁酯（mg/L）	0.003
環烷酸（mg/L）	1.0
苯甲醚（mg/L）	0.05
總有機碳（TOC，mg/L）	5
萘酚-β（mg/L）	0.4
黃原酸丁酯（mg/L）	0.001
氯化乙基汞（mg/L）	0.000,1
硝基苯（mg/L）	0.017
鐳226和鐳228（pCi/L）	5
氡（pCi/L）	300

附錄16 地表水環境質量標準(GB3838-2002)

1. 範圍

(1) 本標準按照地表水環境功能分類和保護目標，規定了水環境質量應控制的項目及限值，以及水質評價、水質項目的分析方法和標準的實施與監督。

(2) 本標準適用於中華人民共和國領域內的江河、湖泊、運河、渠道、水庫等具有使用功能的地表水水域。具有特定功能的水域，執行相應的專業用水水質標準。

2. 引用標準

《生活飲用水衛生規範》（衛生部，2001 年）和附表 44—附表 46 所列分析方法標準及規範中所含條文在本標準中被引用即構成為本標準條文，與本標準同效。當上述標準和規範被修訂時，應使用其最新版本。

3. 水域功能和標準分類

依據地表水水域環境功能和保護目標，按功能高低依次劃分為五類：

(1) Ⅰ類，主要適用於源頭水、國家自然保護區；

(2) Ⅱ類，主要適用於集中式生活飲用水地表水源地一級保護區、珍稀水生生物棲息地、魚蝦類產卵場、仔稚幼魚的索餌場等；

(3) Ⅲ類，主要適用於集中式生活飲用水地表水源地二級保護區、魚蝦類越冬場、洄遊通道、水產養殖區等漁業水域及游泳區；

(4) Ⅳ類，主要適用於一般工業用水區及人體非直接接觸的娛樂用水區；

(5) Ⅴ類，主要適用於農業用水區及一般景觀要求水域。

對應地表水上述五類水域功能，將地表水環境質量標準基本項目標準值分為五類，不同功能類別分別執行相應類別的標準值。水域功能類別高的標準值比水域功能類別低的標準值嚴格。同一水域兼有多類使用功能的，應執行最高功能類別對應的標準值。實現水域功能與達功能類別標準為同一含義。

4. 標準值

(1) 地表水環境質量標準基本項目標準限值見附表 41。

(2) 集中式生活飲用水地表水源地補充項目標準限值見附表 42。

(3) 集中式生活飲用水地表水源地特定項目標準限值見附表 43。

5. 水質評價

(1) 地表水環境質量評價應根據應實現的水域功能類別，選取相應類別標準，進行單因子評價，評價結果應說明水質達標情況，超標的應說明超標項目和超標倍數。

(2) 豐、平、枯水期特徵明顯的水域，應分水期進行水質評價。

(3) 集中式生活飲用水地表水源地水質評價的項目應包括附表 41 中的基本項目、附表 42 中的補充項目以及由縣級以上人民政府環境保護行政主管部門從表中選擇確定的特定項目。

6. 水質監測

（1）本標準規定的項目標準值，要求水樣採集後自然沉降30分鐘，取上層非沉降部分按規定方法進行分析。

（2）地表水水質監測的採樣布點、監測頻率應符合國家地表水環境監測技術規範的要求。

（3）本標準水質項目的分析方法應優先選用附表44—附表46規定的方法，也可採用ISO方法體系等其他等效分析方法，但須進行適用性檢驗。

7. 標準的實施與監督

（1）本標準由縣級以上人民政府環境保護行政主管部門及相關部門按職責分工監督實施。

（2）集中式生活飲用水地表水源地水質超標項目經自來水廠淨化處理後，必須達到《生活飲用水衛生規範》的要求。

（3）省、自治區、直轄市人民政府可以對本標準中未作規定的項目，制定地方補充標準，並報國務院環境保護行政主管部門備案。

附表41　　地表水環境質量標準基本項目標準限值　　單位：mg/L

序號	標準值　分類項目		Ⅰ類	Ⅱ類	Ⅲ類	Ⅳ類	Ⅴ類
1	水溫(℃)		人為造成的環境水溫變化應限制為：周平均最大溫升≤1　周平均最大溫降≤2				
2	pH值(無量綱)		6-9				
3	溶解氧	≥	飽和率90%（或7.5）	6	5	3	2
4	高錳酸鹽指數	≤	2	4	6	10	15
5	化學需氧量(COD)	≤	15	15	20	30	40
6	五日生化需氧量(BOD_5)	≤	3	3	4	6	10
7	氨氮(NH_3-N)	≤	0.15	0.5	1.0	1.5	2.0
8	總磷(以P計)	≤	0.02（湖、庫0.01）	0.1(湖、庫0.025)	0.2(湖、庫0.05)	0.3(湖、庫0.1)	0.4(湖、庫0.2)
9	總氮(湖、庫,以N計)	≤	0.2	0.5	1.0	1.5	2.0
10	銅	≤	0.01	1.0	1.0	1.0	1.0
11	鋅	≤	0.05	1.0	1.0	2.0	2.0
12	氟化物(以F^-計)	≤	1.0	1.0	1.0	1.5	1.5
13	硒	≤	0.01	0.01	0.01	0.02	0.02
14	砷	≤	0.05	0.05	0.05	0.1	0.1
15	汞	≤	0.000,05	0.000,05	0.000,1	0.001	0.001
16	鎘	≤	0.001	0.005	0.005	0.005	0.01
17	鉻(六價)	≤	0.01	0.05	0.05	0.05	0.1
18	鉛	≤	0.01	0.01	0.05	0.05	0.1

附表41(續)

序號	標準值 分類項目		I 類	II 類	III 類	IV 類	V 類
19	氰化物	≤	0.005	0.05	0.2	0.2	0.2
20	揮發酚	≤	0.002	0.002	0.005	0.01	0.1
21	石油類	≤	0.05	0.05	0.05	0.5	1.0
22	陰離子表面活性劑	≤	0.2	0.2	0.2	0.3	0.3
23	硫化物	≤	0.05	0.1	0.2	0.5	1.0
24	糞大腸菌群(個/L)	≤	200	2,000	10,000	20,000	40,000

附表 42　　　　集中式生活飲用水地表水源地補充項目標準限值　　　　單位:mg/L

序號	項目	標準值
1	硫酸鹽(以 SO_4^{2-} 計)	250
2	氯化物(以 Cl^- 計)	250
3	硝酸鹽(以 N 計)	10
4	鐵	0.3
5	錳	0.1

附表 43　　　　集中式生活飲用水地表水源地特定項目標準限值　　　　單位:mg/L

序號	項目	標準值	序號	項目	標準值
1	三氯甲烷	0.06	41	丙烯醯胺	0.000,5
2	四氯化碳	0.002	42	丙烯腈	0.1
3	三溴甲烷	0.1	43	鄰苯二甲酸二丁酯	0.003
4	二氯甲烷	0.02	44	鄰苯二甲酸二(2-乙基已基)酯	0.008
5	1,2-二氯乙烷	0.03	45	水合肼	0.01
6	環氧氯丙烷	0.02	46	四乙基鉛	0.000,1
7	氯乙烯	0.005	47	吡啶	0.2
8	1,1-二氯乙烯	0.03	48	松節油	0.2
9	1,2-二氯乙烯	0.05	49	苦味酸	0.5
10	三氯乙烯	0.07	50	丁基黃原酸	0.005
11	四氯乙烯	0.04	51	活性氯	0.01
12	氯丁二烯	0.002	52	滴滴涕	0.001
13	六氯丁二烯	0.000,6	53	林丹	0.002
14	苯乙烯	0.02	54	環氧七氯	0.000,2
15	甲醛	0.9	55	對硫磷	0.003
16	乙醛	0.05	56	甲基對硫磷	0.002
17	丙烯醛	0.1	57	馬拉硫磷	0.05
18	三氯乙醛	0.01	58	樂果	0.08
19	苯	0.01	59	敵敵畏	0.05

附表43(續)

序號	項目	標準值	序號	項目	標準值
20	甲苯	0.7	60	敵百蟲	0.05
21	乙苯	0.3	61	內吸磷	0.03
22	二甲苯①	0.5	62	百菌清	0.01
23	異丙苯	0.25	63	甲萘威	0.05
24	氯苯	0.3	64	溴氰菊酯	0.02
25	1,2-二氯苯	1.0	65	阿特拉津	0.003
26	1,4-二氯苯	0.3	66	苯並(a)芘	2.8×10^{-6}
27	三氯苯②	0.02	67	甲基汞	1.0×10^{-6}
28	四氯苯③	0.02	68	多氯聯苯⑥	2.0×10^{-5}
29	六氯苯	0.05	69	微囊藻毒素-LR	0.001
30	硝基苯	0.017	70	黃磷	0.003
31	二硝基苯④	0.5	71	鉬	0.07
32	2,4-二硝基甲苯	0.000,3	72	鈷	1.0
33	2,4,6-三硝基甲苯	0.5	73	鈹	0.002
34	硝基氯苯⑤	0.05	74	硼	0.5
35	2,4-二硝基氯苯	0.5	75	銻	0.005
36	2,4-二氯苯酚	0.093	76	鎳	0.02
37	2,4,6-三氯苯酚	0.2	77	鋇	0.7
38	五氯酚	0.009	78	釩	0.05
39	苯胺	0.1	79	鈦	0.1
40	聯苯胺	0.000,2	80	鉈	0.000,1

註：①二甲苯：指對-二甲苯、間-二甲苯、鄰-二甲苯。
②三氯苯：指1,2,3-三氯苯、1,2,4-三氯苯、1,3,5-三氯苯。
③四氯苯：指1,2,3,4-四氯苯、1,2,3,5-四氯苯、1,2,4,5-四氯苯。
④二硝基苯：指對-二硝基苯、間-二硝基苯、鄰-二硝基苯。
⑤硝基氯苯：指對-硝基氯苯、間-硝基氯苯、鄰-硝基氯苯。
⑥多氯聯苯：指 PCB-1016、PCB-1221、PCB-1232、PCB-1242、PCB-1248、PCB-1254、PCB-1260。

附表44　　地表水環境質量標準基本項目分析方法

序號	項目	分析方法	最低檢出限（mg/L）	方法來源
1	水溫	溫度計法		GB13195-91
2	pH 值	玻璃電極法		GB6920-86
3	溶解氧	碘量法	0.2	GB7489-87
		電化學探頭法		GB11913-89
4	高錳酸鹽指數		0.5	GB11892-89
5	化學需氧量	重鉻酸鹽法	10	GB11914-89

附表44(續)

序號	項目	分析方法	最低檢出限(mg/L)	方法來源
6	五日生化需氧量	稀釋與接種法	2	GB7488-87
7	氨氮	納氏試劑比色法	0.05	GB7479-87
		水楊酸分光光度法	0.01	GB7481-87
8	總磷	鉬酸銨分光光度法	0.01	GB11893-89
9	總氮	鹼性過硫酸鉀消解紫外分光光度法	0.05	GB11894-89
10	銅	2,9-二甲基-1,10-菲囉啉分光光度法	0.06	GB7473-87
		二乙基二硫代氨基甲酸鈉分光光度法	0.010	GB7474-87
		原子吸收分光光度法（螯合萃取法）	0.001	GB7475-87
11	鋅	原子吸收分光光度法	0.05	GB7475-87
12	氟化物	氟試劑分光光度法	0.05	GB7483-87
		離子選擇電極法	0.05	GB7484-87
		離子色譜法	0.02	HJ/T84-2001
13	硒	2,3-二氨基萘熒光法	0.000,25	GB11902-89
		石墨爐原子吸收分光光度法	0.003	GB/T15505-1995
14	砷	二乙基二硫代氨基甲酸銀分光光度法	0.007	GB7485-87
		冷原子熒光法	0.000,06	1)
15	汞	冷原子熒光法	0.000,05	1)
		冷原子吸收分光光度法	0.000,05	GB7468-87
16	鎘	原子吸收分光光度法（螯合萃取法）	0.001	GB7475-87
17	鉻（六價）	二苯碳醯二肼分光光度法	0.004	GB7467-87
18	鉛	原子吸收分光光度法（螯合萃取法）	0.01	GB7475-87
19	氰化物	異菸酸-吡唑啉酮比色法	0.004	GB7487-87
		吡啶-巴比妥酸比色法	0.002	
20	揮發酚	蒸餾後4-氨基安替比林分光光度法	0.002	GB7490-87
21	石油類	紅外分光光度法	0.01	GB/T16488-1996
22	陰離子表面活性劑	亞甲藍分光光度法	0.05	GB7494-87
23	硫化物	亞甲基藍分光光度法	0.005	GB/T16489-1996
		直接顯色分光光度法	0.004	GB/T17133-1997
24	糞大腸菌群	多管發酵法、濾膜法		1)

註：暫採用下列分析方法，待國家方法標準發布後，執行國家標準。

附表 45　　　集中式生活飲用水地表水源地補充項目分析方法

序號	項目	分析方法	最低檢出限（mg/L）	方法來源
1	硫酸鹽	重量法	10	GB11899-89
		火焰原子吸收分光光度法	0.4	GB13196-91
		鉻酸鋇光度法	8	1)
		離子色譜法	0.09	HJ/T84-2001
2	氯化物	硝酸銀滴定法	10	GB11896-89
		硝酸汞滴定法	2.5	1)
		離子色譜法	0.02	HJ/T84-2001
3	硝酸鹽	酚二磺酸分光光度法	0.02	GB7480-87
		紫外分光光度法	0.08	1)
		離子色譜法	0.08	HJ/T84-2001
4	鐵	火焰原子吸收分光光度法	0.03	GB11911-89
		鄰菲囉啉分光光度法	0.03	1)
5	錳	高碘酸鉀分光光度法	0.02	GB11906-89
		火焰原子吸收分光光度法	0.01	GB11911-89
		甲醛肟光度法	0.01	1)

註：暫採用下列分析方法，待國家方法標準發布後，執行國家標準。

附表 46　　　集中式生活飲用水地表水源地特定項目分析方法

序號	項目	分析方法	最低檢出限（mg/L）	方法來源
1	三氯甲烷	頂空氣相色譜法	0.000,3	GB/T17130-1997
		氣相色譜法	0.000,6	2)
2	四氯化碳	頂空氣相色譜法	0.000,05	GB/T17130-1997
		氣相色譜法	0.000,3	2)
3	三溴甲烷	頂空氣相色譜法	0.001	GB/T17130-1997
		氣相色譜法	0.006	2)
4	二氯甲烷	頂空氣相色譜法	0.008,7	2)
5	1,2-二氯乙烷	頂空氣相色譜法	0.012,5	2)
6	環氧氯丙烷	氣相色譜法	0.02	2)
7	氯乙烯	氣相色譜法	0.001	2)
8	1,1-二氯乙烯	吹出捕集氣相色譜法	0.000,018	2)
9	1,2-二氯乙烯	吹出捕集氣相色譜法	0.000,012	2)
10	三氯乙烯	頂空氣相色譜法	0.000,5	GB/T17130-1997
		氣相色譜法	0.003	2)
11	四氯乙烯	頂空氣相色譜法	0.000,2	GB/T17130-1997
		氣相色譜法	0.001,2	2)

附表46(續)

序號	項目	分析方法	最低檢出限（mg/L）	方法來源
12	氯丁二烯	頂空氣相色譜法	0.002	2)
13	六氯丁二烯	氣相色譜法	0.000,02	2)
14	苯乙烯	氣相色譜法	0.01	2)
15	甲醛	乙酰丙酮分光光度法	0.05	GB13197-91
		4-氨基-3-聯氨-5-巰基-1,2,4-三氮雜茂（AHMT）分光光度法	0.05	2)
16	乙醛	氣相色譜法	0.24	2)
17	丙烯醛	氣相色譜法	0.019	2)
18	三氯乙醛	氣相色譜法	0.001	2)
19	苯	液上氣相色譜法	0.005	GB11890-89
		頂空氣相色譜法	0.000,42	2)
20	甲苯	液上氣相色譜法	0.005	GB11890-89
		二硫化碳萃取氣相色譜法	0.05	
		氣相色譜法	0.01	2)
21	乙苯	液上氣相色譜法	0.005	GB11890-89
		二硫化碳萃取氣相色譜法	0.05	
		氣相色譜法	0.01	2)
22	二甲苯	液上氣相色譜法	0.005	GB11890-89
		二硫化碳萃取氣相色譜法	0.05	
		氣相色譜法	0.01	2)
23	異丙苯	頂空氣相色譜法	0.003,2	2)
24	氯苯	氣相色譜法	0.01	HJ/T74-2001
25	1,2-二氯苯	氣相色譜法	0.002	GB/T17131-1997
26	1,4-二氯苯	氣相色譜法	0.005	GB/T17131-1997
27	三氯苯	氣相色譜法	0.000,04	2)
28	四氯苯	氣相色譜法	0.000,02	2)
29	六氯苯	氣相色譜法	0.000,02	2)
30	硝基苯	氣相色譜法	0.000,2	GB13194-91
31	二硝基苯	氣相色譜法	0.2	2)
32	2,4-二硝基甲苯	氣相色譜法	0.000,3	GB13194-91
33	2,4,6-三硝基甲苯	氣相色譜法	0.1	2)
34	硝基氯苯	氣相色譜法	0.000,2	GB13194-91
35	2,4-二硝基氯苯	氣相色譜法	0.1	2)

附表46(續)

序號	項目	分析方法	最低檢出限（mg/L）	方法來源
36	2,4-二氯苯酚	電子捕獲-毛細色譜法	0.000,4	2)
37	2,4,6-三氯苯酚	電子捕獲-毛細色譜法	0.000,04	2)
38	五氯酚	氣相色譜法	0.000,04	GB8972-88
		電子捕獲-毛細色譜法	0.000,024	
39	苯胺	氣相色譜法	0.002	2)
40	聯苯胺	氣相色譜法	0.000,2	3)
41	丙烯酰胺	氣相色譜法	0.000,15	2)
42	丙烯腈	氣相色譜法	0.10	2)
43	鄰苯二甲酸二丁酯	液相色譜法	0.000,1	HJ/T72-2001
44	鄰苯二甲酸二(2-乙基已基)酯	氣相色譜法	0.000,4	2)
45	水合肼	對二甲氨基苯甲醛直接分光光度法	0.005	2)
46	四乙基鉛	雙硫腙比色法	0.000,1	2)
47	吡啶	氣相色譜法	0.031	GB/T14672-93
		巴比土酸分光光度法	0.05	2)
48	松節油	氣相色譜法	0.02	2)
49	苦味酸	氣相色譜法	0.001	2)
50	丁基黃原酸	銅試劑亞銅分光光度法	0.002	2)
51	活性氯	N,N-二乙基對苯二胺（DPD）分光光度法	0.01	2)
		3,3',5,5'-甲基聯苯胺比色法	0.005	2)
52	滴滴涕	氣相色譜法	0.000,2	GB7492-87
53	林丹	氣相色譜法	4×10^{-6}	GB7492-87
54	環氧七氯	液液萃取氣相色譜法	0.000,083	2)
55	對硫磷	氣相色譜法	0.000,54	GB13192-91
56	甲基對硫磷	氣相色譜法	0.000,42	GB13192-91
57	馬拉硫磷	氣相色譜法	0.000,64	GB13192-91
58	樂果	氣相色譜法	0.000,57	GB13192-91
59	敵敵畏	氣相色譜法	0.000,06	GB13192-91
60	敵百蟲	氣相色譜法	0.000,051	GB13192-91
61	內吸磷	氣相色譜法	0.002,5	2)
62	百菌清	氣相色譜法	0.000,4	2)
63	甲萘威	高效液相色譜法	0.01	2)
64	溴氰菊酯	氣相色譜法	0.000,2	2)
		高效液相色譜法	0.002	2)

附表46(續)

序號	項目	分析方法	最低檢出限 (mg/L)	方法來源
65	阿特拉津	氣相色譜法		3)
66	苯並(a)芘	乙酰化濾紙層析熒光分光光度法	4×10^{-6}	GB11895-89
		高效液相色譜法	1×10^{-6}	GB13198-91
67	甲基汞	氣相色譜法	1×10^{-8}	GB/T17132-1997
68	多氯聯苯	氣相色譜法		3)
69	微囊藻毒素-LR	高效液相色譜法	0.000,01	2)
70	黃磷	鉬-銻-抗分光光度法	0.002,5	2)
71	鉬	無火焰原子吸收分光光度	0.002,31	2)
72	鈷	無火焰原子吸收分光光度	0.001,91	2)
73	鈹	鉻菁R分光光度法	0.000,2	HJ/T58-2000
		石墨爐原子吸收分光光度法	0.000,02	HJ/T59-2000
		桑色素熒光分光光度法	0.000,2	2)
74	硼	姜黃素分光光度法	0.02	HJ/T49-1999
		甲亞胺-H分光光度法	0.2	2)
75	銻	氫化原子吸收分光光度法	0.000,25	2)
76	鎳	無火焰原子吸收分光光度	0.002,48	2)
77	鋇	無火焰原子吸收分光光度	0.006,18	2)
78	釩	鉭試劑(BPHA)萃取分光光度法	0.018	GB/T15503-1995
		無火焰原子吸收分光光度法	0.006,98	2)
79	鈦	催化示波極譜法	0.000,4	2)
		水楊基熒光酮分光光度法	0.02	2)
80	鉈	無火焰原子吸收分光光度法	4×10^{-6}	2)

註：暫採用下列分析方法，待國家方法標準發布後，執行國家標準。

國家圖書館出版品預行編目(CIP)資料

水質工程學實驗、實踐指導及習題集 / 李發永 主編. -- 第一版.
-- 臺北市：崧博出版：財經錢線文化發行, 2018.10

面； 公分

ISBN 978-957-735-581-2(平裝)

1.給水工程

445.2　　　107017094

書　名：水質工程學實驗、實踐指導及習題集
作　者：李發永　主編
發行人：黃振庭
出版者：崧博出版事業有限公司
發行者：財經錢線文化事業有限公司
E-mail：sonbookservice@gmail.com
粉絲頁　　　　　　　網　址：
地　址：台北市中正區延平南路六十一號五樓一室
8F.-815, No.61, Sec. 1, Chongqing S. Rd., Zhongzheng Dist., Taipei City 100, Taiwan (R.O.C.)
電　話：(02)2370-3310　傳　真：(02) 2370-3210
總經銷：紅螞蟻圖書有限公司
地　址：台北市內湖區舊宗路二段 121 巷 19 號
電　話：02-2795-3656　傳真：02-2795-4100　網址：
印　刷：京峯彩色印刷有限公司（京峰數位）

　　本書版權為西南財經大學出版社所有授權崧博出版事業有限公司獨家發行電子書及繁體書繁體版。若有其他相關權利及授權需求請與本公司聯繫。

定價：550 元

發行日期：2018 年 10 月第一版

◎ 本書以 POD 印製發行